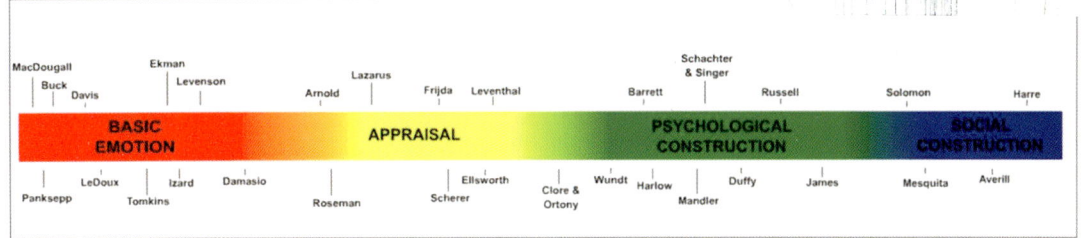

彩图一　情绪理论四种取向的连续体

（来源：Gross, J J & Feldman Barrett, L., 2011）

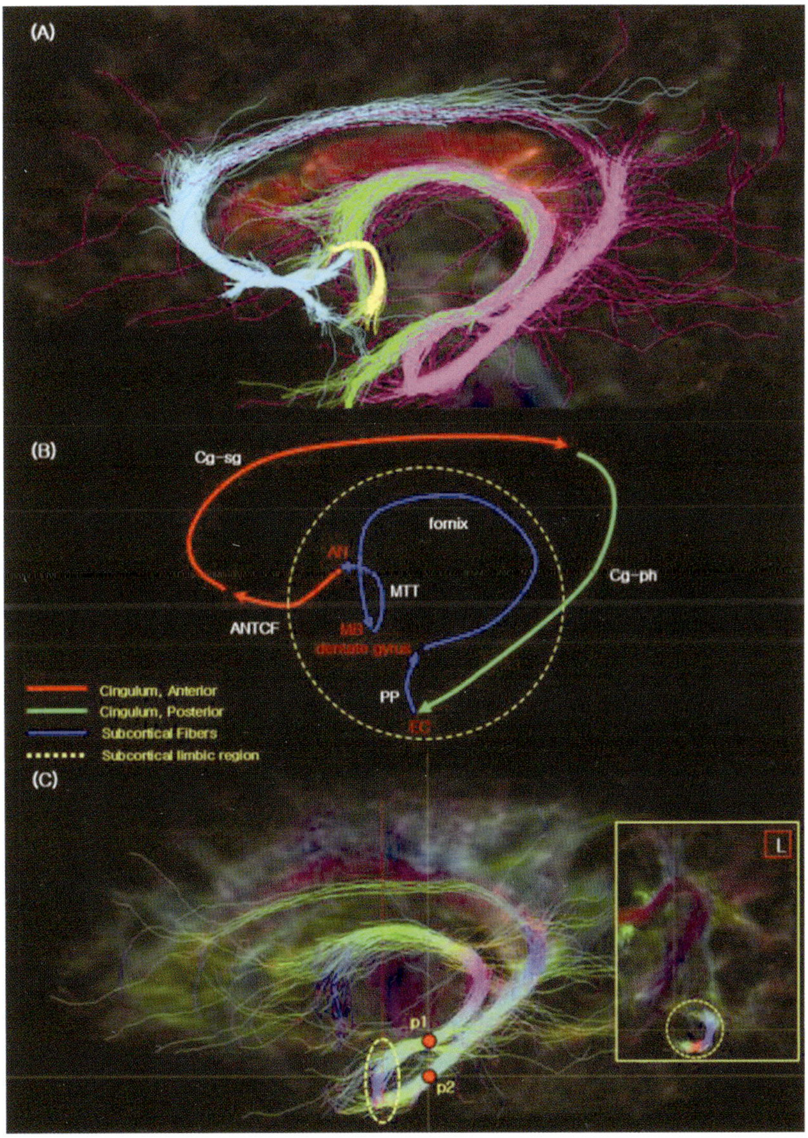

彩图二　7.0T MRI 超分辨率轨迹密度成像和轨迹追踪下的帕佩茨环路

（来源：Choi, S, Kim, Y, Paek, S & Cho, Z., 2019）

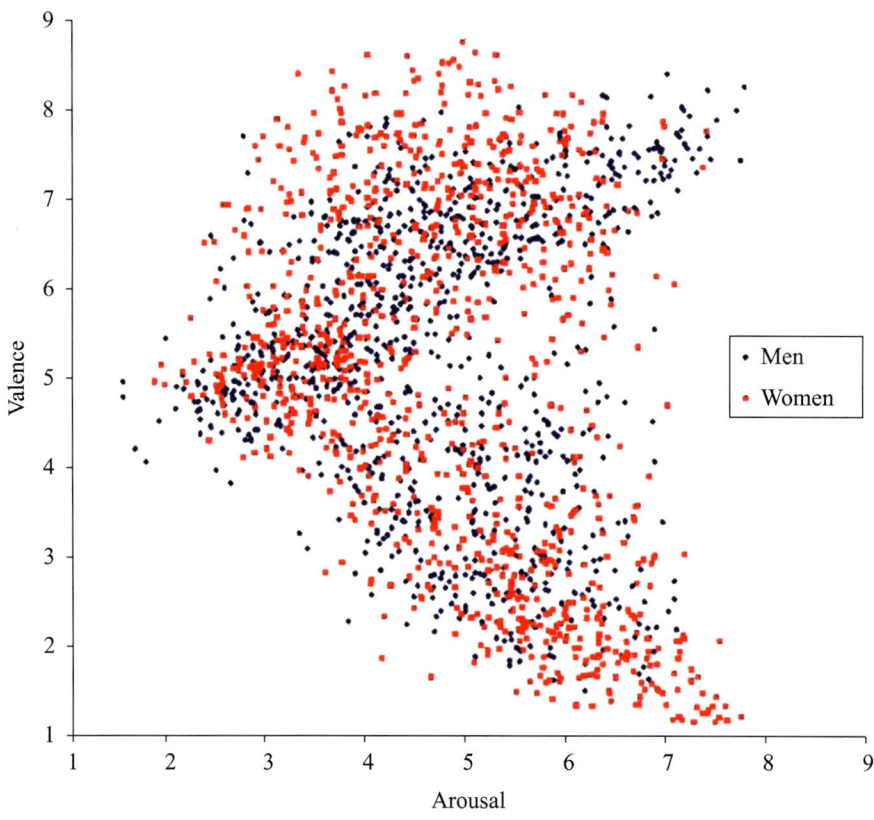

彩图三　情绪空间分布图

（来源：Schaaff，2008）

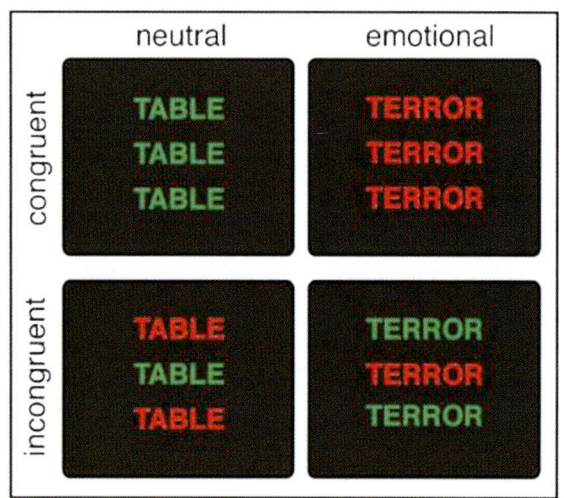

彩图四　颜色 flanker 任务中单词和颜色的组合类型

（来源：Kanske, Kotz, 2011）

彩图五 抑郁症患者眼球运动模式的实际数据

圆表示注视，其直径表示每次注视的持续时间。直径越大，注视持续时间越长。每个注视点旁边的数字表明注视点发生的顺序。连接注视物的线是为了突出注视序列，但不代表实际的扫描路径。

（来源：Kellough et al.，2008）

彩图六 怪球范式流程图

（来源：Malik，A. S.，& Amin，H. U.，2017）

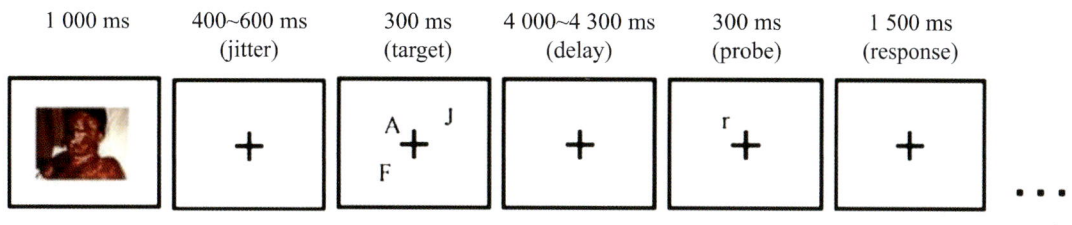

彩图七 延迟样本匹配任务流程图

（来源：罗跃嘉，2011）

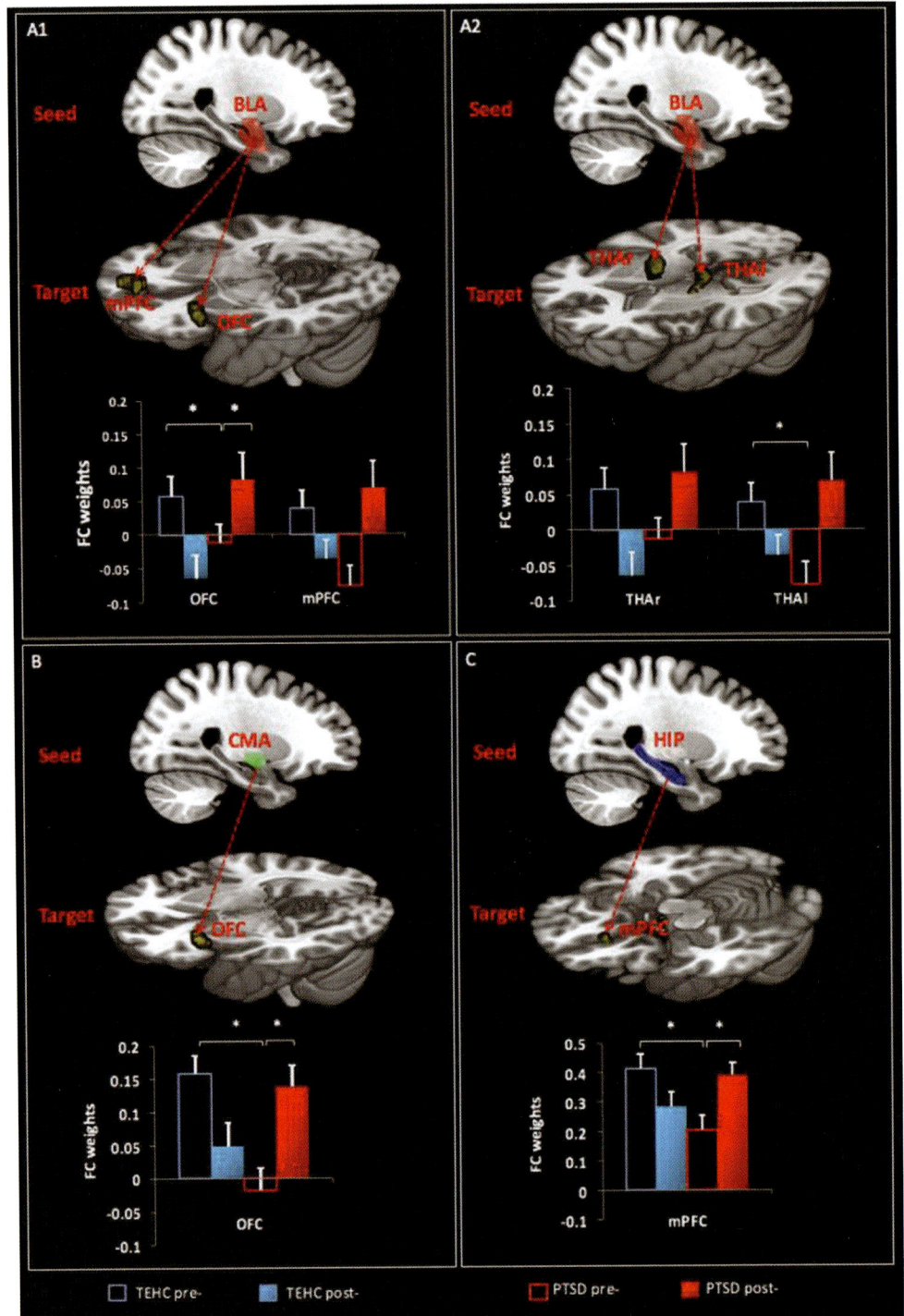

彩图八　PE治疗对PTSD患者脑功能联接的影响

组别×时间交互效应,反映PE治疗增加了以下脑区的静息态功能连接强度:(A1)基底外侧杏仁核(BLA)-内侧前额叶(mPFC)-眶额皮层(OFC);(A2)BLA-丘脑(THA);(B)中央内侧杏仁核(CMA)-OFC;(C)海马(HIP)-mPFC

(来源:zhu et al,2018)

海军重点课程建设项目

情绪的诱发与评估

刘伟志 张 帆 主编

上海科学普及出版社

图书在版编目(CIP)数据

情绪的诱发与评估/刘伟志,张帆主编.--上海:上海科学普及出版社,2022.6
ISBN 978-7-5427-8128-4

Ⅰ.①情… Ⅱ.①刘…②张… Ⅲ.①情绪—心理学—研究 Ⅳ.①B842.6

中国版本图书馆CIP数据核字(2022)第013692号

责任编辑 李 蕾

情绪的诱发与评估

刘伟志 张 帆 主编
上海科学普及出版社出版发行
(上海中山北路832号 邮政编码200070)
http://www.pspsh.com

各地新华书店经销 广东虎彩云印刷有限公司印刷
开本787×1092 1/16 印张20.5 插页2 字数380 000
2022年6月第1版 2022年6月第1次印刷

ISBN 978-7-5427-8128-4 定价:68.00元

编 委 会

主　编　刘伟志　张　帆
副主编　吴荔荔　孙卓尔　尚志蕾

编　者　贾砚璞　刘念琪　刘伟志
　　　　　孙卓尔　孙露娜　尚志蕾
　　　　　邢辰琦　严雯婕　张　帆
　　　　　詹靖烨　周瑶光　吴荔荔
　　　　　王　燕　王　伟　欧阳慧

序

本书的出版，时间跨度长达二十年。早在 2001 年之初，编者即开始从事情绪相关研究。感谢情绪诱发研究领域的先驱——佛罗里达大学（University of Florida）的 Peter J. Lang 教授和 Margaret M. Bradley 教授的大力支持，他们无偿提供 IAPS 材料（本书第八章内容有介绍）；到 2011 年，编者在威斯康星大学麦迪逊（University of Wisconsin-Madison）情感神经科学实验室（Laboratory for Affective Neuroscience）学习，师从国际情感神经科学的"大牛"——Richard J. Davidson 教授，受到 Richard J. Davidson 和 Paul Ekman 教授联合主编的《情感科学系列丛书》的启发和鼓励，萌发了编写本书的愿望。时隔二十年后，梦想终成真！

情绪是心理学研究中最难的领域之一，也是心理学中最有趣、最有魅力的部分。情绪是人类与生俱来的本能，每个个体诞生之初就先天具有了喜怒哀惧等基本情绪，并在此基础上逐渐发展出更为复杂和社会化的情绪；情绪是人类理解彼此的基础，看到他人的眼泪，我们能读出悲伤，看到他人的笑脸，我们亦会感到欣喜；情绪还是人类异常心理的基础和表达，抑郁、焦虑、恐惧等情绪一旦超过了正常的持续时间和强度，就会影响到个体生活，成为心理障碍。

当代心理学作为一门实验科学，强调在实验室环境中利用精巧的实验设计研究情绪，以发现情绪发生、变化和消退的基本规律。作为情绪领域的学习者和研究者，我们发现国内目前虽有一些关于情绪心理学的专著和教材，但是专门关注情绪的诱发和评估这个角度的还未见，而近年来有关"情绪诱发"的研究日趋增多，为探索情绪的发生和变化规律提供了非常重要的证据。为此，本书的编写者希望为心理学专业的本科生、研究生，情绪领域的爱好者，以及有着情绪困扰的读者，从情绪如何诱发、如何评估等实用的角度，提供心理学领域对此最新的研究成果。我们希望本书能够具有以下几个特点：

首先，本书的实用性强。基于实用的角度，我们将书名确定为《情绪的诱发与评估》。既然情绪具有一些在全人类中共同的特性，利用相同的材料，在理论上应该能够诱发出不同个体的相同情绪。但是情绪具有持续时间短、诱发困难、不同情绪的行为表现和脑机制差异巨大等特点，因此，在实践中，不同的研究者使用了不同的情绪诱发材料，包括图片、文字、声音、视频等形式，以通过单感觉通道和多通道结合的方式诱发特定情绪。为了规范实验材料，以美国国立精神卫生研究所（NIMH）为代表的机构和课题组还建立了标准化情绪诱发材料库，以方便情绪研究领域的学者使用相同的材料进行研究，大大节省了实验设计中材料编制的时间，也使不同实验室的研究具有更强的可比性。通过本书的阅读，读者将了解最为常用的情绪诱发材料库，获取其编制的过程、参数标准、获取途径等内容，这将有助于读者在未来的实验设计中快速、准确地选择最为适合的情绪诱发材料，大大节省实验设计环节所需的时间。

情绪评估是心理评估的重要内容，在心理实验中，情绪的主、客观测量分数往往是实验中的重要变量，是否能准确测量情绪可能对实验结果产生重大影响；在心理干预中，自陈式情绪量表则是干预效果的"晴雨表"，是来访者症状是否减轻的重要指标。本书既介绍了情绪研究中常用情绪评估的主客观指标，也介绍了心理干预中常用的情绪量表，以帮助读者掌握更为全面的情绪评估工具。基于对情绪动态变化特征的考量，从提高研究的生态效度出发，我们还介绍了情绪评估的经验取样法。为了提高本书的实用性，在对不同情绪评估方法的介绍中，还根据文献记录和经验对不同方法的评估过程、优点、缺点和适用性等方面进行详细介绍，以期帮助读者选出各自研究中最为适用的评估工具。

其次，本书的综合性较强。我们将从概述、情绪的评估、情绪的诱发和情绪机制几个方面介绍情绪的经典理论、研究进展和实用工具。其中第一篇情绪概述尝试梳理情绪研究领域的经典理论和发展趋势，较为系统地介绍了情绪的概念、情绪的理论、情绪和表情的关系及情绪与认知的关系等内容。第二、三篇介绍情绪诱发、评估方法。第四篇则涵盖了情绪的眼动、脑电、脑成像和生物学研究进展，这些研究从不同的层面展开，从分子—脑—行为等不同水平揭示了情绪加工的时间进程、空间位置和生理机制，可以帮助读者了解情绪发生发展的复杂性，较为全面地理解情绪研究的多重方法和不同取向。

最后，本书的前沿性较强。在撰写过程中，我们以经典理论和实验发现为重点，展开情绪研究的介绍，其中穿插了一些当前情绪研究领域的热点和前沿内容。其中在第三章介绍了情绪研究的具身取向，该领域的研究为探讨情绪和身体之间的相互作用提供了崭新的视角；第四章介绍了情绪与认知的关系，其中列举了大量的近十年来的研究成果，这些研究代表着对情绪与认知关系认识的新视角；第六章以情绪的生态化评估为主要内容，该领域的研究虽然并不十分新鲜，但倡导研究的生态化、设计追踪研究、观测动态心理变化等始终是科学心理学研究的重要内容；不同文化对情绪理解和表达的共同性和特异性也是近年来情绪心理学、社会心理学等领域研究的热点，本书的第十二章介绍了该领域的研究成果；最后，第四篇中对情绪机制的介绍，不仅汇总了基于不同研究技术的研究结果，也代表了目前对情绪的理解：情绪的形成和发展是不同层面、不同水平、个体内因与环境外因的共同作用结果。

本书围绕着情绪的诱发与评估这一主题，由刘伟志教授拟定全书框架，由张帆博士统筹全书的编写工作并进行校对，最后刘伟志修改审定。本书编写分工如下：

第一章、第六章：孙卓尔，第二章、第五章：尚志蕾，第三章、第十四章：贾砚璞，第四章、第十一章：周瑶光，第七章、第十章：孙露娜，第八章、第十五章：张帆，第九章：詹婧烨、严雯婕，第十二章：刘念琪，第十三章：吴荔荔，第十六章：王伟。所有作者均来自海军军医大学心理系。

完成一本书的编写并非一项简单的工作,尽管课题组全体成员对本书的框架和内容进行了反复讨论,但由于时间和篇幅的限制,仍有一些内容有趣的研究未纳入书中,如利用嗅觉信息进行情绪诱发、虚拟现实技术在情绪研究中的使用、情绪的基因研究,等等。本书在写作过程中参考了大量英文文献,每一次重读原文总能发现一些翻译需要反复斟酌比对。尽管作者们进行了大量的文献阅读,尽最大努力完成了文献搜索、翻译、综述等工作,但仍难以做到尽善尽美,书中如有不当之处,还望读者不吝指出。

编　者

写于上海·情绪与认知实验室

2021 年 10 月 24 日

目 录

第一篇 情绪概论

第一章 情绪的一般概念 ……………………………………………（3）
- 第一节 人类认识情绪的历史 ………………………………………（3）
- 第二节 情绪的概念 …………………………………………………（5）
- 第三节 情绪的组成 …………………………………………………（6）
- 第四节 情绪的功能 …………………………………………………（10）

第二章 情绪理论 ……………………………………………………（15）
- 第一节 情绪的理论取向 ……………………………………………（15）
- 第二节 情绪的生理模型 ……………………………………………（17）
- 第三节 基本情绪取向的情绪理论 …………………………………（20）
- 第四节 评价取向的情绪理论 ………………………………………（23）
- 第五节 心理建构取向的情绪理论 …………………………………（26）

第三章 表情与情绪 …………………………………………………（30）
- 第一节 表情的分类与识别 …………………………………………（30）
- 第二节 表情与情绪 …………………………………………………（35）
- 第三节 应用与展望 …………………………………………………（38）

第四章 情绪与认知 …………………………………………………（47）
- 第一节 情绪与记忆 …………………………………………………（47）
- 第二节 情绪与注意 …………………………………………………（57）

第三节　情绪与学习 ……………………………………………………………（68）

第二篇　情绪的评估

第五章　情绪的主观评估 ……………………………………………………（85）
第一节　分类取向的情绪主观评估法 …………………………………………（85）
第二节　维度取向的情绪主观评估法 …………………………………………（88）
第三节　情绪的主观评估法的局限及对量表选择的建议 ……………………（93）

第六章　情绪的生态化评估 …………………………………………………（96）
第一节　情绪生态化评估的相关理论 …………………………………………（96）
第二节　情绪生态化评估的方法——以经验取样法为例 …………………（100）
第三节　情绪生态化评估的应用 ………………………………………………（117）

第七章　情绪的客观评估 ……………………………………………………（129）
第一节　情绪的外部行为表情测量 ……………………………………………（129）
第二节　情绪的生理唤醒测量 …………………………………………………（136）

第三篇　情绪的诱发

第八章　利用图片诱发情绪 …………………………………………………（153）
第一节　概述 ……………………………………………………………………（153）
第二节　国内外标准化情绪图片库介绍 ………………………………………（156）
第三节　IAPS 相关研究 ………………………………………………………（158）

第九章　利用声音诱发情绪 …………………………………………………（165）
第一节　概述 ……………………………………………………………………（165）
第二节　利用音乐诱发情绪的研究方法 ………………………………………（168）
第三节　标准化声音诱发情绪材料库 …………………………………………（171）
第四节　利用情绪声音材料库的相关研究 ……………………………………（176）

第十章 利用视频材料诱发情绪 ·· (182)

- 第一节 概述 ··· (182)
- 第二节 标准化情绪视频材料库的建立 ······················· (189)
- 第三节 视频诱发情绪的相关研究 ······························· (194)

第十一章 利用文字材料诱发情绪 ·· (199)

- 第一节 概述 ··· (199)
- 第二节 标准化情绪词库的建立 ·································· (200)
- 第三节 与情绪词库相关的研究运用 ··························· (206)

第十二章 情绪诱发的跨文化研究 ·· (217)

- 第一节 文化差异的理论 ··· (217)
- 第二节 跨文化研究的方法 ··· (221)
- 第三节 情绪诱发的文化差异 ······································ (223)

第四篇 情绪的机制

第十三章 情绪的眼动研究 ··· (253)

- 第一节 眼动研究及范式 ··· (253)
- 第二节 正常人群的表情识别 ······································ (256)
- 第三节 眼动技术与心理障碍 ······································ (260)

第十四章 情绪的脑电研究 ··· (269)

- 第一节 脑电技术概述 ·· (269)
- 第二节 情绪的脑电研究注意要点 ······························· (273)
- 第三节 情绪与认知相关的脑电研究 ··························· (276)
- 第四节 情绪脑电研究的应用与展望 ··························· (279)

第十五章 情绪的脑成像研究 ·· (285)

- 第一节 概述 ··· (285)
- 第二节 不同情绪的脑成像研究成果 ··························· (286)

第十六章 情绪的生物学研究 (299)

第一节 抑郁与炎症 (300)
第二节 抑郁与P2X7受体 (302)

本书常用词翻译对照表 (314)

后记 (316)

第一篇
情绪概论

　　本篇将介绍情绪研究领域的一些基础知识。第一章介绍情绪研究的历史、当前我们对情绪的认识；第二章系统化地介绍不同研究者提出的情绪理论，根据不同学者的理论取向，这些理论可以分为情绪的生理模型、基本情绪取向的理论模型、评价取向的情绪理论及心理建构取向的情绪理论；第三章探讨一个有趣的问题：情绪和表情，人类的表情不仅包括我们的面部表情还包括语调、姿态等表现，情绪往往以表情为外在依托，表情也是暴露我们内在情绪的晴雨表，目前基于具身取向的研究更是进一步揭示了情绪和表情的交互作用；情绪与认知息息相关，二者关系也是近年来心理学研究的热点领域；第四章将重点讨论情绪与注意、记忆和学习等认知加工过程的关系，帮助读者了解情绪在认知过程中的独特作用。

第一章　情绪的一般概念

情绪（emotion）是我们每个人每天都能够体验到的一种心理活动，它会给人们带来快乐和满足，也会使人遭受烦闷和痛苦；它可能会体现在我们的脸庞上，融入我们的话语中，将我们的情绪传达给他人，也会产生无法表述只能自己体会的内在感受。情绪中既蕴含着丰富细腻的主观体验，也涌动着复杂的生理反应，还包含丰富多彩的表情行为，同时反映着个体内心复杂多样的认知评价。情绪从何而来？情绪与我们所经历的事件或所处的环境存在什么样的联系？情绪是人类天生的、独有的心理功能吗？同样的事件对于不同的个体而言，情绪体验为何会存在不同？关于情绪的问题千千万万，让人感到迷惑不解，难以捉摸。这些纷繁复杂的问题背后，是人类从古至今对于情绪的理解认识的不断探索之路。

第一节　人类认识情绪的历史

人类认识情绪的历史非常久远，古希腊时期的哲学家亚里士多德（Aristotle）就在其著作中提到情绪的概念。他认为心灵的功能可以划分为求知与求动，求知类似于现代心理学中的认知范畴，而求动类似于现代心理学中的动机与情绪范畴，情绪就属于求动，具有驱动功能，因为情绪使活动带有一定的痛苦和快乐（黄敏儿，2017）。亚里士多德还认为，愤怒和恐惧情绪是人类幸福生活的核心，有愤怒人们才能维持正常的道德和伦理，有恐惧才能激发人们的勇气去克服困难。

同时代的中国正处于百家争鸣时期。与古希腊先哲一样，中国古代的诸子百家也基于自身的思辨提出了与情绪有关的思想。荀子就曾指出："性之好、恶、喜、怒、哀、乐，谓之情。"也就是说，情绪就是人的本性的表达，不同的情绪表达了本性的不同形态；这同时也反映了荀子对于基本情绪的认识，即人拥有六种基本情绪"好""恶""喜""怒""哀""乐"，这与当代心理学对于基本情绪的观点几乎不谋而合。墨子认为情绪源于利害关系："凡我国之忠信之士，我将赏贵之；不忠不信之士，我将罪贱之。问于若国之士，孰喜孰惧？我以为必忠信之士喜，不忠不信之士惧。"管子也有类似的观点，他认为情绪是动机是否得到满足的体现："凡人之情：得所欲则乐，逢所恶则忧，此贵贱之所同有也。""乐"源自"欲"的满足，而"忧"则是因为遭受了"恶"。韩非子在其论著中谈及了情绪的动机功能，情感能够影响人们的认知和意志："慈于子者不敢绝衣食，慈于身者不敢离法度，慈于方圆者不敢舍规矩。"另外，韩非子还指出，情感可以促使人思考，影响意志，促进情感相关的行为，并且伴随着积极消极的辩证转换："人有祸，则心畏恐；心畏恐，则行端直；行端直，则思虑熟；思虑熟，则得事理。"大约同时期的中医经典《黄帝内经》则从疾病的角度谈到情绪:"夫百病之始生也,皆生于风雨寒暑,阴阳喜怒,饮食居处,大惊卒恐","悲哀愁忧则心动,心动则五脏六腑皆摇","忧思则心系急,心系急则气道约"。可见,中国古代传统医学早已认识到情绪与健康之间的密切关联。

欧洲文艺复兴之后,近代哲学家们提出了一大批关于情绪的新观点和新思想。法国哲学家勒内·笛卡尔(René Descartes)认为,情绪是被激动的精气(les esprits),感觉反射激动了精气,但同时情绪不仅仅来自感觉,也是对灵魂的知觉,灵魂的知觉即对欲望的知觉,或对梦的感悟;笛卡尔还提出了关于情绪调节的观点,他认为情绪不会自己被激发,也不会自己消失,而是需要动用理性来应付和控制。这与当代心理学的理性情绪的观点比较类似(唐钺,1982)。英国哲学家大卫·休谟(David Hume)认为情绪是一种印象,这种印象是精气运动导致的,具有愉快和不愉快的维度;情绪分为好的情绪和坏的情绪,比如自豪(pride)是一种好的情绪,而自卑(humility)则是一种坏的情绪(Solomon,1993)。德国哲学家伊曼努尔·康德(Immanuel Kant)是心理活动知(认知)、情(情绪)、意(意志)三分法的重要支持者,认为情绪是心理的三个主要成分之一,相对独立于认知和意志(唐钺,1982)。

自古至今,中西方的众多学者们都提出了大量关于情绪的思想,其中不乏对于情绪的本质、情绪的类别、情绪的功能等方面的深刻洞察。但是,这些思想往往是哲学家通过观察和哲学上的思辨得到的,而非基于科学方法所得到的结论。近代科学兴起后,大量学者开始使用科学方法研究情绪这一古老的领域,而其中最具代表性的便是著名生物学家查尔斯·达尔文(Charles Darwin)的《人与动物的情绪表达》(*The Expression of the Emotions in Man and Animals*)中关于表情方面的研究。基于进化论的思想,达尔文认为,情绪活动也是进化的产物,人类与动物在情绪上应该存在连续性和相似性,并且遵循进化意义上的适应原则。达尔文对于表情的研究深受同时代的哲学家赫伯特·斯宾塞(Herbert Spencer)的影响,斯宾塞认为,表情是"神经力量(nerve-force)"在身体中的"溢流(overflow)",这种"溢流"在开始时一般采取最为习惯的最为熟悉的通路(达尔文,2009)。达尔文认为这种观点有助于理解表情行为的本质,表情应该由情绪运动的通路决定,有的通路比较常用而有的通路不太常用。达尔文关心的是人类表情与动物表情的相似性,他通过观察婴幼儿,观察实验室肌肉电刺激后的反应,观察动物的表情,以及在全球范围内开展跨文化的问卷研究等方法探索情绪表达背后的原因。基于自己的研究,达尔文提出了人类与动物情绪表达的三大原理(达尔文,2009):(1)有用的联合性习惯原理:有些动作在满足某种欲望方面有用,或者在减轻某种感觉方面有用;如果它们时常重现出来,那么它们就会变成习惯性动作,而且以后就不论这些动作有没有什么用处,只要每次在我们发生同样的欲望或者感觉的时候,即使这种欲望或者感觉的程度很微弱,这些动作也就会发生出来。(2)对立原理:该原理相对于第一原理,如果一种直接相反的精神状态被诱发出来,那么立刻就会显露出一种强烈的不随意的倾向,就是要去完成那些具有直接相反的性质的动作。(3)由于神经系统的构造直接作用原理:在感觉中枢受到强烈的激奋时候,神经力量就过多地发生出来,或者是依照神经细胞的相互联系情形和部分地依照习惯的情形而朝着一定的方向传播开来,或者神经力量的供应发生中断；这也是表情产生的原因。

达尔文站在生物学的角度从表情入手首开了情绪研究的先河，而心理学诞生之后，早期的心理学家们纷纷从心理学角度提出了自己关于情绪的观点。机能主义的代表人物美国心理学家威廉·詹姆斯（William James）认为，对刺激的知觉导致内脏和外显的肌肉出现一定的特异性的生理反应，对这些反应产生的感觉就是体验到的情绪。他的名言"我悲伤是由于我哭泣，我害怕是由于我逃跑"，生动地阐述了这种生理反应引发情绪体验的过程（詹姆斯，2009）。与詹姆斯同时期的丹麦心理学家 Carl Lange 也提出了情绪是对外周身体变化知觉的情绪理论。詹姆斯等人的观点很快遭到了其他心理学家的质疑，Cannon（1927）和 Bard（1934）等人批评了詹姆斯的理论，认为外界刺激收纳器将神经冲动传递到丘脑，冲动一方面上行传递到大脑皮层，产生主观体验，另一方面下行传递到自主神经系统，引起生理应激准备状态。他们认为丘脑是情绪产生的中心环节，因此其理论称为情绪的丘脑学说。

第二节　情绪的概念

情绪（emotion）是一种机体针对刺激事件临时性整合生理、认知、感受和行为的通道所产生的具有情境适应和环境塑造功能的普遍性反应。一般而言，情绪是发生在某一特定情境下的一种个体的复杂状态，包含强烈的情感和按某种方式去行动的冲动；同时也伴随着一些生理变化和行为，如脉搏增快、出汗、悸动、颤抖，或战斗、逃避及一些面部表情等（Strongman，2003）。情绪更多的是一种机体的适应机制，容易受到内外各种因素的影响，持续的时间一般较短，从几秒钟到几分钟不等。

在情绪研究领域，经常能够看到几个相似但又有所区别的概念：情绪、情感和心境。情绪是这三个概念中较为上位的，广义上的情绪可以包含情感和心境，但狭义上的情绪又与情感和心境有所区别。情感（affect）经常用来描述那些具有稳定性的、深刻的社会意义的感情，具有更强的稳定性、深刻性和持久性。而情绪主要是由个体需要、个体目标与情境交互作用引起的，具有更强的情景性、激动性和暂时性。稳定的情感是在情绪的基础上形成的，而又通过情绪这种方式来表达，情绪的变化反映了情感的深度，二者相互依存，密不可分。

核心情感（core affect）源于个体大脑的内感受体验（情感性状态），所有对个体生存有影响的事件形成了个体的情感空间，情感空间的两个基本维度勾勒了我们的核心情感特征，（1）效价（valence），（2）唤醒度（arousal）（Barrett，2016；Posner，Russell，& Peterson，2005；Warriner，Kuperman，& Brysbaert，2013；Yik，Russell，& Steiger，2011）。早期的情感环状模型（circumplex model of affect）将效价和唤醒度作为基本维度（以圆心为零点，水平的直径为X轴/横轴，垂直的直径为Y轴/纵轴），并发展出经典的情感测量工具体系（如12点情感环状评估法、正负性情感量表等）（Watson et al.，1988；Yik et al.，2011）。除了这两个基本维度，还有其他描述情感的维度，如靠近-远离维度（approach-avoidance）、支配-服从维度（dominance-submissive）等（Fontaine，Scherer，Roesch，& Ellsworth，2007；Phaf，Mohr，Rotteveel，& Wicherts，2014）。

此外，情绪研究领域还有一个经常出现的概念是心境（mood）。心境是一种持续时间较长的情感性的体验。心境与情绪有联系但又有区别。目前的前沿研究认为不同的情绪属于不同的类别（category），经典情绪理论所谓的基本情绪其实都可以归为少数几类不同的情绪类别，而不是独一无二的实体（distinct entity）。个体每一次的情绪体验都属于对应类别下的具体实例（instance）(Lisa Feldman Barrett，2006)，情绪是具有明确的开始（onset）和结束（offset）标志的事件，一般是由具有重要意义的刺激事件（如对短期目标有威胁的障碍物或假想障碍物）的出现导致的，持续时间较短，强度较大，会有明显的峰值和回落的特征。相反，心境在发生频率、强度、持续时间、所关注的刺激性质等方面都与情绪不同，往往没有明确的目标对象（Ekkekakis & Russell，2013；Russell，2009）。心境构成了个体情感性的背景，而情绪更像是背景下一次次的感受增强的经历。心境几乎存在与人生命中的每时每刻，它会发生微小的波动，但强度远低于情绪，更多是来自个体对那些可能影响长远生存状态的弱刺激的情感体验，因此引起具体心境或心境变化的刺激更不易识别。

情绪和心境也存在密切的关系，两者都包含主观感受和刺激评价。同时情绪也可以向心境发生转换，情绪事件结束后，其中一部分余留的微弱情感体验成分会成为心境的一部分，融入心境这样的情感背景（background）中。大部分情绪实例持续的时间都很短暂，部分情绪只能持续10分钟左右，少量情绪可以持续20分钟，但是持续长度多于10~15分钟的情绪事件在30分钟内也会快速消退。如果没有具备物理或认知特征的情绪诱发物的重复出现，那么情绪发生后的30分钟开始就会倾向于转变为更具有持续性的、像心境一样的情感状态（Ekkekakis & Russell，2013）。总之，情绪具有多个成分，是一个复杂的协作系统，而心境更聚焦在主观感受层面，与情绪的主观感受成分更类似。

值得注意的是，在情绪科学领域有很多的自评式（self-report）的量表，但几乎没有量表认为自己测量了情绪，绝大多数量表都声称测量的是情感和心境。考虑到情绪的复杂性和快速变化的特征，确实很难用自我报告这一种方式来测量情绪。本书后面章节中，也不再进行情感、核心情感、情绪、心境的严格区分，大家可以把这些概念都放入情感性体验的范畴中去理解。

第三节　情绪的组成

一、基本情绪类型

人们通常从生理反应、表情行为及主观体验等方面来寻找自身或他人情绪存在的证据。除此之外，情绪研究者还可以借助脑神经科学领域的实验证据来探测伴随不同情绪体验的大脑区域激活情况，上述情绪研究的方式都帮助我们确认了一些较为基本的情绪类型。

尽管不同的研究者就具体情绪类型的数量和命名有差异,但是这些理论及研究都认为情绪是由分化为不同种类的特异情绪构成,不同类型的基本情绪拥有特异性的结构、功能、模式。举例而言,不同类型的基本情绪具有明显差异化的面部表情模式(面部肌肉运动),特异化的大脑激活回路,独特的生理变化模式(神经生理机制),等等,也就是基本情绪理论所主张的"情绪指纹(emotional fingerprint)"。

基本情绪是指那些先天预成的,不需要后天习得的情绪,独特的表情和体验是基本情绪的核心特征。Ekman等人(1971)指出,基本情绪有6种,分别是快乐、兴趣、悲伤、愤怒、恐惧、厌恶。Izard(1992)认为基本情绪包括快乐、惊奇、愤怒、悲伤、恐惧、厌恶、兴趣、羞涩、羞愧、蔑视、内疚、自我敌意12种。Plutchik(2003)根据自己的研究提出了恐惧、惊讶、悲伤、厌恶、愤怒、期待、快乐和信任8种基本情绪。

心理学家不仅没能在究竟有多少种基本情绪,哪些情绪是基本情绪的这些问题上达成共识,他们对于哪些因素来决定一种情绪是否是基本情绪也存在争论。Kalat和Shiota(2011)提出了5种判断基本情绪的流行标准,分别是:

标准一——基本情绪必须在人类之中是普遍存在的(跨文化的相似性);

标准二——一种基本情绪必须能够促进对特定的、典型的生活事件(或者称为"先行事件")做出功能性反应;

标准三——基本情绪应该在生命早期就明显表现出来;

标准四——如果一种情绪是基本的,那么人们应该具有一种与生俱来的方式来表达它,如通过面部表情或声音语调;

标准五——每种基本情绪有它自己的生理机制,尤其是脑或自主神经系统的某些特定活动。

基本情绪与具体情绪在概念上存在一定的相似性,有时也会相互通用。基本情绪与复合情绪相对应,被视为情绪现象的基本单位,并具有较强的先天遗传基础,不同类型的基本情绪具有明显的分化性和特异性,尤其体现在对情绪环境的认知评价、表情行为、情感体验及外周生理反应模式等方面。

二、情绪的维度

与基本情绪类型的研究不同,情绪的维度研究不太关心情绪的种类,而更在意情绪被描述或被观察的特点。情绪的维度(dimension)就是指情绪所固有的某些特性。

从维度角度来研究情绪基本结构的学者,将情绪描述为内含多个具有两级维度分布的连续体。维度概念最早出现在心理学鼻祖威廉·冯特(Wilhelm Wundt)的情绪三维说中,即愉快—不愉快、激动—平静、紧张—松弛,每一种具体情绪分布在三个维度的两级之间的不同位置上,他的这种看法为情绪的维度理论奠定了基础(冯特,2016)。

Schlosberg(1954)根据面部表情的研究提出,情绪的维度有愉快—不愉快、注意—拒绝、激活水平三个维度。Plutchik(1970)提出,情绪具有强度、相似性和两极性(对立性)三个维度。Izard 和 Carroll(1977)提出了情绪的四维理论,认为情绪有愉快度(快乐度)、紧张度、激动度(冲动度)和确信度四个维度。

在维度研究中,效价(积极—消极)、唤醒度(低唤醒—高唤醒)(Feldman Barrett & Russell, 1998；Larsen & Diener, 1992；Russell, 1980, 1983)与正、负情绪(Watson, Clark, & Tellegen, 1988)在近年来比较受重视,是被普遍接受的情绪维度。愉快度指情感体验上的积极和消极程度,即主观体验上的愉快或不愉快程度。唤醒度指躯体感受上的激动程度。正负情绪则主要指行为上的趋近或退缩程度。Siemer、Mauss 和 Gross(2007)借鉴因素分析(factor analysis)、分层聚类(hierarchical cluster analysis)等统计方法,对主观报告及判断方法收集的情绪体验的经验数据进行处理,从而将愉快度、唤醒度、正情绪维度、负情绪维度综合在一个坐标系上,并以此维度坐标定位各种具体情绪。

综合上述理论,情绪的维度一般可以包括情绪的效价、动力性、激动性、强度和紧张度等方面,每个特性都存在两种对立的状态。情绪的效价分为积极和消极,高兴、喜爱、满意等属于积极情绪,悲伤、恐惧、失望等属于消极情绪。情绪的动力性有增力和减力两极,需要得到满足时产生的积极情绪是增力的,可提高人的活力；需要得不到满足时产生的消极情绪是减力的,会降低人的活动能力。情绪的激动性有激动和平静两极,激动是一种强烈的、外显的情绪状态,如激怒、狂喜、极度恐惧等；相反,平静是指一种平稳安静的情绪状态。情绪的强度有强、弱两极,如从愉悦到狂喜,从微愠到狂怒。情绪的紧张度取决于情境的紧迫性,个体心理的准备状态以及应变能力,如果情境比较复杂,个体心理准备不足且应变能力比较差,则容易紧张,相反则会显得轻松自如。

三、情绪的成分

情绪是一种复杂的心理现象,诸多权威情绪研究学者都曾提出过各自对情绪成分的理解。Plutchik(1982)认为认知评估、主观感受和行为倾向是情绪反应最典型的三个表现。Izard(1991)认为情绪由神经生理、神经肌肉的表情行为、情感体验等三个既独立也相互联系的子系统构成。Gross 和 Levenson(1993)认为情绪是包含着主观体验、表情行为、生理反应等三种主要成分的生物性反应。Lazarus 等人指出情绪包含动作冲动、躯体表达、主观的认知—情感状态以及生理的不平衡等混合的反应,即由行为的、生理的改变以及认知主观报告三部分构成(Lazarus, Coyne, & Folkman, 1984)。Lang(1995)认为情绪是对特定刺激在三个范畴的反应,包括神经生理的—生物化学的、动作—行为表达的、主观体验—认知等。Buck(1985)认为情绪由主观感受、目标指引行为、表情行为(如微笑)以及生理的唤醒(如心率增加)组成。

目前,大多数实证研究都从情绪的主观体验、表情行为、生理反应、中枢神经活动等指标来记录情绪的变化,这四个方面也代表了情绪的主要成分,与情绪的测量方式直接相关。在此我们先简要论述这几个成分,具体的测量方法等将在本书相应章节详细阐述。

(一) 主观体验

通俗地说,情绪的主观体验成分就是情绪给个体带来的感受,如快乐、恐惧、愤怒、厌恶、烦恼、郁闷、苦恼等。不少研究者坚持,情绪主观体验应该是情绪的重要成分,也是必不可少的成分(孟昭兰,2000)。Clore 和 Ortony(1984)强调情绪的主观感受不仅是情绪成分之一,而且是情绪的必要成分。LeDoux(1994)认为,情绪过程可以在无意识状态中发生,但情绪必须有主观意识,只有达到意识状态,才可以成为一个完整的(full-fledged)情绪。情绪的主观体验成分通常采用自我报告的方式获取,因此个体对情境的认识和评价及其动机状态都有可能影响到个体的情绪主观体验。

(二) 表情行为

表情行为就是情绪的外展行为,表现在面部细微的肌肉运动及躯体动作。表情行为受控于情绪生理反应,是生物进化的产物,也是情绪的自然流露,是情绪测量的客观指标之一(孟昭兰,1987)。表情行为包括神经肌肉活动和感觉反馈信号活动两部分,表现为面部的、言语的、躯体姿势的、手势的等活动(Izard,1991)。对面部表情行为的大量研究都揭示出面部表情具有一定的跨文化普遍性,可以被认为是最敏感的情绪发生器和显示器,是情绪的基本成分之一,成为情绪研究的重要指标。情绪的表情行为成分通常采用操作面部肌肉运动或再认标准化表情图片的方式进行研究(Keltner & Ekman,2000)。此外,脑成像研究也发现了不同类型的表情面孔引起了不同脑神经活动模式,一些研究还研究发现,个体面部表情肌肉活动所产生的感觉反馈信息会内导进入大脑皮层的运动感觉区域形成个体的情感体验,可见情绪的表情行为成分很有可能与情绪的主观体验及情绪的脑神经通路都存在重要的联系,是重要的情绪成分(Ekman,1993)。

(三) 生理反应

与其他的心理活动相比,情绪涉及更多的外周生理反应,因此有的研究以生理唤醒作为情绪的指标。情绪的生理反应的代表是自主神经系统(automic nervous system)反应,其通过控制相互作用的交感神经系统和副交感神经系统来支配内脏反应以控制体内平衡,而情绪的生理反应就以两个系统所带来的生理变化为代表。交感神经系统在人们遇到危险、紧张及想要逃避(avoid)刺激时使身体做好行动准备,方法是通过加快心率,提高血压,增加肌肉张力以及减慢消化,从而把血液转移到身体最需要的地方(即大脑和肌肉),这些变化可以在很大程度上代表个体在负性情绪状态下的一系列生理反应。与之相反,副交感神经系统则在我们身体休息和放松、想要趋近(approach)刺激时工作,方法是通过在体内储存能量,降低心率和血压,加速消化来做出应对,这些变化可以在很大程度上代表个体在正性情绪状态下的一系列生理反应。根据交感神经系统和副交感神经系统的作用,研究者对情绪生理反应成分的测量通常会用到血压、心跳、出汗以及在情绪唤醒期间上下波动的其他变量,同时我们也可以通过测量脑活动或血液中的化学成分来探测情绪的变化(张明,2004)。

(四) 中枢神经活动

随着事件相关电位(Event-Related Potential,ERP)、正电子放射断层扫描(Positron Emission Tomography, PET)、功能性核磁共振成像(functional Magnetic Resonance Imaging, fMRI)、脑磁图(Magnetoencephalography, MEG)等脑神经成像技术的发展,人们开始揭示中枢神经活动如何产生情绪的机制过程。现有研究表明,大多数情绪都与大脑中的边缘系统(limbic system)相关(Damasio, Grabowski, Frank, Galaburda, & Damasio, 1994)。边缘系统是包含丘脑、下丘脑、扣带回、海马、杏仁核、眶额皮质和部分基底神经节等结构组成的神经回路,这些结构大致分布在胼胝体周围(Gazzaniga, 2004)。其中杏仁核(amygdala)发挥了最为重要的作用。杏仁核位于颞叶中部,与海马前部相连,主要负责负性情绪如恐惧和焦虑等的加工(Lindquist, Wager, Kober, Bliss-Moreau, & Barrett, 2012)。杏仁核受损的个体不会回避危险刺激,失去对危险刺激的恐惧反应,也无法识别包含恐惧情绪的刺激,但是对其他情绪刺激的识别却不受影响(Adolphs et al., 2005)。

第四节　情绪的功能

一、适应功能

情绪反映个体与内/外环境的适应状态,往往源于对情绪刺激的评价,评价过程可能是有意识的,也可能是无意识的,评价的内容和结果与所发生的情绪有密切关系。促进目标实现的、满足需要的良好评价可能引起愉快和兴趣;阻碍目标实现的、有威胁的不良评价可能引起各种负情绪,并引起趋近或回避的行为倾向。因此,情绪显示着个体与内外环境的适应关系,并引起进一步的适应行动。也有研究者从关系角度将情绪研究重点从个体内部过程扩展到个体与环境之间的关系,指出情绪显示着个体与其内部的和外部的各种事件之间关系的建立、维持、中断或破坏的过程(Campos, Campos, & Barrett, 1989)。此外,情绪也可以反映个体与他人(尤其是重要他人)关系的动态发展。一般而言,情绪反应往往是指针对某一个具体事件(刺激)即时发生、持续时间较短(例如,几分钟内)的适应性身心反应。可是,如果情绪持续了较长时间,几天或者几周,尤其是负性情绪,堆积成心境(例如,焦虑、抑郁),则可反映一定程度的不良适应。总之,情绪反映着各种不同的适应状态,并影响到个体的身心健康。

二、动机功能

情绪的动力性是情绪的核心功能,反映着个体内在身心需要及态度。情绪反应总是带有某种不可抑制的驱动力,改变个体的注意,引起更多的信息加工,让我们重新认识环境,并组织各种适应及应对行为。情绪的驱动性是情绪适应功能得以实现的基本属性。情绪联系着动机过程,被进化成为携带着动机信息的显示机制,报告着动机运作的过程(Buck,1985)。

情绪反应的三个成分都具有动力特性。情绪的核心成分——主观体验可保证个体能对自己所处环境性质(例如,有利的、有害的、可趋近的、应远离的)有意识,从而促发和驱动相应的认知和行动,还能通过影响(促进、阻碍或中断)正在进行的认知活动,发挥情绪适应功能。情绪反应中所特有的生理反应(包括中枢的和外周的),将使个体可以呈现相应的生理激活,为引起相应的行为反应预备生理动力。作为情绪重要成分之一,展现在面部的和躯体各种行为的表情行为,一方面表达着个体的情绪状态,也在人际互动过程中交换信息,推动人际互动。

三、组织功能

情绪的组织功能是指情绪对其他心理过程的影响。情绪的动机分化理论主张一切情绪行为都是适应和调节行为,情绪系统属于人格系统的一个子系统,与其他五个子系统(体内平衡、内驱力、认知、知觉、行动系统)都存在相互作用(Izard,1989)。情绪的生理反应成分体现了情绪系统与体内平衡的联系,情绪的适应功能及动机功能则充分地体现出情绪系统对内驱力(生理需要)及行动系统的影响力,因此我们将从情绪—知觉—认知过程的研究成果来再次展示情绪的组织功能。

情绪不仅对认知活动的作用起驱动作用,还可以调节认知加工过程和人的行为。情绪可以影响知觉对信息的选择,监视信息的流动,促进或阻止工作记忆,干涉决策、推理和问题解决。一般而言,正性情绪对其他心理过程的起到协调、组织的作用,而负性情绪起到破坏、瓦解或阻断的作用。研究表明,人在加工和提取信息时,那些和当前情绪一致的内容表现出选择性的敏感性,这些材料容易受到注意,得到深入加工,并建立更为细致的联系(Gilligan & Bower,1985)。种种实验证据都表明,情绪具备激活有机体能量,从而组织人的心理活动的功能,是个体脑内的一个监测系统,调节着其他心理过程。

四、信息功能

情绪也是人类除语言外重要的信息传递手段。从个体的发展角度来说,情绪的传递和表达甚至早于语言,婴幼儿同他人建立的最初的社会性联系(主要是与母亲之间的依恋关系)就是通过情绪的沟通而非语言的交流来实现的。婴幼儿与生俱来就具备一些特定的情绪表达,例如在感到不适时会哭闹,看护者也通过特定的情绪表达教导婴幼儿如何应对情绪反应,产生合适的适应性行为。

人们在情绪反应和感情交往中,通过整合面部表情、声调变化和身体姿态来实现信息传递以达到信息传递的目的。其中面部表情携带的情绪信息具有较强的特异性,在情绪信息的传递和表达中起到主导的作用。共情(empathy)是促进人接受情感信息的重要能力,这种能力使我们能够设身处地理解他人的情感状态和体验(Stilwell,2001)。共情可以帮助人们更加准确和快速地判断和识别他人的行动,增加了个人对于环境信息的获取,促进利他行为的发生,帮助社会成员之间形成更加紧密的关系。

参考文献

Adolphs, R., Gosselin, F., Buchanan, T. W., Tranel, D., Schyns, P., & Damasio, A. R. (2005). A mechanism for impaired fear recognition after amygdala damage. *Nature*, 433(7021), 68–72.

Bard, P. (1934). On emotional expression after decortication with some remarks on certain theoretical views: Part I. *Psychological Review*, 41(4), 309–329.

Barrett, L. F. (2016). The theory of constructed emotion: an active inference account of interoception and categorization. *Social Cognitive and Affective Neuroscience*, nsw154.

Buck, R. (1985). Prime theory: An integrated view of motivation and emotion. *Psychological Review*, 92(3), 389–413.

Campos, J. J., Campos, R. G., & Barrett, K. C. (1989). Emergent themes in the study of emotional development and emotion regulation. *Developmental Psychology*, 25(3), 394–402.

Cannon, W. B. (1927). The James–Lange Theory of Emotions: A Critical Examination and an Alternative Theory. *The American Journal of Psychology*, 39(1/4), 106.

Clore, G. L., & Ortony, A. (1984). Some issues for a cognitive theory of emotion. *Cah. Psychol. Cogn. Curr. Psychol. Cogn.*, 4, 53–57.

Damasio, H., Grabowski, T., Frank, R., Galaburda, A., & Damasio, A. (1994). The return of Phineas Gage: clues about the brain from the skull of a famous patient. *Science*, 264(5162), 1102–1105.

Ekkekakis, P., & Russell, J. A. (2013). *The Measurement of Affect, Mood, and Emotion*. Cambridge: Cambridge University Press.

Ekman, P. (1993). Facial expression and emotion. *American Psychologist*, 48(4), 384–392.

Ekman, P., & Friesen, W. V. (1971). Constants across cultures in the face and emotion. *Journal of Personality and Social Psychology*, 17(2), 124–129.

Feldman Barrett, L., & Russell, J. A. (1998). Independence and bipolarity in the structure of current affect. *Journal of Personality and Social Psychology*, 74(4), 967–984.

Fontaine, J. R. J., Scherer, K. R., Roesch, E. B., & Ellsworth, P. C. (2007). The World of Emotions is not Two-Dimensional. *Psychological Science*, 18(12), 1050–1057.

Gazzaniga, E. (2004). *The Cognitive Neurosciences III: Third Edition*. MIT Press.

Gilligan, S. G., & Bower, G. H. (1985). Cognitive consequences of emotional arousal. *Emotions, Cognition, and Behavior*. New York, NY, US: Cambridge University Press.

Gross, J. J., & Levenson, R. W. (1993). Emotional suppression: Physiology, self-report, and expressive behavior. *Journal of Personality and Social Psychology*, 64(6), 970–986.

Izard, C. (1991). *The psychology of emotions*. Springer Science & Business Media.

Izard, C. E. (1989). The structure and functions of emotions: Implications for cognition, motivation, and personality. In *The G. Stanley Hall lecture series*, *Vol.* 9. (pp. 39–73). Washington: American Psychological Association.

Izard, C. E. (1992). Basic emotions, relations among emotions, and emotion-cognition relations. *Psychological Review*, 99(3), 561–565.

Izard, & Carroll, E. (1977). *Human Emotions*. Springer US.

Kalat, J., & Shiota, M. (2011). *Emotion*. Nelson Education.

Keltner, D., & Ekman, P. (2000). Emotion: An overview. *Encyclopedia of Psychology*, *Vol.* 3. New York, NY, US: Oxford University Press.

Lang, P. J. (1995). The emotion probe: Studies of motivation and attention. *American Psychologist*, 50(5), 372–385.

Larsen, R. J., & Diener, E. (1992). Promises and problems with the circumplex model of emotion. *Review of Personality & Social Psychology Emotional & Social Behavior*, 14, 25–59.

Lazarus, R. S., Coyne, J. C., & Folkman, S. (1984). Cognition, emotion and motivation: The doctoring of Humpty-Dumpty. In *Approaches to emotion* (pp. 221–237). Psychology Press.

LeDoux, J. E. (1994). Emotion, Memory and the Brain. *Scientific American*, 270(6), 50–57.

Lindquist, K. A., Wager, T. D., Kober, H., Bliss-Moreau, E., & Barrett, L. F. (2012). The brain basis of emotion: A meta-analytic review. *Behavioral and Brain Sciences*, 35(3), 121–143.

Phaf, R. H., Mohr, S. E., Rotteveel, M., & Wicherts, J. M. (2014). Approach, avoidance, and affect: ameta-analysis of approach-avoidance tendencies in manual reaction time tasks. *Frontiers in Psychology*, 5.

Plutchik, R. (1970). Emotions, Evolution, And Adaptive Processes. In *Feelings and Emotions* (pp. 3–24). Elsevier.

Plutchik, R. (1982). A psychoevolutionary theory of emotions. *Social Science Information*, 21(4–5), 529–553.

Plutchik, R. (2003). *Emotions and life: Perspectives from psychology, biology, and evolution*. American Psychological Association.

Posner, J., Russell, J. A., & Peterson, B. S. (2005). The circumplex model of affect: An integrative approach to affective neuroscience, cognitive development, and psychopathology. *Development and Psychopathology*, 17(03).

Russell, J. A. (1980). A circumplex model of affect. *Journal of Personality and Social Psychology*, 39(6), 1161–1178.

Russell, J. A. (1983). Pancultural aspects of the human conceptual organization of emotions. *Journal of Personality and Social Psychology*, 45(6), 1281–1288.

Russell, J. A. (2009). Emotion, core affect, and psychological construction. *Cognition & Emotion*, 23(7), 1259–1283.

Schlosberg, H. (1954). Three dimensions of emotion. *Psychological Review*, 61(2), 81–88.

Siemer, M., Mauss, I., & Gross, J. J. (2007). Same situation — Different emotions: How appraisals shape our emotions. *Emotion*, 7(3), 592–600.

Solomon, R. C. (1993). The philosophy of emotions. *Handbook of Emotions*, 2, 5-13.

Stilwell, B. M. (2001). Empathy and Moral Development: Implications for Caring and Justice. *Journal of the American Academy of Child & Adolescent Psychiatry*, 40(5), 614-615.

Strongman, K. T. (2003). The psychology of emotion: from everyday life to theory. *J. Wiley*.

Warriner, A. B., Kuperman, V., & Brysbaert, M. (2013). Norms of valence, arousal, and dominance for 13,915 English lemmas. *Behavior Research Methods*, 45(4), 1191-1207.

Watson, D., Clark, L. A., & Tellegen, A. (1988). Development and validation of brief measures of positive and negative affect: The PANAS scales. *Journal of Personality and Social Psychology*, 54(6), 1063-1070.

Yik, M., Russell, J. A., & Steiger, J. H. (2011). A 12-point circumplex structure of core affect. *Emotion*, 11(4), 705-731.

冯特.(2016).心理学概述——情感三度说[M].武汉：湖北科学技术出版社.

唐钺.(1982).西方心理学史大纲(1st ed.)[M].北京：北京大学出版社.

孟昭兰.(1987).为什么面部表情可以作为情绪研究的客观指标[J].心理学报,19(002),14-24.

孟昭兰.(2000).体验是情绪的心理实体——个体情绪发展的理论探讨[J].应用心理学,(02),48-52.

张明.(2004).洞察危机的惊魂：应激心理学[M].北京：科学出版社.

詹姆斯.(2009).心理学原理(1st ed.)[M].北京：北京大学出版社.

达尔文.(2009).人类和动物的表情(1st ed.)[M].北京：北京大学出版社.

黄敏儿.(2017).第九章　情绪理论.In 郭德俊(Ed.),动机与情绪(1st ed., pp. 303-341)[M].北京：首都师范大学出版社.

第二章 情绪理论

情绪有许多理论,它们源于不同的假设,强调不同的问题,针对情绪这个术语不同研究者各有侧重点,有的强调生理因素,有的强调行为,有的强调主观感受。不同的情绪理论主要从情绪的产生、情绪的神经机制、情绪的自主反应性、情绪的外在表现、情绪的功能及不同要素之间的关系等方面对情绪进行了描述(孟昭兰,1985)。情绪理论的内容繁多,本章介绍其中一些有代表性的。

第一节 情绪的理论取向

目前不同取向的情绪理论基本在以下两个方面达成共识:(1)情绪包括一系列心理状态,如主观体验、表达行为(如面部、身体、语言)和外围生理反应(如心率、呼吸)。(2)情绪是任何人类心理模型的中心特征。然而,除了这两点一致之外,几乎其他一切似乎都有待讨论。一些理论家认为情绪的特征是独特的和相对一致的主观体验、表达方式和生理反应模式。还有一些人强调所有精神状态包括主观体验、表达行为和生理反应这三种反应并不能真正提供情绪本身的独特定义。其他争论点包括什么可以算作情绪,谁有情绪(例如,婴儿、非人类动物),以及研究情绪的最佳方法是什么,这些观点和科学重点上的差异反映在对情绪的广泛视角。

根据不同情绪理论的共性和个性,研究者将情绪理论概括为四种取向:(1)基本情绪取向;(2)评价取向;(3)心理建构取向;(4)社会建构取向(Gross & Feldman Barrett,2011)。对这些取向的划分主要依据了以下问题:情绪是独立存在的心理状态吗?情绪有其特定的机制吗?情绪是否有特定神经环路加工?情绪是否有独特的外在表现(通过面部表情、声音、身体状态)?某种情绪是否对应了某种特定反应倾向?情绪是否伴随体验?(情绪加工的)共同点?情绪变化的重要性?情绪是否是人类和动物所共有?进化如何塑造情绪?不同取向的情绪理论对这些问题的回答如表2.1所示。

这些取向的情绪理论并不是独立的,而是连续的(详见插页彩图一)。在情绪理论连续体的最左边(详见插页彩图一,红色部分),基本情绪模型(Basic Emotion Models)认为,愤怒、悲伤和恐惧等情绪词每个名称都有独特的机制,导致独特的心理状态和独特的可测量结果。存在有限数量的生物基本状态,它们在形式、功能和原因上与其他状态(如认知和知觉)不同。每种基本情绪都是不可分解的基本心理模块。在大多数基本情绪模型中,每种情绪都是由一个专门的机制(如特定的大脑回路或情感程序)引起的,该机制产生一系列协调的主观体验、初步的反应倾向、表达行为(如面部表情)、自主和神经内分泌反应,如伊扎德

(Izard)认为特定类型的情绪有其特定的神经基础,并不是一个所有大脑结构和神经递质都同等参与的普遍过程。

表2.1 四种取向情绪理论的核心假设

	Basic	Appraisal	Psychological construction	Social construction
1. Are emotions unique mental states?	Yes	Yes	No	Varies by model
2. Are emotions caused by special mechanisms?	Yes (e.g., affect programs)	Varies by model	No (basic ingredients vary by specific model)	No
3. Is each emotion caused by a specific brain circuit?	Yes (subcortical circuit for each emotion)	No	No (distributed brain network for each ingredient)	No
4. Do emotions have unique manifestations (in face, voice, body state)?	Yes	Varies by model	No	No
5. Does each emotion have a unique response tendency?	Yes	In most models	No	No
6. Is experience a necessary feature of emotion?	Varies by model	Yes	Yes	No
7. What is universal?	Emotions are universal	Appraisals are universal	Psychological ingredients are universal	Influence of social context is universal
8. How important is variability in emotions?	Epiphenomenal	Varies by model	Emphasized	Present, but not central
9. Are emotions shared with non-human animals?	Yes	Some appraisals are shared	Affect is shared	No
10. How did the evolution shape emotions?	Specific emotions evolved	Cognitive appraisals evolved	Basic ingredients evolved	Cultural and social structure evolved

(来源:Gross, J J & Feldman Barrett, L., 2011)

连续体的黄色部分是情绪的评价模型(Appraisal Models)。在这里,情感词仍然描述了特殊的心理状态,这些状态在形式、功能和原因上与其他心理状态都是独特的,但愤怒、悲伤、恐惧和其他情感词没有明确的名称,一些评价模型(特别是那些在20世纪60年代和70年代发展起来的)将评价视为情感的特定认知前因,这些情感使世界变得有意义,如阿诺德(Arnold)提出情绪是大脑对刺激感觉的一种评价,它产生情绪体验的"情绪态度"。在评价模型的左侧部分,评估就像一组开关,当以特定模式配置时,触发生理上基本的情绪反应,其特征要么是刻板的输出,要么是强烈且几乎不可避免的以特定方式与世界互动。当我们移到评价区域的中间时,评价不是被视为情绪的起因(逻辑上是分开的),而是被视为情绪的组成部分。在这里,情绪与反应倾向相关联,这些反应倾向并不总是会表达出来,但可以以一种特定的方式与世界联系的倾向。在评估区域的最右边,情绪是体验世界的方式。在这里,评价模型保留了情绪是不同功能状态的假设,但情绪越来越被视为产生意义的行为。如愤怒是对冒犯的体验，处于悲伤的状态是经历失去等。这些评价模型倾向于不知道情绪的机制原因，也不假定情绪是一套刻板的输出——情绪反应的可变性是预期的。

情绪理论连续体的绿色部分为心理建构模型（Psychological Construction Models），强调情绪并不是一种特殊的心理状态，其形式、功能也并不是由认知、知觉等其他心理状态引起的，这是因为情绪不是由专门的机制引起的。相反，所有的心理状态都被视为来自一个持续不断的、不断修改的构建过程，其中包含更多不特定于情绪的基本成分（见表2.1）。根据一些心理构建的解释，情绪（就像所有的心理状态一样）是心理成分的有机结合体，它们超过了各成分的简单相加，这使得这些观点与黄色区域右边的描述性评价解释保持了连续性。而其他的心理建构理论（绿色部分的右侧）认为情绪是一些独立的心理成分，如达菲（Duffy）把情绪变化看作三个部分即能量水平、组织作用和意识状态的变化连续体。

情绪理论连续体的最右侧蓝色部分是社会建构模型（Social Construction Models）。情绪被视为社会人工制品或文化规定的表演，由社会文化因素构成，并受到参与者角色和社会背景的制约。一些社会建构模型将社会因素看作基本情绪的触发器，就像早期的评价模型认为评价是基本情绪的认知触发器一样。然而，该区域的其他模型将情绪视为社会环境和人本身构建的社会文化产物，而不是先天的。情绪是文化的表现，而不是内在的精神状态。一个社会构建的事件是否被视为一种情绪取决于它所产生的社会影响。在某种程度上与某些评价模型的观点相反，社会建构模型认为认知过程是受到社会文化期望和约束的影响，是后天习得的，因此这种认知因文化而异。情绪的心理和行为成分都是与其社会意义和功能而共同进化。

除了这些情绪理论取向，还有研究者以情绪的生理心理研究为基础，提出了情绪的生理机制，在本章中我们将从情绪的生理基础相关理论开始，进一步介绍基于基本情绪取向、评价取向、心理建构取向的理论，关于情绪的社会建构取向研究，读者可以参考本书第十二章。

第二节　情绪的生理模型

一、坎农-巴德（Cannon-Bard）的中枢情绪理论

美国心理学家坎农（Cannon）在1927年提出情绪是丘脑因皮层抑制的释放而产生的神经冲动，这些神经冲动有两种作用：一是引起内脏和肌肉活动，二是把信息传回皮层。也就是说当丘脑过程激活时，我们体验到情绪，与此同时产生身体变化。坎农认为外界刺激引起感觉器官的神经冲动，通过神经传入丘脑，再由丘脑同时向上向下发出神经冲动，向上传至皮层产生情绪的主观体验，向下传至交感神经系统，引起机体的生理变化如瞳孔放大、肌肉紧张、血压升高、心跳加速等。坎农的理论强调皮层下部位特别是丘脑是情绪的神经生理基

础,因此该理论又被称为情绪的丘脑理论。坎农的情绪理论得到了巴德(Bard)的支持和发展,该理论的大量实验工作由巴德完成,后来人们将坎农的情绪理论称为坎农-巴德情绪理论(Cannon - Bard Theory of Emotion)。坎农-巴德情绪理论的研究重点已经转移到情绪过程的中枢机制和大脑机制,因此又被称为中枢情绪理论。

二、帕佩茨(Papez)情绪环路模型

继坎农之后,帕佩茨(Papez)是第二个把神经生物学作为理论基础的理论家。帕佩茨指出情绪包含情绪表现和主观体验两个重要方面,并且引证巴德的研究结果证明情绪表现依赖于下丘脑,同时他认为皮层调节着情绪的主观体验。帕佩茨在1937年提出在低等脊椎动物中,大脑半球与下丘脑之间以及大脑半球与背部丘脑之间存在着解剖和生理上的联系,这些联系在哺乳动物的脑中进一步复杂化,因此可以认为皮层和下丘脑之间的联系调节着情绪(Papez, 1995)。帕佩茨的贡献在于从解剖学的联系解释了这些功能实现的可能性,他提出下丘脑、丘脑前核、扣带回和海马构成基本的情绪环路,从海马内嗅皮层开始,经穹隆、下丘脑乳头体、丘脑前核和扣带回,并返回海马构成的封闭环路,后来被称为帕佩茨环路(Aggleton, Pralus, Nelson, & Hornberger, 2016)(图 2.1)。感觉刺激通过背侧丘脑到新皮层的投射和腹侧丘脑到下丘脑的投射进入环路,负责情绪体验的扣带回激活后,情绪体验可以作为激活新皮层的感觉信号。帕佩茨环路对于情绪活动脑机制的解释为后来边缘系统概念的发展奠定了基础。随着脑影像技术的不断发展,2019年韩国学者报道了使用7.0T超分辨率磁共振束造影直接可视化的帕佩茨环路(Choi, Kim, Paek, & Cho, 2019)(详见插页彩图二),这是第一个可视化的完整的帕佩茨环路的研究。

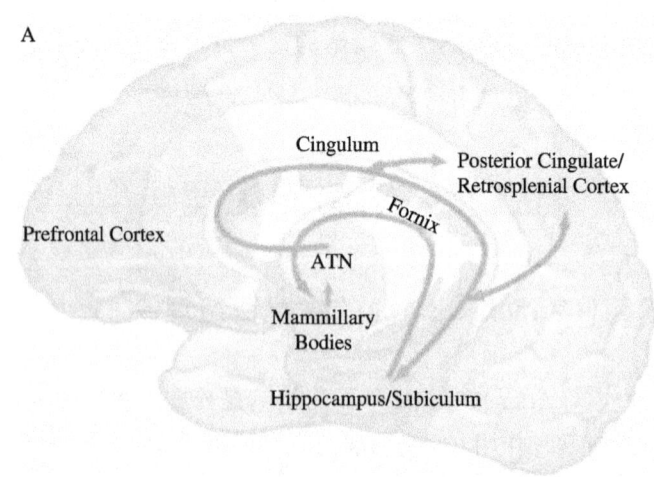

图 2.1 帕佩茨环路

(来源:Aggleton, Pralus, Nelson, & Hornberger, 2016)

三、林斯利(Lindsley)的理论

林斯利在1957年提出情绪是由于脑干网状结构的唤醒而引起的行为激活,即唤醒-动机机制是情绪产生的基础。林斯利的主要观点基于以下五个实验结果:(1)在情绪状态中,脑电图表现出失同步作用,即α波阻抑或激活;(2)脑干网状结构或感觉通道的兴奋能够引起脑电图的激活;(3)毁损间脑底部,失同步作用恢复,脑电图激活消失;(4)如果损伤间脑底部,至少在猫身上表现出的行为与在情绪状态下的行为相反,如变得冷漠、嗜睡等;(5)在间脑底部重叠唤醒的脑电图机制是情绪表现的客观生理基础(Lindsley,1950)。林斯利认为唤醒机制由脑干网状结构与间脑和边缘系统的相互作用而产生,而边缘系统则控制着情绪的表现和动机行为。他还提出情绪按照以下三种通路进行表现:(1)皮层通路,通过皮层唤醒而表现出思考、担忧或焦虑等;(2)内脏通路,通过皮层、间脑和脑干的唤醒而表现出出汗、哭喊等自主神经系统的作用;(3)躯体运动通路,通过躯体运动的激活来表现面部表情、肌肉紧张等。除去情绪现象之外,林斯利还研究了睡眠、觉醒、警觉、注意、选择性注意、警惕及动机等,他设想这些现象是由普遍存在的上行或下行网络系统与中枢神经系统的相互作用而产生的,因此林斯利是一位倡导广泛神经唤醒的理论家。

四、宾德拉(Bindra)的理论

宾德拉(Bindra)1969年提出了情绪和动机的神经生理理论,他认为中枢动机状态(central motive state,CMS)可以同时解释情绪和动机两种现象(Bindra,1969)。宾德拉认为情绪和动机这两种作用不可区分,不管是从对生物体有益的角度还是神经生理结构,情绪和动机都是环境刺激与生理变化之间交互作用的结果。中枢动机状态是指由某种生理状态和某种刺激相互作用而产生的一组神经过程。特定的生理状态和特定类别的环境刺激之间的相互作用是激发每种(情感或动机)物种典型行为所必需的。CMS不是一种驱动,而是一种通过生理状态和刺激相互作用而发生的神经功能变化。例如饥饿只有一种生理变化,当有外部的食物刺激时,才会产生饥饿的中枢动机状态。

中枢动机状态(CMS)如何组织特定类型的物种典型行为呢?如图2.2所示,构成特定CMS功能状态的改变以两种方式促进了某种行为的发生。首先,CMS改变了感官输入的有效性,从而增加了对特定刺激对象做出反应的可能性,被称为"选择性注意"。其次,CMS将神经放电调整为与物种典型行为有关的特定自主和躯体运动节律,从而增加该行为发生的可能性,也被称为运动易化和反应偏向。上述中枢动机状态的所有陈述都同样适用于"动机"和"情绪"的表现。

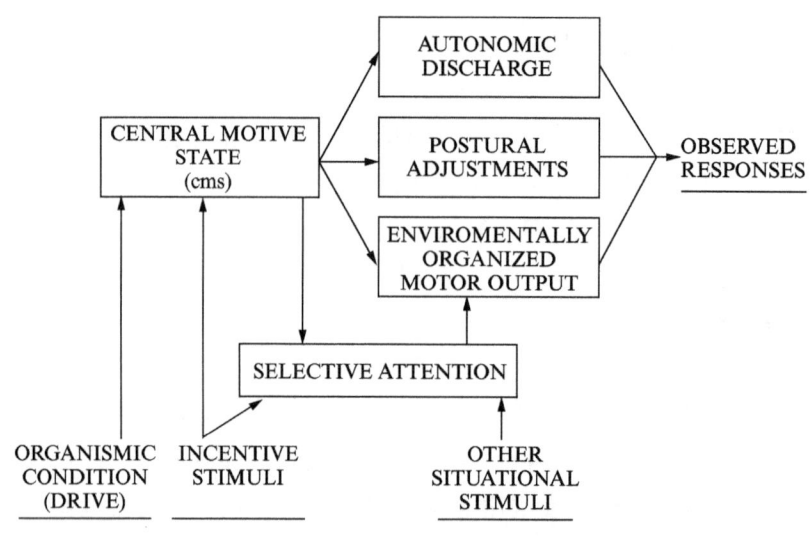

图 2.2　中枢动机状态(CMS)组织行为的示意图

(来源：Bindra, D., 1969)

第三节　基本情绪取向的情绪理论

第一章中关于情绪分类、维度、成分等的介绍都将情绪视为独立的心理状态，都是基于基本情绪取向。本书的后续章节关于情绪的诱发与评估的研究，也是基于基本情绪理论视角，将情绪作为独立的心理成分和研究对象，应该说基本情绪理论对情绪的理解奠定了本书的理论基础。本节着重介绍较为系统的基本情绪理论——伊扎德的分化情绪理论（differential emotions theory, DET）。

1972年，伊扎德（Izard）提出了一个较为完整的情绪理论，涉及情绪的各个方面，从进化的角度研究与情绪相关的得失开辟了新的视角（Izard & Bartlett, 1972）。伊扎德把神经系统和脑的进化与情绪的进化和分化联系起来，他认为情绪的进化与分化同人脑的进化与分化是同步、平行的，情绪是新皮层进化和发展的产物，新皮层体积的增长标示着功能上的分化，其中包括面部肌肉系统和血管系统的分化，这在情绪的发生上至关重要。他认为情绪的分化包括：(1) 通过骨骼肌随意运动系统实现的面部运动模式分化。(2) 面部运动模式在进化中储存在皮层下结构。(3) 面部-皮层反馈机制和体验的产生。伊扎德把表情、体验和生理变化联系起来，指出基本情绪表情是在种族进化过程中构成的，因而具有先天的性质，它们在皮层下一些部位形成先天程序在刺激下引起相应的面部表情模式，面部肌肉运动的反馈引起边缘系统的变化而产生情绪体验。机体内脏器官的变化起着维持和加强情绪体验的作用。从高等动物进化到人类所产生的面部肌肉系统的分化和情绪的分化是一致的。伊扎德继承和发展了达尔文的进化学说，建立了分化情绪理论（DET）。

DET对情绪的理解坚持了以下几个原则(Izard，2009)：(1)情绪感觉是(a)源于进化和神经生物学发展，(b)是情绪和意识的关键心理组成部分，(c)通常是固有的适应性。(2)情绪在意识的进化中起着中心作用，影响着更高层次意识的出现，并在很大程度上决定了整个生命周期中意识的内容和焦点。(3)情绪具有动机性和信息性，情绪、感受构成了心理操作和外显行为的主要动机。(4)基本情绪情感有助于组织和激发快速行动(通常是或多或少的自动的，但可塑的)，这些行动对生存或幸福等即时挑战的适应性反应至关重要。在情绪图式中，在产生和监控思想和行为时，与情绪有关的神经系统和心理过程(感觉、知觉和认知)持续和动态地相互作用。这些动态互动(从瞬间过程到特征或类似特征的现象)可以产生无数特定的情感体验(如愤怒图式)，它们具有相同的核心感觉状态，但感知倾向(偏见)、想法和行动计划不同。(5)情绪利用，通常依赖于有效的情绪-认知互动，是一种适应性的思想或行为，部分直接源于情感感受或动机的经验，部分来自学习的认知、社会和行为技能。(6)当学习导致情绪、感受与不适应的认知和行为之间的联系发展时，情绪图式会变得不适应，并可能导致精神病理。(7)在正常情况下，兴趣情绪持续存在于正常的头脑中，它是参与创造性和建设性努力以及幸福感的核心动力。兴趣及其与其他情绪的相互作用解释了选择性注意，选择性注意反过来影响所有其他心理过程。

伊扎德的情绪理论强调了非认知激活因素在情绪激活中的重要作用，强调了不同类型的情绪，以及它们在不同层次的意识、心理和行为的进化和发展中的作用。

一、情绪系统

伊扎德认为情绪感受应该被视为神经生物学活动或情绪的身体表达的一个阶段(而不是结果)。尽管对情绪这个术语的一般定义还没有达成共识，许多专家都同意情绪只有有限的组成部分和特征。他们一致认为，情绪的基础至少包括专门处理情绪的神经系统，情绪激发的认知和行动等反应系统。伊扎德将情绪定义为伴随神经系统的活动、肌肉活动表达和主观体验等成分的一个复杂过程。

情绪包括表达或运动成分，或者至少是中枢神经系统的传出活动。神经肌肉活动表达性行为包括：(1)中枢神经系统传出活动；(2)典型的面部表情；(3)表达组件；(4)姿势；(5)声音表达；(6)头部和眼球运动；(7)肌肉动作电位。关于情绪体验成分的本质存在分歧，但大多数定义包括以下一个或多个：(1)动机；(2)行动准备；(3)行动倾向；(4)知觉的选择性；(5)认知和行动的线索；(6)感觉状态。从根本上说，情绪体验是关于动机积极和消极的感觉、准备或倾向，以及认知和行动的线索。

伊扎德的情绪定义中还区分了基本情绪和情绪图式的概念，他认为基本情绪是指由进化上较为陈旧的大脑系统在感知到生态上有效的刺激时所产生的情绪过程(Izard 2007)，而情绪图式是一种与知觉和认知过程动态交互影响的情绪心理过程和行为表现。情绪图式通常由评价过程诱发，也可由图像、记忆、思想和各种非认知过程诱发，如神经递质的变化和激素水平的周期性变化(Izard 1993)。情绪图式，特别是其认知方面，受到个体差异、学习、社会和文化背景的影响。然而,给定的情绪图式(如悲伤图式)的感觉成分在本质上与悲伤的基本情绪中的感觉是相同的。尽管在它们的潜在神经过程中可能存在一些差异,但每种类型情绪的悲伤感觉都有一组共同的大脑回路或神经生物学活动。

二、情绪的激活

激活情绪的四种系统分别是神经系统、感觉运动系统、动机系统和认知系统。所有的情绪激活过程都必然涉及神经系统,但神经系统可以独立于其他类型的激活系统来激活情绪。在神经系统中,情绪的产生可以用某些神经递质和大脑结构的活动来解释,如特定的神经递质参与抑郁和焦虑中复杂的情绪模式已经得到了很好的证实。在感觉运动系统中,情绪可能是由传出神经或运动信息激活的,这个过程可能还包括来自肌肉活动、肌梭或皮肤感受器的传入反馈。在动机系统中,包括生理驱动和情绪,与驱动状态有关的感觉过程,比如疼痛,会激活一种情绪。与之类似,一种情绪可能会激活另一种情绪,这种情绪是通过学习或天生联系在一起的。在认知系统中,评价和归因等过程会导致情绪。

根据不同的激活系统对情绪进行因果解释,如神经系统和认知系统,不仅涉及不同的分析层次,而且涉及不同的机制和过程。然而,在所有的情绪激活系统中,情绪的产生最终取决于神经系统对信息情感意义的评估所涉及的特定神经基础。一种特定的情绪被激活的可能性取决于刺激的模式、个体对这种情绪的阈值,以及由遗传和经验因素产生的其他个体差异。伊扎德认为,从进化生物学的角度来看,这四种类型的情绪激活系统可以看作是一个松散的组织层次的情绪激活系统,它不是一个严格的等级安排,除了在神经层次上(最简单的)的处理是原始的和总是必要的,而通过推理或归因的情绪激活总是需要认知系统(最高层次)。从发展和进化的角度来看,它是分层的,通过这些系统的选择和发展,保证了所有偶发事件都会有一个激活情绪的过程,每个情绪激活系统都特别适合于某些与生存和适应有关的偶发事件。神经系统持续工作以维持背景情绪体验,这些体验表现为稳定的个体差异,如积极情绪和消极情绪。感觉运动系统在母婴早期互动中起作用,以促进社会交流和加强社会情感纽带。当驱动状态变得足够强烈而扰乱自我平衡和自主过程时,或者当一种情绪激活另一种情绪以改变动机条件和增加行为选择时,动机系统就会激活情绪。当内感受或外感受输入需要评价、比较、分类、推理、归因或判断时,认知系统就会激活情绪。

神经系统对情绪的产生既是必要又是充分条件。虽然感觉运动和动机系统可以独立于认知运行,但它们在激活情绪时经常与认知过程相互作用。一般来说,引发情绪的情况越复杂,最高阶的激活系统,即认知系统,就越有可能发挥作用。

三、情绪与认知的关系

进化和发展的考虑都支持这样的观点,即情绪系统在进化上先于认知系统(Izard, 1972)。动物能够在思考之前先感受,这是高度适应性的,就像疼痛导致戒断或疼痛引发的愤怒导致防御行为。只有3周大还不会说话的婴儿对照顾者微笑,并开始建立依恋关系,这同样能极大地增加生存的机会。跨文化和发展数据表明,许多情绪表达是先天的和普遍的,在婴儿具备认知能力之前就出现了。伊扎德指出,离散的情感感觉是不能通过认知过程教授或学习创造出来的。知觉和概念过程以及意识本身更像是情绪的影响,而不是它们的起源。离散情绪经历在个体发育中远在儿童习得语言或概念结构之前出现,这些概念结构足以构成我们所知的离散情绪感受。此外,语言习得并不能保证情感体验总能被识别出来并通过语言进行交流,即使是成年人也很难准确地描述他们的情感感受。

第四节　评价取向的情绪理论

一、阿诺德（Arnold）情绪评定-兴奋学说

1950年美国心理学家阿诺德（Arnold）提出情绪是大脑对刺激感觉的一种评价,它产生情绪体验的"情绪态度"。刺激或情境可以被评价为好、坏或不重要。如果被认为是好的,它会被认为是有吸引力的,如果被认为是不好的,它会被认为是令人厌恶的,如果被认为是无所谓的,它会被完全忽视。这种评价和感觉经验一样直接,即使它只是作为喜欢或不喜欢、对某物的有利或不利的态度来体验。人类不同于动物,不仅经历直接的吸引和排斥,而且还可以做出反思的价值判断。不管是直接的评价还是经过反思的价值判断,这种判断将被评价的事物与主体联系起来,并在此时此刻衡量其对主体的影响。因此,评价是对知觉的补充和完善,并产生一种以某种方式处理客体的倾向。

记忆是评价的基础,任何新的刺激都是按照过去的体验受到评价的。评价和情感记忆产生一种对客体的情感倾向,当这种情感倾向很强烈时,它就被称为一种情绪。除了对感官和味觉体验的简单享受或厌恶,包括极端的快乐和痛苦,以及由身体约束产生的愤怒,所有的情绪似乎都需要情感记忆作为此时此地对产生这些情绪的评价的基础。正如我们只有经历过预期的伤害或剥夺的威胁,才能感到恐惧一样,除非我们有机会成功地应对,我们才能感到自信,除非我们曾感受到亲密接触的喜悦,我们才能感受到爱。同样,没有情感记忆,动机行为也不可能发生。当动物在饥饿的诱导下学习走迷宫或使用杠杆时,它们之所以这样做,是因为在迷宫中正确的转弯和正确的杠杆组合之前已经获取了食物。它们已经获得了一种积极的效价,并且现在引起了与之前相同的积极反应,因为动物正在重新体验在目标箱中找到食物或通过按压杠杆而获得食物的满足感。

想象是评价链条上的最后一环,阿诺德认为,当前的刺激和有关的记忆使我们推测未来,我们想象将要发生的事情是好的还是坏的,因此评价依赖于记忆和想象。这些想象,无论是幻想的还是记忆的想象,都必须来自能够被重新激活的实际感官体验,或者是完全的（回忆）,或者是新的组合（幻想）。从各种研究报告中我们可以推断,视觉印象记录在视觉联想皮层,体觉印象记录在体觉联想区,听觉、嗅觉、味觉和运动体验记录在各自的联想区。由

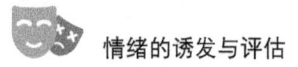

于评价包含在每一种感觉中,完成感觉经验并赋予它个人意义,我们可以预期调节这种评价的系统将与所有感觉皮层区域相连。

实验表明,边缘系统,特别是扣带回,服务于情感反应。MacLean(1954)发现,对后扣带回的电和化学刺激激发了猫对抚摸的愉悦反应。Ward指出,移除前扣带回的猴子不会为其他猴子梳理毛发,也不会以任何其他方式表现出情感,这些猴子从其他猴子手中拿食物,然后当它们的同伴攻击它们时,它们似乎很惊讶(Ward,1948)。从这些和许多其他的实验报告中,Arnold(1960)得出结论,胼胝体下回调节前皮层对气味的评价,前扣带回(和岛叶前部)调节对动作和动作冲动的评价,而扣带后部和压后皮质(以及岛叶后部)似乎调节对躯体感觉印象的评价。如前所述,这种评价仅仅是作为喜欢或不喜欢而经历的。这些边缘区域应该与一个回路相连接,这个回路可以让这种情感评估重新开始,如果过去的经验与对当前情况的评估相结合的话,这个回路应该会回到边缘皮层。Pribram和MacLean已经证明边缘皮层(胼胝体下、扣带、压后皮质和海马回)实际上接收来自皮质感觉区和关联区的脉冲(Pribram & Maclean,1953)。连接这些区域与海马体和穹窿的扣带。通过乳头体向丘脑前核和扣带皮层发送信号。这可能是调节情感记忆的回路。

根据现象学的分析,想象对于期待这一次将要发生的事情是必要的。研究表明,从边缘皮层经由杏仁核和丘脑关联核到皮质关联区有一个回路可以实现想象加工。想象通路有助于记忆痕迹的恢复。当一个物体的出现激活了记忆通路中的相似事物和伴随的情感体验时,想象通路就会开始加工,并对可能发生的事和我们可能的反应做出想象。阿诺德把环境引向认知,重视皮层在情绪产生中的作用,来自环境中的刺激事件只有经过评估刺激对个体的意义,才能产生情绪。同时她也强调皮层下结构,尤其是边缘系统对情绪调节的作用。阿诺德认为,情绪的产生是大脑皮层和皮层下结构兴奋的作用和结果,她的理论也被称为"评价—兴奋学说"。

二、拉扎勒斯(Lazarus)情绪-动机-关系理论

1970年,拉扎勒斯提出了情绪-动机-关系理论(cognitive-motivational-relational theory),该理论包括关系理论、动机理论和认知理论(Lazarus,Averill,& Opton,1970)。这里使用的动机概念与认知活动相融合,比如价值观、目标、承诺、意图和计划。拉扎勒斯认为,这种对动机的兴趣的重新出现,是因为如果不考虑对个体来说什么是重要的,就无法充分理解压力和情绪上的个体差异。我们不会对不重要的事情动情,而会对价值观和我们坚定承诺的目标动情。拉扎勒斯认为情绪是:对有明确的、个人意义的重大相关内容的关注,对个人伤害、威胁、挑战或利益的评估,以及行动准备的潜力和生理变化的综合反映过程。

在情绪的定义上拉扎勒斯区分了情绪性反应和情绪的不同,他认为情绪性反应在某种程度上是进化意义上面的对环境刺激的反射性活动,而情绪作为一种适应性更强的过程和功能,认知评价在其中起着关键的作用。情绪构成了一种非常不同于反射的适应过程。复

杂智能物种的适应很大程度上依赖于从经验中学习的能力,在它们的进化过程中,相比于反射或生理驱动,情绪使适应的多样性和灵活性成为可能。此外,人类的情绪往往基于复杂的社会结构和意义,这些结构和意义定义了什么是有害的,什么是有益的。例如,在一场比赛中,如果参赛者在路上经历了痛苦的疲劳,他们可能会做出痛苦的反应,因为这种痛苦意味着他们失去了动力,比赛可能会失败。然而,当同样的跑步者没有在比赛而是在训练时,他们经历同样痛苦的疲劳,却很容易感到满足,因为这意味着他们的身体正在为未来的比赛而得到加强,而不会有什么危险。

认知评估过程(Appraisal)是拉扎勒斯情绪理论的重要阐述(Lazarus & Smith, 1988)。拉扎勒斯认为有机体对环境中刺激或事件的认知评估是不断进行的,可以分为初级评估和再评估。初级评估(Primary Appraisal)关注的是一个人在事件或刺激中的利害关系,主要的评价是目标相关性、目标一致性以及目标内容。目标相关性是对刺激物与自身的利害关系的评估,发生的事件或刺激物到底与自己是否有关,如果刺激被评价为与自己无关,则评价过程立即结束,不会产生任何情绪。目标一致性关注事件与自己的目标是否一致,一致则评价为有益的,不一致则被评价为有害的,如果是未来的伤害,则是威胁。有益的类型如离目标更近一步,有害的类型如没有实现理想自我或者经历不可改变的损失。这种以冲突为中心的原则是导致情绪是积极还是消极的关键。如果一个评价是伤害或威胁,那么情绪将是消极的;如果评价是有益的,那么情绪就会是积极的。再评估(Secondary Appraisal)是初级评估的继续,通常发生于对威胁或潜在的危害的评估中,涉及应对策略的选择和应对结果的预期。个体需要进行三方面的再评估:是责备还是信任,是针对自己还是针对他人,以及对应应对潜力和结果的预期。责任的归属取决于刺激发出者对伤害、威胁或益处是否有责任,以及这些人对其伤害或益处的完全控制程度。应对潜力与我们是否能够以及以何种方式使人与环境的关系变得更好有关。未来预期关注的是我们认为将会发生什么变化,也就是说,事情会顺利解决,还是变得更糟,包括有效或无效的应对。当我们评估自己能成功应对时,情绪事件结束,当我们评估自己不能成功应对时,就产生压力或焦虑的情绪。

关系主题是拉扎勒斯认知评价理论的一个重要概念,评价过程将个人与环境刺激或事件整合为一种关系主题。每一种情绪都包含一个独特的核心关系主题。在核心关系主题和评估模式之间存在着密切的关系,这些评估模式被设计用来区分具体的情绪:(1)被忽视或贬低(愤怒),(2)面临生存威胁(焦虑),(3)经历了不可挽回的损失(悲伤),(4)违反道德义务(内疚),(5)未达到一个自我理想(羞愧),(6)想要别人有的东西(羡慕),(7)憎恨别人有而自己没有(嫉妒),(8)吃了或太靠近反胃的东西或想法(厌恶),(9)担心最糟糕但渴望更好的(希望),(10)离目标进了一步(幸福),(11)自我或社会价值得到提升,或因成就被重视或奖赏(骄傲),(12)赞颂他人无私的馈赠(感激),(13)渴望与重要他人有情感共鸣(爱),(14)被他人的痛苦所动容(同情)。评估模式提供了详细的评估决策,这些决策总结了每个核心关系主题,抓住了关系的本质。例如,愤怒被定义为受到不公平的轻视或贬低,而这反过来又取决于是否有一个外部主体为这种有害的行为有责任。愤怒的一个典型场景是,走

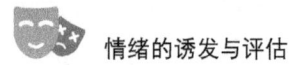

进一家商店,却发现需要服务的店员正在打没完没了的私人电话,迫使我们等待。另一方面,如果商店里挤满了顾客,一个让我们不得不等待的店员就不太可能激起我们的愤怒。如果在这种情况下引起愤怒,它可能会指向商店管理、社会、人类的愚蠢,或自己愚蠢到陷入这种令人沮丧的情况。

应对(coping)是拉扎勒斯情绪理论的另一重要概念,是指行为倾向的心理模拟。尽管有抑制和转化的能力,行为倾向似乎是生物性的,也相对是僵化和自动的,而应对则是心理上的、复杂的,深思熟虑的和有计划的。应对是情绪的关键变量,尤其是通常被归为心理压力范畴的基于伤害和威胁的消极情绪。传统的应对概念,就像以情绪为中心的应对,是伴随于情绪,被设计用来调节情绪压力的。但拉扎勒斯强调应对不仅伴随情绪,它还塑造了随后的情绪,这是一个在传统应对理论中被忽视的影响方向。应对以两种方式形成情绪:一是问题焦点式的应对,包括有计划的行动,通过直接作用于环境或自身来改变人与环境的实际关系。二是以情绪为中心的应对方式,通过部署注意力(如回避),通过改变关系的意义——例如,通过否认或疏远,使与伤害或威胁相关的痛苦情绪变得无关紧要。有时也会用"认知应对"这个短语作为同义词,这些影响的根本机制是评价。人与环境关系的变化会改变评价它的方式,正如认知应对导致的注意力部署或关系意义的变化。情绪是对意义的反应,如果意义改变了,随后的情绪也会发生变化。

第五节　心理建构取向的情绪理论

一、詹姆士-兰格(James-Lange)情绪理论

美国心理学家詹姆士(James)1884年提出第一个系统的情绪心理学理论,丹麦生理学家兰格(Lange)1885年也提出相似的理论,因此合称为詹姆士-兰格情绪理论(James-Lange Theory of Emotion)。人们通常认为对外部刺激的知觉产生情绪,随着情绪的产生而引起一系列的身体变化。但是与通常人们所认为的情绪的产生的看法恰恰相反,詹姆士和兰格认为对刺激的知觉导致内脏和外显的肌肉反应,对这些反应产生的感觉就是体验到的情绪,比如我们听到狮子的吼声,先是逃开然后才感觉到害怕。这一理论的核心内容是有环境刺激引起的内脏活动导致了我们所认为的情绪。他们认为自主神经系统活动增强和血管扩张会产生愉快感,而自主神经系统活动减弱和血管收缩会产生恐怖感。詹姆士-兰格情绪理论重视自主神经系统和内脏、骨骼肌肉系统在情绪产生中的作用,描述的是身体外周变化引起了情绪唤醒,因此也被称为外周情绪理论。

二、达菲(Duffy)的理论

达菲(Duffy)在1941年的论文中曾认为,把"情绪"作为一种科学概念来使用,比不使用

它更为有害,她强调以生理激活来解释情绪,主张取消"情绪"概念而代之以激活,具有明显的情绪取消派倾向(Duffy,1941)。达菲认为情绪变化来自机体能量水平的变化,如兴奋代表一个较高的能量水平,而抑郁则代表一个较低的能量水平。这种能量变化受到外部刺激的影响,当我们预期的目标受到阻碍或阻碍解除时,能量水平会提高,而当我们完全受阻必须放弃目标时,能量水平则降低。达菲认为所有的行为都有动机,情绪就是外界刺激所激起的情绪动机,实质上是生物激活所携带的能量(Duffy,1948)。情绪的异常或紊乱是由能量水平极高或极低的行为所引起的,正如把生理唤醒和操作联系起来的"倒U"曲线表现了情绪的紊乱。她还认为对情绪意识的觉知包含有对环境的觉知、对身体变化的觉知和对反应趋势的觉知,因此达菲把情绪变化看作三个部分即能量水平、组织作用和意识状态的变化连续体,她认为研究情绪本身没有意义,而应该从它的能量水平、对目标的保持度(组织作用)以及对外界环境的反应来考察。

三、沙赫特(Schachter)和辛格(Singer)的情绪两因素理论

沙赫特认为一种情绪状态可能是一种生理唤醒状态和一种与这种唤醒状态相适应的认知的功能。从某种意义上说,认知具有引导作用。根据过去的经验来解释眼前情况的认知提供了一个框架,在这个框架内人们可以理解并给自己的感觉贴上标签。这种认知决定了生理唤醒的状态是否会被标记为"愤怒""快乐""恐惧"或其他什么。为了检验这一表述的含义,需要考虑两种元素,即生理唤醒状态和认知因素,在各种情况下相互作用的方式。

为了测试这些假设沙赫特和辛格进行了一项研究,学生分为两组分别给予注射生理盐水或肾上腺素,一部分被告知注射的药物会引起唤醒水平增高(心跳加速等),一部分则不被告知,然后所有被试者进入引起愉悦或引起愤怒的情境中。实验结果发现注射了肾上腺素且不被告知的药物效果的被试者报告产生了与情境一致的情绪体验,而注射了肾上腺素且被告知了药物效果的被试者在两种情境下都没有产生相应的情绪而是表达为平静。尽管他们经历了强烈情绪状态所共有的交感放电模式,但同时他们对自己为什么会有这种感觉解释为注射了药物的效果,这就是为什么实验对象中很少有人报告有任何情感体验的原因。所以,人们并不是从对生理状态的知觉来认识自己的情绪,而是根据当前环境对身体状态的解释而确定情绪的。

1962年,在实验的基础上沙赫特和辛格提出了一个新的情感理论,他们认为情绪是一种生理唤醒状态和由情境产生的认知相互作用的结果(Schachter & Singer,1962)。沙赫特理论基于以下三个假设:(1)如果一个人处于一种没有立即解释的生理觉醒状态,他就会给这种状态贴上"标签",并根据他所能得到的认知来描述他的感觉。(2)如果存在一个直接和完全适当的解释能够说明这种生理唤醒状态的产生,就不会产生评估需求,个体也不太可能根据现有的替代认知来标记自己的感受,这个人不会有情绪反应,例如,"我有这种感觉,因为我刚注射了肾上腺素"。(3)在相同的认知环境下,个体只有在经历了

生理唤醒状态时才会产生情绪反应或将自己的感觉描述为情绪。也就是情绪诱导的认知是存在的，但没有生理唤醒的状态时，例如，一个人可能完全意识到自己处于极大的危险之中，但由于某种原因（药物或手术），他仍然处于一种生理平静状态，他是否体验到了"恐惧"的情绪？沙赫特认为情绪作为一种生理唤醒状态和一种适当的认知的联合功能的表述，在只有认知诱导而无生理唤醒时也不会产生情绪。系统减感技术治疗焦虑就是对该理论的应用（Erdmann & Janke，1978），减感让患者不去注意自己的生理反应，而把患者的注意引向另外的认知对象，从而使患者学会去松弛自主反应而使它减弱，通过系统的练习和治疗使焦虑消失。

参考文献

Aggleton, J. P., Pralus, A., Nelson, A. J. D., & Hornberger, M. (2016). Thalamic pathology and memory loss in early Alzheimer's disease: moving the focus from the medial temporal lobe to Papez circuit. Brain, 139(7), 1877–1890.

Bindra, D. (1969). A unfied interpretation of emotion and motivation. Ann N Y Acad Sci, 159(3), 1071–1083.

Choi, S., Kim, Y., Paek, S., & Cho, Z. (2019). Papez Circuit Observed by in vivo Human Brain With 7.0T MRI Super-Resolution Track Density Imaging and Track Tracing. Frontiers in Neuroanatomy, 13.

Duffy, E. (1941). An Explanation of "Emotional" Phenomena without the use of the Concept "Emotion". The Journal of general psychology, 25(2), 283–293.

Duffy, E. (1948). Leeper's "Motivational Theory of Emotion". Psychological review, 55(6), 324–328.

Erdmann, G., & Janke, W. (1978). Interaction between physiological and cognitive determinants of emotions: experimental studies on Schachter's theory of emotions. Biol Psychol, 6(1), 61–74.

Gross, J. J., & Feldman Barrett, L. (2011). Emotion Generation and Emotion Regulation: One or Two Depends on Your Point of View. Emotion Review, 3(1), 8–16.

Izard, C. E., & Bartlett, E. S. (1972). Patterns of emotions: A new analysis of anxiety and depression. Academic Press.

Izard, C. E., & Quinn, P. C. (2007). Many ways to awareness: A developmental perspective on cognitive access. Behavioral and Brain Sciences, 30(5-6), 506–507.

Izard, C. E. (2009). Emotion theory and research: highlights, unanswered questions, and emerging issues. Annu Rev Psychol, 60, 1–25.

Lazarus, R. S., Averill, J. R., & Opton, E. M. (1970). Chapter 14 - Towards a Cognitive Theory of Emotion. In M. B. Arnold (Ed.), Feelings and Emotions (pp. 207–232). Academic Press.

Lazarus, R. S., & Smith, C. A. (1988). Knowledge and Appraisal in the Cognition—Emotion Relationship. Cognition & Emotion, 2(4), 281–300.

Lazarus, R. S. (1991). Progress on a cognitive-motivational-relational theory of emotion. Am Psychol, 46(8), 819–834.

Lindsley, D. B. (1950). Emotions and the electroencephalogram. Feelings and emotions: The moose heart symposium. (pp. 238–246). New York: McGraw-Hill.

Papez, J. W. (1995). A proposed mechanism of emotion. 1937. J Neuropsychiatry Clin Neurosci, 7(1), 103–112.

Pribram, K. H., & Maclean, P. D. (1953). Neuronographic analysis of medial and basal cerebral cortex. II. Monkey. J Neurophysiol, 16(3), 324–340.

Schachter, S., & Singer, J. E. (1962). Cognitive, social, and physiological determinants of emotional state. Psychol Rev, 69, 379–399.

Ward, A. J. (1948). The anterior cingulate gyrus and personality. Res Publ Assoc Res Nerv Ment Dis, 27 (1 vol.), 438–445.

孟昭兰.(1985).当代情绪理论的发展[J].心理学报(02),209–215.

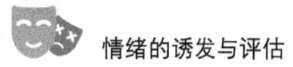

第三章　表情与情绪

喜怒哀乐可以通过脸部的表情展现出来，一个人的表情可以反映出一个人的情绪。人们高兴时嘴角翘起、眼睛尾部形成"鱼尾纹"；伤心时嘴角下拉、眉毛收紧。"喜怒哀惧"的面部表情符号，传递着丰富多彩的信息，是人类社会化的产物。那除了面部表情，我们人类还有其他表达情绪的方式吗？演员、空姐们经常会通过嘴里咬一支筷子来练习微笑，管理自己的表情，通过咬筷子真的能学会微笑吗？这种刻意的微笑会让人感到更快乐吗？动物与人类的表情具有一致性吗？表情与情绪相互作用的理论根基又在哪里？这一理论又对我们的生活有哪些指导意义？

第一节　表情的分类与识别

在日常生活中，观察他人的情绪给了我们一个很好的洞察他人性情，并在复杂的社会交往中做出恰当情绪反应的机会，情绪通常通过不同的感官形式表达。理论界比较一致的看法是，情绪体验包含三个部分：生理唤醒、主观体验（喜悦、悲伤）和外在表现，而外在表现又可分为面部表情、姿态表情和语调表情。情绪线索一般不会单一存在，多种情绪线索的结合对区分鉴别不同的情绪背景是十分有用的（de Gelder and Vroomen，2000；Massaro and Egan，1996；Van den Stock et al.，2007）。

一、表情分类

（一）面部表情

我们生命中的很多时间都在与他人互动，通过观察别人的面部表情来猜测他们的感受、想法或行为（Ekman 1994；Fridlund 1994）。而与此同时，我们也在通过面部表情表达我们自己的感情、思想和意图。因此，面部表情是人类正常交流中一个重要的视觉线索，在人类非语言沟通中扮演着重要的角色（e.g.，Ekman，1993；Hess，Blairy，& Kleck，2000；Ohman，Lundqvist，& Esteves，2001）。大量的研究一直致力于探讨面部表情在人类交流中的作用（Fischer & Sauter，2017；Scarantino，2017；Van Kleef，2017）。证据表明，识别面部表情和准确分辨情绪的能力是成功交流以及社会交往的关键（Feldman，Philippot，& Custrini，1991）。错误理解非语言信号不利于社会互动，可能会引发人与人间的愤怒和矛盾。研究表明,西方人比东方人能更加准确地分辨负性面部表情,比如生气、厌恶、恐惧(e.g., Beaupré & Hess, 2005; Jack et al., 2009; Matsumoto, 1992; Yik & Russell, 1999)。帕金森病(Parkinson's disease, PD)患者常常缺乏面部表情,在通过面部表达识别情绪方面存在缺陷(Bologna et al., 2013; Simons et al., 2004, 2003; Argaud et al., 2018),面部表情的缺乏以及情绪识别困难影响 PD 的社会交往,导致人际交往障碍(Tickle-Degnen and Lyons, 2004; Clark et al., 2008; Judith Bek, 2020)。在癫痫(Michelle Edwards, 2017)、自闭症(Trevisan, 2018)、多动症(O. Dan, 2020)、孤独症(Dapretto et al., 2006; McIntosh et al., 2006)等研究中同样发现对面部表情的识别、理解困难,会大大影响患者与其他人的交往。

进化(Darwin, 1872; Rolls, 1992)、跨文化(Ekman and Friesen, 1971; Elfenbein and Ambady, 2002)和发展心理学(Lawrence et al., 2015; Rolls, 1992; Tremblay et al., 1987)的证据表明,人有六个所谓的"基本"的面部情绪:惊奇、恐惧、厌恶、愤怒、快乐、悲伤(见图 3.1)。Ekman 和 Friesen 的面部动作编码系统(Facial Action Coding System, FACS)是第一个广泛应用并证明可以从一个人的面部表情来有效区分其情绪状态的系统(Ekman, 1992; Ekman & Friesen, 1978)。然而不断的研究发现这几个基本情绪并不能完全涵盖人们在正常生活中所表露的情感,复合表情的概念也逐渐被提出,指出多个离散的基础表情能结合在一起从而形成复合表情。面部情绪的发展受到性别和青春期状态的影响

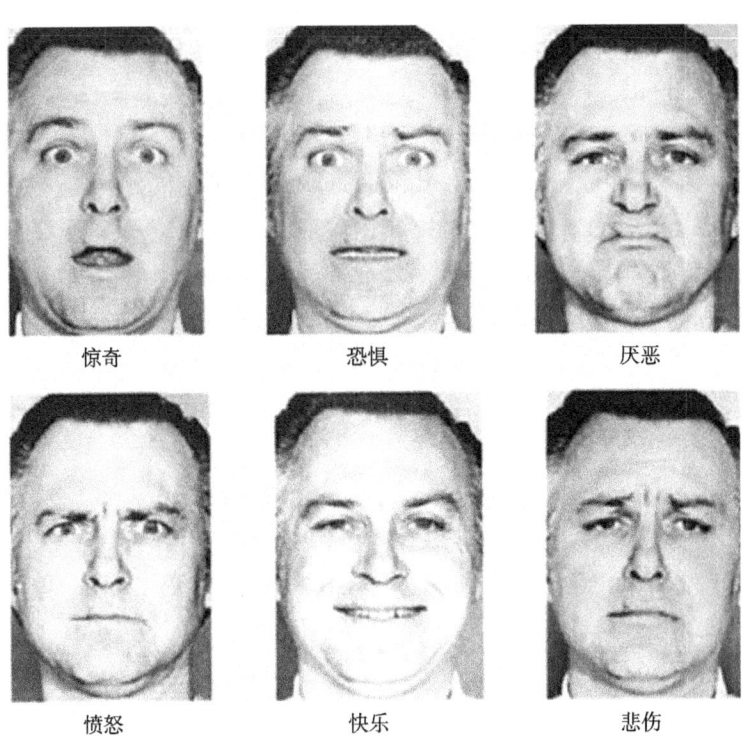

图 3.1 人类基本的 6 种面部情绪

(来源:傅小兰,2016)

(Lawrence et al., 2015)。例如,人们识别快乐和恐惧表情的准确性与年龄呈现线性增长趋势,愤怒呈现非线性趋势,但在青春期到成年期间识别愤怒表情的准确性迅速提高(Thomas et al., 2007)。而且,情绪知觉的出现与脑的发展相适应。快乐是最早可识别的情绪,与左侧杏仁核及枕叶有关,在发展过程中是最早成熟的(Herba and Phillips, 2004)。愤怒、害怕、悲伤、厌恶与大脑中的前岛叶、眶额叶、额内侧回、前脑岛有关,这些脑结构成熟较晚,因此对这些情绪的识别也较晚发展起来(Thomas et al., 2007)。

除了人之外,动物同样拥有面部表情。德国神经生物学研究所的科学家发现,和人类相似,小鼠也具有面部表情,小鼠的面部表情反映了它们的情绪,当它们尝到甜的或苦的食物,或者感到焦虑时,都会表现出面部表情的变化(Dolensek, Gehrlach, Klein & Gogolla, 2020)。狗的眼部肌肉多年来经过进化,使狗能够扬起内眉,让它的眼睛看起来更大更像婴儿,引发人类想要抚育的心理,从而获得进化优势(Waller et al., 2013)。研究发现,群居规模越大的物种,动物之间的关系越亲密,更趋向于使用面部表情交流。动物信息交流的需要,促进了面部表情的进化。

(二) 姿态表情

识别他人情绪状态的能力在人际交往中十分重要,并且这一能力会预测未来的社会适应能力、心理健康和工作表现(Carton, Kessler, & Pape, 1999; Izard et al., 2001; Nowicki & Duke, 1994)。尽管面部表情被认为是情绪状态的最强指标(Adolphs, 2002; Ekman, 1992),但在日常生活中,我们也会接收到其他的表达情感的线索,例如姿势、语音、语调等。身体表情(body expression)同样是表达情绪的方式之一。人在不同的情绪状态下,身体姿态会发生不同的变化,如高兴时"捧腹大笑",恐惧时"紧缩双肩",紧张时"坐立不安"等。情绪躯体语言(Emotion Body Language, EBL)的提出同样将躯体视为人类情绪的表达方式,认为人的情绪可以通过身体"说"出来。

直到现在,情绪相关研究的主要关注点还在面部表情和声音线索上,身体姿态线索的相关研究还比较少(Petra M. J. Pollux, 2019)。但姿态表情同样会为我们传递关于他人感受和意图中的重要信息。事实上,身体姿态同样是由人类视觉系统加工过的强有力的刺激(Martinez et al., 2016; Meeren et al., 2005, 2016; Stekelenburg and de Gelder, 2004),并且在面部表情不清晰可见的情况下,身体姿态会为我们提供关键信息(de Gelder, 2009; de Gelder, de Borst, & Watson, 2015; Aviezer, Trope, & Todorov, 2012)。研究表明,当一个人同时呈现出面部表情和语调表情时,姿态表情会在其中起调节作用(Jensen & Kotz, 2011; Yeh et al., 2016)。还有研究表明,身体运动和姿势的变化,比如整个身体运动和手臂动作或姿势(Atkinson, Dittrich, Gemmell, & Young, 2004; Atkinson, Tunstall, & Dittrich, 2007; Montepare, Koff, Zaitchik, & Albert, 1999; Pollick, Paterson, Bruderlin, & Sanford, 2001; Wallbott, 1998)、步态(e. g., Roether, Omlor, Christensen, & Giese, 2009)、舞蹈动作(Boone & Cunningham, 2001; de Meijer, 1989; Dittrich, Troscianko, Lea, & Morgan, 1996; Sawada, Suda, & Ishii, 2003)、甚至是手语(Hietanen,

Leppänen,& Lehtonen,2004;Reilly,McIntire,& Seago,1992),都可以为我们传递某个人关于情绪状态的特定信息。例如,紧握拳头斜放于身前会让人感到发怒,而把头埋下则会感到悲伤(Duclos et al.,1989);背部挺直且双肩高挺的姿势比耷拉着双肩和脑袋的姿势更易使人体验到自豪感,并且使人具有更好的心境(Stepper & Strack,1993)。

手势也可以单独用来表达情绪、思想,或做出指示,在无法言语沟通的情况下,单凭手势也可以表达开始或停止、前进或后退、同意或反对等思想感情。"振臂一呼""双手一摊""手舞足蹈"等手势,分别表达了个人的激愤、无可奈何、高兴等情绪。研究表明,手势表情是通过学习得来的。它不仅存在个别差异,而且存在民族和团体差异。后者表现了社会文化和传统习俗的影响,同一种手势在不同的民族中用来表达的情绪不同。

(三) 语调表情

就像眼睛经常被视为心灵的窗口一样,声音同样也是提供思想信息(态度、意图、感觉)的通道。不管是在说话、唱歌、哭泣还是尖叫,我们的声音不仅可以作为语言的载体,同样可以作为"听觉面孔"(auditory face),传递重要的情绪信息(Belin,Fecteau & Be'dard,2004)。人的声音会受到讲话者情绪状态的直接影响,语音的音高、语速、响度和音质等声学特征的不同组合所表达的情绪,称作语音情绪(Banse & Scherer,1996)。例如,大声谈论与焦虑有关的事件会使被试者更焦虑,用缓慢微弱的声调谈论与悲伤有关的事件会使被试者更悲伤(Siegman & Stephen,1993)。无论国外还是国内,都有建立的情绪语音库。例如,蒙特利尔大学的情感声音数据库(the Montreal affective voice)、日内瓦面孔和声音数据库(the Geneva faces and voices database)。清华大学和中国科学院心理研究所合作录制ACCorpus汉语情感数据库、中国科学院自动化研究所录制CASIA汉语语料库,中国社会科学院语言研究所的根据吴宗济先生的"模块移调理论"建立的CASS-EMC语音库,北京航空航天大学录制的汉语双模情感语音库等(景少玲,毛峡等,2015;马东云,2018)。详见第一章。

声音韵律可以有效地反映说话者的情绪状态。但通过听声音识别不同情绪,个体的准确率存在差异。在Pell,Paulmann,Dara,Alasseri和Kotz(2009)的研究中,被试者分别对由英语、德语、印度语和阿拉伯语母语者朗读的、表达6种情绪的声音(生气、厌恶、害怕、伤心、高兴和惊喜)进行知觉(语义内容无具体意义)。实验结果表明,被试者对生气、伤心、害怕情绪的识别正确率高,对厌恶和嘲讽的识别率较低。Paulmann和Uskul(2013)在说汉语的个体上也得到了一致结果。不同文化背景下,个体在声音情绪知觉上的差异也是研究热点之一。研究者比较了不同文化背景下个体对声音情绪的知觉差异,结论不尽相同。有的研究表明,声音情绪的识别存在跨文化的一致性(Bryant & Barrett,2008),且不同文化下的个体对情绪的识别均高于几率水平(Pell et al.,2009)。但是,也有大量研究表明,声音情绪知觉存在跨文化差异。较非母语者而言,母语者对声音情绪的识别准确性更高,即存在组内优势(Mandal,2008)。组内优势是指情绪被同一国家、种族或地区的人表达和接受时,情绪识别的准确率更高(Elfenbein & Ambady,2002)。有关声音情绪的研究大多是欧美洲等地区,关于中国本土特色的语音研究比较少。汉语的情绪韵律是世界最复杂的语系之一,汉字还有四种声调。王异芳(2014)等人的研究发现,个体判断声音中的情绪类型和评定情绪强度存在组内优势,母语为汉语的被试者对汉语情绪声音材料的知觉显著优于波兰被试者。针对这种声音情绪的跨文化差异,要建立适合中国人本土的情绪语音库,才能进一步展开其他研究。

二、表情识别的影响因素

(一) 性别

性别差异是所有研究都会关注的热点,它对情绪识别的影响受到越来越多研究者的探讨。一方面,无论是针对婴儿、儿童还是成年人,研究普遍认为女性在情绪识别方面的正确率要显著高于男性(Hall,1984,2000)。针对特定的情绪分类来说,有的研究表明在知觉生气面部表情上不存在性别差异(Mandal & Palchoudhury,1985;Rotter & Rotter,1988),而大部分研究还是认为女性在识别所有情绪(包括生气)上存在优势(Hall & Matsumoto,2004)。在语调表情的性别差异方面的研究较少,Raithel 和 Hielscher-Fastabend(2004)发现人们在识别语义中性句子方面不存在性别差异,但女性好像对识别伤心和开心的声音韵律更敏感(Fujisawa & Shinohara,2011)。另一方面,在面孔知觉过程中,个体对男性或女性面孔的加工可能具有不同甚至分离的神经机制(Jaquet & Rhodes,2008;Little,DeBruine & Jones,2005),这提示我们需要重视不同面孔性别在面孔知觉研究中的不同作用,面孔性别和表情两者可能存在相互影响。在 Hess,Blairy 和 Kleck(1997)的研究中,可以发现,当呈现女性模棱两可的表情时,被试者更倾向于认为表情是高兴的,而当呈现男性模棱两可的表情时,被试者更倾向于认为其是生气厌恶的。这表明,面孔的性别影响了个体对模糊情绪的知觉,个体倾向于认为女性面孔表现出高兴而男性面孔表现出生气厌恶。Thayer 和 Johnsen(2000)的研究显示,面孔性别对女性被试者表情识别准确率无影响,但对男性被试者却有影响。这表明,面孔性别对面孔表情知觉的影响还受到被试者性别的影响。上述研究均表明,对女性高兴面孔和男性生气面孔的识别速率和准确率更高,也即面孔性别能够影响表情加工的速率和准确率。

(二) 年龄

学术界普遍认为,幼儿时期面部表情的识别能力随着年龄的增大而增强。幼儿最先能够较好识别快乐表情,其次是愤怒、悲伤表情;再次是恐惧、惊奇、厌恶表情(王振宏等,2010)。随着年龄的增长,虽然人们人际交往的数量越来越多,情绪体验越来越丰富,但他们同样会出现记忆力减弱、认知能力的减退的现象。许多研究已经一致表明年龄和识别悲伤面部情绪间的负相关、一些研究也发现随着年龄的增长人们在识别生气(MacPherson,Phillips,& Della Sala,2002;Phillips et al.,2002)和恐惧(Calder et al.,2003)面部情绪方面的正确率越来越低。但也存在一些不一致的看法,例如有的研究发现识别厌恶情绪和年龄间的负相关(Sullivan & Ruffman,2004b),而有的却没有(Calder et al.,2003;Moreno et al.,1993;L. H. Phillips et al.,2002)。在识别语调表情方面的相关研究较少(Mitchell,2007;Orbelo,Testa,& Ross,2003)。已有研究表明,人类在45岁时出现识别情绪性语调的衰弱(Brosgole & Weismann,1995),情感韵律的理解的障碍也被发现在很大程度上与一般认知能力的下降有关(Orbelo et al.,2005)。

(三)种族与文化

自达尔文开创性的研究以来,关于面部表情的普遍性一直是生物和社会科学学界的热点研究问题。简单来说,普遍性假说(The universality hypothesis)认为所有的人类都拥有六种基本情绪,即愤怒、厌恶、恐惧、快乐、悲伤和惊奇,并拥有相同面部动作的生物进化起源(Susskind, et al.,2008)。之后,越来越多的研究者对人类面部表情的通用性(也就是跨文化普遍性)表示质疑(Jack,Garrod,Caldara et al.,2012)。研究发现,面部表情是具有文化特异性的,东亚人通常用眼睛而非嘴巴,来反映害怕、厌恶和生气的强度信号;因文化而不同的方言(Elfenbein,2007)或口音(Marsh,2003)也使得面部表情的表达更加多样化。Carlos Crivelli 和 José-Miguel Fernández-Dols 以几乎和外部世界没有什么接触的巴布亚新几内亚的超布连群岛人为研究对象,请他们将照片和情绪进行关联,结果发现他们对一些情绪的理解存在不同(Grivelli,Russell,Jarillo,& Fernández-Dols,2017)。例如,有一种睁大眼睛、张开嘴唇、倒吸一口气的表情,在西方文化中普遍认为这个代表着恐惧或顺从,但超布连群岛人却说这看起来像在"生气"。这些研究都表明,人们对面部表情的反应和解释会随着文化的不同而存在差异。

第二节　表情与情绪

一、情绪研究的具身取向

具身理论(embodied theory)的出现为情绪的具身化研究提供了新的思路。所谓具身,它强调两点:一是认知依赖于身体体验,而这些体验来自感知运动的身体,二是这些个体的感知运动能力自身内含在一个更广泛的生物、心理和文化的情境中(F. 瓦拉雷等著. 李恒威等译,2010,P.139)。具身认知认为身体(包括姿态、面部表情等)在认知过程中发挥着关键作用,具身情绪会影响记忆、刺激识别和评估(Barsalou,Niedenthal,Barbey,& Ruppert,2003)。情绪具身化研究证明,情绪和身体之间相互影响(Wild,Erb,& Bartels 2001;Barrett,2006)。

人们对自己或他人情绪的知觉首先是以身体反应为前提。Wells 和 Petty(1980)的研究表明,人们在听取建议的同时,点头会带来更积极的感受。Wallbott(1991)向被试者呈现照片,并要求他们按照情绪进行分类。在他们分类照片的同时,研究者也在偷偷录像。结果表明,被试者在区分照片的同时也在模仿照片中的表情。比如,当他们看到笑脸时,他们也会笑。而且,被试者区分面部表情的正确率与模仿的程度成正相关。模仿表情的数量越多,他们辨别所呈现的表情也越好。Niedenthal(2001)进一步证明了其中的因果关系。研究要求被试者在两种条件下(用牙齿固定铅笔,引发愉悦情绪;用嘴唇固定铅笔,抑制愉悦情绪)判断所呈现的句子是积极的还是消极的(Niedenthal et al., 2009)。结果表明,在笑(用牙齿固定铅笔)的条件下,被试者对愉快情绪句子的判断快于对悲伤情绪句子的判断;不笑(用嘴唇固定铅笔)的情况下,被试者对悲伤情绪句子的判断快于对愉快情绪句子的判断。Glenberg, Havas, Becker 和 Rinck(2005)研究同样发现,被试者快乐或生气的表情会影响他们对积极或消极句子的阅读速度。Straek(2004)曾做过这样一个实验:试验中被试者被告知是一个工效学的实验,然后让被试者处于两种姿态之中(腰背挺直、抬头挺胸 V. S. 低头、耸肩)。被试者根据实验者的要求完成一项复杂的任务,任务完成之后,被试者被告知他们出色地完成了任务,要求被试者报告听到好消息之后的自豪程度。结果表明,前者姿势的被试者较后者能够体会更多的自豪感(Daniel & Niedenthal, 2006)。人们会通过面部表情模仿相关的、具体的情绪来达到理解情绪语言的目的,身体是情绪语言理解的基础(李荣荣等,2012)。情绪语言理解是具身的,也就是说情绪语言的理解是以身体反应为基础的。人们在对语言做出反应之前,首先会在身体上做出某种情绪的反应。身体表情与情绪的关系其实是双向的,除了身体姿态对情绪的影响外,人的情绪也影响身体的外在表达。例如,失败这类负性情绪常常与萎靡不振的身体姿态相联系,研究表明引发失望情绪的词会比引发自豪情绪的词更能导致被试者弯腰的表现(刘亚,王振宏,孔风,2011;Oosterwijk, Rotteveel, Fischer, & Hess, 2010)。

躯体化障碍患者(somatization disorder)、孤独症(autistic disorder)群体与正常群体对比的研究结果也证明了情绪的体验是以身体为基础的。Mcintosh 等人曾做过这样一个实验:对孤独症患者和控制组(正常)被试者展示高兴和悲伤的图片。在有意控制条件下,当屏幕上出现图片时,要求被试者看着它们;在另一种自发条件下,要求被试者做出与屏幕上相同或类似的表情。结果发现,在有意控制条件下,孤独症患者与普通人没有显著性差别;在自发条件下,孤独症患者则与常人有显著差别,虽然要求被试者当图片出现时做出反应,但实际情况却是,孤独症患者几乎没有任何反应,他们不能对情绪刺激进行即时模仿体验(Winkielman, Niedenthal & Oberman, 2008)。这一研究结果表明,躯体变化,特别是和情绪有关的躯体变化,与情绪有密切的关系。在情绪体验中,以身体为基础的模仿对情绪理解至关重要,正因为身体对情绪状态的再体验,才使得我们能更直接、更简单地认识到情绪发生、发展的机制。2019 年 4 月发表的一篇元分析回顾了近 50 年的 138 项相关研究(Coles, Larsen & Lench, 2019),元分析结果显示面部表情对人们报告的情绪体验的确有一定的影响,虽然效应量不稳定且很小,但支持了具身观的理念,即微笑使人感到更快乐,皱眉让人们感到生气,撇嘴使人感到难过,思想和身体相互作用会塑造人们有意识的情感体验,进而增进人们对情绪运作的了解。

大量实证结论都告诉我们,如果我们简单地微笑,我们会感到更加幸福。相反,如果我们皱着眉头,我们会让自己变得更加严肃。也就是说,微笑的身体行为可以使人们感到更加快乐。但是,同样也有相当多的心理学家不同意这一观点,未来仍需要更多的研究深入探讨。

二、实证研究常用实验范式

(一)面部动作控制

这一实验范式在情绪具身性的研究中是最常见的,实验要求被试者在两种面部动作控制下(牙齿咬笔和嘴唇含笔)对所呈现的图片刺激(王柳生,蔡淦,戴家隽等,2013)或字词句刺激(Niedenthal et al.,2009;张静,陈巍,2010)进行情绪判断(图 3.2)。结果发现面部动作控制的不同会影响接下来对图片或字词句效价的判断。科学家认为口轮匝肌肌肉群的活动是面部表情外在表现的主要组织,牙齿咬笔呈现出类似于笑的面部表情;嘴唇含笔,口腔紧闭,则会抑制笑容的呈现。不同的含笔方式使得面部表情处于不同的呈现状态,进而影响情绪加工,使得情绪加工具身化。除了牙齿咬笔和嘴唇含笔这一面部控制方法之外,让被试者假装做出一些表情或只是单纯地阅读 n(类似于愁眉苦脸)或 o(可以放松面部)。读这类单词一分钟,就可以使被试者产生恐惧、生气、悲伤、厌恶或高兴、愉悦等消极或积极的情绪体验(Duclos et al.,1989;Zajonc et al.,1989)。理论方面,支持面部反馈激活假说,即面部活动可以调节(modulate)和激活(initiate)某些情绪状态(McIntosh,1996)。

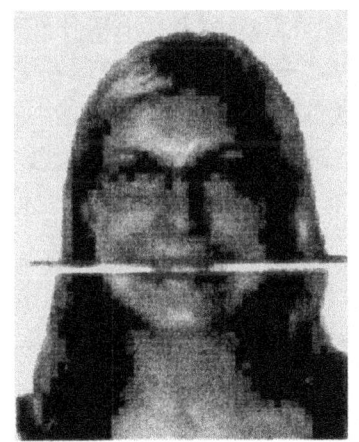 

(a) 微笑组:牙齿咬笔　　　　　(b) 不笑组:嘴唇含笔

图 3.2　"牙齿咬笔"和"嘴唇含笔"面部动作范式

(来源:鲍婧,傅纳,2018)

(二)推动/拉近杠杆

在电脑屏幕上呈现刺激(能够引起积极或消极情绪反应的图片或者是阅读令人伤心和愤怒的句子),刺激呈现时,要求被试者快速移动胸前的杠杆(Mouilso, Havas & Lindeman,

2009）。移动杠杆的方式有两种：一种是把杠杆从胸前推开，一种是把杠杆移向自己。快速推动杠杆使其远离自己代表着与攻击或击打相关的动作，而拉近杠杆靠近自己时则代表着与亲和有关的动作。实验的结果表明：把杠杆从胸前推开的被试者对消极图片的反应时小于对积极图片的反应时；把杠杆移向自己的被试者则对积极图片的反应时小于消极图片的反应时。这个结果说明躯体状态与情绪状态是紧密相连的。

（三）点头/摇头

被试者被随机分为三组：点头组、摇头组和对照组，实验证明点头会增加积极态度，而摇头则强化了消极态度。早在 Wells（1980）以及最近 Horcajo（2019）的研究中都采用了这一实验范式。例如，Wells 等研究者在测试中让被试者先听到一段音乐，然后是推荐人对这款耳机的评价，最后需要被试者在各自条件下（点头组、摇头组和对照组）对耳机进行评分和回答是否同意推荐人的评价。结果发现，点头条件下的分值，无论是对耳机的评分还是同意推荐人的评价方面，都显著高于其他两组，这一结论支持了具身认知假说。

第三节　应用与展望

一、情绪障碍的干预与治疗

《实验心理学》有一篇文章采用面部动作控制经典范式，让被试者咬住一支笔，迫使他们的面部肌肉复制微笑的动作，从而引起微笑。通过这一方法，降低了被试者快乐表情表达和感知的阈限。当一个人强行练习微笑时，它会刺激杏仁核——大脑的情感中心，释放出神经递质，从而促进情绪上的积极状态。这一发现对心理健康的维护有重要的启示，如果我们能够欺骗大脑将刺激视为"快乐"，那么我们就有可能利用这种机制来促进心理健康（Marmolejo-Ramos，2020）。

很多心理问题或疾病都伴随着情绪障碍。研究表明，抑郁、焦虑、精神障碍在帕金森病患者中比较常见（Daniel，Weintraub，Cynthia L，2008），情绪控制和情绪认知异常是双相情感障碍患者典型的症状，常表现出面部情绪的识别困难（Abrams，Redfield，& Taylor，1981；Goodwin & Goodwin，2007），精神分裂症患者同样在识别自己面孔表情时存在困难（Platek，Wathne & Thomson，2008），自闭症患者则很难从别人的面孔中读取正确的信息，尤其是负性情绪（Harms，Madeline et al.，2010）。情绪的具身理论以具身认知为基础，强调了身体活动对思维和认知过程的重要作用，认为情绪加工和情绪体验均离不开身体感知（叶浩生，2010）。美国印第安纳州立大学的心理学实验室为自闭症儿童设计了一门特殊的课程，通过面部表情、肢体语言和语调，让儿童在不同情境下即兴表演，促使自闭症儿童在不同情境下思考并表现应有的情绪反应。虽然这种形式的干预还处于研究和考察阶段，但到目前为止，早期结果还是积极乐观的。东南大学孤独症儿童情绪能力干预系统基于人机交互的方法对孤独症儿童进行面部表情的表达训练并兼具表情识别训练,进一步改善孤独症儿童的情绪能力以及社会交往障碍(陈鸿雁,禹东川等,2016)。具身情绪调节研究可为临床心理学领域的情绪障碍的预防和干预提供初步理论依据,我们可以通过记录面部情绪、姿态表情等,来探讨情绪背后的神经机制,这是研究情绪及情绪加工障碍(如焦虑或抑郁)的重要前提。

二、自动识别系统

如果机器能够自动感知人的情绪,那么人机交互就会变得更加友好和自然,这会对各个研究领域的发展起到重大的推动作用,因而随着经济科技的发展,如何将理论应用于实践进而再指导理论是现在研究者关注的热点,心理学与其他学科跨领域的融合也越来越多。例如,美国加州理工学院和迪士尼研究院合作开发了一套神经网络系统,通过追踪观众的面部表情来了解观众对电影的反应,甚至可以预测观众的面部表情。自动识别系统计算机自动面孔识别在人机交互、司法、公共安全等方面也得到大量应用,但人的表情千变万化,如何加强计算机面孔识别的精准性是未来研究的难点,而在这个方面加强人脸表情认知加工的基础性研究就显得尤为重要。虽然人脸表情潜在应用十分广泛,但实用性系统仍然很少,因此在开展理论研究的同时,强化实际应用也是未来研究的另一个重点(张家树,陈辉等,2005)。除了面部表情外,姿态表情自动识别也在逐步应用,例如利用可穿戴及体感技术实现用户情绪分类,利用步态行为数据来预测用户情绪。

微表情是如今研究人类情绪表达的新视角,在司法、安全、临床等方面都应用广泛(Ekman,2001)。Ekman认为微表情是识别谎言的重要线索,效果要优于姿势、言语等线索(Ekman,2009),这一自发式的表情难以伪造和抑制,可以反映人的真实情绪。由于微表情识别的难度高,近年来依赖计算机实现人脸微表情自动识别的研究越来越多。表情自主识别系统将微表情研究与计算机视觉和模式识别研究相结合,利用新方法新技术实现对现实生活中微表情的自动识别,为情绪研究提供理论与实践基础。

基于计算机的自动识别技术现在仍在不断发展过程中,还存在不少争议,但与先进技术相结合的表情精细化识别可作为心理学情绪机制研究的重要依据或指标,具有跨学科研究意义。

人类的脸、身体动作像我们的嘴巴一样会"说话",会透露出我们的想法。表情识别(面部表情、姿态表情和语调表情)和准确分辨情绪的能力是人类成功交流以及社会交往的关键,对人类进化具有重要意义。具身情绪理论表明情绪和身体之间的关系是相互影响的,人们对自己或他人情绪的知觉首先是以身体反应为前提的。以具身情绪理论为基础的人机交互可作为心理学情绪机制研究的重要依据或指标,具有跨学科研究意义;而针对表情与情绪的神经机制研究又可为情绪障碍的干预或具有应用价值的高精度自动识别系统的发展提供理论基础,跨学科的融合一定是未来的研究方向。

总之,表情与情绪相辅相成,采取压抑、不敢表现出情绪的方式并不利于身心健康。识别自己和他人的情绪,更好地管理情绪,才能和周围人建立起更加有效的关系。

参考文献

Abrams, R., Redfield, J., & Taylor, M. A. (1981). Cognitive Dysfunction in Schizophrenia, Affective Disorder and Organic Brain Disease. British Journal of Psychiatry the Journal of Mental Science, 139, 190.

Adolphs, R. (2002). Neural systems for recognizing emotions. Current Opinion in Neurobiology, 12, 169 - 177.

Argaud, S., Vérin, Marc, Sauleau, P., & Grandjean, D. (2018). Facial emotion recognition in parkinson's disease: a review and new hypotheses. Movement Disorders.

Atkinson, A., Dittrich, W. H., Gemmell, A. J., & Young, A. W. (2004). Emotion perception from dynamic and static body expressions in pointlight and full-light displays. Perception, 33, 717 - 746.

Atkinson, A. P., Tunstall, M. L., & Dittrich, W. H. (2007). Evidence for distinct contributions of form and motion information to the recognition of emotions from body gestures. Cognition, 104, 59 - 72.

Aviezer, J., Trope, Y., & Todorov, A. (2012). Bodily cues, not facial expressions, discriminate between intense positive and negative emotions. Science, 338, 1225 - 1229.

Banse, R., & Scherer, K. (1996). Acoustic profiles in vocal emotion expression. Journal of Personality and Social Psychology, 70(3), 614 - 636.

Barsalou, L. W., Niedenthal, P. M., Barbey, A. K., & Ruppert, J. A. (2003). Social embodiment. In B. H. Ross (Ed.), The psychology of learning and motivation, Vol. 43 (pp. 43 - 92). San Diego, CA: Academic Press.

Belin, Fecteau & Be'dard. (2004). Thinking the voice: neural correlates of voice perception. TRENDS in Cognitive Sciences, 8(3), 129 - 135.

Bologna, M., Fabbrini, G., Marsili, L., Defazio, G., Thompson, P. D., & Berardelli, A. (2013). Facial bradykinesia. Journal of Neurology Neurosurgery & Psychiatry, 84(6), 681 - 685.

Boone, R. T., & Cunningham, J. G. (2001). Children's expression of emotional meaning in music through expressive body movement. Journal of Nonverbal Behavior, 25, 21 - 41.

Brosgole, L., & Weisman, J. (1995). Mood recognition across the ages. International Journal of Neuroscience, 82, 169 - 189.

Calder, A. J., Keane, J., Manly, T., Sprengelmeyer, R., Scott, S., NimmoSmith, I., et al. (2003). Facial expression recognition across the adult life span. Neuropsychologia, 41, 195 - 202.

Carton, J. S., Kessler, E. A., & Pape, C. L. (1999). Nonverbal decoding skills and relationship well-being in adults. Journal of Nonverbal Behaviour, 23, 91 - 100.

Clark, U. S., Neargarder, S., & Cronin-Golomb, A. (2008). Specific impairments in the recognition of emotionalfacial expressions in parkinson's disease. Neuropsychologia, 46(9), 2300 - 2309.

Coles, N. A., Larsen, J. T., & Lench, H. C. (2019). A meta-analysis of the facial feedback literature: effects of facial feedback on emotional experience are small and variable. Psychological Bulletin, 145(6).

Crivelli C., Russell J. A., Jarillo S., et al. (2017). Recognizing spontaneous facial expressions of emotion in a small-scale society of papua new guinea. Emotion, 17(2): 337 – 347.

Daniel, Weintraub, Cynthia L, Comella, & Stacy, Horn. (2008). Parkinson's disease-part 3: neuropsychiatric symptoms. American Journal of Managed Care, 14(2 Suppl), 59 – 69.

Dapretto M., Davies M S., Preifer J H., Scott A A., Sigman M., Bookheimer S Y, et al. (2006). Understanding emotions in others: Mirror neuron dysfunction in children with autism spectrum disorders. Nature Neuroscience, 9, 28 – 30.

De Gelder, B., Vroomen, J., (2000). The perception of emotions by ear and by eye. Cogn. Emot. 14(3), 289 – 311.

de Gelder, B. (2009). Why bodies? Twelve reasons for including bodily expressions in affective neuroscience. Philosophical Transactions of the Royal Society of London. Series B, Biological Sciences, 364, 3475 – 3484.

de Gelder, B., de Borst, A. W., & Watson, R. (2015). The perception of emotion in body expressions. WIREs Cognitive Science, 6, 149 – 158.

Dittrich, W. H., Troscianko, T., Lea, S. E. G., & Morgan, D. (1996). Perception of emotion from dynamic point-light displays represented in dance. Perception, 25, 727 – 738.

Dolensek, N., Gehrlach, D. A., Klein, A. S., & Gogolla, N. (2020). Facial expressions of emotion states and their neuronal correlates in mice. Science, 368(6486), 89 – 94.

Duclos S. E., Laird J. D., Schneider E., Sexter M., Stern L & Van Lighten O. (1989). Emotion—specific effects of facial expressions and postures on emotional experience. Journal of Personality and Social Psychology 57, 100 – 108.

Edmund T. Rolls. (1992). Neurophysiology and functions of the primate amygdala. Amygdala.

Edwards, M., Stewart, E., Palermo, R., & Lah, S. (2017). Facial emotion perception in patients with epilepsy: a systematic review with meta-analysis. Neuro Biobehav Rev, S0149763417302981.

Ekman, P. (1992). An argument for basic emotions. Cognition and Emotions, 6, 169 – 200.

Ekman, P. (1993). Facial expression and emotion. American Psychologist, 48(4), 384 – 392.

Ekman, P., & Friesen, W. V. (1971). Constants across cultures in the face and emotion. J. Pers. Soc. Psychol. 17(2), 124 – 129.

Ekman, P., & Friesen, W. V. (1975). Unmasking the face: A guide to recognizing emotions from facial clues. Prentice – Hall.

Ekman, P., & Friesen, W. V. (1978). The facial action coding system: A technique for the measurement of facial movement. Palo Alto, CA: Consulting Psychologists Press.

Ekman, P. (2009). Lie Catching and Microexpressions. The Philosophy of Deception. Oxford: Oxford University Press, 118 – 133.

Ekman, P. (2001). Telling lies: Clues to deceit in the marketplace, politics, and marriage. 2nd Ed. New York.: Norton.

Elfenbein H. A., Beaupré M., Lévesque M., Hess U. (2007). Toward a dialect theory: Cultural differences in the expression and recognition of posed facial expressions. Emotion 7: 131 – 146.

Elfenbein, H. A., Ambady, N., (2002). On the universality and cultural specificity of emotion recognition: a meta-analysis. Psychol. Bull. 128(2), 203 – 235.

Feldman, Robert Stephen, Philippot, Pierre, & Custrini, Robert J. (1991). Social competence and nonverbal behavior. In R. S. Feldman & B Rime (Eds.) Fundamentals of nonverbal (PP. 329 – 350). Cambridge.

Marmolejo‐Ramos F, Murata A, Sasaki K, Yamada Y, & Ospina R. (2020). Your face and moves seem happier when I smile: facial action influences the perception of emotional faces and biological motion stimuli. Experimental Psychology, 67(1): 1 – 9.

Fujisawa, T. X., & Shinohara, K. (2011). Sex differences in the recognition of emotional prosody in late childhood and adolescence. The Journalof Physiological Sciences, 61(5), 429 – 435.

Glenberg, A. M., Havas, D., Becker, R., &Rinck, M. (2005). Grounding language in bodily states: The case for emotion. In R. Zwaan, & D. Pecher (Eds.), Grounding cognition: The role of perception and action in memory, language, and thinking (pp. 115 – 128). Cambridge: Cambridge University Press.

Goodwin, F. K., & Goodwin, F. K. (2007). Manic‐Depressive Illness. The Lancet, 49, 24 – 35.

Hall JA (1984) Non-verbal sex differences. John Hopkins University Press, Baltimore. 7.

Hall JA, Carter J, Horgan T (2000) Gender differences in the nonverbal communication of emotion. Fischer A, ed. In Gender and emotion: Social psychological perspectives. Cambridge University Press, Paris.

Harms, Madeline B., Martin, Alex, & Gregory, L. (2010). Facial emotion recognition in autism spectrum disorders: a review of behavioral and neuroimaging studies. Neuropsychology Review, 20(3), 290 – 322.

Herba, C., Phillips, M., (2004). Annotation: development of facial expression recognition from childhood to adolescence: behavioural and neurological perspectives. J. Child Psychol. Psychiatry 45(7), 1185 – 1198.

Hess U., Blairy, S., & Kleck R. E. (1997). The intensity of emotional facial expressions and decoding accuracy. Journal of Nonverbal Behavior, 21(4), 241 – 257.

Hess, U., Blairy, S., & Kleck, R. E. (2000). The influence of facial emotion displays, gender, and ethnicity on judgments of dominance and affiliation. Journal of Nonverbal Behavior, 24(4), 265 – 283.

Hietanen, J. K., Leppänen, J. M., & Lehtonen, U. (2004). Perception of emotions in the hand movement quality of Finnish sign language. Journal of Nonverbal Behavior, 28, 53 – 64.

Horcajo, J., Paredes, B., Higuero, G., Briñol, Pablo, & Petty, R. E. (2019). The effects of overt head movements on physical performance after positive versus negative self-talk. Journal of Sport & Exercise Psychology, 1 – 10.

Izard, C., Fine, S., Schultz, D., Mostow, A., Ackerman, B., & Youngstrom, E. (2001). Emotion knowledge as a predictor of social behavior and academic competence in children at risk. Psychological Science, 12, 18 – 24.

Jack, R. E., Garrod, O. G. B., Yu, H., Caldara, R., & Schyns, P. G. (2012). Facial expressions of emotion are not culturally universal. Proceedings of the National Academy of ences of the United States of America, 109(19), 7241 – 7244.

Jensen, S., & Kotz, S. A. (2011). The temporal dynamics of processing emotions from vocal, facial and bodily expressions. Neuroimage, 58,665－674.

Judith Bek, Ellen Poliakoff, Karen Lander. (2020). Measuring emotion recognition by people with Parkinson's disease using eye-tracking with dynamic facial expressions. Journal of Neuroscience Methods. 331,108524.

Lawrence, K., Campbell, R., Skuse, D. (2015). Age, gender, and puberty influence the development of facial emotion recognition. Front. Psychol. 6,195－214.

Linda Tickle－Degnen, Kathleen Doyle Lyons. (2004). Practitioners' impressions of patients with Parkinson's disease: the social ecology of the expressive mask. Social Science & Medicine, Social Science & Medicine. 58,603－614.

MacPherson, S. E., Phillips, L. H., & Della Sala, S. (2002). Age, executive function, and social decision making: A dorsolateral prefrontal theory of cognitive aging. Psychology and Aging, 17,598－609.

Mandal, M. K., & Palchoudhury, S. (1985). Perceptual skill in decoding facial affect. Perceptual and Motor Skills, 60(1),96－98.

Mather, M., & Knight, M. (2006). Angry faces get noticed quickly: Threat detection is not impaired among older adults. Journal of Gerontology: Psychological Sciences, 61(B),54－57.

Martinez, L., Falvello, V. B., Aviezer, H., Todorov, A., (2016). Contributions of facial expressions and body language to the rapid perception of dynamic emotions. Cognit. Emot. 30,939－952.

Marsh A. A., Elfenbein H. A., Ambady N. (2003) Nonverbal "accents": Cultural differences in facial expressions of emotion. Psychol Sci 14: 373－376.

Massaro, D. W., Egan, P. B. (1996). Perceiving affect from the voice and the face. Psychon. Bull. Rev. 3(2),215－221.

Meeren, H. K., van Heijnsbergen, C. C., de Gelder, B., (2005). Rapid perceptual integration of facial expression and emotional body language. Proc. Natl. Acad. Sci. U.S.A. 102,16518－16523.

Mitchell, R. L. (2007). Age-related decline in the ability to decode emotional prosody: Primary or secondary phenomenon? Cognition and Emotion, 7,1435－1454.

Moreno, C., Borod, J. C., Welkowitz, J., & Alpert, M. (1993). The perception of facial emotion across the adult life-span. Developmental Neuropsychology, 9,305－314.

Montepare, J., Koff, E., Zaitchik, D., & Albert, M. (1999). The use of body movements and gestures as cues to emotions in younger and older adults. Journal of Nonverbal Behavior, 23,133－152.

Mouilso J., Havas E, D., & Lindeman, L. M. (2009). Gender, emotion, and the embodiment of language comprehension. Emotion Review, 1(2),151－161.

McIntosh D N., Reichman－Decker A., W inkielamn, Wilbarger J L. (2006). When the social mirror breaks: Deficits in automatic. but not voluntary mimicry of emotional facial expressions in autism. Developmental Science, 9,295－302.

McIntosh. (1996). Facial feedback hypotheses: Evidence, implications, and directions. Motivation and Emotion, 20.121－147.

Niedenthal P. M., Barsalou L. W., Winkielman P., Krauth－Gruber S., & Ric F. (2006). Embodiment in attitudes, social perception, and emotion. Pers Soc Psychol Rev, 9(3),184－211.

Niedenthal, P. M., Brauer, M., Halberstadt, J. B., & Innes-Ker, A. H. (2001). When did her smile drop? Facial mimicry and the influences of emotional state on the detection of change inemotional expression. Cognition and Emotion, 15, 853-864.

Nowicki, S., Jr., & Duke, M. P. (1994). Individual differences in the nonverbal communication of affect: The diagnostic analysis of nonverbal accuracy scale. Journal of Nonverbal Behaviour, 19, 9-35.

O. Dan. (2020). Recognition of emotional facial expressions in adolescents with attention deficit/hyperactivitydisorder, Journal of Adolescence. 82, 1-10.

Ohman, A., Lundqvist, D., & Esteves, F. (2001). The face in the crowd revisited: A threat advantage with schematic stimuli. Journal of Personality and Social Psychology, 80(3), 381.

Orbelo, D. M., Testa, J. A., & Ross, E. D. (2003). Age-related impairments in comprehending affective prosody: Comparison to brain damaged subjects. Journal of Geriatric Psychiatry and Neurology, 16, 44-52.

Orbelo, D. M., Grim, M. A., Talbott, R. E., & Ross, E. D. (2005). Impaired comprehension of affective prosody in elderly subjects is not predicted by age-related hearing loss or age-related cognitive decline. Journal of Geriatric Psychiatry and Neurology, 18, 25-32.

Oosterwijk, Rotteveel, Fischer, & Hess. (2010). Embodied emotion concepts: how generating words about pride and disappointment influences posture. European Journal of Social Psychology, 39(1), 457-466.

Phillips, L. H., MacLean, R. D. J., & Allen, R. (2002). Age and the understanding of emotions: Neuropsychological and social-cognitive perspectives. Journal of Gerontology: Psychological Sciences, 57(B), 526-530.

Platek, S. M., Wathne, K., Tierney, N. G., & Thomson, J. W. (2008). Neural correlates of self-face recognition: an effect-location meta-analysis. Brain Research, 1232(none), 173-184.

Pollick, F. E., Paterson, H. M., Bruderlin, A., & Sanford, A. J. (2001). Perceiving affect from arm movement. Cognition, 82(2), B51-B61.

Pollux, P. M. J., Craddock, M., & Guo, K. (2019). Gaze patterns in viewing static and dynamic body expressions. Acta Psychologica, 198, 102862.

Raithel, V., & Hielscher-Fastabend, M. (2004). Emotional and linguistic perception of prosody. Reception of prosody. Folia Phoniatrica Et Logopaedica: Official Organ of the International Association of Logopedics and Phoniatrics (IALP), 56(1), 7-13.

Reilly, J. S., McIntire, M. L., & Seago, H. (1992). Affective prosody in American sign language. Sign Language Studies, 75, 113-128.

Roether, C. L., Omlor, L., Christensen, A., & Giese, M. A. (2009). Critical features for the perception of emotion from gait. Journal of Vision, 9, 1-32.

Rotter, N. G., & Rotter, G. S. (1988). Sex differences in the encoding and decoding of negative facial emotions. Journal of Nonverbal Behavior, 12(2), 139-148.

Sawada, M., Suda, K., & Ishii, M. (2003). Expression of emotions in dance: Relation between arm movementcharacteristics and emotion. Perceptual and Motor Skills, 97, 697-708.

Siegman, A. & Stephen, B. (1993). Voice of fear and anxiety and sadness and depression: The effect of speech rate and oudness on fear and anxiety and sadness and depression. Journal of Abnormal Psychology, 102, 430 – 437.

Simons, G., Pasqualini, M. C. S., Reddy, V., Wood, J., (2004). Emotional and nonemotional facial expressions in people with Parkinson's disease. J. Int. Neuropsychol. Soc. 10, 521 – 535.

Stepper, S., & Strack F. (1993). Proprioceptive determinants of emotional and nonemotional feelings. Journal of Personality and Social Psychology, 64, 211 – 220.

Stekelenburg, J. J., de Gelder, B., (2004). The neural correlates of perceiving human bodies: an ERP study on the body-inversion effect. Neuroreport 15, 777 – 780.

Strack, F., & Deutsch, R. (2004). Reflective and impulsive determinants of social behavior. Personality and Social Psychology Review, 8(3), 220 – 247.

Sullivan, S., & Ruffman, T. (2004b). Social understanding: How does it fare with advancing years? British Journal of Psychology, 95, 1 – 18.

Susskind J. M., et al. (2008). Expressing fear enhances sensory acquisition. Nat Neurosci 11: 843 – 850.

Thomas, L. A., De Bellis, M. D., Graham, R., LaBar, K. S., (2007). Development of emotional facial recognition in late childhood and adolescence. Dev. Sci. 10(5), 547 – 558.

Tremblay, C., Kirouac, G., Dore, F. Y. (1987). The recognition of adults' and children's facial expressions of emotions. J. Psychol. 121(4), 341 – 350.

Trevisan, D. A., Hoskyn, M., & Birmingham, E. (2018). Facial expression production in autism: a meta-analysis: facial expression production in autism. Autism Research, 11.

Van den Stock, J., Righart, R., de Gelder, B., (2007). Body expressions influence recognition of emotions in the face and voice. Emotion, 7(5), 487 – 494.

Wallbott, H. G. (1998). Bodily expression of emotion. European Journal of Social Psychology, 28, 879 – 896.

Wallbott, H. G. (1991). Recognition of emotion from facial expression via imitation? Some indirect evidence for an old theory. British Journal of Social Psychology, 30, 207 – 219.

Waller B. M., Kate P., Caeiro C. C., et al. (2013). Paedomorphic facial expressions give dogs a selective advantage. Plos One, 8(12).

Wells, G. L., & Petty, R. E. (1980). The effects of over head movements on persuasion: compatibility and incompatibility of responses. Basic and Applied Social Psychology, 1(3), 219 – 230.

Yeh, P., Geangu, E., & Reid, V. (2016). Coherent emotional perception from body expressions and the voice. Neuropsychologia, 91, 99 – 108.

Zajonc, R. B., Murphy, S., & Inglehart, M. (1989). Feeling and facial efference: Implications of the vascular theory of emotions. Psychological Review, 96, 395 – 416.

F. 瓦批雷等著. 李恒成等译. (2010). 具身心智：认知科学与人类经验[M]. 浙江：浙江大学出版社.

鲍婧, 傅纳. (2018). 具身的情绪调节：面部表情对内隐情绪的影响[J]. 心理与行为研究, 16(2), 180 – 187.

陈鸿雁, 禹东川, 靳来鹏, 等. (2016). 孤独症谱系障碍儿童情绪表达能力干预系统研制[J]. 现代生物医学进展, 16(016), 3164 – 3167.

傅小兰. (2016). 情绪心理学[M]. 上海：华东师范大学出版社.

景少玲, 毛峡, 陈立江, 等. (2015). 汉语双模情感语音数据库标注及一致性检测[J]. 北京航空航天大学学报,41(10),1925-1934.

刘亚,王振宏,孔风.(2011).情绪具身观:情绪研究的新视角[J].心理科学进展,19(1),50-59.

李荣荣,麻彦坤,叶浩生.(2012).具身的情绪:情绪研究的新范式[J].心理科学(03),754-759.

马东云(2018).中国大学生情绪语音可信度判断的特征[J].心理学进展,8(10),1527-1540.

王柳生,蔡淦,戴家隽,等.(2013).具身情绪:视觉图片的证据[J].中国临床心理学杂志,21(2).

王振宏,田博,石长地,等.(2010).3～6岁幼儿面部表情识别与标签的发展特点[J].心理科学,(02),31+71-74.

叶浩生.(2010).具身认知:认知心理学的新取向[J].心理科学进展,18(005),705-710.

张静,陈巍.(2010).具身化的情绪理解研究:james-lange错了吗[J]? 心理研究,003(001),46-51.

张家树,陈辉,李德芳,等.(2005).人脸表情自动识别技术研究进展[J].西南交通大学学报,40(3),285-293.

张瞻,刘晓倩,汪静莹,等.(2016).利用可穿戴及体感技术实现用户情绪识别[C].第十九届全国心理学学术会议摘要集.

第四章　情绪与认知

认知涉及感知、注意、思维、记忆、决策等一系列的活动,其中学习是对认知过程的一个综合反应。情绪是一种个体与外界互动中基于自身需求产生的内在体验和生理反应。情绪与认知在心理过程中的联系是十分紧密的。生活中,不难发现,让我们印象深刻的记忆,往往伴随着强烈的情感,以至于我们再次回想时,事件会历历在目,比如初恋的心动,考试通过的喜悦,当然也有苦苦等待的焦急和求之而不得的失落。让你兴奋、感兴趣的事物,往往能瞬间捕捉你的注意力,比如画家能很快发现隐匿在平常生活画面中的色彩组合,而作家能够迅速捕捉到蕴含深意的文字;在学习过程中,如果我们能够在某一学科上多次取得好成绩,会让自己信心满满,产生积极的情绪,从而激励我们在这个学科上投入更多的时间,达到更高的水平;而当我们时刻无法取得突破时,就会产生失落、伤心等消极情绪,在知识记忆、考试等活动中难以发挥出理想水平。情绪和认知的联系是一幅精密而繁杂的图画,本章主要探讨情绪对认知过程的影响,着重从记忆、注意及学习三个方面讨论,既注重实证研究调查,也注重脑机制的研究。

第一节　情绪与记忆

情绪主要通过两条途径对记忆成绩产生影响:一个是记忆材料本身所包含的情绪内容,另一个则是记忆编码时的心境,即通常所说的情绪状态。另外,情绪通常分为两个维度:效价和唤醒度,这两个维度也分别会对记忆产生影响。

一、情绪对记忆成绩的影响

(一) 唤醒度与记忆成绩

情绪的变化与神经生理变化密切相关,包括自主神经系统活动的改变(引起心率、血压、瞳孔大小、皮肤电等变化)和内分泌系统的改变(比如肾上腺素,多巴胺等分泌增加)。现有的技术手段能够监测脑电反应、心血管反应、皮肤电反应、呼吸变化等情况,为情绪唤醒水平提供了重要指标。在图片的记忆当中,Bradly 等人发现唤醒度对即时的记忆和延时的记忆(1年后)都有稳定的影响:被评定为高唤醒度的图片相比于低唤醒度的图片更容易被回忆,在快速识别测试当中,先前被识别过的高唤醒材料相较于低唤醒的材料有更加快的反应时；同时发现材料的唤醒度和皮肤电反应呈显著正相关（Margaret M. Bradley, Greenwald, Petry, & Lang, 1992）。在对文字的记忆当中,也发现了唤醒词比中性词在即时和延时的记忆中更容易被回忆（Dolcos, LaBar, & Cabeza, 2005；Sharot & Phelps, 2004）。Simpson 和 Sheldon 探讨了情绪状态和检索线索对自传体记忆的影响,发现高唤醒的线索能够使个体在自传体回忆中呈现更多情节有关的细节。（S. Simpson & Sheldon, 2020）。

高唤醒度的材料（或者是与高唤醒度紧密相连的材料）对认知资源的占用具有优势,主要表现在对注意力的捕捉上,呈现出"记忆狭窄"或者"记忆权衡"的效应（Burke, Heuer, & Reisberg, 1992；Kensinger, Gutchess, & Schacter, 2007）,人们会对一幅图片中的中心内容,比如武器（枪支,具有较高的唤醒度）提高关注,而对背景中的细节会有所忽略。唤醒偏向竞争理论（Arousal-biased competition（ABC）theory）指出,情绪唤醒能够放大竞争过程中的偏向,增加具有高优先级别的表征的强度,抑制其他与其竞争的表征。自上而下的目标相关性和自下而上的知觉显著性决定了表征的优先性和初始激活水平。当一个中心对象位于场景前面,并且感知资源被分配到该对象时,它倾向于吸引注意力并抑制场景的处理（Mather & Sutherland, 2011）。Ponzio 和 Mather 的研究在控制了竞争对象的属性（比如是否更能引起兴趣,更让人意外）的基础上,进一步验证了 ABC 理论,他们被试者观看三类图片：只有中心对象,没有背景；只有背景,没有中心对象；背景和中心对象结合。在每次看完图片后,会伴随一个中性的或者负性的声音。24 小时后让被试者回忆看到过的背景。结果显示情绪唤醒减弱了背景和中心对象相结合的图片中的对于背景的记忆,而对单个背景呈现的记忆没有影响（Ponzio & Mather, 2014）。Wang 的研究让被试者学习中性词清单后进行即时的回忆,再进行延迟回忆前观看具有正性或中性的视频片段,最后发现积极唤醒能够提高项目记忆的巩固,但对来源记忆（字体颜色的记忆）没有影响（B. Wang, 2015）。Leventon 等运用了情感调整指导技术（ER）控制了唤醒度对记忆的影响,发现在进行深度编码时,中性图片与情绪图片的记忆成绩无明显差别,ER 无显著的效应；深度编码无 ER 时不同材料的记忆成绩也无明显差别；而深度编码的成绩明显好于浅层编码；在浅层编码时负性刺激的记忆成绩明显更好。以上结果表明情绪唤醒可能增加了记忆材料的深度编码（Leventon, Camacho, Ramos Rojas, & Ruedas, 2018）。

（二）效价与记忆成绩

不同实验条件下,情绪效价对于记忆的影响效果可能有所不同。Bradley 等人的研究发现,在图片记忆中情绪效价对记忆成绩无显著影响,而在对于先前未编码过的图片进行判断时,愉悦的图片具有更快的反应时（Margaret M. Bradley et al., 1992）。一项研究让被试者在进行自传体回忆前先对线索词进行反应,线索词包含中性、积极和负性,结果发现情绪效价能够预测回忆的细节丰富程度和情感基调（S. Simpson & Sheldon, 2020）。高效价的非唤醒词汇在提升记忆过程中需要控制编码的过程,同时进行的任务会干扰这个过程；与之相对,高唤醒词汇则能够在编码资源被转移到次要任务上的情况下完成记忆提高过程

（Kensinger & Corkin，2004）。效价对短时和长期记忆的影响也可能不同。Pierce 和 Kensinger 用联想识别测验来探究情绪对关联记忆的影响，他们向被试者提供一系列包括积极、负性和中性的词对，然后短时延迟及一星期后再认，并判断提供给他们的词对是完整的、重组的还是新的。结果发现负性词汇在短时延迟的再认中的重组判断正确率较低，而在一星期后完整判断的正确率较高（Pierce & Kensinger，2011）。Brainerd 和 Stein 的实验探讨了效价对积极记忆双过程模型的影响，双过程模型提出情境记忆能够通过回忆性检索（自身经历）和非回忆性检索实现，发现效价词汇相较于中性词汇能够增加非回忆性检索；积极词汇比消极词汇更能促进回忆性检索，而消极词汇比积极词汇更能增加非回忆性检索（Gomes，Brainerd，& Stein，2013）。

词汇的识别也与记忆有关，而与记忆任务不同的是，词汇识别中高效价的词反应时往往更慢，比如颜色命名和情绪 Stroop 任务。这种现象被学者们用自动警戒（automatic vigilance）来解释：人类优先注意负面刺激，消极刺激比其他刺激更能吸引注意力，同时情绪影响文字处理的决策或反应阶段。学者提出，为了更好地检验情绪效价对词汇识别的影响，应在试验中控制好词汇相关混杂因素，比如单词长度和词频。Kuperman 等人就按照这种思路检验了情绪效价和唤醒度对单词识别的影响，发现效价和唤醒度产生独立效应，其中消极的词识别比积极的词要慢，效价解释了约 2% 的识别时间的差异（Kensinger & Corkin，2004）。

（三）心境一致性与记忆成绩

总的来看，情绪事件在与其心境相称的情况下更容易被编码和提取，开心的心境能够增强对积极特征的回忆，悲伤的心境容易让人想起消极的回忆（Holland & Kensinger，2010）。研究发现心境状态对情绪的影响对于探究情绪和认知过程的关系十分重要。前期心境与记忆的研究主要集中在三个领域：情绪依赖性检索、情绪一致性回忆和情绪一致性学习。Rinck 等人的研究将被试者分为两组，一组在诱发了开心的情绪后对一系列词汇进行情感效价的评价，然后进行回忆任务；另一组则是诱发了伤心的情绪进行一样的任务。他们发现，对于强烈的情感词，呈现了心境一致性的学习效应：开心的被试者记住了更多强烈的积极词汇（亲吻），悲伤的被试者记住了更多十分强烈的消极词汇（杀害）。对于程度轻微的情感词，呈现出心境不一致性的学习效应：开心的被试者记住了更多程度轻微的消极词汇（湿润），悲伤的被试者记住了更多程度轻微的积极词汇（鸟儿）。他们提出了双成分加工（a two-component processing model）模型来解释这个现象：被试者对于词汇的学习设计两个过程，一个是效价判定，另一个是额外阐释。心境一致性学习效应的呈现是因为心境一致的强烈情绪词汇能够在额外解释中获得更多的认知加工。心境不一致性学习效应的呈现主要是因为心境不一致的微弱情绪词汇在效价判定时耗费的更多的认知加工（Rinck，Glowalla，& Schneider，1992）。另外，有学者提出，积极的心境能够增强对心境一致信息的检索，而中等负性的心境可能能够提高心境非一致性信息的检索。在情绪依赖回忆范式中，当回忆时的情绪心境与编码记忆材料时的特定心境一致时，被回忆的材料也更容易被检索。

被试者的人格特质会进一步影响心境一致性记忆：在情感不稳和抑郁维度上得分高的个体更容易检索负性经历，而在外倾倾向上得分高的个体更容易检索正性经历（Rusting，1999）。另外，较近期的研究发现，皮质醇反应增高的个体在对中性和负性图片的记忆上有损害（Buchanan & Tranel，2008）。在压力性社交环境中皮质醇分泌的增加，会损伤对情绪唤醒度较高的词汇和中性材料的检索（Kuhlmann，Piel，& Wolf，2005）。Loeffler等人运用交互动态式监测技术，在自然状况下研究了个体日常生活中心境一致性记忆的特点。70名健康被试者的心理生理唤醒通过非代谢性心率来反应，同时记录了24小时中自我报告的情绪和情境信息。词汇记忆的任务会通过额外心率的变化来触发，或者由时间因素触发。在24小时的监测结束后，被试者在第二天和一周后也进行了情绪的评估和记忆任务。研究发现编码时的心理生理唤醒提高了负性词汇的记忆，而低唤醒提高的对积极词汇的记忆。在积极情境当中，心境一致性记忆效应在低唤醒时更显著（Loeffler，Myrtek，& Peper，2013）。Garcia等人的研究探讨了抑郁症患者自主神经活动对负性情绪下记忆编码的影响。48例抑郁症患者和48名健康对照组随机分配到中性或负性唤起的视听刺激中，这个过程中情绪引起的自主神经的反应通过心率变异性来监测。结果的分析发现抑郁症患者在面对负性情感刺激时心率的高频率显著增加，而这种变化与记忆成绩独立相关，说明情绪的副交感神经反应与抑郁症患者的心境一致性的认知加工偏差有关（Garcia，Valenza，Tomaz，& Barbieri，2016）。

二、情绪记忆的脑机制

陈述性记忆是指对有关事实和事件的记忆。情境记忆是指人们根据时空关系对某个事件的记忆。工作记忆是一种对信息进行暂时加工和贮存的容量有限的记忆系统，在许多复杂的认知活动中起重要作用。杏仁核和海马在情绪记忆中的作用十分重要（图4.1）。杏仁核专门负责情绪的处理，尤其是在恐惧习得（恐惧的习得指的是中性刺激通过与厌恶事件配对而获得厌恶属性）中有关键的作用。海马是陈述性和情境性记忆必需的关键结构，它的作用使得个体能够按照主观意愿去回忆事件，也是我们平常所说的"记忆"，因此海马也被认为是人类记忆系统的主要部分。在经典的条件恐惧范式中，研究者用中性的蓝色方块与腕部厌恶性电击配对，发现杏仁核损害的患者不能够对蓝色方块形成恐惧的生理反应，即使他们能够报告蓝色方块的出现意味着将会有电击（LaBar，LeDoux，Spencer，& Phelps，1995）；而海马损害的患者出现了相反的情况：他们出现了恐惧相关的生理反应，但不能说明中性刺激和厌恶刺激的关系（Bechara et al.，1995）。因此杏仁核和海马的交互作用是情绪记忆脑机制的重要成分，另外神经内分泌的调节作用也不可忽视。

（一）杏仁核在海马记忆功能中的作用

首先是杏仁核对记忆的第一阶段——编码的影响。对记忆影响最主要的因素就是对

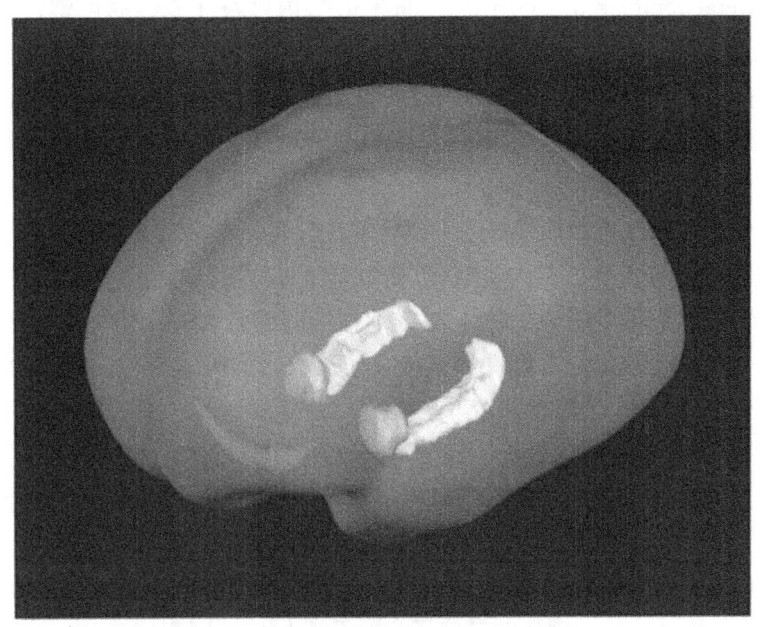

图 4.1　人类的杏仁核(深色)和海马(浅色)
(来源:Phelps,2004)

刺激的感知和注意。一些研究表明,情绪可以通过捕捉注意力的方式来影响注意,也可以在注意力受限的情况下,改变处理情绪刺激的容易程度来影响注意力(Fox, Russo, Bowles, & Dutton, 2001; Ohman, Flykt, & Esteves, 2001; Taylor & Fragopanagos, 2005)。一项采用了注意瞬脱范式的研究表明杏仁核的受损会损害情绪刺激对注意力的促进作用。在这个范式中,被试者被要求识别快速呈现的序列当中的两个靶刺激(用特殊颜色标出)。如果第二个靶刺激很快就在第一个靶刺激后面呈现的话,很容易被忽略,出现"注意瞬脱"。而当第二个靶刺激是具有高唤醒的特性时,比如是一个禁忌词,被试者出现瞬脱的概率就会减少。这种注意瞬脱会随着情绪因素的增加而减弱,而杏仁核的损伤削弱了这种衰减效应,这表明杏仁核在促进情绪注意方面起着至关重要的作用(Anderson & Phelps, 2001)。基于功能磁共振成像(functional magnetic resonance imaging, fMRI)的研究发现杏仁核与感觉皮层处理区域(如视觉皮层)有交互联系,杏仁核对情绪刺激(即恐惧的面孔)的反应增强,这种反应与视觉皮层的类似反应相关(Amaral, Behniea, & Kelly, 2003)。在意识之前杏仁核就能对环境中的情绪刺激产生迅速的反应,并且与注意力集中无关(Vuilleumier, Armony, Driver, & Dolan, 2001; Whalen et al., 1998)。有研究表明,杏仁核可能在刺激处理的早期就接收到有关刺激的情感意义的信息,并通过反馈连接增强后期的感知能力,从而增强对情绪事件的感知编码。这种增强的知觉可能是情绪促进注意的基础,以及在情绪刺激下观察到的警惕性提高的基础(M. Davis & Whalen, 2001)。通过影响知觉和注意力,杏仁核可以改变海马依赖性的情景记忆的编码,从而使情绪事件得到优先处理。在恐惧记忆的编码方面,虽然学者已经认识到杏仁核基底外侧复合体(Basolateral complex of the Amygdala, BLA)内兴奋性突触的可塑性在联想记忆的形成中起着关键作用,但最近的研究表明,杏仁核内的可塑性分布比以前所认识的更为广泛。特别是,中央核(central nucleus, CeA)的可塑性对获得条件恐惧至关重要。此外,杏仁核内的各种中间神经元群在恐惧条件反射过程中对刺激处理和记忆形成有着多方面贡献(Ressler & Maren, 2019)。

第二阶段是记忆的保持和储存。海马对记忆的储存不是全或无的形式。记忆在编码后的一段时间将会是脆弱和容易受到干扰的,这些记忆或多或少需要一段时间才能变得"固定",此时对它们的提取较不依赖于海马体,这个过程叫作记忆的固化。有人认为,这种缓慢的巩固过程的一个原因是允许对事件的情绪反应有机会影响该事件的储存。情绪反应,如唤醒和压力荷尔蒙的释放,必然伴随着事件本身。在这种情况下,引起情绪反应的事件,可能对生存更重要,也更可能在以后被记住(McGaugh, 2000)。

人类脑影像研究发现杏仁核在编码时的活动与情绪刺激一段后的回忆成绩相关(Canli, Zhao, Brewer, Gabrieli, & Cahill, 2000),还有研究发现杏仁核对刺激的反应与海马旁回的反应之间存在关联(海马旁回是海马复合体的一部分,位于海马体的下方);(L. Kilpatrick & Cahill, 2003)一项研究考察了海马及杏仁核不同程度病变的患者对情绪和中性单词的编码过程。通过使用fMRI技术他们发现,左杏仁核病变程度越大,对情绪词汇的后续记忆能力越差,左海马体的活动也越少。对中性词的记忆只与海马病变程度有关。有趣的是,杏仁核和海马的病理变化与情绪词的反应之间的关系是双向的。左海马病变越严重,左杏仁核的活动更少,而右杏仁核的活动更多,这表明当记忆情绪刺激时,海马和杏仁核是相互依赖的(Richardson, Strange, & Dolan, 2004)。以上研究支持了人类杏仁核对海马体的调节作用,但不能表明这种机制能够改变记忆的固化或储存。为此研究者进一步用药物和疼痛的实验操控来诱发记忆编码后的压力性荷尔蒙反应。结果有力地支持了这样的结论:情绪可以改变情绪事件的记忆保持,并且与动物模型中关于杏仁核在调节海马巩固中的作用的结论是一致的(Cahill & Alkire, 2003; Cahill, Gorski, & Le, 2003)。在关于海马功能的研究探索中还发现了双侧杏仁核对于不同材料(语音和视觉)加工的参与程度不同(Adolphs, Tranel, & Denburg, 2000)。关于记忆痕迹细胞(engrams cell)的研究为我们提供了新的角度(图4.2),研究发现新皮质前额叶记忆痕迹细胞是遥远情境恐惧记忆的关键细胞,在最初的学习过程中,通过海马内嗅皮层网络和基底外侧杏仁核的输入迅速增生。这些细胞在海马记忆痕迹细胞的支持下随着时间的推移功能逐渐成熟。而后海马记忆痕迹细胞逐渐变得静默,而基底外侧杏仁核的记忆痕迹细胞被保留下来,这是恐惧记忆所必需的(Kitamura et al., 2017)。

(二)海马依赖性记忆对杏仁核功能的影响

在典型的恐惧条件反射范式中,被试者学习到中性刺激通对厌恶事件的预测是通过它们的配对来完成。例如,如果你被邻居家的狗咬了,下次你遇到这只狗时,你可能会有恐惧反应。然而,对于人类来说,也可以通过其他方式,如语言交流,了解环境中刺激的情感意

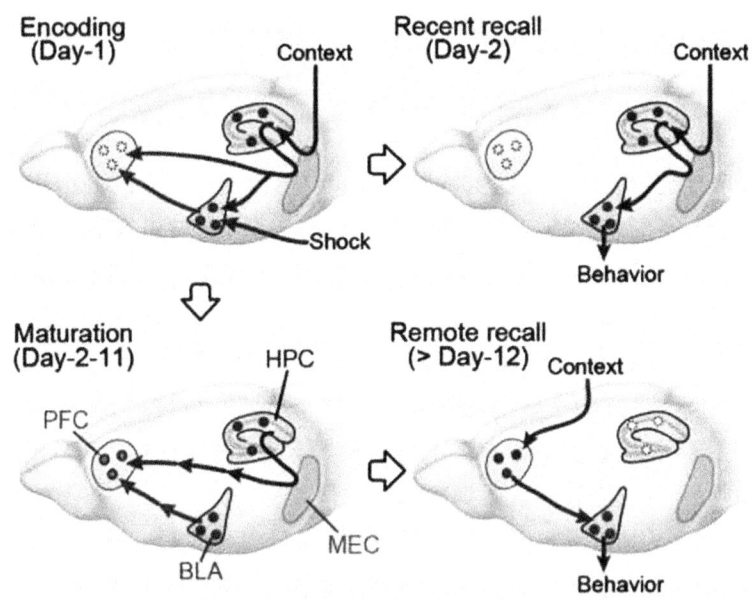

图 4.2　记忆巩固的新系统：基于记忆痕迹细胞的研究
（来源：Kitamura et al, 2017）

义。如果你的邻居之前告诉你这是一只危险的狗,可能会咬你,你可能会对邻居的狗有类似的恐惧反应。这种通过教学进行的学习需要海马复合体来获得,并且可能在恐惧刺激出现时进行检索。通过提示,被试者可以获得一个事件的情感意义的情节表征,而不需要任何直接的厌恶体验。那么,这种海马依赖性的、具有情感意义的情节表征会影响杏仁核吗?

在一项功能磁共振成像研究中,被试者被告知他们的手腕会受到一次或多次轻微的电击,但只有在出现蓝色方块时才会如此。虽然实际上没有电击,但被试者在蓝色方块出现和左侧杏仁核激活时表现出唤醒反应(Phelps et al., 2001)。另一项类似的研究发现左侧海马的损伤削弱对于蓝色方块的生理恐惧反应(Funayama, Grillon, Davis, & Phelps, 2001)。这些结果表明,当一种刺激是具有指导性的,具有情感意义的情节表征时,它能够激活杏仁核的活动。这种恐惧的类型是想象和预测的,并没有实际的经验。但他们仍然需要神经机制的表达,正如从真实经验中习得的恐惧反应一样。另一部分研究就检验了情感调节系统对个体对情感刺激反应的指令性作用。例如,一项 fMRI 研究指导被试者"重新评估"负面场景的情感意义,尝试用非情感或积极的角度来解释所描述的事件。这种策略的获得和适当应用都需要海马依赖性记忆。研究结果发现重评估策略成功地减少了负面场景的情绪反应和杏仁核反应(Ochsner, Bunge, Gross, & Gabrieli, 2002)。回忆情绪刺激特性和通过指导获得的策略需要海马依赖性记忆的形成。这些情境记忆可以影响我们的情绪反应,至少部分是通过调节杏仁核完成的。Kim 和 Cho 的在情境恐惧记忆编码机制的研究中,进一步揭示了海马记忆对杏仁核的影响:他们发现海马腹侧 CA1(ventral CA1, vCA1)投射到基底杏仁核(BA)的活动与厌恶刺激相结合,有助于编码条件恐惧记忆。BA 神经元亚群接受来自情境反应的vCA1神经元更强的单突触输入,其活动是vCA1-BA通路中情境恐惧学习和突触增强所必需的(W. B. Kim & Cho,2020)。

(三) 神经内分泌记忆调节记忆的机制

总体来看,来自动物研究的证据支持记忆-调控假说(memory-modulation hypothesis)。该理论认为,对于情绪事件的长期记忆强于对于中性事件,反映出在应激激素的参与下,神经调控机制影响了杏仁核在内侧颞叶记忆区域的记忆固化作用(McGaugh, 2004)。类似的神经激素机制也参与杏仁核对大脑其他记忆处理区域的影响,尽管行为后果并不总是有利的(Roozendaal, McReynolds, & McGaugh, 2004)。例如,急性使用皮质酮会降低工作记忆的表现,而这个过程也依赖于肾上腺素和杏仁核与前额叶皮质(Prefrontal cortex, PFC)之间的相互作用。人类尽管和动物有着不同的解剖学基础,但是在人类个体身上进行的药物操纵的研究提示了肾上腺素和皮质类固醇对记忆的影响。

在记忆编码阶段服用β肾上腺素能受体拮抗剂(如普萘洛尔)会降低情绪唤醒刺激相对于中性刺激长期记忆的优势,但这种效应和药物使用的剂量有关。相反,β-肾上腺素能受体激动剂(如育亨宾)可促进情绪记忆(Cahill & Alkire, 2003; Cahill, Prins, Weber, & McGaugh, 1994)。β-肾上腺素能对人类情绪记忆的影响是由分布中的受体介导的,神经心理学和功能性神经影像学的研究共同发现杏仁核是关键的部位。因为在对情绪唤醒单词或故事的记忆中,学者发现杏仁核的损伤个体和使用β受体阻滞剂的健康个体有着同样的记忆减弱效应(Adolphs et al., 2000; Strange, Hurlemann, & Dolan, 2003)。此外,功能性神经影像学研究表明,普萘诺尔可降低杏仁核在情绪刺激编码过程中的活动,伴随着检索该刺激时海马区的活动降低(Strange & Dolan, 2004)。针对眼动脱敏再加工(Eye movement desensitization therapy, EMDR)治疗技术的研究发现,当个体对负性自传体记忆的回忆时候使用普萘诺尔,会影响记忆的固化,使得在多次治疗后回忆的生动性(vividness)减弱不明显(Littel et al., 2017)。

在记忆编码过程中,急性皮质醇注射或应激诱导的内源性皮质醇释放通常会增强情绪学习和记忆(Jelici, Geraerts, Merckelbach, & Guerrieri, 2004),而在回忆检索过程中进行这样的操作会损害记忆的提取(Kuhlmann et al., 2005)。皮质醇的急性影响对于情绪刺激的影响大于中性刺激,但研究的结论还较不一致(LaBar & Cabeza, 2006)。在工作记忆测试中,心理社会压力或大剂量皮质醇的服用通常会损害工作表现,这与动物研究的结论一致(Elzinga & Roelofs, 2005)。皮质醇对记忆影响的变化可归因于几个因素,包括生物性别、应激持续时间(急性与慢性)、皮质醇剂量(通常为倒U形函数)以及与内源性皮质醇水平的昼夜变化(McGaugh & Roozendaal, 2002)。皮质醇剂量和时间引起的昼夜节律变化与盐皮质激素或糖皮质激素受体亚型的相对占有率有关,这些亚型对糖皮质激素有不同的亲和力,对记忆功能有不同程度的影响。低剂量时,盐皮质激素受体激活占主导地位,与编码过程的情感增强有关,但对于巩固的益处尚不清楚。高剂量时,糖皮质激素受体的激活,结合肾上腺素能的影响,有助于增强记忆巩固(Lupien et al., 1998)。而皮质醇慢性增高会导致海马体积的减少和伴随的陈述性记忆缺陷,即使对于非情绪性的材料也一样(Gulyaeva,

2019；Lupien et al.，1998）。皮质醇诱导的陈述性记忆提取障碍与内侧颞叶活性降低有关。应激激素系统投射到一组弥散的大脑区域（包括前额叶、小脑、下丘脑和海马体），每个区域都受到杏仁核的调节，以适应不同的记忆操作，并可能产生不同的结果。

三、情绪记忆的个体差异性

（一）性别的差异性

脑成像研究表明，男女情绪记忆的差异性主要出现在左、右杏仁核在对于情绪刺激的反应的不同上。两项研究表明，女性被试者的左侧杏仁核与情绪刺激的后期记忆相关，而男性被试者右侧杏仁核则与情绪刺激的记忆相关。然而，研究杏仁核损伤患者的情绪记忆或对情绪刺激的生理反应，却没有发现这种性别差异（Cahill et al.，2001；Canli，Desmond，Zhao，& Gabrieli，2002）。Kilpatrick等人研究了在静息态下左右杏仁核与其余大脑联接活动的性别差异（图4.3）。被试者被遮住眼睛进行血流正电子发射型计算机断层显像（PET）的扫面，与男性相比，女性右半球杏仁核的活动更大程度上与其他脑区活动存在共变；而男性的左半球丘脑和其他脑区的活动存在更大程度上的共变。总的来看，在杏仁核活动的总体水平上两性之间没有差异；而在杏仁核与大脑其他部分的连接模式上性别之间存在差异（L. A. Kilpatrick，Zald，Pardo，& Cahill，2006）。为进一步探讨杏仁核活动的性别差异性对记忆内容的影响，学者在被试者进行情绪记忆前服用β-肾上腺素能受体拮抗剂来减弱杏仁核的作用，结果普萘诺尔分别显著损害了男性对中心信息的记忆和女性对于周边细节信息的回忆（Cahill & van Stegeren，2003）。另外，普萘诺尔在较短的记忆间隔的条件下会诱发对列表中情感词之前的中性词的逆行性遗忘，这种效应在女性中更大（Strange et al.，2003）。

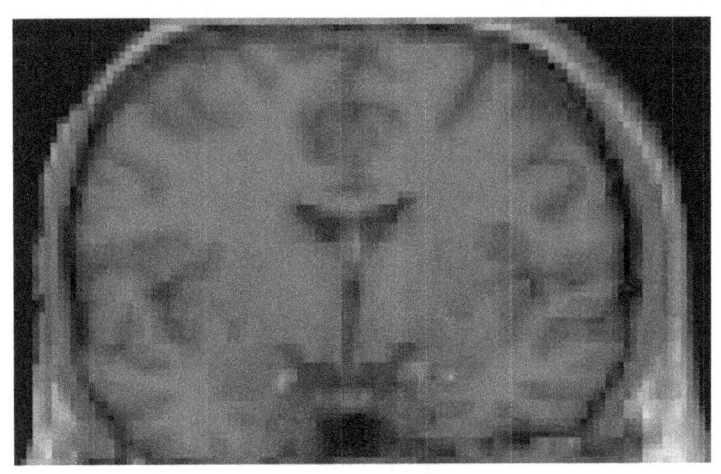

图4.3 男女情感加工的差异

左侧杏仁核，在女性中与其他大脑区域的功能联系比男性更强；
右侧杏仁核，在男性中与其他大脑区域的功能联系比女性更强。

（来源：Kilpatrick et al.，2006）

（二）年龄的差异性

与年轻人相比，老年人更偏向于关注和记忆正性的信息，避免负性的信息。这种现象被称为"正性效应"（positive effect，PE）；（Mather & Carstensen，2005）解释 PE 的理论基础是社会情感选择理论（socioemotional selectivity theory，SST）。该理论认为对时间感知的变化调整了个体的动机和目标追求；年长的个体了解到时间的有限，因此通过情绪调节将动机和目标从知识获取转移到情感满足。因此，老年人更喜欢积极的情感材料（Carstensen，Isaacowitz，& Charles，1999）。Bi 和 Han 在 28 名年轻人和 24 名年长者被试者的样本中对该理论进行了研究，收集了被试者对于情感图片和中性图片的眼追踪和识别的数据。研究结果发现年长者情绪注意的负性偏向比年轻人更少，在情感识别上，年轻人的负性偏向更强，而年长者对于在消极情绪信息和积极情绪信息之间没有明显偏向（Bi & Han，2015）。增高的皮质醇水平对于各年龄段的个体都会干扰一般记忆的过程，但是在对情绪信息的记忆方面，一些研究发现皮质醇可以增强对情绪信息的记忆，特别是在延长的记忆效果上（Buchanan & Lovallo，2001；Wolf，2009）。Gutchess 等人研究了皮质醇对情绪记忆权衡效应的影响（关注刺激中的情绪物体，而忽略背景中的中性信息）的年龄差异性（Gutchess，Alves，Paige，Rohleder，& Wolf，2019）。年轻和年长的被试者对材料（积极、负性或中性的物体放在中性背景上）进行编码记忆，然后完成对于材料中的物品和背景的再认测试，过程中对被试者的皮质醇水平进行监测。结果发现皮质醇水平在对负性物体的记忆上最高，其中，高的皮质醇水平对于负性物体记忆权衡效应的预测性在年长者中较低，而这只体现在对负性物体的记忆上，在对积极物体的记忆上并没有发现类似结果。研究提示皮质醇水平越低，对消极情绪信息的记忆就越有适应能力，而随着年龄增长记忆受损的表现则可能与皮质醇水平增高有关。

（三）抑郁症患者的情绪记忆

Bradely 和 Mathews 研究了 11 名抑郁康复患者，12 名正常对照及 9 名抑郁症患者的记忆偏向，发现了抑郁对与自我回忆的记忆偏差。在有意义记忆任务中，向被试者呈现自我相关和他人相关的形容词，并让被试者判断这种描述是否正确。抑郁症患者在回忆任务中呈现出自我相关的负性偏向，而康复组和正常组回忆的积极自我相关的材料比负性的要更多；而在抑郁康复组中，他们回忆的与他人相关的积极形容词要少于负性的形容词（B. P. Bradley & Mathews，1988）。Dalgleish 和 Werner-Seidler 进一步揭示了抑郁症患者自传体记忆的特点：倾向于负面材料的系统性偏见，对积极记忆的获取和反应贫乏，对个人过去特定细节的接触减少，以及围绕个人自传材料的思考和回避的功能失调过程（Dalgleish & Werner-Seidler，2014）。在编码积极词汇的时候，重度抑郁症患者的扣带回、前额叶皮质、海马以及杏仁核的活动有改变，而在编码负性材料时，活动改变主要发生在杏仁核，扣带回和脑岛（van Tol et al.，2012）。Holt 等人在研究了青少年中抑郁个体和正常个体在自我参照记忆任务中的差异，主要采集了编码和提取中的行为表现和 fMRI 数据。他们发现在积极和消极词汇成功编码的差异上,健康组要大于抑郁组,这个过程中,两组脑部激活的差异主要表现在左侧缘上回、枕外侧皮质和顶叶上叶。在编码和提取过程中的神经活动差异也表现出和年龄相关的变化,集中在内侧、颞区和前额区(Holt et al.,2016)。另一项研究调查了在入学前抑郁症发病的青少年个体,检验了认知缺陷与抑郁、情绪调节、生活压力和逆境的关系,以及从学龄开始的三项影像学评估的海马体积变化轨迹。抑郁和情景记忆缺陷有关。无论是现在还是过去患有抑郁症的年轻人,即使在控制了其他精神疾病和家庭收入的因素后,也表现出情景记忆缺陷。抑郁的严重程度、情绪调节障碍和生活压力/逆境都能预测到情景记忆障碍,同时还和海马随时间生长的速率有关(Barch,Harms,Tillman,Hawkey,& Luby,2019)。

(四)创伤后应激障碍患者的情绪记忆

创伤后应激障碍(PTSD)是由重大创伤事件引发的精神疾病。创伤后应激障碍的典型症状包括侵入(或再体验)、回避、认知和情绪的消极改变以及过度兴奋(Shalev,Liberzon,& Marmar,2017)。创伤后应激障碍患者再体验症状的存在意味着即使在没有实际威胁的情况下,创伤相关的恐惧也很容易被激活。研究已经表明 PTSD 患者存在记忆偏向:包括这些对负性和/或创伤相关材料的选择性记忆偏向(Lin,Hofmann,Qian,& Li,2015;Tapia,Clarys,Bugaiska,& El-Hage,2012)。值得注意的是,侵入性记忆和碎片性记忆(或难以回忆创伤的各个方面)构成了创伤后应激障碍的核心特征,这些记忆异常可能是相互关联的。基础研究表明海马神经发生与遗忘恐惧记忆以及编码新信息有关:海马体在一生中都会产生新的神经元。当它们整合到海马体中时,会重塑神经回路,可能会使储存在这些回路中的信息更难获取。与此一致,学习后海马神经发生的增加会导致对所学信息的遗忘。这说明 PTSD 患者过度的恐惧记忆和记忆功能受损都可能是由海马功能受损所介导的(Gao et al.,2018)。Itoh 等人的研究进一步探讨了探索 PTSD 患者记忆偏向与记忆功能的关系。研究纳入了 46 例经 DSM-IV 诊断的创伤后应激障碍(PTSD)患者,其中大多数是在人际暴力后发展成这种障碍的,另外 68 名非创伤暴露的健康对照女性被研究。记忆偏向通过完成情绪词和中性词的记忆任务来测量,记忆功能过一个标准化的神经心理学测验来评估。与对照组相比,患者的负性记忆偏向得分显著高于对照组(即否定词的正确识别率减去中性词的正确识别率),记忆功能也较差。负性记忆偏向程度与患者记忆功能差显著相关。该研究进一步支持了 PTSD 患者的情绪记忆中的选择性偏向,并验证来了这种异常是和记忆功能的损害是有关的(Itoh et al.,2019)。

第二节　情绪与注意

情绪对我们生活的每一个人细节都会产生不可忽视的影响,比如,在情绪振奋时我们可能更关注计划能够成功的可能性,或者更容易关心让我们开心的、感兴趣的事情;而有威胁存在时,我们更倾向与先排出危险再做其他的事情。而情绪影响我们的一切前提是对我们注意力的影响——一个重要的控制系统。这种影响发生在其他更复杂的反应之前(比如形成自动化反应),因此在保证个体效率和生存方面有重要影响。

一、情绪与注意的研究范式

(一)情绪 stroop 任务

Stroop 任务一直以来被心理学研究者用来研究注意的过程。在最初版本中,被试者需要说出打印条目的墨水颜色,同时试图忽略条目的内容。呈现给被试者条目的内容或为无意义的字符排列如 Xs,或者为颜色的名字。在后者的情况下,一个单词"红色"用绿色的印出来,或者说单词"棕色"用红色印出来。研究者发现,当条目的内容是对立的颜色名称时,被试者需要更多时间来辨认(Williams, Mathews, & MacLeod, 1996)。在情绪 Stroop 任务中,研究者想被试者呈现不同颜色的词语,词语的内容包括情绪词和中性词,让他们在忽略词语意义的情况下尽快命名词语的颜色。例如,Gotlib 和 McCann 选择了有 15 名中度抑郁的学生和 15 名非抑郁的学生,让他们说出在视速仪上显示的 50 个中性词、50 个抑郁词及 50 个积极词。结果发现情绪的效价对非抑郁学生的命名反应时没有影响。而在中度抑郁组中,对于负性词汇的命名时间显著比中性和积极词汇时间要更长(Ben-Haim et al., 2016)。最影响对现有情绪 stroop 任务研究效度的因素是反复暴露于情绪刺激所产生的持续效应和习惯化。因此,接触情绪和中性刺激的顺序是最重要的(图 4.4)(Ben-Haim et al., 2016)。

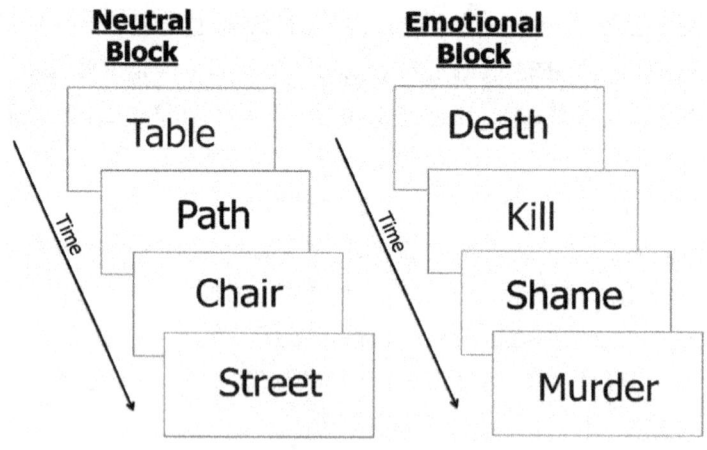

图 4.4 情绪 Stroop 范式中的序列
参与者的任务是命名单词出现的颜色。
(来源:Ben-Haim et al., 2016)

(二)情绪 Flanker 范式

正如 Flanker 的原意为"两侧"的,在 Flanker 任务中,要求被试者对呈现在中心的刺激进行判断,同时会在其两侧呈现分心刺激干扰被试者对中心刺激的判断。干扰产生的原因是不相关任务信息对相关任务信息的加工干扰。被试者在任务中有对两侧刺激反应的趋势,因此在判断中心刺激时需要克服两侧刺激的干扰,从而导致对中心刺激的判断反应变慢或者正确率降低(Eriksen & Eriksen, 1974)。在标准的情绪 Flanker 任务中,每一次试验包含一个中心的情绪刺激和两侧的情绪刺激,被试者要求对中心刺激的情绪通过按键进行判断(比如生气,害怕,中性),同时忽略掉中心刺激两侧的情绪刺激(图 4.5)(Tannert & Rothermund, 2020)。而 Tannerthe 和 Rothermund 的研究中还采用了非标准的 Flanker 范式,刺激呈现的位置在每一次都发生变化。他们发现只有在变化的情况下,要求被试者对进行情绪相关的判断任务时,情绪干扰的效应才会明显。而在位置固定,以及进行非情绪相关的判断任务(年龄,性别)时,情绪干扰的效应则不显著。说明情绪刺激的 Flanker 效应很可能是由于实验预先设定影响,而自动化过程并不明显。

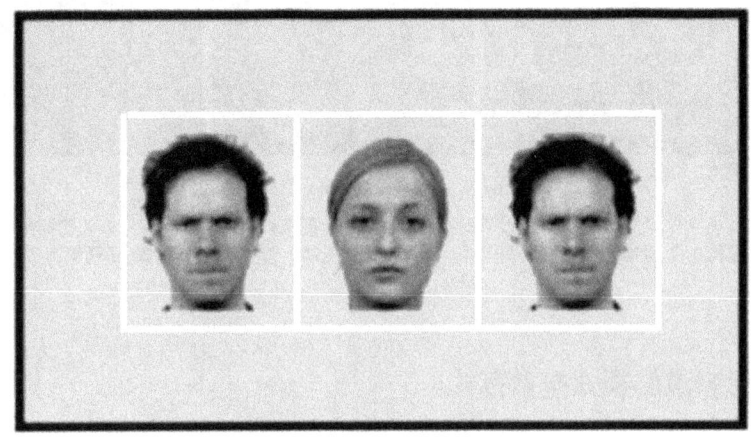

图 4.5　情绪 Flanker 范式
对中心刺激的情绪通过进行判断,同时忽略掉中心刺激两侧的情绪刺激。
(来源:Tannert & Rothermund, 2020)

(三) 情绪 Simon 范式

Simon 效应是由 Simon 及其同事发现了对实验任务过程中的反应相容现象。它具体指的是,当被试者对刺激的相关属性(颜色、形状等)做出判断时,虽然刺激出现的位置和任务无关,但仍然会对相关加工过程产生影响,即当所判断的属性与反应位置在同一侧(一致)时,个体出现反应速度更快,正确率高的现象。比如,研究者给被试者的左耳或右耳呈现"左"或"右"的指令,要求它按照听到的指令按左键或者右键。结果发现,被试者听到指令的方位和耳朵的方位一致的时候比不一致的时候反应更快。Simon 冲突指的就是任务相关的非空间信息的按键反应位置和刺激位置不一致的时候,会导致一个更慢的反应。情绪 Simon 范式可以用来衡量情绪的刺激—反应冲突控制过程。刺激由灰色情绪表情图片组成(图 4.6),包括积极情绪(开心)和消极(恐惧)情绪,在每一个试次(trial)中,图片被呈现在黑色屏幕的左侧和右侧,被试者被要求判断表情的性质(开心还是恐惧),然后用左手手指或右手手指按下左侧和右侧的判断按键。通过与非情绪 Simon 任务(对物体形状进行判断)的比较判断情绪对冲突过程的影响(Liu et al.,2019)。另外,也可让被试者进行非情绪任务的判断,比如判断照片中的表情人物(包括中性,积极,消极情绪)的性别,通过检验不同情绪刺激的反应时以及冲突的差异来判断情绪对注意影响。

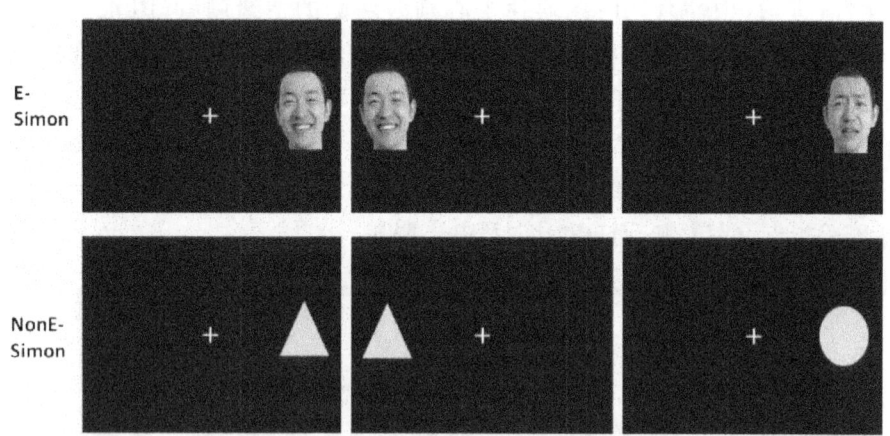

图 4.6　情绪 Simon 范式

对出现在不同位置的表情内容进行判断;非情绪 Simon 范式:对出现在不同位置的物体形状进行判断。按键位置和物体位置有一致和不一致的情况,一致的情况反应时更快,正确率更高。

(来源:Liu et al.,2009)

(四) 情绪刺激的视觉搜索范式

经典的视觉搜索范式要求被试者在同时呈现的众多分析刺激(干扰物)中找出目标(靶刺激),通过比较目标搜索时间和速度(搜索斜率)衡量个体对目标的注意偏向程度。个体对威胁刺激(愤怒面孔)的监测虽然是快速高效的,却是以系列搜索的方式进行的。一般来说负性刺激越多,个体的反应时越长。个体可以快速搜索获得负性刺激,具有重要的生态学意义,因为负性情绪往往意味着威胁和危险,个体对其产生的注意倾向有助于避免可能受到的伤害。

Eastwood 等人使用了这样的情绪刺激的视觉搜索范式(图 4.7)(Eastwood, Smilek, & Merikle, 2001):将笑脸(积极情绪)和哭脸(消极)作为目标,负性刺激为无表情的脸(中性情绪),在实验中让被试者在混有 7、11、15、19 张脸中找到情绪刺激(其他的都是中性刺激)搜索找到有情绪的面部表情,并记录下反应时。然后又将情绪刺激倒转过来减少情绪的影响,再次进行同样的实验。在第一个实验中负性刺激的反应时增长斜率小于正性刺激的增长斜率,而在第二个实验中这种差异不明显。但负性情绪刺激的反应时在每个实验条件下都较正性情绪刺激少,即使在控制了负性刺激的正反情况后,也得到了类似的结果。说明负性情绪更能有效地引导注意力。

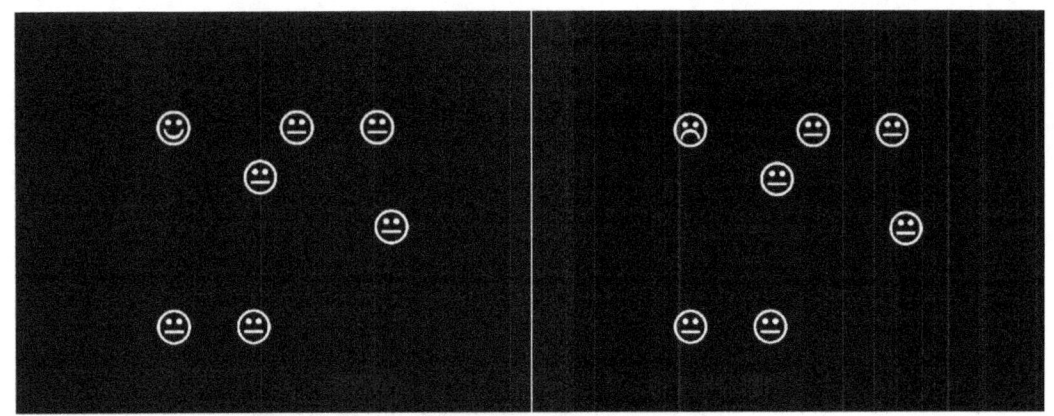

图 4.7 情绪刺激的视觉搜索范式
参与者被要求在示意表情中找出开心的或者悲伤的脸部。
(来源：Eastwood，Smilek，& Merikle，2001)

(五) 情绪刺激的注意瞬脱范式

视觉注意瞬脱(Attentional Blink，AB)可出现在快速序列视觉呈现(RSVP)范式中，是指在短时间内(约 500 毫秒)序列呈现两个目标刺激时(T1 和 T2)，被试者对第二个目标准确报告率显著下降的现象。在 RSVP 中，一系列刺激(字母、数字、词语或图片等)在计算及屏幕的同一个位置相继快速呈现，速率为每秒 6~20 个项目。某些情况下，为突出靶刺激，常用不同于其他项目的颜色或形态那呈现靶刺激。任务要求被试者在刺激项目呈现过程中搜索靶刺激并在呈现结束后进行报告。RSVP 范式主要反映注意资源的时间分配特点。

Sklenar 和 Mienaltowski 研究了年龄因素对情绪表情作为靶刺激的 AB 范式的影响。研究中的实验内容为，RSVP 中的 T1 和 T2 为真实图片的情绪表情，包括生气、中性和开心，被试者要求在 RSVP 中报告 T1 和 T2 的特征，其他的分心刺激为像素重新排列的脸图片。该研究发现年长组的 AB 时间比年轻组更长，而在情绪影响方面没有年龄差异。当生气表情作为 T1 时，年轻组和年长组的 AB 效应的增长明显。而 T2 对情绪刺激对 AB 的影响并不显著。该研究进一步支持了负性情绪刺激所引导的注意偏向(图 4.8)(Sklenar & Mienaltowski，2019)。

(六) 情绪刺激的提示/线索范式

提示/线索范式是基于 Posner 和 Cohen(1984)研究注意资源的空间分配特点的经典模式(Ponser & Cohen，1984)。被试者被要求对靶刺激进行判断，靶刺激会出现在左视野或者右视野。靶刺激出现前会有一个提示性的线索，靶刺激出现在提示线索的同一空间位置称为有效提示，出现在提示线索相反的空间位置称为无效提示。结果发现，有效提示条件下的手动反应时快于无效提示的条件下。

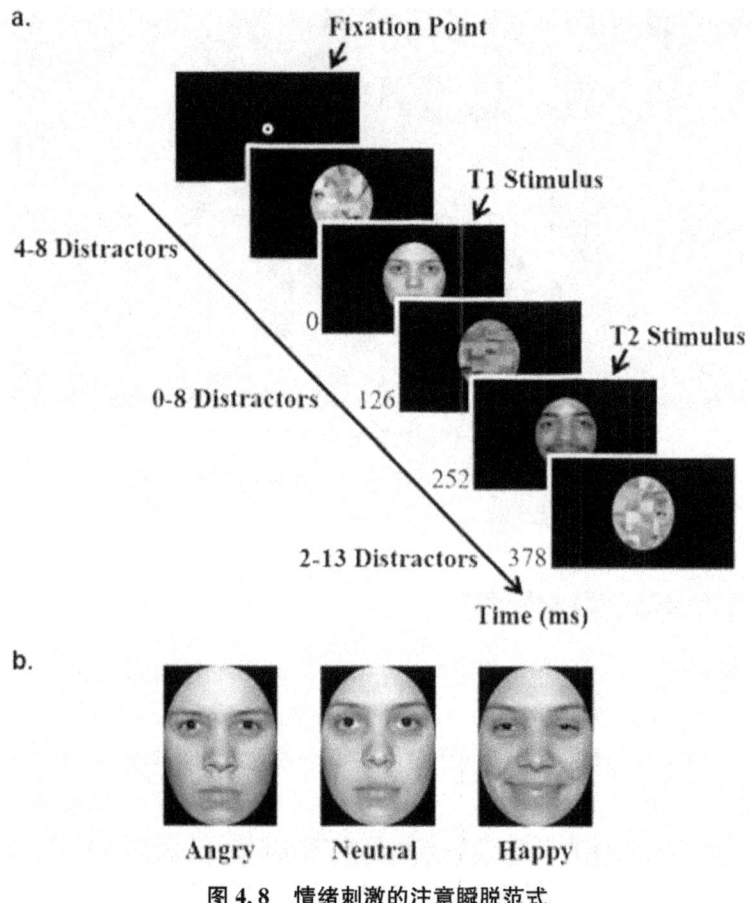

图 4.8 情绪刺激的注意瞬脱范式

(来源：Sklenar & Mienaltowski，2019)

Dai 和 Feng 将情绪刺激运用到该范式中(图 4.9)，探索了抑郁障碍患者再启动抑制(Inhibition of Return，IOR)的特点(Dai & Feng，2009)。被试者包含健康组，抑郁康复组和严重抑郁组，每组 17 人。该研究实验任务要求被试者在情绪提示(包括生气、伤心、中性和开心的表情)后对靶刺激进行位置(左和右)的判断。用无效提示的反应时减去有效提示的反应时，若为正意味着线索有效性，若为负则为 IOR 效应。同时还用刺激启动不同步(Stimulus Onset Asynchrony，SOA)的方法控制了情绪线索出现的时间。在不同的 SOA 中，不同情绪刺激产生的提示或 IOR 效应在不同组被试者中特点不一致，严重抑郁症患者对于负性情感刺激表现出损害的 IOR 效应。

(七) 情绪刺激的点探测范式

点探测范式(dot-probe paradigm)最初是由认知心理学家用来评估选择性注意的一种方法，源于 Posner，Synder 和 Davidson(1980)对视觉空间注意的研究，后来由 Macleo，Mathews 和 Tata 三人于 1986 年用于视觉通道的研究。该研究的被试者分为焦虑组和健康

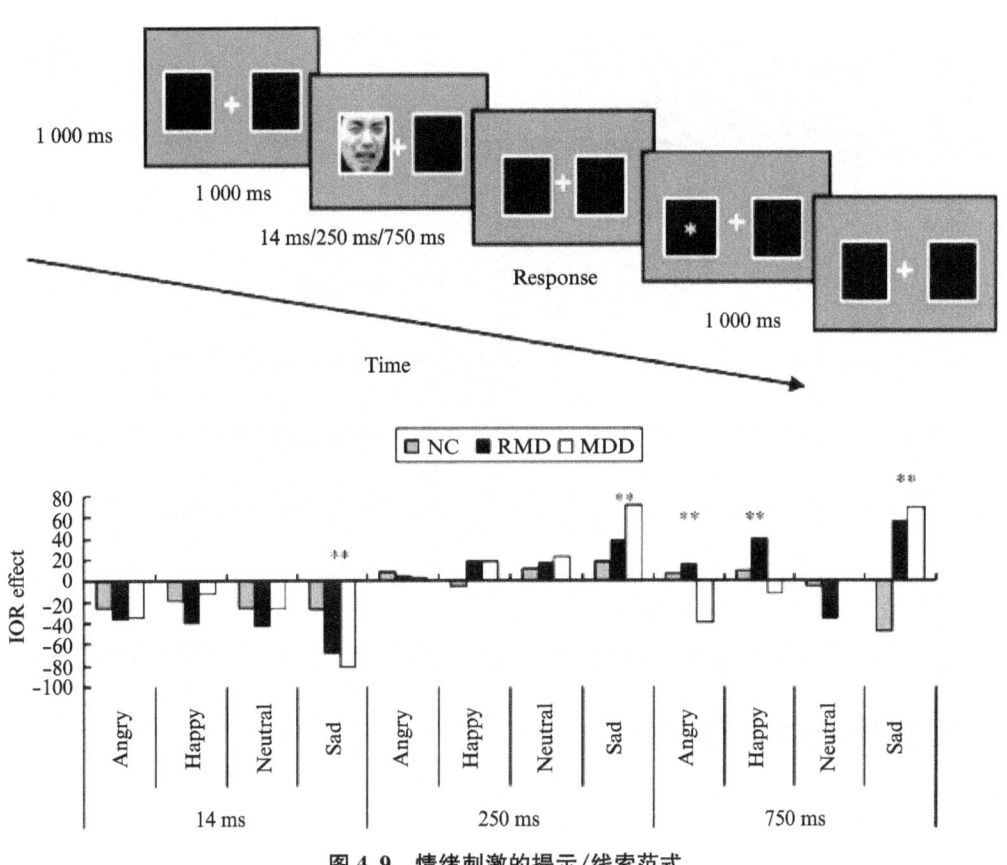

图 4.9 情绪刺激的提示/线索范式

严重抑郁症患者对于负性情感刺激表现出损害的 IOR 效应。

(来源：Dai & Feng，2009)

组,研究中提供的刺激材料为单词对,一类为具威胁性词(生理威胁词,比如受伤、痛苦;社会威胁词,比如批评、羞愧)和中性词的配对,另一类为两个中性词的配对,在刺激呈现后有一定几率出现点探测任务,点探测的位置和威胁词出现的位置有一致和不一致的情况。研究发现焦虑个体对于对威胁词有持续性的注意,当探测点在威胁刺激附近时,探测的潜伏期更短。而正常个体倾向于将注意从威胁刺激上转移开(MacLeod, Mathews, & Tata, 1986)。

情绪刺激的点探测范式的典型线索刺激为两个水平刺激的表情,其中一个为情绪性的,另一个为中性的(图 4.10)。在短暂呈现线索后,需要被试者做出反应的靶刺激出现在两个线索的其中一个位置上。有效实验为情绪线索和把目标出现在同一位置,无效实验则相反。记忆的捕获通过无效实验的反应时和有效实验的反应时来的差异来衡量。因此与搜索任务相比,这个范式的任务是和情绪无关的。由于两个线索刺激之间产生了直接竞争,可以计算出一个有效性效应,直接比较情绪线索和中性线索的注意力分配。但较近的一项分析检验了 7 项基于点探测范式的情绪研究,发现情绪有效性效应并不明显。这表明面部表情的情绪可能不能以完全自动的方式吸引注意力(Puls & Rothermund, 2018)。

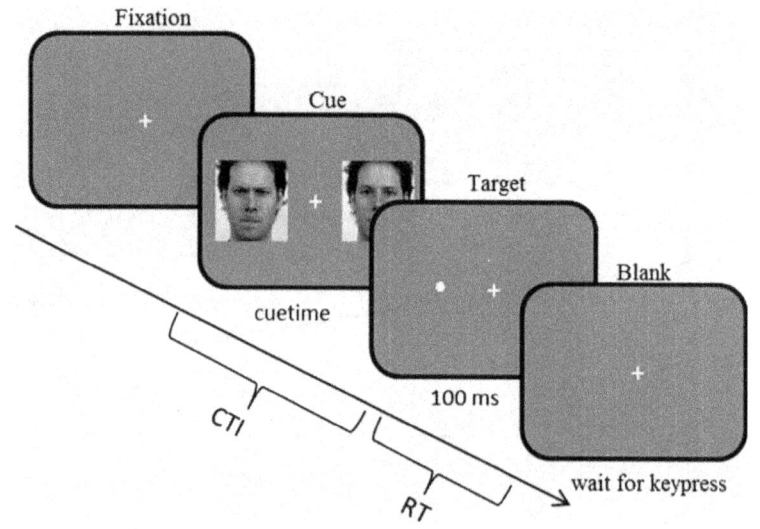

图 4.10　情绪点探测范式的基本过程

(来源：Puls & Rothermund, 2018)

二、情绪对注意的引导

(一) 情绪对于刺激表征的促进作用

情绪刺激所携带的情绪信息在行为实验中对于刺激的表征是具有促进作用的。在注意瞬脱(AB)任务范式中,当第二个目标(T2)和第一个目标的间隔(T1)的间隔很近时,T2探测到的准确率就会显著降低。Anderson 和 Phelps 的研究中将 T2 设置成为负性的情绪词汇,结果发现情绪性的 T2 能够比一般的刺激保持更高的准确率,即使是在与 T1 之间保持在容易出现 AB 的延迟的时候。此外,在这项研究中,杏仁核病变患者的 AB 效应似乎没有受益于 T2 的情绪负荷,这进一步支持了杏仁核在记录感觉刺激情绪效价方面的作用(Anderson & Phelps, 2001)。以上讨论的 AB 范式是正常情况下出现的注意"缺陷",还有一种注意缺陷会发生在大脑受损的个体当中,就是右侧大脑半球受损造成的单侧忽视,单侧忽视的患者不能注意到对侧的一般空间。一般来说,当刺激同时呈现在这类个体的损伤对侧和同侧时,他们只能注意到同侧的刺激,而对侧的被"消除"掉了。但有意思的是,一项研究发现局灶性右顶叶卒中患者经常能够在左边的忽视侧微弱探测到与威胁相关的刺激,这种现象却在中性刺激中却不明显。这进一步说明了在进化过程中个体对于威胁生存的刺激(情绪性的)的处理得到了优化,从而使得威胁相关刺激能够得到高的加工优先权并能够很快地进入意识范围。在用情绪刺激(快乐和愤怒的表情)作为刺激时,也发现了类似的现象。这些发现进一步说明了刺激的情绪信息能够促进刺激进入个体的意识范围。

(二)情绪刺激的"自动化"捕获

经过生物的长期进化,人类的注意反应具有良好的适应机制。人的"自动化"的注意定向反应一般会被两类刺激所诱发:一种是新颖刺激(未知的或未预料到的),另一种则是显著刺激(即情绪的,虽然已经预料到,但是对个体至关重要,比如食物或者危险)。情绪刺激诱发的"自动化"注意,也被称为自动或被动注意,是指无意识和刺激驱动的注意力,通常认为是以"自下而上"的方式发展的,它区别于有意(有意识控制的)注意——一种以自上而下的方式触发和发展的注意。基于事件相关电位(ERP)的研究能够为情绪刺激的"自动化"捕获提供部分解释。例如,一项研究运用了被动 Oddball 范式,在实验中呈现的刺激是中性的或情绪性的。研究者发现情绪刺激最早能在刺激开始后 105 毫秒捕获所谓的"自动化"的注意力,消极或积极刺激对捕捉"自动化"注意力存在时间差异。负性刺激在刺激开始后 105 毫秒出现 P1 增强,随后在 180 毫秒时 P2 也增强,正性刺激约在 180 毫秒(P2)开始捕捉"自动"注意,并保持捕捉到 240 毫秒(N2),这时中性刺激的加工也正要出现(Carretié, Hinojosa, Martín-Loeches, Mercado, & Tapia, 2004)。但 ERP 研究缺乏 fMRI 所具有的高空间分辨率,因此该研究中注意操作或边缘网络系统(特别是杏仁核)的内在激活参与"自动化"捕获的具体机制尚难说明。

一项研究发现情绪表情的早期处理实际上是受到空间注意的限制。在该研究中,被试者要求一系列含有表情(中性和恐惧)和非表情(房子)的刺激进行反应,要求他们关注表情或房子的图片。ERP 的结果显示,当要求被试者注意情面部表情的时,与注意中性表情相比,恐惧表情诱发了 100 毫秒时由额部电极记录到的正波,而当在不被要求去注意时,这种情绪表达的效应就很大程度上减弱(Holmes, Vuilleumier, & Eimer, 2003)。如果情绪对于记忆的捕获是完全自动化的,那么恐惧表情的情绪相对于中性表情的情绪效应就不会受到空间关注位置的影响。Sato 等人的 ERP 研究结果发现恐惧和开心的表情都能够在 270 毫秒时在颞后区诱发更大负波,他们认为可能是通过杏仁核再进入投射来实现的(Sato, Kochiyama, Yoshikawa, & Matsumura, 2001)。

另一些研究探究了空间注意和条件化厌恶刺激之间的相互作用。在 Stormark 和 Hugdahl 的研究中,被试者被要求完成 go/no-go 式的 Posner 的隐性注意空间定向任务(Taylor & Fragopanagos, 2005)。在条件化阶段中,条件化组将特定刺激(有框架的矩形)和噪声相(非条件化刺激)关联,形成条件化厌恶刺激(CS+),而无框架的矩形(CS-)并没有和其他非条件化刺激相关联。在对照组中两种矩形都不和非条件化刺激相关联。在注意任务阶段,一半被试者要求对 CS+ 刺激所提示的目标进行反应,忽略 CS- 所提示的目标,另一半被试者提出相反的要求。结果发现条件化组会更快地对 CS+ 线索提示的相反位置进行反应,说明注意能够很快地从厌恶刺激上转移开,使得对异侧目标的加工损耗减少。另一项研究使用了相似的研究范式和条件化恐惧(Armony & Dolan, 2002),却发现条件化恐惧线索能够捕获被试者的注意,在出现无效提示时被试者的注意力很难转移到目标的正确位置。这两项研究的差异可能由于情绪提示的属性(厌恶和恐惧)不同、实验设计中的差异造成(线索时间的长短不同)。而 Raymond 等人发现,任务中对于一个刺激的注意条件的设定(需要被注意还是干扰因素),会影响个体对其情绪性的判断。当有复杂和有意义的刺激内容成为干扰时,被试者对他们的情绪性判断会显著降低(Raymond, Fenske, & Tavassoli, 2003)。

三、情绪影响注意的脑机制

从情绪刺激影响注意的脑机制上来讲,至少有两条途径:一种是较为直接的反应,杏仁核的激活使得信息反馈到感觉皮层部位,以"自下而上"的方式增强反应;另一个是较为间接的,涉及认知和情绪敏感的额叶皮层区域之间的相互作用。前者保持了任务完成所需的模版,后者在这种模版的基础上对输入情绪的突出性进行了编码的修改。

(一)杏仁核-皮质连接对感觉加工的放大作用

我们已知注意力在感觉皮层的操作模式为:增强对感官信息流的兴趣相关成分的反应和抑制对不相关成分的反应的。这种方式便于让感觉皮层部位处理它们的预定的加工任务。我们也知道情绪显著性能增加情绪刺激的优先级,让它们成为相关性较高的信息,使得它们能够得到额外的处理资源。事实上,许多神经生理学研究已经发现,与暴露于中性图像相比,当被试者暴露在情绪化的图像中时,大脑皮层视觉区域的活动增强(Keightley et al., 2003; J. R. Simpson et al., 2000)。在另一项研究中,与中性词相比,令人不快的词汇似乎在枕皮质区域引起了增强的反应(Tabert et al., 2001)。其他研究发现,在联合皮质,如梭状回,对情绪化的面孔(Vuilleumier et al., 2001)或条件恐惧面孔(Armony & Dolan, 2002)的反应会增加。听觉模式的研究揭示了类似的情绪驱动的感觉增强效应,其中一项研究发现,听觉皮层对厌恶条件音调的诱发神经反应增强(Morris et al., 1998)。而在另一项研究中,大鼠听觉神经元对恐惧条件音的反应增强(Ortigue et al., 2004)。其中一个值得注意的发现是,纹状体外视觉皮层的某些区域受到情绪显著性操作和注意负荷操作的调节(Lane, Chua, & Dolan, 1999)。这一发现表明情绪控制和注意控制的本质是相似的,因为它们对感觉和联合皮层区域都有相似的影响。在上述一些研究中,感觉和联合皮层活动的情绪调节的作用被发现与杏仁核的活动相关,这个结果提示杏仁核是这种调节作用的决定点(Morris et al., 1998; Tabert et al., 2001)。杏仁核与感觉处理区域有着牢固的相互联系,同时也是负责情感价值初始编码的边缘系统的重要组成部分。Doll 等人关于冥想的研究从相反的角度对问题进行了说明,他们针对一种情绪调节方法呼吸专注法(attention-to-breath, ATB)的脑机制进行了探索。健康被试者用两周的时间来学习 ATB 的正念方法,然后用在被动状态下和 ATB 状态下暴露于厌恶图片。他们发现 ATB 状态下负性情绪得到控制,说明对负性情绪刺激的注意减弱。同时 ATB 下调杏仁核的激活,增加杏仁核的前额整合,这种增加的整合与正念能力有关(Doll et al., 2016)。总的来说,研究证据提示杏仁核是情绪显著性触发的"增强"信号的发生器,并指向情绪刺激或事件的表征部位,因此为情绪影响下注意力放大提供了一种可能的解释。

(二) 额叶区域的自上而下的控制

额叶的某些区域也参与了对情绪刺激的反应的调节,主要是通过改变刺激在加工过程中的优先级或重要性。我们已经知道背外侧前额叶皮质(dorsolateral prefrontal cortex, DLPFC)在维持从大量可用刺激中选择的与任务相关的刺激表征方面起着重要作用,以便有效地引导注意力以实现任务目标。DLPFC 维持的表征可以是情绪化的,也可以是非情绪化的,因为它们的选择不依赖于(至少不直接依赖于)它们的情绪负荷;而是取决于它们在实现行为目标方面的重要性。Sanchez-Lopez 等人的研究探索了左右侧 DLPFC 在情绪注意加工中的不同作用(图 4.11)。健康被试者分为两组,分别接受左侧($n=27$)或右侧 DLPFC($n=27$)经颅直流电刺激(Transcranial Direct Current Stimulation, TDCS),一天接受虚假的刺激,另一天接受真实的刺激。在每次神经刺激后,被试者需要完成一项眼动任务,评估注意力对于面孔(快乐、厌恶和悲伤的表情)的投入和脱离的直接过程。结果发现刺激左侧 TDCS,在注意情绪刺激的过程中会造成更快的视线脱离,而刺激右侧的 tDCS 的视线脱离则更慢。研究进一步说明了 DLPFC 在情绪注意加工中的分侧化作用(Sanchez-Lopez, Vanderhasselt, Allaert, Baeken, & De Raedt, 2018)。另一方面,腹内侧前额叶(ventromedial prefrontal cortex, VMPFC)与杏仁核有着相互的联系,因此它可以接收来自杏仁核的关于当前正在处理的刺激的情绪信息,根据预先确定的优先次序,反馈信息到杏仁核,以抑制或加强情绪处理(Barbas, 2000)。前额叶皮层是紧密相连的,因此,在 VMPFC 中记录的任何情绪信息都会影响 DLPFC 中编码的执行优先顺序,最终改变注意力的方向,或者更普遍地改变处理资源在特定环境中的分布。因此,VMPFC 可以被看作是将情绪信息从皮质下边缘区域(如杏仁核)传递到 PFC 的高级皮质执行中心的桥梁。眶额皮层是 VMPFC 的构成之一,传统意义上来讲由于其在刺激-奖励上的编码功能(Edmund T. Rolls, 2004),它与情绪调节和社会认知是相连的(Cicerone & Tanenbaum, 1997)。VMPFC 还包括扣带皮层,其更多的腹侧部分现在被认为参与了与情感相关的任务,而更多的背侧部分则参与冲突解决和反应准备(Bush, Luu, & Posner, 2000)。

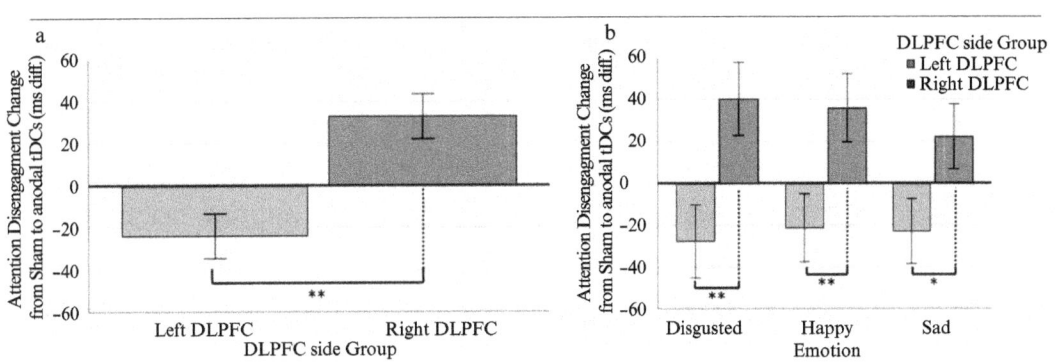

图 4.11 左侧或右侧 DLPFC 经颅直接电流刺激(tDCS)造成的情绪刺激注意转移反应时的差异

(来源:Sanchez-Lopez et al., 2018)

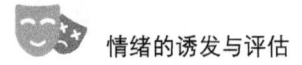

第三节　情绪与学习

学习是一个综合的、复杂的心理活动,包含注意、记忆、思维、动机在内多个心理过程。情绪对学习的影响是广泛的,涉及学习相关心理过程的每个环节。但通过日常生活的观察我们不难发现,积极的情绪是对学习是有促进作用的,而消极的情绪会降低学习效率。比如,心态阳光积极的学生总能够对学习保持热情,一直保持较好的学业效果,即使在考试中有发挥失常的情况也不会影响他的投入。而情绪消极的学生在学习上遇到困难则很容易受到挫折,学习积极性会受到很大打击。或者我们能观察到周边一些人能够在高昂的状态下持续地完成不同技能的学习,而缺乏这种状态的人只能表现平平。

一、学业情绪与学习动机

学业情绪(academic emotion)指的是影响学生学习过程和学业成就的各类情绪。Perkrun等人根据唤醒度和效价把学业情绪划分为四种类型:积极高唤醒度情绪,包括高兴、希望和自豪;积极低唤醒度情绪,即放松;消极高唤醒度情绪,包括气氛、焦虑和内疚;消极低唤醒度情绪,即无助和无聊(Reinhard Pekrun, Goetz, Titz, & Perry, 2002)。董妍和俞国良的研究也证实了学业情绪的四分法(董妍,俞国良,2007)。学习动机是推动学生进行学习活动的内部心理动力。学习动机按照来源又可以分为内部动机和外部动机。内部动机指的是当个体从事学习活动的时候,是为了满足其自发的好奇心和内在的价值观,比如浓厚的学习情绪、强烈的求知欲等都是激发内部动机的主要因素。外部动机指个体从事学习活动是因为可以期望它产生一个好的结果,或者是有来自外部压力的推动。与外在动机相比,内在动机与更深入的学习和更高水平的幸福感相关,因此是更理想的动机类型。内在动机有三个心理要求:自主性、胜任力和关联性。自主性指的是个体在学习活动中感觉是按照自己的选择去完成学习任务;胜任力指的是个体感觉到有能力去完成学习研究或者是课程;关联性指的是个体能够感受到和老师及同学之间的联系,有一种归属感(Lemoine, Nassim, Rana, & Burgin, 2018)。

钟晓燕的研究中调查了407名大学生的学习动机和学业情绪的关系,发现外部动机和内部动机都与积极的学业成绩呈正相关,而消极学业情绪只和外部学业动机呈负相关;同时还发现内部动机预测了更少的拖延行为(钟晓燕,2019)。高中生在中国是学习压力较为突出的一个群体,孔娥飞对300名高中生的问卷调查显示,追求成功的动机与积极学业情绪和学业成绩呈正相关;避免失败的动机对应积极学业情绪和负向影响学业成绩,在追求成功的动机和学业成绩间起作用的是积极高唤醒情绪(孔娥飞,2019)。周凌云研究了高中生主观幸福感与学习动机的关系,结果发现过低或过高的学习动机都不能使个体体验到主观幸福感,只有当动机处于最佳水平时,才有利于提高学生的主观幸福感(周凌云,2011)。

情绪可能触发、维持或减少学习动机和相关的意志过程。某种情绪可以诱导特定的目标和意图,而这个过程能够被自我相关的或任务相关的情绪一致性信息所促进。例如,在积极情绪下,注意力和回忆可以集中在积极自我效能信息上,而在消极的情绪下,更多地集中在负面信息中。在这样的情况下,积极的高唤醒情绪,如享受学习,通常可以提高学习动机,而消极的低唤醒情绪可能只是有害的(例如,绝望、无聊)(Olafson & Ferraro, 2001)。其他两类的学业情绪对动机的影响可能更复杂。积极低唤醒的情绪,如平静和放松,可以使任何继续从事学业工作的直接动机失效,从而减少了投入;然而,积极的情绪也可以加强下一阶段的学习动机。消极高唤醒情绪的影响的两面性可能更为突出。愤怒、焦虑和羞耻可以被认为会降低内动机,因为消极高唤醒情绪往往与享受学习这样的积极情绪所代表的内在动机和兴趣不匹配。另一方面,这类情绪的高唤醒的本质能够诱发个体去克服造成这种它的负性事件的动机。比如,任务相关的愤怒被认为能够激发克服障碍的动机(Bandura & Cervone, 1983);焦虑和羞耻感可以诱导学生通过投入努力避免失败,从而增强学习动机(Turner & Schallert, 2001)。Perkrun 等人的调查数据进一步支持了上述观点(Reinhard Pekrun et al., 2002)。享受学习、希望和自豪感与学生的兴趣、内在动机、外在动机、学习的总动机以及自我报告的学业努力呈正相关。对于与测验相关的缓解(relief),其相关性与其他积极情绪不太一致,接近于零。这与缓解和放松(relaxation)这类积极低唤醒情绪关于情绪的去激活效应的假设是一致的。又或者,缓解与学习的关系可能是考试焦虑与学习之间关系的一种附带现象,因为缓解是一种减少紧张的情绪,往往与先前的焦虑密切相关(缓解与考试焦虑呈正相关),而焦虑又和学习动机及学业努力呈负相关。相反,消极低唤醒情绪,诸如无聊和绝望,与动机变量和学业努力呈负相关,因此,这两种情绪可能会损害学生的学习动机。而消极高唤醒情绪(愤怒、焦虑和羞耻等)也呈现出负相关,但程度明显较小,甚至在一些研究中与自我报告的努力的相关系数接近于0,这也和之前提到的消极情绪对学业动机影响存在的两面性一致。

二、情绪对学习效果的影响

学习的效果一般可以通过两种形式呈现出来,一种是学生在校的学习表现,主要通过成绩分数来反映,例如平均成绩(Grade Point Average, GPA),另一种是被试者在实验室中的学习任务的中的表现。研究人员通过实验发现了正性情绪对学习的促进作用。Pekrun 等人 2017 年的研究运用了青少年在数学成绩中的五年的追踪数据($n=3\,425$)建模,结构方程模型显示,积极情绪(快乐、自豪)对后续成绩(数学期末成绩和考试成绩)有正向预测作用,而学习成绩对这些情绪有正向预测作用。在实验条件下,可以通过操作被试者的心境和学习材料的情绪性来研究情绪对学习的影响。Um 用自我参考的心境诱发程序分别诱发正性和中性情绪,并通过不同颜色和形状来设置正性和中性的学习材料(Um, Plass, Hayward, & Homer, 2012)。108 名被试者被随机分配到 4 种不同的条件下(正性和中性情绪的外在诱发组,正性和中性材料的情感化设计组),他们分别通过计算机来学习免疫作用的问题。

结果发现,外在诱发的正性情绪会增加学习者的努力水平,会提高迁移成绩但是不会提高理解成绩,并且这种正性情绪效应受动机和心理努力水平的调节;而借助情感化设计引起的正性情绪则会同时提高迁移和理解成绩,降低知觉任务的学习难度,并且不受到其他因素调节。Plass 等人通过让被试者观看不同的视频来分别诱发中性和正性情绪,并采用不同颜色和形状的结合来设置正性和学习材料(Plass, Heidig, Hayward, Homer, & Um, 2014)。在研究一中,他们将 121 名学生分配在四种不同的学习条件下学习免疫的作用。结果显示精心设计的学习材料可以引起正性情绪,促进对学习材料的理解,但是不会影响学习的迁移效应。在研究二中,他们进一步考察了颜色、形状因素对情绪和学习效应的影响。结果发现,圆形似脸的形状单独或者与暖色结合在一起出现可以引起正性情绪,但是单独的暖色不会;并且,单独的颜色或形状以及二者的结合都会促进理解,但是只有单独的似脸的形状出现在中性色彩时才会提高迁移效应。

研究中发现负性情绪对于学习的阻碍效应明显。Wallin 等人的研究发现负性情绪可能对较差的学业成绩具有预测作用。他们跟踪了生于 1967—1982 年 26 766 名来自瑞典的个体,时间从义务教育的最后一年开始(年龄大约 16 岁)一直到 48 岁,调查了平均成绩(GPA,按性别标准化)与首次诊断为抑郁症的住院或门诊精神病治疗之间的关系。随访期间,7.0%的女性和 4.4%的男性被诊断为抑郁症。最低四分位的平均绩点人群与最高的四分位相比,不管是女性和男性的患抑郁症的风险都显著增加。是抑郁情绪影响了学习表现,还是较差的学习表现诱发了抑郁情绪,这种关系还待进一步分析。但该研究表明较差的学习表现与青年学生的抑郁有关(Sörberg Wallin et al., 2019)。Pekrun 等人的研究也表明消极情绪和学习成就之间存在负性交互效应的关系(R. Pekrun, Lichtenfeld, Marsh, Murayama, & Goetz, 2017)。Brand 等人的研究要求被试者回忆高兴或者悲伤的事件并在 15 分钟的时间里写出来,以此来诱发正性和负性的情绪(Brand, Reimer, & Opwis, 2007)。在实验一中,他们要求 54 名被试者学习解决三个或者四个盘子的河内塔问题并达到精通,在不同组别分别诱发了正性或负性情绪后,再要求他们去解决一个只需近距离迁移的五个盘子的河内塔问题,并解决两个需要远距离迁移的问题。结果发现负性情绪组的迁移效应低于正性情绪组。在实验二中,他们要求 80 名被试者接受有关护士的学习培训,他们发现,当在学习材料之前就诱发被试者的正性和负性情绪时,负性情绪组比正性情绪组被试者不仅需要更多的重复才能达到精通水平,而且他们在迁移任务中的成绩也较差。

情绪对内隐学习也会有影响。内隐学习即无意识学习,指有机体在与环境接触的过程中不知不觉地获得了一些经验并影响了后来某些行为的学习,比较典型的例子就是序列学习。在该任务中,被试者要求对重复呈现在电脑屏幕上的特定序列刺激进行反应。随着不断练习,被试者的反应越来越快,但是当练习的最后用随机序列对代替之前的序列后,被试者的反应又慢了下来。但是外显的结果却表明,被试者报告刺激的出现并没有规律,被试者不能有意识地报告刺激出现的位置序列,说明被试者学到的关于序列知识是无意识的(Nissen & Bullemer, 1987)。通过对情感障碍患者的研究可以了解情绪对内隐学习的影响。Chrobak 的研究了双相情感障碍的内隐运动学习的特点。研究让 27 名双相情感障碍患者和 27 名健康对照去完成基于序列学习反应时任务。学习的指标是重复序列时反应时间(RT)的减少和序列变为随机刺激时 RT 的反弹。患者没有内隐学习的指标没有任何提示,他们的 RT 在重复序列时增加,当序列变为随机序列时降低。相反,在对照组 RT 在序列重复中降低,当刺激开始随机出现时增加(Chrobak et al.,2015)。另一项运用了可变的序列学习任务。该任务中有规律的刺激中间间隔一个随机的刺激,而且有规律的刺激也会发生固定的变化,分为高概率刺激和低概率刺激。这种模式被认为更能反映内隐学习的效果。该研究中的患者为严重抑郁症患者和双相障碍患者,反应时的分析结果发现严重抑郁症患者的内隐学习功能损害更严重,而且在 24 小时后再测出现了遗忘效应(Janacsek,Borbely-Ipkovich, Nemeth, & Gonda, 2018)。

三、情绪影响学习的脑机制

(一) 与杏仁核相关的脑机制

20 世纪 50 年代研究者就认为,认知过程受大脑皮层调节,而情绪加工则受边缘系统调节。但是研究者很快发现,边缘系统的一个主要结构海马损伤会导致非常严重的长时记忆受损等在内的学习障碍,说明这种观点是错误的,之后研究者主要探讨了恐惧的条件反射学习的脑机制。在巴甫洛夫经典的条件反射研究中,条件刺激(CS)经过多次与无条件刺激(US)配对出现后,会获得无条件刺激的情绪特征。例如,当一只老鼠听到一个铃声(CS)后接着受到一次电刺激(US),在声音和点击配对出现几次后,老鼠听到铃声也会出现自卫反应。有关动物尤其是龋齿动物的研究表明,杏仁核在恐惧学习中具有重要作用。之后在 90 年代,有关人类的研究也进一步证实,杏仁核是恐惧学习发生的重要条件。例如,杏仁核受损的患者对面孔或者声音刺激中情绪的分辨力受损,并且恐惧学习的成绩降低;而脑功能成像的研究也表明,不仅生气或者恐惧的面孔比高兴的面孔引起更强的杏仁核激活,恐惧学习也会引起杏仁核活动的提高(LeDoux,2000)。杏仁核接受每个感觉通道感觉输入的信号,并且有通向负责知觉、注意和记忆功能的脑区投射,可以确定感觉刺激是否存在危险。当杏仁核由丘脑或者皮层感知到事件的激活时,它可以调节它所投射到的脑区活动,控制来自大脑的信息类别;此外,杏仁核还可以通过与不同"唤醒"网络的联接来间接影响大脑皮层的感觉加工。因此,传统观点认为,皮层下通路会迅速将刺激特征的粗糙信息传到杏仁核,再进入主要感觉皮层,参与情绪加工的时间比较早;而皮层通路则会将信息加工的皮层信息传导杏仁核,但会有一个时间上的延迟,参与情绪加工的时间较晚。基底外侧杏仁核是感觉信息进入杏仁核复合体的主要部位,兴奋性基底外侧杏仁核主要神经元的局部可塑性被认为是学习条件恐惧反应的关键。然而,兴奋性回路的活动性和可塑性受到局部抑制性中间神经元的严格控制(Krabbe, Gründemann, & Lüthi, 2018)。有研究发现,对于人类而言,杏仁核受损会干扰内隐情绪记忆但不会影响外显情绪记忆,而内侧额叶的受损会破坏外显情绪记忆但不会影响内隐情绪记忆(LeDoux,2000)。

(二) 脑成像研究对情绪-认知的交互作用的揭示

采用 fMRI 等具有较高空间分辨率的脑成像技术的研究表明,对具有强烈情绪色彩的视觉、听觉和嗅觉刺激,会增强通道特异的感受区、皮层下区域(特别是杏仁核)和前额叶组成的分布网络的神经活动,而采用 ERP 等具有较高时间分辨率的脑成像技术的研究表明,情绪刺激会影响不同阶段的波形,包括时间窗为 120~300 毫秒之间的成分及大于 300 毫秒的成分(Steinberg, Bröckelmann, Rehbein, Dobel, & Junghöfer, 2013)。实际上,大脑皮层对刺激的分析很快,在不到 50 毫秒的时间内大脑皮层就可以对感觉输入的视觉刺激进行一个初步的粗糙分析。更重要的是,前额叶对刺激的快速加工起十分重要的作用。例如,来自人类被试者颅内脑电记录的研究表明,前额叶在视觉刺激出现后的 30~60 毫秒和听觉刺激出现后的 45~60 毫秒就有反应(Steinberg et al., 2013)。另外,前侧边缘系统和相关结构包括眶额皮质和杏仁核,参与情绪、奖赏评价和奖赏相关决策(但不是记忆),价值表征传递到前扣带回皮层参与行动-结果学习。在这个"情感边缘系统"中,一个计算原理是前馈模式关联网络学习,从视觉、嗅觉和听觉刺激到主要的增强因子,如味觉、触觉和疼痛。在包括人类在内的灵长类动物中,这种学习是非常迅速和基于规则的,在这种学习中,眼眶前额叶皮层盖过了杏仁核,这对社交和情绪行为非常重要(E. T. Rolls, 2015)。

一些 fMRI 的研究采用了健康被试者,并用情绪信息作为认知任务中的短暂分心物,处理与任务无关的情绪分心物与两个较大的神经系统地两种相反作用模式有关:背侧执行神经系统(DES)(反应减弱)和腹侧情感系统(VAS)(反应增强)。背侧系统包括通常参与执行认知功能的大脑区域,这些区域对于基于执行的注意处理和保持对目标相关信息的关注能力至关重要,例如背侧前额叶皮层(dlPFC)和外侧顶叶皮层(LPC)。腹侧系统包括参与情绪处理的大脑区域,如腹侧前额叶皮层(vlPFC)、梭状回(FFG)、杏仁核(AMY)和腹内侧额叶皮质(vmPFC)(Dolcos, Iordan, & Dolcos, 2011; Iordan, Dolcos, & Dolcos, 2013)。

脑电图研究强调了与注意力控制相关的时间标记,如位于中央和顶叶电极上的 P300,以及与情绪处理相关的时间标记,如位于枕、颞和顶叶电极上的晚期正电位(late positive potential, LPP)。例如,以前的研究一直表明 P300 与认知注意范式中的刺激反应有关,比如 oddball 任务的研究(Campanella et al., 2013);与中性图像相比,处理情绪图像时有较大的 LPP 振幅(Schupp et al., 2004)。注意和情绪的不同时间标记可以用毫秒级的时间尺度来捕捉。Moore 等人的研究结合了 fMRI 技术和 ERP 技术探讨了在 oddball 任务中情绪和认知相互作用的特点(图 4.12)(Moore, Shafer, Bakhtiari, Dolcos, & Singhal, 2019)。(1) 功能磁共振成像(MRI)捕捉到预期的额叶区域的背腹分离,背侧脑网络区域(如背外侧前额叶皮质)对目标,腹侧网络区域(如腹外侧前额叶皮质,vlPFC)对情绪分心物分别有更大的反应。(2) ERP 对靶点的反应与 P300 显著相关,对干扰物的反应具有晚期正电位(LPP)。(3) 情绪唤醒和注意冲动的增加分别与消极干扰源和目标之间的 LPP 的差异的增加,以及杏仁核对消极干扰物的反应增强有关。此外,他们在 vlPFC 后缘发现了情绪分散反应与个体认知再评价和自我控制冲动性得分之间的负相关。

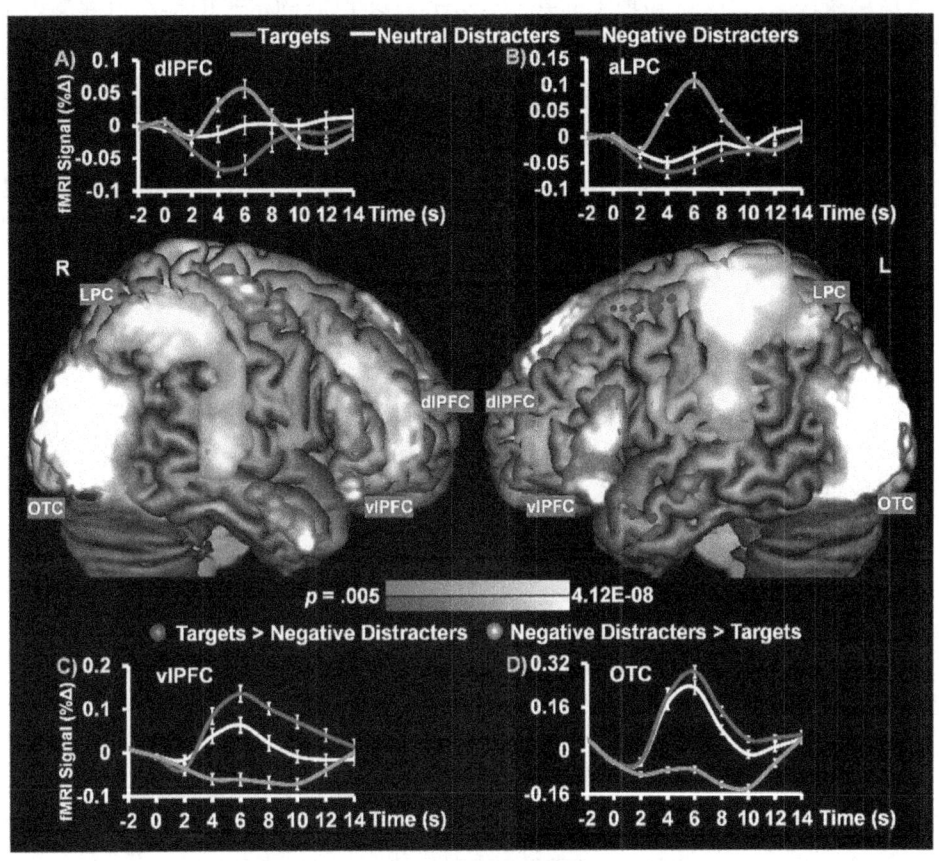

图 4.12 基于空间-时间的脑成像研究结果

双侧 dlPFC、LPC、vlPFC 和 OTC 在 oddball 任务范式中对目标刺激、负性和中性干扰物的敏感性差异。

(来源：Moore et al.，2019)

(三) 多巴胺对情绪和学习的调节作用

超过一半的中枢神经系统儿茶酚胺是多巴胺,在基底核、嗅结节、杏仁核中央核(CeA)和额叶皮质的局限区域的神经元中发现了大量的多巴胺,所有这些都源于腹侧被盖区的神经元向上投射。大量的证据已经被报道支持头端和尾部多巴胺系统的存在以及它们之间的功能分离。多巴胺分布的研究也表明多巴胺在脑厌恶系统的结构中有很高的浓度,如中脑导水管周围灰质和上下丘。对于厌恶系统的多巴胺能投射的来源并不像来自中脑腹侧被盖区(VTA)的那样确定。A8、A9 和 A10 群 DA 细胞分别位于 VTA、黑质致密部(SNc)和红核后区。这些脑干结构导致中脑边缘通路通向边缘前脑和眶额皮质,纹状体的黑质纹状体通路,与大脑皮质的中脑皮质连接(Brandao & Coimbra, 2019)。Ashly 等人首次提出,脑内多巴胺水平的增加可能调节正性情绪对认知加工的效应,情绪状态对学习的影响可能与奖赏对学习的影响具有相同的神经机制(Ashby, Isen, & Turken, 1999)。他们认为：(1) 正性情绪与脑内多巴胺水平的提高有关,但是多巴胺的变化不一定与情绪的快乐体验有关。

(2) 正性情绪条件下,至少认知加工的某些变化是由多巴胺的水平的提高引起的。他们进一步罗列了支持多巴胺水平正性情绪影响认知加工的证据:首先,在呈现奖励刺激后多巴胺得到释放面对人类被试者而言,奖励是与正性情绪紧密相关的;其次,模拟多巴胺作用的药物或者多巴胺活动的药物会提高情感体验;再次,多巴胺对抗药会抚平情绪体验;最后,多巴胺的释放和正性情绪都与运动活动的增加有关。该理论认为,正性情绪有助于创造性问题的解决,就是由于前扣带回中多巴胺的释放增加提高了认知的灵活性,从而促进了认知观点的选择。

参考文献

Adolphs, R., Tranel, D., & Denburg, N. (2000). Impaired emotional declarative memory following unilateral amygdala damage. *Learn Mem*, 7(3), 180–186.

Amaral, D. G., Behniea, H., & Kelly, J. L. (2003). Topographic organization of projections from the amygdala to the visual cortex in the macaque monkey. *Neuroscience*, 118(4), 1099–1120.

Anderson, A. K., & Phelps, E. A. (2001). Lesions of the human amygdala impair enhanced perception of emotionally salient events. *Nature*, 411(6835), 305–309.

Armony, J. L., & Dolan, R. J. (2002). Modulation of spatial attention by fear-conditioned stimuli: an event-related fMRI study. *Neuropsychologia*, 40(7), 817–826.

Ashby, F. G., Isen, A. M., & Turken, A. U. (1999). A neuropsychological theory of positive affect and its influence on cognition. *Psychol Rev*, 106(3), 529–550.

Bandura, A., & Cervone, D. (1983). Self-Evaluative and Self-Efficacy Mechanisms Governing the Motivational Effects of Goal Systems. *Journal of Personality & Social Psychology*, 45(5), 1017–1028.

Barbas, H. (2000). Connections underlying the synthesis of cognition, memory, and emotion in primate prefrontal cortices. *Brain Res Bull*, 52(5), 319–330.

Barch, D. M., Harms, M. P., Tillman, R., Hawkey, E., & Luby, J. L. (2019). Early childhood depression, emotion regulation, episodic memory, and hippocampal development. *J Abnorm Psychol*, 128(1), 81–95.

Bechara, A., Tranel, D., Damasio, H., Adolphs, R., Rockland, C., & Damasio, A. R. (1995). Double dissociation of conditioning and declarative knowledge relative to the amygdala and hippocampus in humans. *Science (New York, N. Y.)*, 269(5227), 1115–1118.

Ben-Haim, M. S., Williams, P., Howard, Z., Mama, Y., Eidels, A., & Algom, D. (2016). The Emotional Stroop Task: Assessing Cognitive Performance under Exposure to Emotional Content. *J Vis Exp* (112).

Bi, D., & Han, B. (2015). Age-related differences in attention and memory toward emotional stimuli. *Psych J*, 4(3), 155–159.

Bradley, B. P., & Mathews, A. (1988). Memory Bias in Recovered Clinical Depressives. *Cogn Emot*, 2(3), 235–245.

Bradley, M. M., Greenwald, M. K., Petry, M. C., & Lang, P. J. (1992). Remembering pictures: Pleasure and arousal in memory. *Journal of Experimental Psychology: Learning, Memory, and Cognition*, 18(2),

379-390.

Brand, S., Reimer, T., & Opwis, K. (2007). How do we learn in a negative mood? Effects of a negative mood on transfer and learning. *Learning & Instruction*, 17(1), 1-16.

Brandao, M. L., & Coimbra, N. C. (2019). Understanding the role of dopamine in conditioned and unconditioned fear. *Rev Neurosci*, 30(3), 325-337.

Buchanan, T. W., & Lovallo, W. R. (2001). Enhanced memory for emotional material following stress-level cortisol treatment in humans. *Psychoneuroendocrinology*, 26(3), 307-317.

Buchanan, T. W., & Tranel, D. (2008). Stress and emotional memory retrieval: effects of sex and cortisol response. *Neurobiol Learn Mem*, 89(2), 134-141.

Burke, A., Heuer, F., & Reisberg, D. (1992). Remembering emotional events. *Mem Cognit*, 20(3), 277-290.

Bush, G., Luu, P., & Posner, M. I. (2000). Cognitive and emotional influences in anterior cingulate cortex. *Trends Cogn Sci*, 4(6), 215-222.

Cahill, L., & Alkire, M. T. (2003). Epinephrine enhancement of human memory consolidation: interaction with arousal at encoding. *Neurobiol Learn Mem*, 79(2), 194-198.

Cahill, L., Gorski, L., & Le, K. (2003). Enhanced human memory consolidation with post-learning stress: interaction with the degree of arousal at encoding. *Learn Mem*, 10(4), 270-274.

Cahill, L., Haier, R. J., White, N. S., Fallon, J., Kilpatrick, L., Lawrence, C., Alkire, M. T. (2001). Sex-related difference in amygdala activity during emotionally influenced memory storage. *Neurobiol Learn Mem*, 75(1), 1-9.

Cahill, L., Prins, B., Weber, M., & McGaugh, J. L. (1994). Beta-adrenergic activation and memory for emotional events. *Nature*, 371(6499), 702-704.

Cahill, L., & van Stegeren, A. (2003). Sex-related impairment of memory for emotional events with beta-adrenergic blockade. *Neurobiol Learn Mem*, 79(1), 81-88.

Campanella, S., Bourguignon, M., Peigneux, P., Metens, T., Nouali, M., Goldman, S., De Tiège, X. (2013). BOLD response to deviant face detection informed by P300 event-related potential parameters: a simultaneous ERP-fMRI study. *Neuroimage*, 71, 92-103.

Canli, T., Desmond, J. E., Zhao, Z., & Gabrieli, J. D. (2002). Sex differences in the neural basis of emotional memories. *Proc Natl Acad Sci U S A*, 99(16), 10789-10794.

Canli, T., Zhao, Z., Brewer, J., Gabrieli, J. D., & Cahill, L. (2000). Event-related activation in the human amygdala associates with later memory for individual emotional experience. *J Neurosci*, 20(19), Rc99.

Carretié, L., Hinojosa, J. A., Martín-Loeches, M., Mercado, F., & Tapia, M. (2004). Automatic attention to emotional stimuli: neural correlates. *Hum Brain Mapp*, 22(4), 290-299.

Carstensen, L. L., Isaacowitz, D. M., & Charles, S. T. (1999). Taking time seriously. A theory of socioemotional selectivity. *Am Psychol*, 54(3), 165-181.

Chrobak, A. A., Siuda-Krzywicka, K., Siwek, G. P., Arciszewska, A., Siwek, M., Starowicz-Filip, A., & Dudek, D. (2015). Implicit motor learning in bipolar disorder. *J Affect Disord*, 174, 250-256.

Cicerone, K. D., & Tanenbaum, L. N. (1997). Disturbance of social cognition after traumatic orbitofrontal brain injury. *Arch Clin Neuropsychol*, 12(2), 173-188.

Dai, Q., & Feng, Z. (2009). Deficient inhibition of return for emotional faces in depression. *Prog Neuropsychopharmacol Biol Psychiatry*, 33(6), 921-932.

Dalgleish, T., & Werner-Seidler, A. (2014). Disruptions in autobiographical memory processing in depression and the emergence of memory therapeutics. *Trends Cogn Sci*, 18(11), 596-604.

Davis, M., & Whalen, P. J. (2001). The amygdala: vigilance and emotion. *Mol Psychiatry*, 6(1), 13-34.

Dolcos, F., Iordan, A. D., & Dolcos, S. (2011). Neural correlates of emotion-cognition interactions: A review of evidence from brain imaging investigations. *J Cogn Psychol (Hove)*, 23(6), 669-694.

Dolcos, F., LaBar, K. S., & Cabeza, R. (2005). Remembering one year later: role of the amygdala and the medial temporal lobe memory system in retrieving emotional memories. *Proc Natl Acad Sci USA*, 102(7), 2626-2631.

Doll, A., Hölzel, B. K., Mulej Bratec, S., Boucard, C. C., Xie, X., Wohlschläger, A. M., & Sorg, C. (2016). Mindful attention to breath regulates emotions via increased amygdala-prefrontal cortex connectivity. *Neuroimage*, 134, 305-313.

Eastwood, J. D., Smilek, D., & Merikle, P. M. (2001). Differential attentional guidance by unattended faces expressing positive and negative emotion. *Percept Psychophys*, 63(6), 1004-1013.

Elzinga, B. M., & Roelofs, K. (2005). Cortisol-induced impairments of working memory require acute sympathetic activation. *Behav Neurosci*, 119(1), 98-103.

Eriksen, B. A., & Eriksen, C. W. (1974). Effects of noise letters upon the identification of a target letter in a nonsearch task. *Perception & Psychophysics*, 16(1), 143-149.

Fox, E., Russo, R., Bowles, R., & Dutton, K. (2001). Do threatening stimuli draw or hold visual attention in subclinical anxiety? *J Exp Psychol Gen*, 130(4), 681-700.

Funayama, E. S., Grillon, C., Davis, M., & Phelps, E. A. (2001). A double dissociation in the affective modulation of startle in humans: effects of unilateral temporal lobectomy. *J Cogn Neurosci*, 13(6), 721-729.

Gao, A., Xia, F., Guskjolen, A. J., Ramsaran, A. I., Santoro, A., Josselyn, S. A., & Frankland, P. W. (2018). Elevation of Hippocampal Neurogenesis Induces a Temporally Graded Pattern of Forgetting of Contextual Fear Memories. *J Neurosci*, 38(13), 3190-3198.

Garcia, R. G., Valenza, G., Tomaz, C. A., & Barbieri, R. (2016). Relationship between cardiac vagal activity and mood congruent memory bias in major depression. *J Affect Disord*, 190, 19-25.

Gomes, C. F. A., Brainerd, C. J., & Stein, L. M. (2013). Effects of emotional valence and arousal on recollective and nonrecollective recall. *Journal of Experimental Psychology: Learning, Memory, and Cognition*, 39(3), 663-677.

Gulyaeva, N. V. (2019). Functional Neurochemistry of the Ventral and Dorsal Hippocampus: Stress, Depression, Dementia and Remote Hippocampal Damage. *Neurochem Res*, 44(6), 1306-1322.

Gutchess, A., Alves, A. N., Paige, L. E., Rohleder, N., & Wolf, J. M. (2019). Age differences in the relationship between cortisol and emotional memory. *Psychol Aging*, 34(5), 655-664.

Holland, A. C., & Kensinger, E. A. (2010). Emotion and autobiographical memory. *Phys Life Rev*,

7(1), 88–131.

Holmes, A., Vuilleumier, P., & Eimer, M. (2003). The processing of emotional facial expression is gated by spatial attention: evidence from event-related brain potentials. *Brain Res Cogn Brain Res*, 16(2), 174–184.

Holt, R. J., Graham, J. M., Whitaker, K. J., Hagan, C. C., Ooi, C., Wilkinson, P. O., Suckling, J. (2016). Functional MRI of emotional memory in adolescent depression. *Dev Cogn Neurosci*, 19, 31–41.

Iordan, A. D., Dolcos, S., & Dolcos, F. (2013). Neural signatures of the response to emotional distraction: a review of evidence from brain imaging investigations. *Front Hum Neurosci*, 7, 200.

Itoh, M., Hori, H., Lin, M., Niwa, M., Ino, K., Imai, R., ... Kim, Y. (2019). Memory bias and its association with memory function in women with posttraumatic stress disorder. *J Affect Disord*, 245, 461–467.

Janacsek, K., Borbely-Ipkovich, E., Nemeth, D., & Gonda, X. (2018). How can the depressed mind extract and remember predictive relationships of the environment? Evidence from implicit probabilistic sequence learning. *Prog Neuropsychopharmacol Biol Psychiatry*, 81, 17–24.

Jelici, M., Geraerts, E., Merckelbach, H., & Guerrieri, R. (2004). Acute stress enhances memory for emotional words, but impairs memory for neutral words. *Int J Neurosci*, 114(10), 1343–1351.

Keightley, M. L., Winocur, G., Graham, S. J., Mayberg, H. S., Hevenor, S. J., & Grady, C. L. (2003). An fMRI study investigating cognitive modulation of brain regions associated with emotional processing of visual stimuli. *Neuropsychologia*, 41(5), 585–596.

Kensinger, E. A., & Corkin, S. (2004). Two routes to emotional memory: distinct neural processes for valence and arousal. *Proc Natl Acad Sci USA*, 101(9), 3310–3315.

Kensinger, E. A., Gutchess, A. H., & Schacter, D. L. (2007). Effects of aging and encoding instructions on emotion-induced memory trade-offs. *Psychol Aging*, 22(4), 781–795.

Kilpatrick, L., & Cahill, L. (2003). Amygdala modulation of parahippocampal and frontal regions during emotionally influenced memory storage. *Neuroimage*, 20(4), 2091–2099.

Kilpatrick, L. A., Zald, D. H., Pardo, J. V., & Cahill, L. F. (2006). Sex-related differences in amygdala functional connectivity during resting conditions. *Neuroimage*, 30(2), 452–461.

Kim, W. B., & Cho, J. H. (2020). Encoding of contextual fear memory in hippocampal-amygdala circuit. *Nat Commun*, 11(1), 1382.

Kitamura, T., Ogawa, S. K., Roy, D. S., Okuyama, T., Morrissey, M. D., Smith, L. M., Tonegawa, S. (2017). Engrams and circuits crucial for systems consolidation of a memory. *Science (New York, N. Y.)*, 356(6333), 73–78.

Krabbe, S., Gründemann, J., & Lüthi, A. (2018). Amygdala Inhibitory Circuits Regulate Associative Fear Conditioning. *Biol Psychiatry*, 83(10), 800–809.

Kuhlmann, S., Piel, M., & Wolf, O. T. (2005). Impaired memory retrieval after psychosocial stress in healthy young men. *J Neurosci*, 25(11), 2977–2982.

LaBar, K. S., & Cabeza, R. (2006). Cognitive neuroscience of emotional memory. *Nat Rev Neurosci*, 7(1), 54–64.

LaBar, K. S., LeDoux, J. E., Spencer, D. D., & Phelps, E. A. (1995). Impaired fear conditioning following unilateral temporal lobectomy in humans. *J Neurosci*, 15(10), 6846–6855.

Lane, R. D., Chua, P. M., & Dolan, R. J. (1999). Common effects of emotional valence, arousal and attention on neural activation during visual processing of pictures. *Neuropsychologia*, 37(9), 989–997.

LeDoux, J. E. (2000). Emotion circuits in the brain. *Annu Rev Neurosci*, 23, 155–184.

Lemoine, E. R., Nassim, J. S., Rana, J., & Burgin, S. (2018). Teaching & Learning Tips 4: Motivation and emotion in learning. *Int J Dermatol*, 57(2), 233–236.

Leventon, J. S., Camacho, G. L., Ramos Rojas, M. D., & Ruedas, A. (2018). Emotional arousal and memory after deep encoding. *Acta Psychol (Amst)*, 188, 1–8.

Lin, M., Hofmann, S. G., Qian, M., & Li, S. (2015). Enhanced association between perceptual stimuli and trauma-related information in individuals with posttraumatic stress disorder symptoms. *J Behav Ther Exp Psychiatry*, 46, 202–207.

Littel, M., Kenemans, J. L., Baas, J. M. P., Logemann, H. N. A., Rijken, N., Remijn, M., van den Hout, M. A. (2017). The Effects of β-Adrenergic Blockade on the Degrading Effects of Eye Movements on Negative Autobiographical Memories. *Biol Psychiatry*, 82(8), 587–593.

Liu, T., Liu, X., Li, D., Shangguan, F., Lu, L., & Shi, J. (2019). Conflict control of emotional and non-emotional conflicts in preadolescent children. *Biol Psychol*, 146, 107708.

Loeffler, S. N., Myrtek, M., & Peper, M. (2013). Mood-congruent memory in daily life: evidence from interactiveambulatory monitoring. *Biol Psychol*, 93(2), 308–315.

Lupien, S. J., de Leon, M., de Santi, S., Convit, A., Tarshish, C., Nair, N. P., ... Meaney, M. J. (1998). Cortisol levels during human aging predict hippocampal atrophy and memory deficits. *Nat Neurosci*, 1(1), 69–73.

MacLeod, C., Mathews, A., & Tata, P. (1986). Attentional bias in emotional disorders. *J Abnorm Psychol*, 95(1), 15–20.

Mather, M., & Carstensen, L. L. (2005). Aging and motivated cognition: the positivity effect in attention and memory. *Trends Cogn Sci*, 9(10), 496–502.

Mather, M., & Sutherland, M. R. (2011). Arousal-Biased Competition in Perception and Memory. *Perspect Psychol Sci*, 6(2), 114–133.

McGaugh, J. L. (2000). Memory—a century of consolidation. *Science (New York, N. Y.)*, 287(5451), 248–251.

McGaugh, J. L. (2004). The amygdala modulates the consolidation of memories of emotionally arousing experiences. *Annu Rev Neurosci*, 27, 1–28.

McGaugh, J. L., & Roozendaal, B. (2002). Role of adrenal stress hormones in forming lasting memories in the brain. *Curr Opin Neurobiol*, 12(2), 205–210.

Moore, M., Shafer, A. T., Bakhtiari, R., Dolcos, F., & Singhal, A. (2019). Integration of spatio-temporal dynamics in emotion-cognition interactions: A simultaneous fMRI-ERP investigation using the emotional oddball task. *Neuroimage*, 202, 116078.

Morris, J. S., Friston, K. J., Büchel, C., Frith, C. D., Young, A. W., Calder, A. J., & Dolan, R.

J. (1998). A neuromodulatory role for the human amygdala in processing emotional facial expressions. *Brain*, 121 (Pt 1), 47-57.

Nissen, M. J., & Bullemer, P. (1987). Attentional requirements of learning: Evidence from performance measures. *Cognitive Psychology*, 19(1), 1-32.

Ochsner, K. N., Bunge, S. A., Gross, J. J., & Gabrieli, J. D. (2002). Rethinking feelings: an FMRI study of the cognitive regulation of emotion. *J Cogn Neurosci*, 14(8), 1215-1229.

Ohman, A., Flykt, A., & Esteves, F. (2001). Emotion drives attention: detecting the snake in the grass. *J Exp Psychol Gen*, 130(3), 466-478.

Olafson, K. M., & Ferraro, F. R. (2001). Effects of emotional state on lexical decision performance. *Brain Cogn*, 45(1), 15-20.

Ortigue, S., Michel, C. M., Murray, M. M., Mohr, C., Carbonnel, S., & Landis, T. (2004). Electrical neuroimaging reveals early generator modulation to emotional words. *Neuroimage*, 21(4), 1242-1251.

Pekrun, R., Goetz, T., Titz, W., & Perry, R. P. (2002). Academic Emotions in Students' Self-Regulated Learning and Achievement: A Program of Qualitative and Quantitative Research. *Educational Psychologist*, 37(2), 91-105.

Pekrun, R., Lichtenfeld, S., Marsh, H. W., Murayama, K., & Goetz, T. (2017). Achievement Emotions and Academic Performance: Longitudinal Models of Reciprocal Effects. *Child Dev*, 88(5), 1653-1670.

Phelps, E. A., O'Connor, K. J., Gatenby, J. C., Gore, J. C., Grillon, C., & Davis, M. (2001). Activation of the left amygdala to a cognitive representation of fear. *Nat Neurosci*, 4(4), 437-441.

Pierce, B. H., & Kensinger, E. A. (2011). Effects of emotion on associative recognition: valence and retention interval matter. *Emotion*, 11(1), 139-144.

Plass, J. L., Heidig, S., Hayward, E. O., Homer, B. D., & Um, E. (2014). Emotional design in multimedia learning: Effects of shape and color on affect and learning. *Learning & Instruction*, 29, 128-140.

Ponser, M. I., & Cohen, Y. (1984). *Components of visual orienting*. Hilldale: NJ: Erlbaum.

Ponzio, A., & Mather, M. (2014). Hearing something emotional influences memory for what was just seen: How arousal amplifies effects of competition in memory consolidation. *Emotion*, 14, 1137-1142.

Puls, S., & Rothermund, K. (2018). Attending to emotional expressions: no evidence for automatic capture in the dot-probe task. *Cogn Emot*, 32(3), 450-463.

Raymond, J. E., Fenske, M. J., & Tavassoli, N. T. (2003). Selective attention determines emotional responses to novel visual stimuli. *Psychol Sci*, 14(6), 537-542.

Ressler, R. L., & Maren, S. (2019). Synaptic encoding of fear memories in the amygdala. *Curr Opin Neurobiol*, 54, 54-59.

Richardson, M. P., Strange, B. A., & Dolan, R. J. (2004). Encoding of emotional memories depends on amygdala and hippocampus and their interactions. *Nat Neurosci*, 7(3), 278-285.

Rinck, M., Glowalla, U., & Schneider, K. (1992). Mood-congruent and mood-incongruent learning.

Mem Cognit, 20(1),29-39.

Rolls, E. T. (2004). The functions of the orbitofrontal cortex. *Brain Cogn*.

Rolls, E. T. (2015). Limbic systems for emotion and for memory, but no single limbic system. *Cortex*, 62, 119-157.

Roozendaal, B., McReynolds, J. R., & McGaugh, J. L. (2004). The basolateral amygdala interacts with the medial prefrontal cortex in regulating glucocorticoid effects on working memory impairment. *J Neurosci*, 24(6),1385-1392.

Rusting, C. L. (1999). Interactive effects of personality and mood on emotion-congruent memory and judgment. *J Pers Soc Psychol*, 77(5),1073-1086.

Sanchez-Lopez, A., Vanderhasselt, M. A., Allaert, J., Baeken, C., & De Raedt, R. (2018). Neurocognitive mechanisms behind emotional attention: Inverse effects of anodal tDCS over the left and right DLPFC on gaze disengagement from emotional faces. *Cogn Affect Behav Neurosci*, 18(3), 485-494.

Sato, W., Kochiyama, T., Yoshikawa, S., & Matsumura, M. (2001). Emotional expression boosts early visual processing of the face: ERP recording and its decomposition by independent component analysis. *Neuroreport*, 12(4),709-714.

Schupp, H., Cuthbert, B., Bradley, M., Hillman, C., Hamm, A., & Lang, P. (2004). Brain processes in emotional perception: Motivated attention. *Cogn Emot*, 18(5),593-611.

Shalev, A., Liberzon, I., & Marmar, C. (2017). Post-Traumatic Stress Disorder. *N Engl J Med*, 376(25),2459-2469.

Sharot, T., & Phelps, E. A. (2004). How arousal modulates memory: disentangling the effects of attention and retention. *Cogn Affect Behav Neurosci*, 4(3),294-306.

Simpson, J. R., Ongür, D., Akbudak, E., Conturo, T. E., Ollinger, J. M., Snyder, A. Z., Raichle, M. E. (2000). The emotional modulation of cognitive processing: an fMRI study. *J Cogn Neurosci*, 12 *Suppl* 2,157-170.

Simpson, S., & Sheldon, S. (2020). Testing the impact of emotional mood and cue characteristics on detailed autobiographical memory retrieval. *Emotion*, 20(6),965-979.

Sklenar, A. M., & Mienaltowski, A. (2019). The impact of emotional faces on younger and older adults' attentional blink. *Cogn Emot*, 33(7),1436-1447.

Sörberg Wallin, A., Koupil, I., Gustafsson, J. E., Zammit, S., Allebeck, P., & Falkstedt, D. (2019). Academic performance, externalizing disorders and depression: 26,000 adolescents followed into adulthood. *Soc Psychiatry Psychiatr Epidemiol*, 54(8),977-986.

Steinberg, C., Bröckelmann, A. K., Rehbein, M., Dobel, C., & Junghöfer, M. (2013). Rapid and highly resolving associative affective learning: convergent electro — and magnetoencephalographic evidence from vision and audition. *Biol Psychol*, 92(3),526-540.

Strange, B. A., & Dolan, R. J. (2004). Beta-adrenergic modulation of emotional memory-evoked human amygdala and hippocampal responses. *Proc Natl Acad Sci USA*, 101(31),11454-11458.

Strange, B. A., Hurlemann, R., & Dolan, R. J. (2003). An emotion-induced retrograde amnesia in humans is amygdala — and beta-adrenergic-dependent. *Proc Natl Acad Sci USA*, 100(23),13626-

13631.

Tabert, M. H., Borod, J. C., Tang, C. Y., Lange, G., Wei, T. C., Johnson, R., Buchsbaum, M. S. (2001). Differential amygdala activation during emotional decision and recognition memory tasks using unpleasant words: an fMRI study. *Neuropsychologia*, 39(6), 556–573.

Tannert, S., & Rothermund, K. (2020). Attending to emotional faces in the flanker task: Probably much less automatic than previously assumed. *Emotion*, 20(2), 217–235.

Tapia, G., Clarys, D., Bugaiska, A., & El-Hage, W. (2012). Recollection of negative information in posttraumatic stress disorder. *J Trauma Stress*, 25(1), 120–123.

Taylor, J. G., & Fragopanagos, N. F. (2005). The interaction of attention and emotion. *Neural Netw*, 18(4), 353–369.

Turner, J. E., & Schallert, D. L. (2001). Expectancy-value relationships of shame reactions and shame resiliency. *Journal of Educational Psychology*, 93(2), 320–329.

Um, E., Plass, J. L., Hayward, E. O., & Homer, B. D. (2012). Emotional Design in Multimedia Learning. *J Journal of Educational Psychology*, 104(2), 485–498.

van Tol, M. J., Demenescu, L. R., van der Wee, N. J., Kortekaas, R., Marjan, M. A. N., Boer, J. A., Veltman, D. J. (2012). Functional magnetic resonance imaging correlates of emotional word encoding and recognition in depression and anxiety disorders. *Biol Psychiatry*, 71(7), 593–602.

Vuilleumier, P., Armony, J. L., Driver, J., & Dolan, R. J. (2001). Effects of attention and emotion on face processing in the human brain: an event-related fMRI study. *Neuron*, 30(3), 829–841.

Wang, Bo. Positive Arousal Enhances the Consolidation of Item Memory. Swiss Journal of Psychology.

Whalen, P. J., Rauch, S. L., Etcoff, N. L., McInerney, S. C., Lee, M. B., & Jenike, M. A. (1998). Masked presentations of emotional facial expressions modulate amygdala activity without explicit knowledge. *J Neurosci*, 18(1), 411–418.

Williams, J. M., Mathews, A., & MacLeod, C. (1996). The emotional Stroop task and psychopathology. *Psychol Bull*, 120(1), 3–24.

Wolf, O. T. (2009). Stress and memory in humans: twelve years of progress? *Brain Res*, 1293, 142–154.

董妍,俞国良. (2007). 青少年学业情绪问卷的编制及应用[J]. 心理学报,(05), 852–860.

孔娥飞. (2019). 高中生成就动机、学业情绪和学业成绩的关系研究[J]. 现代商贸工业, 40(21), 205.

钟晓燕. (2019). 大学生学习动机、学业情绪与拖延行为的关系[J]. 教育现代化, 6(37), 201–205.

周凌云. (2011). 高中生主观幸福感与学习动机的调查研究[D]. 苏州：苏州大学.

第二篇

情绪的评估

情绪是一种复杂的心理现象,通过朴素的观察我们就可以知道,不同的情绪具有不同的表现,不同的情景能诱发不同的情绪;即使是相同的情绪,不同的人在不同的时间也可能表现出强弱的差异。情绪评估或者测量的目的就是通过一定的理论依据,将各种情绪进行量化,以帮助我们掌握情绪的动态变化。本篇将介绍不同的量化方法,不同方法代表着对情绪的不同理解:情绪的主观评估反映个体的情绪体验具有主观性,我们自己才是真正能知道自己喜怒哀乐的人;与之相反,情绪的客观评估着重介绍伴随着情绪产生的生理反应,这与情绪理论的生理取向模型相呼应——情绪的产生是建立在一定生理基础上的,情绪的变化与生理变化密切相关。为了使研究更为生态化,研究者采用了即时化手段进行情绪评估,其中经验取样法是最具代表性的即时评估方法之一。通过对经验取样法的介绍,读者将更加了解如何动态化地获取情绪变化数据。

第五章 情绪的主观评估

情绪作为一种基本的心理过程,在整体的心理活动中占据着十分重要的作用,包括作为一种适应手段驱动有机体采取行动、作为一种状态存在于脑的活动过程中或促进或阻碍其效率以及作为一种特质参与人格框架的构筑等,因此情绪研究在心理学研究中具有重要的地位。由于情绪自身的复杂性及对实验操作中各类变量的操纵,在研究中情绪测量的方法显得尤为重要,主要包括主观评估法、自主神经系统测量、惊跳反应测量、脑测量及行为测量等。其中主观评估法就是运用各种情绪评定量表和其他相关内容的问卷,由被试者填写近期内自己的情绪反应的一种方法。它是情绪测量中最简便易行的方法,最常用来测量被试者的主观情绪体验(谢晶,方平等,2011)。本章试从不同的情绪结构理论出发介绍目前可供研究者所用的情绪主观评估法及其应用现状,以供不同领域研究者在进行情绪变量的测量和控制时选择合适量表所参考。

不同的研究者偏重于情绪的不同方面,导致长久以来对情绪结构有不同的看法和理论观点,概括起来主要有分类取向(categorical approach)和维度取向(dimensional approach)两大理论解释取向(乐国安,董颖红,2013)。情绪分类取向理论关注情绪的各个方面,如生理机制、外部表现等,试图将情绪分为几种彼此独立的有限的基本情绪(basic emotion),如快乐(joy)、悲伤(distress)、愤怒(anger)、恐惧(fear)、厌恶(disgust)和惊讶(surprise)等。情绪维度取向则认为情绪是高度相关的连续体,是一种较为模糊的状态,很难区分出各种具体情绪,各种情绪在几个基本维度上高度相关,所以应该抓住情绪的不同维度或核心对其进行阐释,不同研究者得出不同的两维度模型,如效价-唤醒模型、正性-负性情感模型、能量-紧张模型等。基于这两种不同的情绪结构理论,研究者分别引入了不同的情绪的主观评估方法。

第一节 分类取向的情绪主观评估法

分类取向的情绪结构理论的基本假设,强调情绪经验由一些彼此独立的内容因素所界定。早期的情绪研究通常采用这种模型,关注特定情绪,其中一种方法是简单地评估一种单一的情绪状态,比如用贝克抑郁量表(BDI - the Beck Depression Inventory)、焦虑自评量表(Self - Rating Anxiety Scale,SAS)和状态—特质焦虑问卷(State - Trait Anxiety Inventory,STAI)。另外一种流行的方法是采用形容词检表让一个人同时评估几种不同的情绪,应用较为广泛的有多重情绪形容词量表(MAACL - the Multiple Affect

Adjective Checklist)、心境轮廓量表(POMS - the Profile of Mood States)和分化情绪量表(DES - Differential Emotional Scale)等。这些情绪形容检表非常相似,依赖于一个基本反映量表,可以让被试者表明一个形容词是否描述了他们现在、过去或者一般的情绪状态。

一、心境形容词量表(Mood Affect Adjective Checklist,MACL)

心境形容词量表是最早产生的,在19世纪50年代及60年代早期由Victor Nowlis 和Russell Green 引入(Nowlis,1959)。该量表主要基于对定义基本情绪的130个形容词进行的因素分析研究,编制者希望其既能观测当前的情绪又能可靠地检测到情绪的变化。要求受访者从"完全如此""一点点""无法确定""一点都没有"中选择该形容词对自己的情绪描述的程度,结果对十二个因子进行评分:侵略、焦虑、热情洋溢、兴高采烈、专注、疲劳、社会情绪、伤心、怀疑、自我、精力旺盛和冷漠。其中原版包含130个形容词,1995年Stone编制的此量表的简明版包含36个形容词(Stone,1995),这两个版本都可用。因为MACL量表没有以期刊论文的形式发表,也没有出版社对其正式出版,其研究只是埋没于一个未经发表的海军技术报告中,之后的简明版只出现在一本简选书中(Tomkins and Izard,1965),因此MACL早期的应用并不十分广泛。

二、多重情感形容词量表(Multiple Affect Adjective Checklist,MAACL)

MAACL量表于1965年由Zuckerman和Lubin编制(M. and B,1965),与MACL量表相似它包含132个形容词,既可以评估特质情绪(一般的感受)也可评估情绪状态(此刻的感受)。多重情感形容词量表由一种早期用来测量焦虑的情感形容词量表(AACL - Affect Adjective Checklist)发展而来,扩展到测量患者的抑郁(depression)、焦虑(anxiety)、敌意(hostility)等情绪。与MACL不同,MAACL量表很快广泛应用于大量的研究和案例中(Larsen and Ketelaar,1991)。但是原版的MAACL量表内部存在高相关性,因此判别准确性差,这种状况引发了对MAACL量表的修订以解决这个问题。修订版的MAACL(MAACL - R)包括5个单项量表:焦虑、抑郁、敌对、积极情绪和感知寻求。这一量表的克郎巴赫α系数基本上可接受(平均0.79)。但是,MAACL修订版的负性情绪量表仍有高的相关性,显示出有限的同证效度。而且,感知寻求量表的内部一致性评估变化很大而且其可靠性水平也经常不那么令人满意。2005年北京大学钟杰、钱铭怡针对汉语的特殊性编制了具备本土性的中文情感形容词检测表(Chinese mood Adjective Checklist,CMACL),量表包含30个形容词,测量四个因素分别是烦躁(Fidget,F)、愉悦与兴奋(Happy and excited,HE)、痛苦与悲哀(Pain and sad,PS)、愤恨(Angry and hate,AH),量表条目及因子载荷见表5.1(钟杰,钱铭怡,2005)。

表 5.1　中文情感形容词检测表（CMACL）的项目及载荷

项目	F	项目	HE	项目	PS	项目	AH
烦躁的	0.675	快乐的	0.864	哀伤的	0.807	愤怒的	0.814
愁闷的	0.779	高兴的	0.705	心痛的	0.726	憎恶的	0.674
抑郁的	0.669	欢喜的	0.761	悲哀的	0.725	气愤的	0.641
烦的	0.704	开心的	0.753	痛苦的	0.714	怨恨的	0.653
郁闷的	0.699	兴奋的	0.599	忧伤的	0.704	愤恨的	0.631
憋闷的	0.616	愉快的	0.546	内疚的	0.751	暴怒的	0.616
气馁的	0.576			遗憾的	0.565	仇恨的	0.566
失望的	0.619					生气的	0.538
不安的	0.481						

（来源：钟杰、钱铭怡，2005）

三、简明心境量表（the Profile of Mood States，POMS）

POMS 量表 1971 年由 Douglas McNair 等人编制而成。最初的 POMS 量表被称为精神科门诊心境量表（Psychiatric Outpatient Mood Scale），目的是评定简短心理治疗、情绪刺激以及相似的实验操作后所引起的心境变化和情绪状态，广泛用于评定精神科门诊患者的情绪和患者对各种心理治疗方法的反应（Albrecht and Ewing，1989）。随后几年，这个量表拥有一个新名字——简明心境量表（the Profile of Mood States）——仍然沿袭同样的缩写 POMS。该量表包括 65 个形容词，均是非常容易理解的形式如紧张、高兴、困惑、生气等，采用从"几乎没有"到"非常地"五级评定。POMS 量表包含 6 个分量表：愤怒-敌意（Anger – Hostility，AH）、疲乏-迟钝（Fatigue – Inertia，FI）、迷惑-混乱（Confusion – Bewilderment，CB）、紧张-焦虑（Tension – Anxiety，TA）、抑郁-沮丧（Depression – Dejection，DD）、精力-活动（Vigor – Activity，VA），前 5 个为负性量表，VA 为正性量表，6 个分量表均具有较高的内部一致性和重测信度，分量表得分可单独使用，得分之和也可构成总分，提供一个指标为总体情绪纷乱程度（Total Mood Disturbance，TMD）。最初 1 周的时间框架足以评价患者当前生活的典型状态，同时对治疗导致的变化也具有敏感性。通过对测试时间的不同界定也可成功地被改造来反映特质情绪和当前的情绪状态，例如将测试的时间范围界定为"刚才过去的三分钟"或"最近一周的情绪状态"。

POMS 量表可应用于多种被试者，包括健康者、生理疾病者及精神疾病患者。POMS 量表可在 3～7 分钟内完成，因此对于时间紧张的研究来说是个不错的选择。有生理或精神疾病的个体通常需要更多时间完成这个测试，可以选择包含 11～40 个形容词的精简版。已证实 POMS 量表在短期内具有可信的内部一致性和中等的稳定性，对随着治疗而发生的变化也很敏感。POMS 量表在患者和运动员身上体现了良好的预测性，与贝克抑郁量表（BDI）和外显焦虑量表（Manifest Anxiety Scale）有显著的一致性。20 世纪 90 年代以来，随着肿瘤心理学的兴起和发展,癌症患者的心理变化以及治疗引起的反应对患者情绪的冲击,在癌症临床中的影响越来越突出,许多量表用于对癌症患者情绪的评定。POMS 在对癌症患者进行心理干预的研究中运用较多,被认为是评定情绪状态的标准工具,可以敏感地反映出癌症患者在心理干预前后的情绪变化(Andersen and L.,1992)。

四、分化情绪量表(Differential Emotional Scale,DES)

DES 量表最初是由 Izard 及其同事们编制而成的,用于测量 10 种基本情绪,包括兴趣、喜悦、惊讶、悲伤、生气、厌恶、轻视、恐惧、羞愧/害羞和内疚。DES 有很多版本,但是在每个版本中参与者均被指导用一个多点评估量表对项目打分;基于不同的指导语,被试者可以分别对他们当前的感受、过去一周的感受或者长期的感受(例如在日常生活中感受到某种情绪的频率)进行评定。该量表的最新的版本为 DES-IV,包括 12 个因子,在之前基础上单独测量羞愧和害羞因子,增加了一个内部指向性敌意因子。这种方法的最大问题就是很多因子只显示出低到中度的内部一致性,例如 Izard 等人报告的各分量表的 α 系数分别是 0.56(厌恶)、0.6(羞愧)、0.62(害羞)、0.65(惊讶)(Izard C E,1993),这一问题主要是因为组成每个量表的选项数量太少(通常只有三个)。但是这些量表具有很好的时间稳定性以及与人格变量和结果具有显著相关性。

第二节　维度取向的情绪主观评估法

维度取向的情绪结构理论认为各种情绪在几个基本维度上高度相关,所以应该抓住情绪的不同维度或核心对其进行阐释,针对情绪词汇语义相似性的判断,以及对自陈式情绪体验的因素分析等多项研究,研究者们逐渐聚焦于情绪结构的二维模型。1980 年,Russell 等人发现效价(feeling)和唤醒(arousal)两个维度可以解释绝大部分情绪变异,各种情绪不是单独紧密地聚集在效价或唤醒维度上成为相互分离的两类,而是在两个维度上均有一定取值,因此他认为可采用网格结构模型来表示情绪的结构:效价和唤醒分别是圆环的两个主轴,各种情绪较为均匀地分布在网格中(图 5.1)(Russell,1980)。1985 年,Watson 和 Tellegen 又提出了一个与上述结构相似的网格模型:正性-负性情感模型(positive and negative affect,PANA),他们认为正性情感(positive affect,PA)和负性情感(negative affect,NA)是两个相对独立的基本维度(Watson and Tellegen,1985)。正性情感实际上是愉悦与高激活的结合,而负性情感是不愉悦与高激活的结合,也就是说 PANA 实际上是效价-唤醒模型的 45°旋转。尽管如此,这两个网格模型在情感空间维度的极性认识上是相反,Russell 的网格模型强调情感的双极性:愉快和不愉快分别占据同一维度相反的两端,因此创造出正性到负性情绪的两极连续体。PANA 模型则认为正性情绪和负性情绪是两个相互独立的维度,以上两种模型都得到了广泛的实证支持。

从 20 世纪 80 年代末开始,PANA 模型在自我评估情绪领域逐渐成为最主要的情绪评估

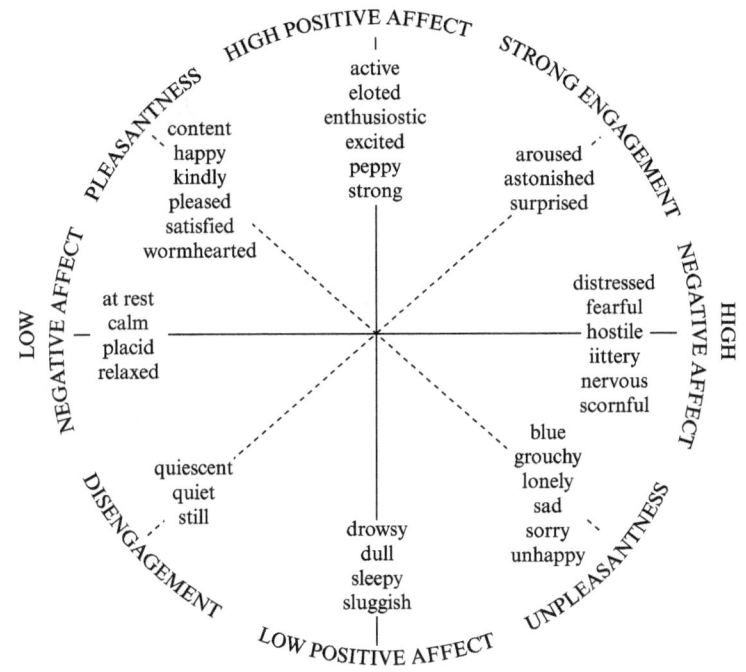

图 5.1　效价-唤醒模型与正性-负性情绪结构模型

（来源：Watson & Tellegen, 1985）

机制，由此发展出一系列量表，主要包括正性负性情绪量表（PANAS）及其扩展版（PANAS-X）和情感网格等。随后 Thayer(1986)的研究提出了能量-紧张模型：能量维度与生理有关，从主观感觉有活力有力量到困倦和疲乏，称为能量激活（energy activation）；紧张维度是多种情绪和压力反应的基础，从主观感觉紧张到平静沉着，称为紧张唤醒（tension arousal），在对 PANA 进行分析之后，他指出 PA 和 NA 这两个名称并不能反映这些维度中所含的激活成分，因此，他将 PA 改为能量唤醒（energetic arousal, EA），NA 称为紧张唤醒（tense arousal, TA）(Thayer, 1989)。在以上各种模型理论的基础上，研究者们研发了各自维度取向的情绪评估量表。

一、正负性情感量表（Positive Affect Negative Affect Schedule，PANAS）

1988 年，Watson，Clark 和 Tellegen 引入了正负性情感量表（PANAS）来测量情绪的基本维度（Watson and Clark et al., 1988）。它提供了快速、简单、方便的正性负性情感的评估方法，比旧的情绪形容词清单更好用，逐渐成为测量工具中应用最为广泛的量表。PANAS 通过对指导语稍加修改（例如，你现在感觉如何，你上周感觉如何，你平时感觉如何等），既可测量特质情感也可测量感情状态。分别用 10 个因素来评估正性和负性情感，较有代表性的如积极、热情、自豪来评价正性情感（PA），心烦、害怕、内疚来评价负性情感（NA）。参与者通过 1～5 来评价每个项目的程度（1 代表几乎没有，2 代表一点点，3 代表适中，4 代表很多，5 代表非常强烈）。1994 年 Watson 和 Clark 在 PANAS 基础上发展了正性负性情感量表-

扩展版(PANAS-X,Positive Affect Negative Affect Schedule-Expanded),用包含11个因素的分量表来评估特殊的、低阶的情感。其中4个因素分别评估负性情感部分：恐惧(6项)、悲伤(5项)、负罪感(6项)和敌意(6项)。另外有3个因素来评估正性情感部分：愉快(8项)、自信(6项)和专注(4项)。最后还有4个因素来评估其他的情感指标：羞怯(4项)、疲劳(4项)、沉着(3项)和惊诧(3项)。PANAS-X测试具有较高的可靠性,项目数较多的因子量表的α系数较高：0.93(愉快)、0.88(负罪感)、0.87(恐惧)、0.87(悲伤)、0.85(敌意)、0.83(自信);项目数少的量表则稳定性略差,但是其α系数仍然可以接受,分别是：0.88(疲劳)、0.83(羞怯)、0.78(专注)、0.77(惊诧)和0.76(沉着)(Watson and Clark,1997)。特定版本的PANAS量表还可用来对同伴评级,通过把问题从"你觉得怎样"改为"你的同伴觉得怎样"。Watson,Hubbard和Weise在2000年报道过通过三个样本的测试,自评和他评的结果有着很高的一致性(Watson and Hubbard et al.,2000)。

PANAS-X被广泛地应用在健康心理学、组织心理学和临床心理学领域,如Heaven在研究青少年的宗教信仰对青少年心理健康和复原力的影响时,引入了愉快这一具体情感,表明愉快水平较高的青少年倾向于有更高的宗教信仰,有更好的心理健康水平和复原力(Heaven and Ciarrochi,2007)。Judge在考察情感、工作满意度和感知到的人际公平性之间的关系时发现,敌意能够预测人际公平性,从而影响到工作满意度(Judge and Scott et al.,2006)。

二、情感网格(Affect Grid)

情感网格是一个9×9的网格,在1989年由Russell,Weiss和Mendelsohn创制(Russell J A,1989)。要求被试者选择最符合自己情感状态的网格里画"×"。网格的每个角和每边的中点都有一个情感描述词,根据他们在Russell网格模型中的关系,被安置在网格的周围,从网格的右上角按照顺时针的方向依次为激动、愉快、放松、困倦、忧伤、难受、紧张和振奋(图5.2)。

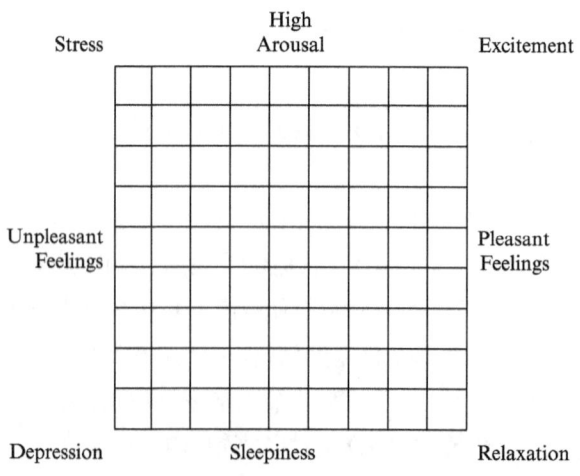

图 5.2 情感网格

(来源：Russell,Weiss 和 Mendelsohn,1989)

这样相对的两个方面刚好在网格的两极。Russell 和同事们的研究显示,情感网格有着足够高的可信度,与其他情感量表如 PANAS 有很好的同证效度,这种方法最大的优势在于可以多次使用而不会引发疲劳。但值得注意的是,该量表在内部一致的可靠性方面存在问题,而且没有综合各项目得到一个总分因而会有更大的系统误差和随机误差。

三、UWIST 心境形容词清单(UWIST Mood Adjective Checklist, UMACL)

UMACL 量表是对现有情绪量表进行的一次完善(Matthews and Jones et al., 1990),旨在弥补现有的心理测量手段的缺点和局限。特别是,UMACL 的设计者试图创建一个方法,可以提供明确的标示因素在维度水平模拟整个情感空间,该量表特别用来整合 Russell(1980)效价-唤醒模型和 Watson & Tellegen(1985)的 PANA 模型和 Thayer(1986)的能量-紧张模型(图 5.3)。所包含的形容词既有用来测量情感维度的紧张唤醒和能量唤醒的(即 Watson & Tellegen 模型和 Thayer 模型中包含的基本维度),也有测量愉悦度的(即 Russell 模型的效价维度)。对项目进行评分还可以得到一般激活指数(Russell 模型的唤醒维度)。UMACL 量表包含的形容词采用从"绝对是"到"绝对不是"的四级评定,判断这些形容词在何种程度上描述他们当前的情绪,完整版和简明版均可用。Matthews 的 7 个研究发现 UMACL 量表有良好的内部一致性。尽管与效价维度呈现中度相关,唤醒度量表在很大程度上是相对独立的并与人格因素有适度相关性。UMACL 量表尽管没有其他量表那样知名,但是也被广泛应用于卫生、心理与行为等领域。

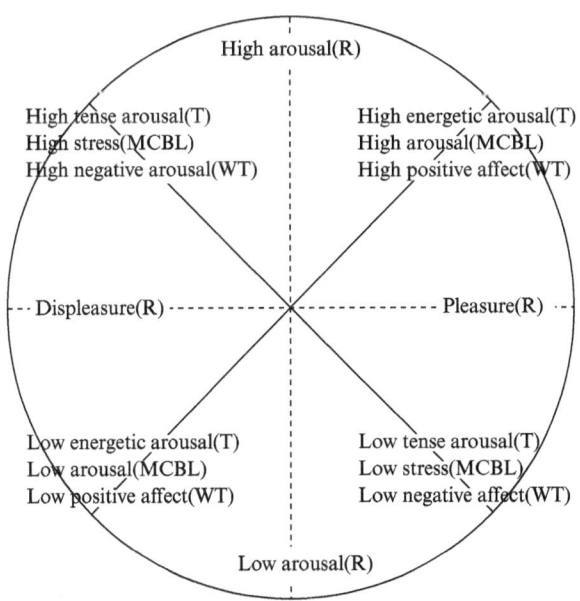

图 5.3 UMACL 量表对三个情绪模型(效价-唤醒模型、正性-负性情感模型、能量-紧张模型)的整合

(来源:Matthews & Jones, 1990)

四、当前心境问卷(Current Mood Questionnaire, CMQ)

1998年,Feldman和Russell引进了当前心境问卷(CMQ),该问卷利用多项反应形式测试Russell环形模型里的每一个维度(Yik and Russell et al.,1999)(图5.4)。该量表为测量环形模型的关键因素而编制,即Russell模型认为效价和唤醒两个基本维度是完全双极性的,因此CMQ每个量表中均包含有两极相反的项目(图5.5)。CMQ通过三个不同的评级方法:(1)简单的形容词采用Likert式量表的五级评分;(2)复杂一点的心境描述词采用五级的从"是"到"不是"形式的评分方法;(3)类特质的描述根据是否符合采用四级评定。这多种响应方式是为了使研究人员利用线性结构模型对随机误差和系统误差进行修正。据Feldman和Russell报告,CMQ量表具有良好的聚合和判别效度,效价量表的内部一致性还可以接受,唤醒量表却不理想,而且唤醒和睡眠之间没有强烈的负相关,这表明潜在的维度是不完全双极的。这些问题并不只限于CMQ,实际上通常证明唤醒度比起环形模型中其他维度来更加难以评估。CMQ量表因其复杂性是用起来是相当耗时和难于操作的,因此它并不实用。

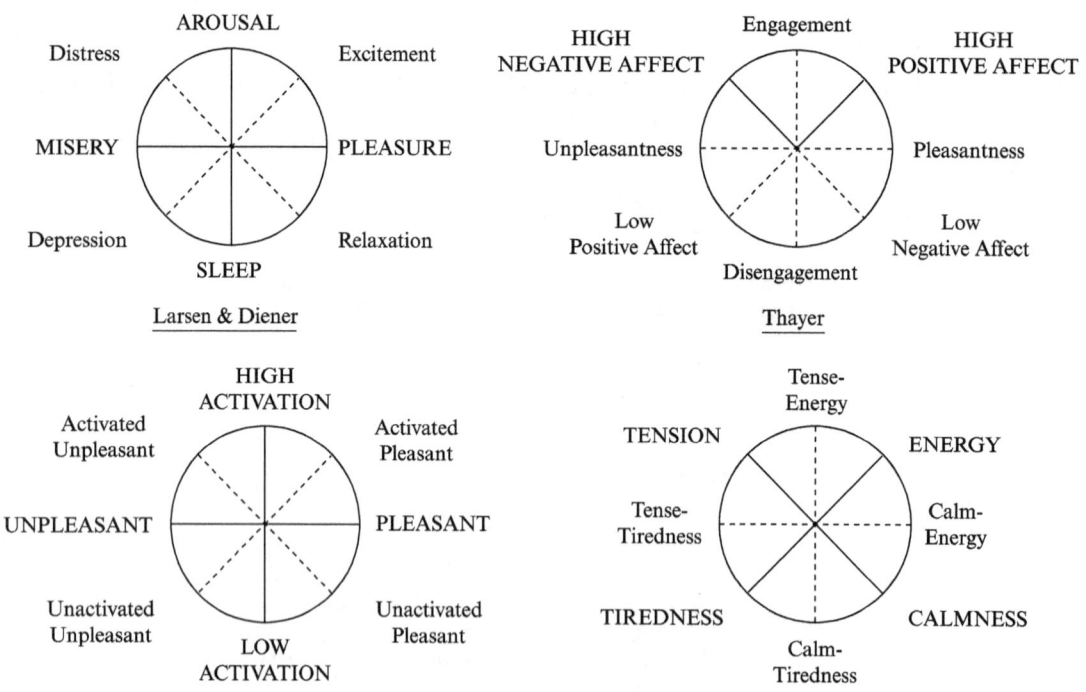

图5.4 四种维度取向情绪模型的对比
(来源:Yik & Russell,1999)

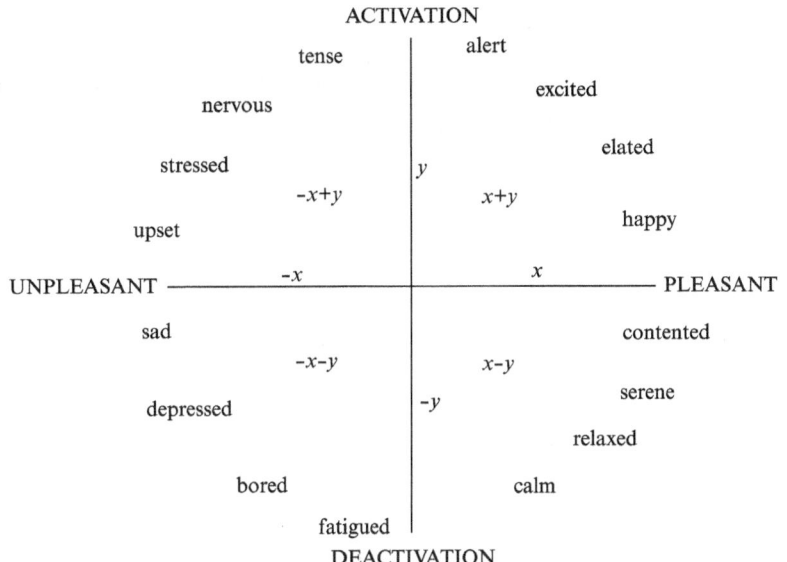

图 5.5 当前心境问卷(CMQ)的双极性假设

(来源：Feldman & Russell, 1998)

第三节 情绪的主观评估法的局限及对量表选择的建议

情绪的自我报告式测量与其他任何测量技术相类似——并不完美，并且实际上，受随机和系统测量误差影响。但必须强调，并没有证据表明情绪自我评估是特别地受制于任何特定类型的误差或歪曲。首先，情绪测量会在每当被试者被要求对过去的情绪体验做出回顾性判断时受到潜在的精确度问题的影响（例如，他们那一天有怎样的感受，或是过去的几天或几星期的感受如何），除了其他因素以外，这些回顾性评级遭受了持续的忽视（即倾向于主要侧重峰值或最高强度的体验，伴随着对情绪体验的实际用时的不敏感）以及近因效应（即相对于远期体验赋予近期体验更多的权重）。因此，情绪评估，应该向参与者提供非常明确的指导语；而且，应该根据研究目的仔细选择界定时间范围。其次，系统测量误差可能会通过聚合的过程逐步被引入情绪测量中来。相比于总体评级，聚合评级在相同价的特定情绪间产生了相当高的组间关联例如，在聚合评级中评估恐惧、悲伤和愤怒的量表会比在总体特性评级中产生强烈得多的组间关联。第三，量表的响应模式会对降低系统误差方面发挥至关重要的作用。较旧的情绪测量（如 MAACL）使用一种清单格式，这种格式容易受到系统评级偏差——例如默许——的影响，这会导致高度扭曲的结果。因此，调查人员在为他们的研究选择哪种评估技术时应该仔细考虑量表的响应模式。

本章从不同的情绪结构理论出发提供了一些可供情绪研究者所用的情绪主观评估量

表,但是因为有各种量表可用,又缺少它们之间对比研究,对情绪的结构的认识也没有达成共识,再加上情绪评估应用的广泛性,就无法准确建议应该应用哪个量表。在选择量表时首先应具有中等到良好的心理测量属性(包括可靠性和有效性);其次在事件上、语言上、复杂性上应与被试者相匹配,力求所选量表能够为研究中所表述的目标提供最大量的信息。

参考文献

Albrecht, R. R. and Ewing S. J. (1989). Standardizing the Administration of the Profile of Mood States (POMS): Development of Alternative Word Lists. J Pers Assess, 53(1): 31-39.

Andersen, B. L. (1992). Psychological interventions for cancer patients to enhance the quality of life. Journal of Consulting & Clinical Psychology, 60(4): 552-568.

Heaven, P. C., Ciarrochi J. (2007). Personality and religious values among adolescents: A three-wave longitudinal analysis. Br J Psychol, 98(4): 681-694.

Izard, C. E., Libero D. Z., Putnam P. (1993). Stability of emotion experiences and their relations to traits of personality. Journal of Personality and Social Psychology, 64(5): 847-860.

Judge, T. A. and Scott B. A., et al. (2006). Hostility, Job Attitudes, and Workplace Deviance: Test of a Multilevel Model. Journal of Applied Psychology, 91(1): 126.

Larsen, R. J. and Ketelaar T. (1991). Personality and susceptibility to positive and negative emotional states. J Pers Soc Psychol, 61(1): 132-140.

M., Z. and L. B (1965). The Multiple Affect Adjustive Checklist. Psychological reports, 16(2): 438.

Matthews, G., Dylan, M., Jones, et al. (1990). Refining the measurement of mood: The UWIST Mood Adjective Checklist. British Journal of Psychology, 81(1): 17-42.

Nowlis, V. (1959). The experimental analysis of mood. Acta Psychologica, 15(59): 426-427.

Russell, J. A., Weiss, A. Mendelsonhn. G. (1989). Affect Grid: A single-item scale of pleasure and arousal. Journal of Personality and Social Psychology, 57(3): 493-502.

Russell, J. A. (1980). A circumplex model of affect. Journal of Personality and Social Psychology, 39(6): 1161-1178.

Stone, A. (1995). Measurement of affective response. Measuring stress: 148-171.

Thayer, R. E. (1989). The biopsychology of mood and arousal, Oxford University Press.

Tomkins, S. S. and C. E. C. E. Izard (1965). Affect, cognition, and personality: empirical studies. Springer Pub.

Watson, D. and Tellegen, A. (1985). Toward a Consensual Structure of Mood. Psychological Bulletin, 98(2): 219-235.

Watson, D. and Hubbard, B., et al. (2000). Self-other agreement in personality and affectivity: The role of acquaintanceship, trait visibility, and assumed similarity. Journal of Personality and Social Psychology, 78(3): 546-558.

Watson, D. and Clark, L. A., et al. (1988). Development and validation of brief measures of positive and negative affect: The PANAS scales. J Pers Soc Psycho, 54(6): 1063-1070.

Watson, D. and Clark, L. A. (1997). Measurement and Mismeasurement of Mood: Recurrent and

Emergent issues. Journal of Personality Assessment, 68(2): 267-296.

Yik, M. S. M. and Russell, J. A., et al. (1999). Structure of self-reported current affect: Integration and beyond. Journal of Personality and Social Psychology, 77(3): 600-619.

乐国安,董颖红(2013).情绪的基本结构:争论、应用及其前瞻[J].南开学报(哲学社会科学版)(1):140-150.

谢晶,方平等(2011).情绪测量方法的研究进展[J].心理科学(2):488-493.

钟杰,钱铭怡(2005).中文情绪形容词检测表的编制与信效度研究[J].中国临床心理学杂志(1):11-15+10.

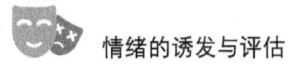

第六章 情绪的生态化评估

情绪的主观评估和客观评估方法都是对情绪进行一次性评估的技术，大都是实验室情境下采用自我报告、生理测量和行为观察等方法对于某一具体情境下情绪的诱发及影响因素的探索，但这些较为传统的评估方法存在难以控制或评估个体内变异、生态效度较差等问题，难以应对生态性较强、影响因素较为复杂的真实的情绪情境（Thewissen et al.，2011）。本章将聚焦于自然生态化的情境下，采用动态性重复性的多次测量对情绪进行评估的技术。这一技术从更加动态的角度去理解情绪，更加贴合情绪产生的实际情况，具有更高的生态效度，可以帮助研究人员更好地检验和推广已有的实验室研究中得到的理论模型和结论，是对传统的依靠实验室情绪研究的重要补充和拓展。本章的内容包括情绪的生态化评估所依据的理论——情绪建构理论、情绪评价理论和情感短期动力模型；重点介绍了情绪生态化评估最重要的方法——经验取样法，对取样类型、具体方法及注意事项、数据的处理等；还简要介绍了情绪的生态化评估目前的一些应用领域及初步成果。

第一节 情绪生态化评估的相关理论

一、情绪建构理论

经典情绪理论（classical emotion theory）的核心思想是将各种基本情绪看做是一个个独立具体的情绪实体（discrete emotions），该理论框架下的研究也主要围绕不同的情绪实体的特点进行，其大部分的证据集中在面部表情研究方面，主要为实验室研究和跨文化（种族）现场实验等，并结合一些伴随表情的面部肌肉的编码分析。Ekman等众多情绪研究的学者都在一定程度上发现过经典情绪理论的证据，如基本情绪存在的证据、表情表达和识别的跨文化一致性、面部肌肉运动与表情的关系等（Ekman，1992a，1992b，1993；Ekman & Cordaro，2011；P. Ekman & R. J. Davidson，1994；Tracy & Randles，2011）。

在早期的情绪研究中，由于技术受限，缺少对情绪的其他成分如神经系统、生理状态等指标进行持续密集观测的条件，相较而言，面部表情具有直观、人人都能理解和表达等优势，而且在实验室研究中，情绪材料相对容易生成，因此研究主要基于经典情绪理论开展，表情成为当时的主要的研究对象和实验材料。从经典情绪理论衍生出来的研究框架和研究范式至今都在情绪研究领域占据了一席之地。本书涉及的情绪诱发、情绪和表情等内容都与经典情绪理论的研究成果密不可分。直到现在,在对复杂表情、微表情等课题的研究领域中,经典情绪理论框架仍在发挥着重要的作用(D. Sander & K. R. Scherer, 2009; Scherer, 2005; Schlegel, Grandjean, & Scherer, 2014)。

但是,经典情绪理论不仅在研究方法上较为单一,而且实验室中相对静态、包含人为控制的研究很难完整刻画情绪变化的全过程,丢失了大量有价值的信息,将情绪过于简单化,这使得经典情绪研究在一定程度上限制了我们对情绪这一复杂系统的理解。此外,经典情绪理论最核心的主张也被越来越多的研究证据所质疑:基本情绪并不是天生的,也没有确切的跨文化一致性,"情绪指纹"至今也没有确切的存在证据(Lisa Feldman Barrett, 2011, 2013; Gendron & Feldman Barrett, 2009; Gendron, Roberson, van der Vyver, & Barrett, 2014; Russell, 1994)。

与经典情绪理论主要起源于面部表情研究不同,情绪的建构理论(construct theory)主要根植于社会建构的理论体系。情绪建构理论主张,情绪与人的其他大脑功能(认知、记忆、语言等)类似,都遵循心理建构的过程。也就是情绪刺激一定是那些对我们的福祉(well-being)或短期目标(goal)具有重要意义的事件,这些情绪刺激都要经过建构的认知评价的加工过程(Grandjean, Sander, & Scherer, 2008),而情绪表达和识别的功能也要经过学习、经验积累、认知表征、概念形成、解释与评价等过程才能逐步得以完善。因此,情绪建构理论认为,情绪不是一成不变的,而是具有明显的时间动力特征(temporal dynamics),其发生发展必然受到个体所处的环境、自身具备的资源条件和情绪刺激特征的综合影响(D. Sander & K. R. Scherer, 2009; Delplanque et al., 2009a; Ellsworth & Smith, 1988; Fleeson & Cantor, 1995; Hall, N. C., & Goetz, 2013; Moors & De Houwer, 2001)。

Barrett 在其论著中列举了 10 个关键问题来阐明情绪建构理论和经典情绪理论的区别(L. F. Barrett, 2017)(表 6.1)。如果还想要了解更多情绪建构理论,可以参考 Barrett 以及 Scherer 和 Schorr 的相关著作(L. F. Barrett, 2017; K. R. Scherer, A. Schorr, 2001)。

表 6.1 经典情绪理论与情绪建构理论的区别

	区分维度	经典情绪理论	情绪构建论
Q1	情绪是特殊的心理状态吗	是	不是
Q2	情绪是由特殊的机制产生的吗	是	不是
Q3	情绪是由特定的脑结构产生的吗	是	不是
Q4	情绪有特定的外部表现吗	是	不是
Q5	每种情绪都有特定的反应倾向吗	是	不是
Q6	主观体验是情绪必不可少的特征吗	不是	是
Q7	什么是全人类共通的	情绪	心理成分与社会影响
Q8	变异性在情绪中重要吗	不重要	重要
Q9	非人类动物是否有情绪	有	存疑
Q10	进化如何塑造情绪	特定的情绪得以进化	基本的心理成分得以进化

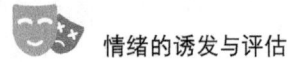

二、情绪评价理论

情绪评价理论(appraisal theory of emotion)在基本观点上遵循情绪建构理论的核心主张,其认为情绪作为一个复杂的过程,是由不同的成分组成的(Sander, Grandjean, & Scherer, 2005),对情绪建构过程的探究才是揭露情绪真相的关键途径。这一理论也为情绪及相关的情感构念的生态化评估提供了理论支持。情绪评价理论认为情绪是过程(process)而不是状态(states),因此对于情绪更准确的说法是"情绪事件"(emotional episodes)。

情绪评价理论认为,情绪事件一定伴随着一系列子系统(subsystem)或者成分(component)的协同变化(synchronization),这些成分包括:(1)评价成分(appraisal component):对环境(环境刺激)和人与环境交互作用的评价。(2)行为倾向成分(action readiness 或 action tendency):引起的行为倾向或者行为的准备性。(3)唤醒成分(arousal component):伴随情绪全过程的生理变化特征。(4)表达成分(expressive component):伴随情绪的表达性和工具性行为的成分。(5)主观体验成分(objective experiential component):伴随着主观体验或感觉的情感成分(Coan, J. A., & Allen, 2007;Meiselman, 2016)。情绪评价理论认为情绪过程具有持续性和递归改变的特点,其中一个成分的改变会反馈到其他成分上,导致情绪成分之间会出现协同变化(Bradley, Miccoli, Escrig, & Lang, 2008;Dael, Mortillaro, & Scherer, 2012;Damasio, 1998;Elliot, Eder, & Harmon-Jones, 2013;Frijda, Kuipers, & ter Schure, 1989;Mauss, Levenson, McCarter, Wilhelm, & Gross, 2005;Schachter & Singer, 1962)。尽管个别情况下情绪成分间也会出现不协调的现象(如情绪障碍患者和一些身心异常个体等),但是总的来说对于正常个体而言其各个成分共同组成了情绪系统,这个系统的运行特征能够在很大程度上覆盖到情绪事件的全貌(Herbert, Pollatos, & Schandry, 2007;Panksepp, 1982)。

情绪评价理论将评价的过程定义为监测和评估环境对个体的福祉或目标造成影响的过程,这一过程就是区别不同情绪状态的核心标准(K. R. Scherer, A. Schorr, 2001)。评价的对象包括:(1)目标相关性(goal relevence)和目标一致性(goal congruence),这也是评价过程中最主要的方面;(2)刺激的确定性(certainty)、新颖性(novelty)、引起情绪事件的主体(agency)以及个体自身资源可以用于应对情绪事件的潜力(coping potential)、控制感(domince)等,这是评价过程中的次要方面(Delplanque et al., 2009;Fleeson & Cantor, 1995;Roseman, 1991;Sander et al., 2005;Scherer, 2004;Norbert Schwarz & Hippler, 1995a)。

情绪评价理论认为,大部分评价过程都是自动化的(automatic)(Moors & De Houwer, 2001;Mumenthaler & Sander, 2012;Murphy & Zajonc, 1993),也有一些时候可能是非自动化的。评价过程可以基于规则(rule-based)或者图式(schematic)两种方式运行(Ellsworth & Smith, 1988;Moors & De Houwer, 2001;Smith & Lazarus, 1993;Tong et al., 2007, 2009)。评价的过程是情绪事件的核心,决定了行为倾向的强度和性质,生理

反应和主观感觉,由此看出是评价过程诱发或者导致了情绪,评价结果的一部分会逐渐形成情绪体验的主观感觉,因此评价过程的必然性也在一定程度上显示情绪主观体验出现的必然性,而人们的情感体验就是评价过程的产出,即一种或多种评价性价值的心理表征(Ekkekakis & Russell,2013；Russell,2003,2009)。也有部分研究者认为,情绪也不一定伴随自动化的评价过程和主观体验,实际上有很多无意识的情绪在影响人的行为,而个体在意识层面很难识别,这一观点目前在学术界尚存有争议(Berridge & Winkielman,2003；Dimberg,Thunberg,& Elmehed,2000；LeDoux,2007；Winkielman & Berridge,2004)。

情绪评价理论由若干具有一定相似性的具体理论或模型构成,成分加工模型(Component Process Model,CPM)就是其中一种代表性的理论。CPM 认为评价成分在情绪事件中起到了非常重要甚至是主导性的作用,评价过程最直接的结果就是个体主观情感成分,这为我们情感的生态化评估提供了很好的理论基础(Scherer,2009)。

三、情感短期动力模型

情感计时学(affective chronometry)是指对个体在情感反应的动力性时间特征方面进行客观测量的一系列方法(Davidson,1998,2015；Hemenover,2003；Lapate & Heller,2020；Tong et al.,2009),比如情感从发生到升至顶峰的用时以及情感的持续时间等,还包含个体在情感风格方面的特质,刻画个体情感随着时间增强或者减退的速度。

情感随时间变化的情感计时学特征越来越受到研究者们的关注。Schimmack 等人(Schimmack,Oishi,Diener,& Suh,2000)提出了检验人格与情感(如情感持续性)关系的模型,并报告了神经质和从消极情感中恢复的时间长度的正相关关系,情绪性清晰度(emotional clarity)与消极情感消退的正相关,高水平的敌意特质导致从愤怒的生理状态中恢复的速度更慢。总之,除了情感性刺激的强度会预测情感改变的速度外,个体自身的情感特质也会在很大程度上影响其情感变化的规律,从而在密集纵向研究中成为不可忽视的变量(Schimmack et al.,2000)。

对这些特征进行描述和解释的代表性理论是情感短期动力模型(temporal dynamics of affect),Kuppens 等研究者将个体在核心情感空间上的变化(情绪变化)称为核心情感轨迹(core affect trajectory),用来刻画核心情感变化的动态过程(Kuppens,Allen,& Sheeber,2010；Kuppens,Oravecz,& Tuerlinckx,2010)。短期情感动力模型认为,个体固有的特质及生活中的情感刺激源等诸多的因素会导致个体情感轨迹的变化,模型的三个重要参数是个体的情感基线水平(affective home base)、情感刺激的强度(attractor strength)及刻画情感轨迹变化的变异程度指标(variability)。Kuppens 等人对模型的描述如图 6.1 所示：

模型中,a 代表个体的情感基线水平,对于大部分人而言,情感基线水平通常是偏主动、偏愉悦的状态；b 代表在人的情感轨迹变化过程中,轨迹变化在愉悦度和主动程度上的最大投影范围；c 代表每一次情感刺激所引起的情感基点最大位移量。模型显示,个体的核心情

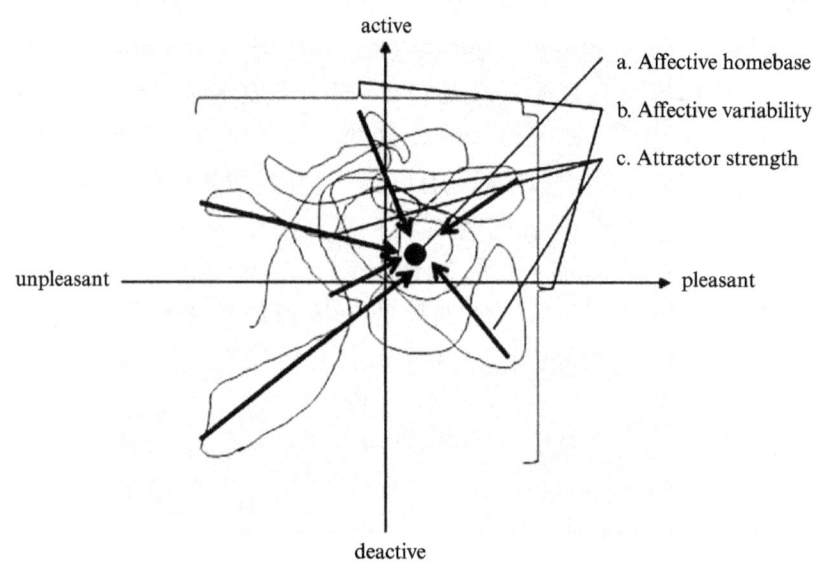

图 6.1 情感短期动力模型示意图

感始终处于一种持续性地受到内部和外部事件刺激影响而相对随机、动态变化的状态,影响情感轨迹大大小小变化的因素较多且存在一部分交互和混杂,这些因素包括对正在发生事件的主观评价、生物行为性反馈的生物因素、激素水平、物质滥用、每天不同的时刻、天气、物理活动和音乐等。个体相对稳定的情感变化差异取决于个体在选择性注意和应对影响核心情感变化因素上的差异。此外,人对自我情感状态的调节也是时刻在进行的,也就是将偏离基点的轨迹"拉"回基线水平的保护力量,避免个体的情感和其他功能受到持续地危害,这种调节的过程也被其他研究者所证实,包括对情感修复(affect repair)、恒温原则(principle of a thermostat)、反馈循环(feedback loops)、情感下行调节过程(down-regulatory processes)的研究都在一定程度上支持了类似的自动调节过程。反之,调节状态的失灵也被称为情感惰性(emotional inertia),情感惰性被证实与心理失调、低自尊、抑郁等认知心理行为表现高度相关(Houben, Van Den Noortgate, & Kuppens, 2015; Koval, Kuppens, Allen, & Sheeber, 2012; Kuppens, Allen, et al., 2010; Kuppens et al., 2012)。

第二节 情绪生态化评估的方法
——以经验取样法为例

一、经验取样法概述

目前研究者已经开发出了多种可以针对情绪、情感、生活中的情绪事件和动态情感特征等进行生态化评估的方法和技术,其中最为常用最为主流的就是经验取样法(Experience

Sampling Method, ESM)。经验取样法指的是对同一调查对象进行密集重复测量的数据收集方法,可以对多个时间点即时的情绪、感知、态度、行为进行评估,获取个体日常生活情境下的纵向数据(Myin‐Germeys et al., 2009)。其独特之处在于能够比较高效地采集生态化的数据(Arthur A. Stone & Shiffman, 1994)。

根据取样的条件或规则不同,经验取样法有不同的类型,主要包括三类:(1) 基于间隔时间的取样法(interval-contingent sampling),(2) 基于事件的取样法(event-contingent sampling),(3) 基于信号的取样法(signal-contingent sampling refers)。基于间隔时间的取样法,是指让研究对象在一段时间内根据预先设定好的时间进行自我报告,如固定每小时报告,或者如日记法一样每天在固定时间进行报告等。基于事件的取样法,让研究对象在每次预先定义好的事件发生后进行自我报告,如在每次产生冲突或者多人社会互动后报告。基于信号的取样法,让研究对象在随机响起的取样信号出现后进行报告。相对于前两者而言,信号取样法是最具有代表性的经验取样法类型,不仅能够获得更有代表性的随机数据,也能够规避前两种方法带来的预期效应(Alliger & Williams, 1993)。

经验取样法是从时间取样日记法发展而来的,20 世纪 70 年代的研究者开创式地采用时间取样日记法对人—情境—情绪(persons-situations-emotions)的交互关系进行质性的研究,以开放式的问题为主,将研究对象对若干核心问题的每日一次或少量几次的回答进行再次编码后使用。在此基础上,Csikszentmihalyi 等人正式提出了经验取样法的概念(Mihaly Csikszentmihalyi, Larson, & Prescott, 1977)。该方法一经提出后迅速在心理学研究中流行开来(M. Csikszentmihalyi, 2011; Joel M Hektner, Jennifer Schmidt, n. d.)。经验取样法继承了时间取样日记法的思路,其主要的研究范畴仍然为人—情境—情绪。因此在实施过程中,除了对情感、动机特点等状态性指标的测量外,人所处的物理环境(如地点、每日的时间)、社会环境(与个体在同一环境下的其他人的数量和特点描述)、个体当下的活动以及个体稳定的人格特质(如大五人格、16PF)、情感特质(气质类型、情绪感受性、情绪表达性等)和人口学特征(如年龄)也是关注的重点(Lisa Feldman Barrett, Robin, Pietromonaco, & Eyssell, 1998; Burgin et al., 2012; Goetz, Frenzel, Stoeger, & Hall, 2010; Hall, N. C., & Goetz, 2013; Röcke, Li, & Smith, 2009; Rusting & Larsen, 1998)。而且经验取样法以每日更高频率的量化数据收集为主,相比以质性研究为主的日记法更加精准,极大简化了研究程序,节省了大量的编码时间,获得了更多的数据,因此也获得了更多研究者的青睐。而且随着移动信息技术的不断发展,通过信息技术手段的经验取样法评估成为可能,这使得经验取样法的应用更加简便,进一步扩大了该方法的应用范围(Engelen et al., 2016)。

经验取样法有一些细分类别,如生态瞬时评估(Ecological Momentary Assessment, EMA)、描述性经验取样法(Descriptive Experience Sampling, DES)等。生态瞬间评估不仅对个体主观经历进行实时评估,也会对与之相关的其他动态指标(如生理指标)进行评估(Stone et al., 1999);该方法的实践应用也非常广泛,对需要从多种观测指标来监测个体状态的情境尤为适用(Fahrenberg, J., & Myrtek, 1996; Hormuth, 1986; Wheeler & Reis,

1991)。描述性经验取样法有些类似日记法,取样的频率较低,而且大部分时候都不是实时的描述和总结,而是每天进行一次日记式的回顾和记录,所以所得到的数据会更有可能存在迟滞和因为回忆和认知重构带来的偏差问题。需要注意的是,经验取样法只是一种生态化评估方法,研究者要验证什么样的核心假设、用什么样的测量量表、每次取样询问的问题(问题的长度、数量等)、数据结果分析的方法和结果呈现等都需要结合研究目的进行提前的设计和规划。

二、经验取样法的优势

经验取样法会对大部分的研究构念进行实时的评估(real-time data 或者 on-line data),最大化降低研究对象的回忆负担和可能的偏差,更重要的是相比于实验室控制情境,对自然情境下人的真实情况的密集收集能够让研究的生态效度得到显著改善,不仅可以验证实验室研究的情境拓展性和可重复性,更能够验证一些特定的认知—行为—情感干预的手段是否能够起到切实的作用。

经验取样法能够将自然环境研究的生态效度和以量化问卷评估为主的方式有效结合,同时非侵入性(nonintrusive)的研究设计也能够保证不对研究对象的日常活动造成中断和过多的认知负担,可以得到高质量、数量理想的研究数据。经验取样法可以对那些单次自我报告的数据进行深度挖掘(生态化评估),一方面可以帮助研究者回答关于个体经验和日常生活的复杂问题,如情境变量对个体功能的影响、实验室研究中实验结论的外部效度如何,另一方面,经验取样法也能规避很多方法学上的问题,如个体的回忆偏差(Fredrickson & Kahneman, 1993; Kahneman, Krueger, Schkade, Schwarz, & Stone, 2004; Robinson & Clore, 2002; Arthur A. Stone et al., 1998)。采用 ESM 在每天特定时段对个体的情绪状态进行测量能够消除其他调查方法中许多固有的潜在偏差,具有更好的测量效度,一些研究者甚至认为这种方法是评估情绪状态的"金标准"(Kahneman, Krueger, Schkade, Schwarz, & Stone, 2004)。

经验取样法可以对日常经验的内部协同变量(internal coordinates)和外部协同变量(external coordinates)同时进行考察,内部协同变量主要包括个体自身的思维、状态性和特质性的情感、人格、自尊、人口学特征等(Diener, Sandvik, & Larsen, 1985; Flory, Räikkönen, Matthews, & Owens, 2000; Oishi, Diener, Napa Scollon, & Biswas-Diener, 2004);外部协同变量主要包括被试者的环境,如日期和时间、地址、从事的活动以及是否与别人一起等(Diener et al., 1985)。要提醒的一点是,因为经验取样法所获得的数据数量较多,分析的工作量远远高于实验室研究和其他相似的日常经验研究方法,因此对核心变量的评估一般直接变成量化评估(日记法等类似的工具会采用后期编码的方式完成质性信息到量化信息的转变),包括成熟的情感量表、自编的定制化测量工具等。

方法的灵活性和评估变量的广泛性,可以让情感科学研究者提出很多有意义的问题,其中一些问题常常因为实验研究的控制情境而得到不同的结论,或者因为实验者采用了不合适的控制条件而产生错误的结论和低水平的生态效度,实验结果无法在真实环境下复现。例如过往经验取样法研究者探究过的研究问题包括不同年龄段的人群在情感变化规律上是否存在差异,个体的情感变化是否存在周期性和节律性(如以一周为单位)等(Peeters, Berkhof, Delespaul, Rottenberg, & Nicolson, 2006; Verduyn, Delvaux, Van Coillie, Tuerlinckx, & Van Mechelen, 2009)。

Scollon 等人(Scollon, Kim‑Prieto, & Scollon, 2003)在经验取样法的综述中将这种方法的优势和不足进行了总结,认为经验取样法有五个重要的优势。

(1) 帮助研究者对行为的不可预见性有更好的理解;

(2) 提供了实验室研究之外的自然环境下的研究条件,增强了研究的生态效度;

(3) 让研究者可以更好地探究个体内变量层次的过程,同时还能完成个体间变量的效应对比及对动态变化现象的质性描述;

(4) 可以避免一次性自我报告方式的部分潜在问题(如回忆时的记忆偏差、启发式线索的过度依赖等);

(5) 所获得的密集纵向数据可以对接更多元化的心理现象研究方法(包括更高级的、更精细化的数据统计方法等)。

三、经验取样法使用中的注意事项

虽然经验取样法有很多其他研究方法没有的独特优势,但是其也有自身的局限性:密集的数据采集行为本身可能对研究变量产生潜在的影响,而且经验取样确实也存在一定的侵入性(被试者正常行为短时间中断),可能导致被试者在诸如"平静""烦躁"等情感的评估上产生偏差;同时这种方法操作过程和数据处理相对较为复杂,也提高了研究的成本。其次,自我报告(self-report)方式本身可能也存在少量不准确的问题,即使经验取样法很大程度上避免了自我报告的回忆偏差和记忆的问题,也并非完美无缺的(Stone, A., Shiffman, S., Atienza, A., & Nebeling, 2007)。

因此在开展一项经验取样法的研究时,需要针对经验取样法的局限对于一些事项进行特别的关注。经验取样法每次评估的问卷应尽可能简短(建议每次用时最好不超过 1 分钟),在保证研究结论可靠性和统计效力的情况下,研究者需要让取样的次数和每次取样的题目数都要尽量做到最小化,而且在取样频率较多时,每次施测的问卷应该相应地要更加简短,太长的问卷会导致被试者的作答质量降低,对研究来说是得不偿失的。目前情感领域内已有很多简洁的情感变量测量问卷,部分问卷甚至可以实现只用 1 道题目即可测量核心情感变量的目标。关于问卷缩短后的测量信效度问题也有一些可行的应对方式。已有研究发现短问卷信效度同样在可接受范围(Gogol et al., 2014)。有研究者还提出,多题目并不是构建变量信度的必要条件,因为从单个题目的跨时间多次测量中所得到的整合性分数,也可以计算出测量的信度(Meiselman, 2016)。需要注意的是,经验取样法的研究设计系统性很强,选定的问卷(包括评估的格式、所得数据的类型等)必须与整体的研究设计以及后续的数据处理工具有足够的衔接和匹配,否则容易出现所得数据失效、无法得到有效结论或者研究进程落后的问题。关于适合的测量工具或者如何自编测量工具,以及如何获取经验取样法研究的测量信效度证据,本章后续会详细介绍。

由于绝大多数经验取样法研究是对意识层面的认知和情感变量的评估,施测都会集中在研究对象的非睡眠时间,取样的频次也要根据具体研究目的不同而提前设置,通常一个取样日内会进行2~12次的施测(Wheeler & Reis, 1991),过多的取样频次样明显会给研究对象带来比较大的负担(如研究对象一般要在提醒信号想起/目标事件发生后立即填报评估问卷)。与随机信号取样方式相比,基于目标事件或者间隔时间的取样方式,也更容易因为其取样的规律性造成研究对象的自我选择偏差和选择性的问卷缺答。

此外,经验取样研究的实施难度和成本较高,简要地说通常会包括被试者的费用、研究平台的维护、信号提醒设备购置、数据分析软件引进等。以被试者的费用及相关时间精力投入为例,经验取样法对被试者参与度的要求可能比其他研究都要高,需要被试者投入较多的时间和细心耐心,尽量配合每次取样的要求填写问卷,研究周期在1周到几个月甚至1年不等。在研究中应尽可能选择高配合度的被试者(如高责任心、高合作性、高自我监控能力、踏实可靠、研究动机强、自我觉知水平较高的被试者),选择有一定的阅读理解能力、会操作数据收集工具进行回答的被试者等。如果要针对儿童、中老年被试者或者日常工作非常繁忙的职场人士,要注意避免被试者遗忘或者没有接收取样信号提醒等现象的发生(Collins et al., 1998)。为了提高被试者的配合度和认可度,在被试者费用上不能太过节省,以免影响研究质量。有研究认为金钱奖励确实是很有效的激励方式,能够显著提高被试者对研究的依从性(compliance)(A. A Stone, 2002)。经验取样法研究的目的性比较强(如针对特定人群,特定环境,特定年龄),而且相比于静态的实验室研究,经验取样法中一个被试者获得多个数据,因此对被试者量的要求或者人群的广泛代表性要求一般不高。有研究者认为经验取样法的最低可以低至5人,但是为了一些数据分析的要求可以设置为10人(Christensen, Barrett, Bliss-Moreau, Lebo, & Christensen, 2003)。

经验取样法在正式取样环节开始前,要进行详细的被试者培训和对项目的提前准备,比如进行一些特质类变量的前测(有些变量可能要放到后测阶段完成评估),前测问卷一般比取样问卷更长,可能包含个人情感特质变量、人格变量、主观幸福感、生存质量以及是否存在可能的混淆实验结果的变量等。被试者培训的目的主要有几点:(1)至少要让被试者知悉并认可研究的取样要求(以及数据收集工具异常、不能及时回答问卷、遗忘作答时的处理方式等),以及研究的重要意义,获得被试者对研究的全力支持和承诺;(2)如果可以,建议将研究目的和可能的风险告知被试者(有些研究会放到取样完成后,避免被试者因为知道研究目的而造成取样环节数据的偏差或者因为社会称许性、社会预期等效应带来数据的不真实);(3)信号提醒工具和数据收集工具的使用和开启、关闭培训,可能的情况下还需要进行几天的取样预实验,根据预实验的情况来制定针对被试者的研究跟进计划;(4)如果是基于事件取样规则的研究,非常重要的一点是要在培训时再次与被试者就取样事件的定义进行详细的沟通和讲解，如果被试者在实际操作中不知道哪些事件是研究者关心的目标，那么被试者或会遗漏应该取样的机会，或提供一些不是研究者真正关心变量的评估结果。当有效数据、无效数据无法区分时，基本可以认为研究是失败的，研究团队的时间精力和金钱付出都失去了价值。

最后，经验取样研究对数据整理和分析的要求比较高，密集取样会带来大量的、多维度的纵向数据，如何处理缺失值、如何通过高级的数据分析方法剥离个体内变异和个体间变异、通过数据对研究问题进行科学论证，都需要很多后期工作的投入。一般而言，经验取样法的分析一般分为两个层级，单次取样的反应层面数据（response-level）和个人层面的数据（person-level）。其中反应层面的数据就是指经过密集取样的重复多次测量的变量数据，如被试者每天3次，每次对当下情感的自我评估数据。个人层面的数据包括：（1）在初测和/或后测中获得的个人特质、人格、性别、年龄等人口学特征，这是每个研究对象在研究周期内都相对稳定的特征；（2）根据一定的研究目的，对某类变量进行多次取样的数据（反应层面的数据）。有时，研究者还会对反应层面的数据进行分类和整合（aggregated），获得复合指标（composite mearsure）。如果进行分类合成，分类的标准可以是固定的地点、时间、日期（周期性研究日）、是否有他人在场等情况，也就是在取样问卷中的背景环境大类的数据（可能是质性编码性质的，也有可能直接是数量化形式的）。进行数据整合时一般是为了获得被试者在特定测量工具上的因素分（factor score）。另外，在实际的研究过程中，还应积极借助研究平台、便捷准确的数据收集方式，以及高级统计分析模型软件来简化研究流程，将主要精力放在高质量的研究设计上。

想要进一步了解经验取样法在研究设计、数据采集、信效度检验、数据处理和分析、工具选择和被试者选择方面的注意事项，可以进一步阅读 Hektner 等人撰写的相关专著（Hektner, Schmidt, & Csikszentmihalyi, 2006）。

四、经验取样法常用工具

（一）信号提醒工具

经验取样法的信号提醒（针对信号取样规则和时间取样规则的经验取样法而言），是提示研究对象进行自我报告数据采集的一种必要工具，从早期的可以发出哔哔声的声音发生器（beeper）、电子翻页器（pager）、闹钟、带提醒功能的腕表（wristwatch），到移动互联网时代下流行的智能手机、掌上电脑（Plamtop Computer, PC）、个人数字化助理（Personal Data Assistant, PDA）等都可以作为经验取样法的信号提醒工具，很多新型的信号提醒工具甚至能够允许研究者将随机取样的时间点提前编入工具程序。相对于人工提醒，电子化的方式极大节省了研究者的精力；此外，信号提醒工具的轻便化、智能化和可随身携带的特点，也大大提高了数据的数量和质量，降低了研究对象因为不方便作答导致的缺失数据比例（Lisa Feldman Barrett & Barrett, 2001; Christensen et al., 2003）。如果研究条件受限，我们也

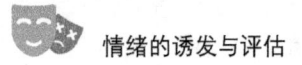 情绪的诱发与评估

可以采用微信、短信、电话通知等方式,第一时间让研究对象可以接收到取样信号,尽快作答,确保取样数据的质量和研究效果。

(二) 数据收集工具

早期的经验取样法的数据收集主要是纸笔作答(paper-pensil),研究对象在接收到取样信号后在预先准备的记录册上进行报告。随着时代的发展,数据收集工具的电子化和智能化也让数据收集工作变得更为便捷和高效。数据收集工具也称之为经验取样表格(experience sampling form),现在大部分的研究者会将表格集成在一个智能化平台上(Collins, Kashdan, & Gollnisch, 2003; M. W. deVries, 1992),减少每次取样流程的用时。配合移动通信技术和数据分析软件,数据收集的电子化,很大程度上可以做到实时传输评估数据(研究对象几乎没有修改已提供数据的机会),省去了数据录入和核对缺失数据的中间环节,显著提高了研究的效率。

此外,有迹可循的数据收集电子化方式,可以准确记录信号提醒到数据提供的间隔、研究对象没有作答的取样时间点等,这些信息可以成为重要的辅助信息,及时的数据传输与反馈也可以促使研究者与研究对象保持密切联系,及时调整研究细节,提高研究对象对项目的认可和配合度,提高数据质量,实现双赢。关于经验取样法中的信号提醒和数据收集工具,Christensen 和同事(2003)的一篇实用性指导提供了颇有价值的意见,值得首次开展经验取样法的研究者深入研读。

(三) 测量量表工具及定制工具

由于经验取样法在短时间内会多次重复取样,因此建议研究者必须考虑每一次的作答行为对后续作答数据的潜在影响。比如,如果被试者在前几次回答中都显示自己是一个经常出现或处于"悲伤"状态的人,有可能就会形成对自我的不真实信念(有研究者称之为被试者的反应性,reactivity),导致后续的作答甚至是行为受到这种不真实信念的影响,不再是被试者当下情感的真实反映。毋庸置疑,经验取样法问卷的选择和设计工作都是很重要的,在正式研究开始前需要结合研究目的进行反复斟酌和优化。

情感的评估方式很多,从评估者的来源而言可分为主观评估和客观工具评估,主观评估方式可分为自我报告(self-report)和他人评估(observer-based),客观工具的评估主要包括测量情感的生理指标、身体运动、姿势、脸部肌电和声音学特征等;从情感发生到情感测量的时间间隔而言,可以分为实时测量及回顾性测量,实时测量包括大部分的客观测量和经验取样法等生态化评估的方式,回顾性测量主要包括一次性的问卷测量和单次的质性访谈、日记描述等方式。

考虑到生态化评估的取样总次数较多,对研究的实施和被试者的服从性要求较高,因此我们建议,测量问卷以客观型题目为主,同时每个变量的题目数量尽量少,题干短小精炼易于理解。

还有很重要的一点是,生态化评估工具选择与编制一定要以研究者最核心的研究目的

为指导和最终标准,置研究目的不顾而单纯选择使用最广泛的或者最流行、最新颖测量工具的做法都是不可取的,只会让我们的研究南辕北辙,白白浪费了宝贵的时间和精力。在情感评估工具的选择原则上,Panteleimon等人为广大研究者给出了指导性的意见和三步法的详细步骤(Ekkekakis & Russell, 2013):第1步是确定研究的构念;第2步是选择与该构念相关的适合的理论模型;第3步是基于所选理论模型在可用的评估工具中进行选择,这一步的选择需要同时依据心理测量学标准(如预计测量结果的信效度是否能够满足要求等)和研究的实际情况做出。

五、经验取样法研究中常用的情感评估方法

(一) 使用现有的情感量表

第五章中已经介绍过诸多常用成熟情感问卷,如心境形容词量表(MACL)、简明心境量表(POMS)、分化情绪量表(DES)、正负性情感量表(PANAS)、情感网格等都可以作为经验取样法研究中的情感评估工具。这些量表中一部分工具以测量情感为目标,一部分工具以测量心境为目标,整体而言这些常用工具以测量通用和整体性的情感状态为主,也有少数工具是以测量情感空间的激活-非激活维度为目标(如情感网格);一部分工具基于经典情绪理论(情绪基本类别理论),一部分工具基于情绪的维度观。在具体使用时可以根据工具选择原则,在充分了解各个工具的特点和信效度指标的基础上选择适合的评估量表。

除了上述提到的通用性工具外,也有部分针对具体情感状态的测量工具,如测量焦虑和测量抑郁等状态或特质的量表,如状态-特质焦虑问卷(State - Trait Anxiety Inventory, STAI)(N. M. Sudman, S., & Bradburn, 1982),上述工具都是较为成熟的测量方式,也得到了很多实证研究的应用(Kuppens, Oravecz, & Tuerlinckx, 2010; Schimmack & Diener, 1997)。

最后,很多情感测量的工具都提供简化的版本以及多于一种的评估时间框架,比如测量当下情感(也是经验取样法适用的情形)的指导语形式一般是"你当前的感觉如何",或者"从下列词汇中选择最符合你当下感觉的词",或者"下列词在多大程度上代表了你的当下感觉"等。此外常见的时间框架还包括"过去一周""过去30分钟""通常情况下""整体而言""过去"等。根据时间框架的差异,可以发现大部分工具既可以用于当时情感状态的评估(momentary mood),也可以用于回顾式情感和情感特质的评估,会引入一些适合用于(实时或瞬间的)当下情感状态评估的工具(state-based or momentary affect scales),丰富经验取样研究工具库。值得注意的是,不管是已有量表还是自编工具,虽然表面上看起来可以通过修改指导语的时间框架来测量不同时间范围内的情感,但是采用"当下情感"的时间框架和其他形式的情感框架所测量的情感是有很大差异的(Robinson & Clore, 2002)。确切地说,状态性的情感只能是被"体验"到,而不是被回忆出来或者重构形成。对自我报告方式中不同情感测量时间框架在获得构念上的区别,有研究者提出了可得性模型(accessibility model),对不同情感进行了详细的区分及发生发展序列特征的整合(Lisa Feldman Barrett,2004;Zelenski & Larsen,2000)。

除了上述以言语形式呈现的量表外,一些研究者还改编形成了一些图形化的研究工具进行情感评估。前面章节中已经介绍过的图片式的评估方法——自我情绪评定量表(SAM)就是从情绪维度观的角度让被试者从效价、唤醒度、支配度3个维度描述自己的情绪状态,该方法在经验取样法中也经常被应用。还有基于经典情绪理论的评估方法,展示被试者如图6.2的情感图片,要求他们选择出最匹配当下情绪的选项(Ainley, Hidi, & Berndorff, 2002)(图6.2)。

图6.2 图形化自我情绪的评定量表

还有一种方式是情感评估拨号法(affect rating dial)(图6.3)最初是用于评估二人互动情况下的持续性的自我报告情绪法(Levenson & Gottman,1983,1985)。在这一经典研究中,研究者先邀请夫妻双方进行一定时间的互动,对互动过程进行录像,过一段时间后夫妻双方分别回到实验室独自观看拍下来的互动录像,观看过程中被试者可以自主决定将自己录像当时的情绪展示在一个有指针的拨号盘中,拨号盘就在被试者的手边,被试者根据自己情绪的变化来自由波动情绪指针。

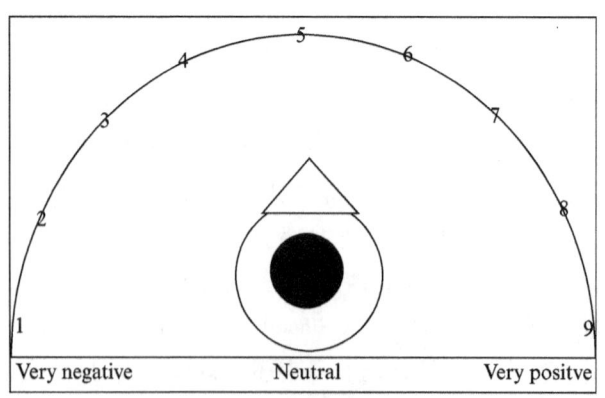

图6.3 情感评估拨号法

对于这种不太常用的9点式评估方法,研究者认为可以将获得的持续性数据分为消极情绪(1~4)、积极情绪(6~9)和中立情绪(5),由此对被试者的二人互动情绪状态进行监测,评估夫妻在互动情境下的积极情绪和消极情绪的比例,从而预测互动关系的质量。经验取样法的研究者可以参照类似的模式(Gottman, Coan, Carrere, & Swanson, 1998),在每次取样中让被试者评估自己的情绪或情感状态,实现通过一道题来区分积极情感和消极情感的目的。

(二) 研究者自编情感测量工具

在没有成熟可用的情感量表时,研究者也可以尝试编制自定义的测量工具和问题。通常编制问卷所需的材料可从常用的情绪词汇库中选取,相关内容可参见本书第十一章。我们以编制最常见的词汇材料为主的李克特式问卷为代表,从评估风格、评估等级的范围、题目的数量和顺序等方面简单介绍一下自编工具的注意事项。

1. 评估风格

与不同种类情感量表和情感测量理论之间面临的挑战类似,研究者对于自编工具在选择单极评估(unipolar)方式和双极评估(biopolar)方式及对应的测量效果上也存在不同的看法(Krosnick, 1991)。情感的单极测量题目如:"你现在是否感觉快乐/悲伤?"让被试者进行1~7的利克特评估,1 代表"一点也不快乐/不悲伤",7 代表"非常快乐/悲伤";而双极测量则是把一对相反含义的情绪词汇放在评估尺度的两端,如以问题"你现在感觉怎么样"为例,此时 1 代表"很悲伤",7 代表"很快乐"。评估风格的不同,反映的是研究者持有的情感观上的差异。从目前的研究看看,没有证据表明其中一种工具总是优于另一种工具,仍然需要结合研究背景和研究目的来设计评估风格(Feldman Barrett & Russell, 1998;Krosnick, J. A., & Fabrigar, 2005;N. Schwarz, Grayson, & Knauper, 1998;Norbert Schwarz & Hippler, 1995b;N. Sudman, S., & Bradburn, 1982)。

一般而言,双极的评估风格能够为被试者提供参照点,从经验取样法的研究者角度来说似乎能够在同样的词汇数量下得到比单极评估更少的题目数。但是,双极评估问卷编制起来可能更为困难,因为在情感词汇的配对上本身存在一定的难度。单极的评估风格对于被试者来说似乎更具有合理性,因为在情感体验方面,不少研究都发现个体可以同时体验到积极情感和消极情感的可能性是比较常见的,如果我们采用双极评估,那么得到的数据有可能并不能代表个体真实的感受,如个体同时感到快乐和悲伤,那么在双极评估中,被试者可能不知道该如何做出正确合理的回答。

此外,被试者的年龄不同,对评估风格的偏好也有差异。对于儿童和青少年而言,双极的评估风格似乎更受到青睐,而成年人则更偏好单极的评估方式。

2. 评估等级的范围

评估等级的范围是指每个评估项目可以给被试者做选择的等级数。有研究者对过往经验取样法中量表使用的趋势进行了回顾,发现大部分的双极评估题目都采用了 7 点利克特式评分,但是单极评估题目的等级数则在不同研究间存在较大的差异,有 10 点评估的,也有 7 点评估的,甚至还有 4 点评估的。使用 10 点评估的方式似乎能让研究者得到更精细化的数据变异,但是也有研究者认为大部分被试者无法辨别高于 7 个的评分等级,导致重测信度很低。从实操的角度出发,我们可以从预实验和预实验的配套调研工作中梳理出我们应该如何设计评估的等级数。如果题目数量较多,那么每个题目较少的评估等级数能够降低被试者的认知负荷,但是等级数的设置也需要确保被试者对题目的应答存在一定的变异。

3. 题目的数量

题目数量的决策,应该是综合考虑核心变量数量、被试者在每次取样中需要花费的时间以及取样频率、取样周期(天数)、题目复杂程度、评估风格、评估等级等变量后的综合结果。如前文所述,题目数量应尽可能少,题目应尽可能简短,尽量不要让被试者有过多的负担。

如果确实有很多的问题需要数据,那么可能需要更多的被试者,做法是将被试者进行分组,不同的被试者组之间的问题有一些重叠,但是也在一定程度上存在细微差异,这可以看做是一种"有计划的缺失值"方法。

4. 题目呈现的顺序

题目呈现的顺序也有可能影响到被试者的作答反应,尤其是针对情感变量的研究中,同一种类的情感间存在很多的相似性,而且情感词汇的呈现本身也可能起到情感诱发(有意识或者无意识)的作用(可以参考情绪的词汇诱发章节),因此精心考虑题目的顺序也是很重要的,有可能会影响研究的质量和可信度(Kassam & Mendes, 2013)。一般来说,先呈现与外部协同变量有关的题目,如时间、地点、日期、活动,接着呈现内部变量,如情感变量。先呈现的外部变量问题会让被试者更容易放松,不容易感受到威胁性。

在数字化智能化经验取样法技术的支持下,我们可以借助很多的工具和方法降低题目顺序对题目应答的影响,也可以很方便地实现特定模式呈现顺序的预先编程,或者完全随机化呈现(Lisa Feldman Barrett & Barrett, 2001; Christensen et al., 2003)。

5. CATA 与 RATA

目前几乎所有的成熟情感量表都采用呈现所有的情绪词汇(每个分量表的测量题目数大部分在 3 个到 20 个不等),研究对象对所有情绪词汇在符合自身情况的程度上进行评估的方法。但是,在自编工具时我们还可选择其他的评估方法:CATA 和 RATA,CATA 是 Check - All - That - Apply 的简称,RATA 是 Rate - All - That - Apply 的简称(Vidal, Ares, Hedderley, Meyners, & Jaeger, 2018)。CATA 是给研究对象提供一系列情感词汇,让他们选择那些符合自己当下感受的词汇,不需要进行利克特评估,所获得的数据是名义变量类型,而 RATA 则是在 CATA 方法的基础上,再要求研究对象将所选择的符合当下情感的词逐一进行利克特评估(没有选择的词汇则不需要进行评估),所获得的数据是等级变量类型(Ares et al., 2014)。

六、常用的经验取样法研究平台

得益于人机交互(human-computer interaction)领域技术发展,开展经验取样法的研究者可以使用一些专为此类研究目的而开发的一体化技术平台,这些工具可以对取样数据的很多场外信息进行自动记录,如作答时长(duration)、信号提醒和数据提交之间的时间差

(time lag)等，这对于数据分析非常有帮助。在此我们介绍三类研究工具供读者参考。

（一）ESP

ESP 是经验取样程序(Experience-Sampling Program version 2.0)的简称。自 1999 年首次有研究者报告使用该工具(2.0 版)以来，至今仍然对公众开放。可参见网址 http://www.experience-sampling.org。另外，ESP 是免费使用的平台，ESP 提供研究软件包，包含可在 PDA Palm Pilot 设备本地应用来开启和运行 ESM 问卷或量表，这个平台适合用 Windows 和 Linux 系统来创造基于浏览器的问卷填写时间的逻辑、问卷内容和问卷结构等，能够很好地促进经验取样研究在便携设备上的开展。

（二）CAES

CAES 是麻省理工学院为了开展基于经验取样法的若干研究所开发的一个工具(Context-Aware Experience Sampling)，可参见网址 http://web.mit.edu/caesproject。这个平台还同时开发了适用于微软平台的 PDA 的版本。

（三）MyExperience

MyExperience 是可在基于 Windows 平台的移动智能设备上运行的开源软件，这个工具除了收集源于自身得到的问卷评估数据，还可以通过提前的配置来收集与设备关联的其他设备的传感数据(如全球移动通信系统模块 GSM cells 以及全球定位系统的位置信息等)，还可以收集移动电话使用者在设备中的活动情况，如获取地址簿查询、拍照、打电话或者短信等行为。因此，可以看出 MyExperience 具有其他两种平台不具有的优势，不光能够随机或者按预定计划的进行问卷的取样，还可以根据从上述三种传感数据得来的信息而发起取样。一个不足之处在于这个工具均采用 XML 类的文件，要求研究者以及平台的使用者能够对此进行一定程度上的掌握和熟悉。

七、经验取样法数据的处理

经验取样法所获得的密集纵向数据形式，既可以是量表或量化问卷得到的量化数据，也有可能是质性数据。对质性数据，一般研究者也会进行编码，如我们在情感研究中每次会询问被试者"你此时正在做什么"，一种方法是给被试者提供几类选项(选项可以是来自经验列表，也可以是来自预实验的数据归类结果)，另一种方法则是提供开放式的问题让被试者回答，然后研究团队再按照编码手册对所有的质性数据进行编码，以获得量化数据(Brandstatter, H., & Eliasz, 2001; Wilhelm & Schoebi, 2007)。

量化数据更方便进行较为复杂的多变量分析或多层线性模型等工具的分析。为了节省研究者的精力，我们也建议更多采用量化的问题对被试者进行取样。当然，这并不代表情感研究的经验取样法只能是量化研究的方法(quantitive approaches)，实际上有大量的研究将经验取样法作为质性问题研究的方法(qualitative approaches),并获得了大量的有价值的成果(Brandstatter, H., & Eliasz, 2001; Ellis, Voelkl, & Morris, 1994; Walls, T. A., & Schafer, 2012)。

(一) 数据清洗

通过经验取样法获得的原始数据一般不能直接使用,而是应先进行数据清洗(data cleaning),如数据的转换、缺失数据处理、特殊数据的处理等。

1. 作答时间延迟的数据

作答时间延迟,主要指的是虽然被试者进行了取样作答,但是某次取样信号发出后被试者并没有立刻回答,而是有一定的延后。尽管在培训时进行了强调和说明,但是不排除个别被试者在主动或被动情况下的延迟作答(当然,可以通过设置数据收集工具的开放时间窗口参数,不允许被试者超期作答)。有研究者对此类数据的有效性进行了探究,Cerin 和同事(Cerin, Szabo, & Williams, 2001)将有效数据的回答时限放在信号提醒后的 30 分钟内,另外一项研究则将时限放到 20 分钟。

国外研究对大部分经验取样研究作答时限的问题持有较为乐观的态度,也提供了实证支持,Hormuth(1986)的研究中有一半的被试者在信号提醒后立即作答,累计 70% 的被试者能够在 3 分钟内作答,累计 80% 的被试者可以在 5 分钟内作答。Mihaly 等人(Mihaly Csikszentmihalyi & Larson, 2014)的研究发现在成年人被试者中,64% 的被试者在接到提醒信号时就开始作答,87% 的被试者可以在 10 分钟内作答。总结而言,多长时间的延迟数据是可以接受的,没有明确的定论,可能要根据研究的目的和变量特征进行适度的调整。这也再次提醒我们进行预实验、预实验总结和正式实验优化等工作的重要性。最后,换一个角度来看,信号响起后到作答的间隔长度有可能也是研究者关心的问题,或者需要记录和考虑的协变量,不能武断地删除此类数据。

2. 缺失数据

如果预期取样研究中会用到的题目数较多,若每次取样都会用到全部的题目,有可能会导致研究对象答题时缺失部分回答(通常是随机缺失的),或者因为问卷过长导致研究对象疲劳、问卷做到一半被打断或放弃作答。即使研究对象坚持作答问卷,也有可能会因为主动或者被动的认真程度下降,出现乱答、凭习惯回答等,这都会降低数据的可靠性,而且这些随机缺失的数据会给后期的数据分析带来不小的麻烦。基于此,有研究者(Silvia, Kwapil, Walsh, & Myin-Germeys, 2014)提出了一种有计划的应对完全随机化缺失数据(planned missing data)的方法,这种技术在其他研究领域使用较为广泛(Graham, 2009; Silvia et al., 2014),结合现代的数据研究方法(如蒙特卡洛模拟法)能够提高研究设计的效率,保证对个体内构念的有效评估。简单地说,这种做法就是通过有计划地在每次取样中使一部分研究问题不出现,降低每次信号需要取样的题目数量,结合对应的数据处理方法达到研究的目的。已有研究在对同一批真实数据进行不同研究设计条件下的分析比较后发现,有计划缺失数据的蒙特卡洛方法产生了无偏的参数估计,仅增加了少量的标准误,整体而言这种方法表现稳健,可以提高研究数据的质量和数量。传统的应对缺失数据的方法可能会是剔除缺失比例较大的研究对象的所有数据,造成被动的被试者流失,相较而言,有计划的数据缺失设计(planned missing data design)是一种比较好的解决方案,可以应对每次取样中问题太多导致的缺失数据问题。通过表6.2和表6.3,我们可以直观地看到分别对3道题目的情感构念和4道题目的情感构念进行测量时,应该如何将题目进行分组,并在不同取样时间呈现给研究对象回答(√代表施测对应的题目)。

表6.2　3道题目有计划的缺失设计

	激情	兴奋	富有活力
取样1	√	√	
取样2		√	√
取样3	√		√

表6.3　4道题目有计划的缺失设计

	高兴	激情	兴奋	富有活力
取样1	√	√		
取样2	√		√	
取样3	√			√
取样4		√	√	
取样5		√		√
取样6			√	√

从上表可以看出,完全随机缺失的方法下没有任何一道题是一直被取样回答的。但是如果研究者需要将其中一道题作为一直回答的题目,也有另外一种方法——锚定试验设计(anchor test designs)。还是以4题目为例,我们将"高兴"作为一直询问的题目,题目的分配如下(表6.4):

表6.4　锚定试验设计

	高兴	激情	兴奋	富有活力
取样1	√	√	√	
取样2	√	√		√
取样3	√		√	√

3. 数据的转换

在自编工具的评估等级部分我们提到,不同的人在回答评估工具时可能有不同的答题偏好和风格,比如有些人会使用到所有的评估等级,有些人只会集中在其中少数几个数据点;此外,同一个数据点对不同的人可能有不同的含义。因此,在反应层面上采用原始分

(raw data)可能会存在一些问题,如不同被试者之间数据的可比性等,很多的经验取样研究会同时或者主要采用Z分数(Z-score)的方式对数据进行预处理。Z分数的使用也会让经验取样的数据能够满足更多较为复杂的分析方法的基本条件。

(二)数据分析的宏观和微观水平

在基础的描述统计范围外(描述性统计和基本的图形化展示也是非常重要的数据分析部分,可以起到对特殊的情感模式进行探索的作用,但是我们在此不做详细的展开),对经验取样法数据的分析方法比较多,在同一个研究中用多种方法来验证不同层面的假设也是十分常见的。整体而言,经验取样法的典型数据分析策略分两大类,一类是最小二乘法(Ordinary Least Squares,OLS),另一类是多层模型或称之为多层线性模型(Multilevel Modeling或Hierarchical Linear Modeling,HLM)。OLS法可以探究多种类型的问题,如比较人群(例如成年人和老年人的情感变化特征有何不同,男性和女性在面对面社交的情境下其情感特征有什么差异等),比较情境(例如被试者在工作情境下和居家情境下的情感状态有什么不同),测量变量的流动变化(例如被试者的情感变化是否存在节律性,是否呈现以7天为一个周期的变化特征等),验证并建立变量关系的理论模型(例如用多重回归的方式研究夫妻双方之间的情感传递,用一方在时刻1的情感数据来预测对方在时刻2的情感状态等)。OLS法的局限性在于需要决定是分析反应层面的数据还是个人层面的数据,不同的数据层次不能在一次分析中同时进行,而HLM(层级嵌套模型和分层线性模型)可以同时实现反应层面和个体层面的分析,以及二者的交互效应。关于两种方法的数学推理、详细步骤、模型指标和假设检验的深入探讨不是本书的重点,有兴趣的读者可以参考相关专著(Niall Bolger, 2013; van Montfort, 2007)。大家需要关注的是,HLM能够真正处理基于每个被试者不均衡数据点(包括缺失值)的连续预测变量,能够通过将变量设定为随机而非固定效应的方式将分析简化,可以确保研究结论可以推论到研究样本所代表的全体人群,最后HLM还利用了最大似然估计法的优点,比OLS更精确和高效。

(三)经验取样法数据的心理测量学分析

在测量工具的部分介绍过一些适合于经验取样法研究的量表及自编工具。需要注意的量表本身的信效度指标以及在当次的经验取样研究中获得数据的信效度分析。本小节将重点放在单个的多次取样研究中,得到原始数据后如何收集此次研究的可信度和数据有效性的证据,从而确保研究质量和说服力(Mihaly Csikszentmihalyi & Larson, 2014)。

在对经验取样法数据的信效度分析时,一般会将典型的经验取样法数据区分为三大类:(1)研究对象所处的背景和活动变量(context and activities)。(2)内部状态变量(internal states)(核心取样变量,如情感评估等)。(3)个人特质变量(individual emotional characteristics)(如情感性特征等)。已有的研究中对经验取样法的数据效度验证,主要是通过取样周期结束后的访谈验证(探究被试者报告数据的代表性和真实有效性)、汇聚研究(探究经验取样法整合的数据与一次性的通用性质的内部状态数据之间的相关关系)。在信度的已有参考性研究方面,我们将以第二类核心内部状态变量(尤其是情感研究)为侧重,其他两类变量简要涉及。

信度,指的是数据的可靠性程度。效度,指的是数据代表研究者想要测量的真实构念的程度。值得关注的是,在信度方面,因为经验取样法本身就预期不同取样时间和背景条件下的内部状态会存在变化(差异性),因此采用传统的信度评估思路(两次测量之间的一致性程度)来判断经验取样法的信度是不合理的;效度的分析也会面临类似的问题,经验取样法存在多次测量的数据,研究者到底应该将哪些数据作为探究测量有效性的目标呢?可见,对经验取样法测量信效度证据的收集需要考虑的因素较多,方法与传统思路可能在存在差异,需要研究者多加关注和实践总结。

与高度控制的实验室方法相比,自然环境下的经验取样法在内部效度(变量的因果关系)上显然存在方法学上的劣势(不考虑在实验室条件下开展日常经验研究的特殊情况),其侧重点更多是在外部效度(即刻画单次研究结果概化到何时、何地、何人的程度,包括生态效度、稳健性和联系性三个子类)上。根据经验取样法的特征,一般认为经验取样法的研究结果,不仅在将结果推广到其他典型情况上存在明显的优势和代表性,而且也能够将研究成果很好地应用于生活实践,起到解决生活问题或改善生活质量的作用。此外,经验取样法的问卷测量方式一般比较简单,问题简短,也不一定需要操作复杂的实验设备,或者单独花时间去实验室,因此经验取样法还能够很好地补充实验室研究的外部效度证据,能够在日常情境下对实验室理论和研究成果进行验证,是一种不可多得的、可信度和利用价值较高的研究方法,可以与实验室研究搭配使用。值得注意的是,经验取样法归根到底是一种研究工具,而不是一种研究设计,因此,研究者对其信效度的研究更多还是放在数据本身的质量上,而不是在变量间的因果关系稳健性上(变量关系的可重复性)。

有研究者认为经验取样法数据的内部效度要高于一次性测量(Weidman, Steckler, & Tracy, 2017)。他们指出经验取样法这种立即测量的方式显著降低了回忆性测量的失败率和受到社会称许性影响所导致的不准确结果的可能性,也降低了被试者的反应性偏差(reflexivity bias)——即被试者推测真实的研究结论从而有目的地修正自己的反应的倾向。

与单次测量相比,经验取样法对变量的即时测量更少出现过度报告(overreporting)或者报告不足(underreporting)的情况。通过取样结束后访谈调研或者与其他方法获得数据的相关性研究发现,经验取样法中对个人活动、时间分配的感知与真实情况接近,相关性显著高于一次性的测量数据或者通用性质(general)的问卷数据,同时,个人在回答经验取样法问卷时也更不容易受到社会规范的潜在影响(Schimmack et al., 2000)。有人认为,被试者可能存在反应性的问题会对经验取样法的内部效度产生严峻的挑战。内部反应性是指仅仅因为被试者使用了某种方法来报告自己的真实情况,而在后续的行为或内部状态上产生改变的情况(如在预期取样信号发生时会细微地改变自己的日常生活)。有研究者对参与经验取样研究的被试者进行研究结束后的问卷调查发现,大部分的被试者(80%~90%)认为自己参加经验取样法研究后日常的生活和活动没有改变(Kubey, Larson, & Csikszentmihalyi, 1996)。在对内部状态数据的评估信度方面,也没有证据表明经验取样法中个体的自我意识(self-reflective，self-focused attention，self-consciousness)发生了显著的提高(Franzoi & Brewer，1984)，而且在对比高频率和低频率取样的个体时，没有发现情感水平和模式上的显著差异(Cerin，Szabo，& Williams，2001)。实际上，可靠研究表明，尽管经验取样法本身对某些内部状态的异常或者身心症状存在治疗作用，但是接受治疗的被试者的内部体验直到取样时期结束后才发现显著改变。

对背景和活动测量信度的评估举例：

对背景及活动的测量通常可能会涉及开放式问题的回答，一般研究者需要再对照编码手册进行编码，此时评估者一致性信度就是一个重要的信度指标(R. Larson，Csikszentmihalyi，& Graef，1980a)。对154类活动的两个研究者编码发现，评估者一致性信度达到0.88，如果提炼更高层级、数量更少的种类，评估者一致性信度可以达到0.96，其他研究中对地点、社会背景、活动等变量的评分者一致性信度也在0.68～0.99之间(R. W. Larson & Richards，1994)。

对内部状态测量信度的评估举例：

对内部状态的测量一般分为多题目测量和单题目测量。多题目的测量方式中，以通用量表为例，研究者通常会考虑量表的内部一致性信度，有研究者对常用的内部状态量表(以情感为例)进行了总结，发现测量结果的信度水平都在0.7～0.9之间，一般是可以接受的(Mihaly Csikszentmihalyi & Larson，2014)。

在单题目的测量方式中，虽然传统的内部一致性信度指标失效，但是研究者还是提出了信度评估的两种可行方式，主要规则都是基于比较取样的前一半周期和后一半周期中数据的关系，一种是比较两类数据的均值和标准差，另一种更为常见，是比较两类数据的相关程度(对若干单题目的测量进行按周期的整合)。

对于情感变量的评估，Larson等人(R. W. Larson，Moneta，Richards，& Wilson，2002)发现取样前一半数据和后一半数据的相关性在0.55～0.67之间，标准差相关性在0.53～0.66之间。对出现临床抑郁症状的成人积极心境和消极心境的稳定性分析发现，不管在情感评估的集中趋势(均值)还是变异(标准差)方面，前一半数据和后一半数据之间都存在显著的稳定性，均值相关在0.81～0.86之间，变异相关是0.45～0.91之间。

对个人情感特征(个人特质变量)的信度评估：

有研究者(Moskowitz & Coté，1995)对内部情感状态的个体间变异的信度进行了检验，发现对7个情感维度(每个维度在2～4题之间)，51天的连续每日一次的日报告中，情感状态变异性分数(variability scores)信度较高(在0.69～0.91之间)，构念效度、预测效度、汇聚效度和区分效度也是可以接受的。变异分数的预测效度是通过计算每日情感评估残差的相关得到的，残差是通过将前一天的情感均值用于预测第二天的情感状态的回归方式得到的。

对经验取样法数据的信效度分析除了传统的经典测量理论的检验方法外，还可以采用概化理论(Rasch Model)对误差进行更精细的分析，尤其是对于单个题目或者少量题目的构念测量而言，概化理论可以将题目、测量时间、个体各侧面的误差及交互效应带来的误差进行分解,有利于我们对经验取样法的信效度进行更准确的分析(Maier,2001;Schlegel et al.,2014)。

(四)情感密集纵向研究的常见分析指标和结果呈现方式

对情感密集纵向研究的实证文献进行回顾后,整体上我们可以将常见的分析指标及结果呈现方式归结为三大类,情绪的强度、情绪的频率以及情绪随时间变化的特征。在实证研究中,研究者用的比较多的计算和表现方式如下:情绪强度随时间变化的图形化展示(intensity-time profile),极端情绪出现情况的刻画(extremity),情绪分数的离散程度(variability)、情绪变化/波动的速度(fluctuations/rate of affect change)、情绪诱发的潜伏期(latency)、积极情绪和消极情绪的相对频率(frequency of positive affect and negative affect)、相隔的情感取样分数(及其他匹配性变量)之间的依存性和波动幅度等。根据研究目的的不同,可以选择不同的指标(R. W. Larson, Moneta, Richards, & Wilson, 2002b; P. S. Santangelo et al.,2018),上述列举的情感结果指标可以用于探索情感的周期发展模式(diurnal pattern)、个体的情感感受性(emotionality)、情感的计时性(affective chronometry)个体的情感惰性/不稳定性(inertia/instability)、主观幸福感(subject well-being)等有价值的课题(Diener, Suh, Lucas, & Smith, 1999; Dimotakis, Scott, & Koopman, 2011; Eid & Diener, 1999; Jahng, Wood, & Trull, 2008; Kahneman, D., Diener, E., & Schwarz, 1999; Kuppens, Allen, & Sheeber, 2010b; R. Larson, Csikszentmihalyi, & Graef, 1980; Suls, Green, & Hillis, 1998)。

第三节 情绪生态化评估的应用

在多学科领域的同步发展和研究技术、数据分析技术的帮助下,情绪的生态化评估已经是一种较为成熟、应用较为广泛的心理学研究范式。情绪的经验取样法在探究日常生活的质量及幸福感、职场工作体验、跨文化和跨群体的情感差异及教育和临床心理学方面都得到了颇具价值的成果(Conner, Tennen, Fleeson, & Barrett, 2009; Elfenbein & Ambady, 2002; Portell, Hogarth, & Cuxart, 2020; Scollon, Kim-Prieto, & Scollon, 2003; Zhang, Luo, & Shi, 2016)。

一、临床心理领域

随着生活环境和工作环境的压力越来越大,人们体验到的焦虑、抑郁和不健康生活方式所带来的消极影响变得相当明显。而作为具有重要生存和表达功能的情感也是衡量精神健康和幸福感、生活质量的重要指标(M. W. deVries, 1992; van Eck, Nicolson, & Berkhof, 1998)。

临床心理学中重点关注的情感障碍(mood disorder)、焦虑(anxiety)、自杀意图(suicide attempt)、酒精滥用(alcohol abuse)、饮食障碍(eating disorder)、抑郁(depression)及边缘型人格障碍(borderline personality disorder)等病症都与患者正常生活中的情感异常变化存在很强的相关性,因此采用经验取样法为代表的情绪密集纵向研究是一种很有价值的研究工具,结合便携式智能化设备(智能手机、可穿戴设备)还可以对研究对象的生理指标及行为倾向/行为动作等进行同步监测,实现全方位动态评估,这无疑对症状的诊断、发生发展及变化状况、情感变化模式方面都提供了可靠的生态数据,也为临床心理学的治疗效果提供了检验的手段(Bylsma, Taylor-Clift, & Rottenberg, 2011; Chaudhury et al., 2017; Kuppens, Oravecz, et al., 2010; Ma, Xu, Bai, Sun, & Zhu, 2012; P. Santangelo, Bohus, & Ebner-Priemer, 2014; Philip S. Santangelo et al., 2017; van Os et al., 2017)。

情绪和情感也是反映个体主观幸福感的核心要素,对于维护个体的良好的心理健康具有重要意义。有经验取样法研究发现,积极情感相对于消极情感的频率可能是比积极情感的强度更典型的幸福感指标,而且情感的周期性的变化与个体的年龄、生活经历都存在高相关(Carstensen et al., 2011; D. Kahneman, E. Diener, 1999; R. W. Larson & Richards, 1994; Ravenna, Hölzl, Costarelli, Kirchler, & Palmonari, 2001; Röcke, Li, & Smith, 2009)。用夫妻二人互动时的情感状态来预测婚姻关系的质量也是经验取样法及日记法典型的研究课题。研究发现,在丈夫与妻子的互动中,积极情感的频率能够显著预测婚姻幸福感和持续的时间(Coan, J. A., & Allen, 2007; Moneta, Schneider, & Csikszentmihalyi, 2014)。

二、组织行为领域

已有研究采用经验取样法对职场情境下员工人格特质与体验到的情感状态的交互作用进行探索,发现了积极情感对组织行为的促进作用(Diener et al., 1985; Ilies, Scott, & Judge, 2006; Oosterwegel, Field, Hart, & Anderson, 2001)。采用基于信号的经验取样法,Alliger等人(Alliger & Williams, 1993)发现员工对任务的认知和对自己能力的评估会明显影响到其在工作场所的心境,相对于传统的横断面研究,经验取样法的方式对职场真实情况的变量关系描述更为精确。关于情绪的经验取样法以及生态瞬间评估在组织行为学研究领域的应用以及对企业管理理论发展的帮助,可以参考该领域的一些重要的综述性研究(Beal, 2015; Beal & Weiss, 2003; Fisher, 2000; Teuchmann, Totterdell, & Parker, 1999; Uy, Foo, & Aguinis, 2010; Weiss, Nicholas, & Daus, 1999)。

参考文献

Ainley, M., Hidi, S., & Berndorff, D. (2002). Interest, learning, and the psychological processes that mediate their relationship. *Journal of Educational Psychology*, 94(3), 545-561.

Alliger, G. M., & Williams, K. J. (1993). Using Signal-Contingent Experience Sampling Methodology to Study Work in the Field: a Discussion and Illustration Examining Task Perceptions and Mood. *Personnel Psychology*, 46(3), 525–549.

Ares, G., Bruzzone, F., Vidal, L., Cadena, R. S., Giménez, A., Pineau, B., ... Jaeger, S. R. (2014). Evaluation of a rating-based variant of check-all-that-apply questions: Rate-all-that-apply (RATA). *Food Quality and Preference*, 36, 87–95.

Barrett, L. F. (2017). *How emotions are made: The secret life of the brain*. Houghton Mifflin Harcourt.

Barrett, Lisa Feldman. (2004). Feelings or Words? Understanding the Content in Self-Report Ratings of Experienced Emotion. *Journal of Personality and Social Psychology*, 87(2), 266–281.

Barrett, Lisa Feldman. (2011). Was Darwin Wrong About Emotional Expressions? *Current Directions in Psychological Science*, 20(6), 400–406.

Barrett, Lisa Feldman. (2013). Psychological Construction: The Darwinian Approach to the Science of Emotion. *Emotion Review*, 5(4), 379–389.

Barrett, Lisa Feldman, & Barrett, D. J. (2001). An Introduction to Computerized Experience Sampling in Psychology. *Social Science Computer Review*, 19(2), 175–185.

Barrett, Lisa Feldman, Robin, L., Pietromonaco, P. R., & Eyssell, K. M. (1998). Are Women the "More Emotional" Sex? Evidence From Emotional Experiences in Social Context. *Cognition & Emotion*, 12(4), 555–578.

Beal, D. J. (2015). ESM 2.0: State of the Art and Future Potential of Experience Sampling Methods in Organizational Research. *Annual Review of Organizational Psychology and Organizational Behavior*, 2(1), 383–407.

Beal, D. J., & Weiss, H. M. (2003). Methods of Ecological Momentary Assessment in Organizational Research. *Organizational Research Methods*, 6(4), 440–464.

Berridge, K., & Winkielman, P. (2003). What is an unconscious emotion? (The case for unconscious "liking"). *Cognition and Emotion*, 17(2), 181–211.

Bradley, M. M., Miccoli, L., Escrig, M. A., & Lang, P. J. (2008). The pupil as a measure of emotional arousal and autonomic activation. *Psychophysiology*, 45(4), 602–607.

Brandstatter, H., & Eliasz, A. (Ed.). (2001). *Persons, situations, and emotions: An ecological approach*. Oxford University Press.

Burgin, C. J., Brown, L. H., Royal, A., Silvia, P. J., Barrantes-Vidal, N., & Kwapil, T. R. (2012). Being with others and feeling happy: Emotional expressivity in everyday life. *Personality and Individual Differences*, 53(3), 185–190.

Bylsma, L. M., Taylor-Clift, A., & Rottenberg, J. (2011). Emotional reactivity to daily events in major and minor depression. *Journal of Abnormal Psychology*, 120(1), 155–167.

Carstensen, L. L., Turan, B., Scheibe, S., Ram, N., Ersner-Hershfield, H., Samanez-Larkin, G. R., ... Nesselroade, J. R. (2011). Emotional experience improves with age: Evidence based on over 10 years of experience sampling. *Psychology and Aging*, 26(1), 21–33.

Cerin, E., Szabo, A., & Williams, C. (2001). Is the Experience Sampling Method (ESM) appropriate for studying pre-competitive emotions? *Psychology of Sport and Exercise*, 2(1), 27–45.

Chaudhury, S. R., Galfalvy, H., Biggs, E., Choo, T.-H., Mann, J. J., & Stanley, B. (2017).

Affect in response to stressors and coping strategies: an ecological momentary assessment study of borderline personality disorder. *Borderline Personality Disorder and Emotion Dysregulation*, 4(1), 8.

Christensen, T. C., Barrett, L. F., Bliss‐Moreau, E., Lebo, K., & Christensen, T. C. (2003). A Practical Guide to Experience‐Sampling Procedures. *Journal of Happiness Studies*, 4(1), 53–78.

Coan, J. A., & Allen, J. J. (2007). *Handbook of emotion elicitation and assessment*. (J. J. Coan, J. A., & Allen, Ed.). Oxford University Press.

Collins, R. L., Kashdan, T. B., & Gollnisch, G. (2003). The feasibility of using cellular phones to collect ecological momentary assessment data: Application to alcohol consumption. *Experimental and Clinical Psychopharmacology*, 11(1), 73–78.

Collins, R. L., Morsheimer, E. T., Shiffman, S., Paty, J. A., Gnys, M., & Papandonatos, G. D. (1998). Ecological momentary assessment in a behavioral drinking moderation training program. *Experimental and Clinical Psychopharmacology*, 6(3), 306–315.

Conner, T. S., Tennen, H., Fleeson, W., & Barrett, L. F. (2009). Experience Sampling Methods: A Modern Idiographic Approach to Personality Research. *Social and Personality Psychology Compass*, 3(3), 292–313.

Csikszentmihalyi, M. (2011). *Handbook of research methods for studying daily life*. Guilford Press.

Csikszentmihalyi, Mihaly, & Larson, R. (2014). Validity and Reliability of the Experience‐Sampling Method. In *Flow and the Foundations of Positive Psychology* (pp. 35–54). Dordrecht: Springer Netherlands.

Csikszentmihalyi, Mihaly, Larson, R., & Prescott, S. (1977). The ecology of adolescent activity and experience. *Journal of Youth and Adolescence*, 6(3), 281–294.

D. Kahneman, E. Diener, & N. S. (Ed.). (1999). *Well-being: The foundations of hedonic psychology*. Russell Sage Foundation.

D. Sander & K. R. Scherer (Ed.). (2009). *The Oxford companion to emotion and the affective sciences*. Oxford University Press.

Dael, N., Mortillaro, M., & Scherer, K. R. (2012). Emotion expression in body action and posture. *Emotion*, 12(5), 1085–1101.

Damasio, A. R. (1998). Emotion in the perspective of an integrated nervous system1Published on the World Wide Web on 27 January 1998.1. *Brain Research Reviews*, 26(2–3), 83–86.

Davidson, R. J. (1998). Affective Style and Affective Disorders: Perspectives from Affective Neuroscience. *Cognition & Emotion*, 12(3), 307–330.

Davidson, R. J. (2015). Comment: Affective Chronometry Has Come of Age. *Emotion Review*, 7(4), 368–370.

Delplanque, S., Grandjean, D., Chrea, C., Coppin, G., Aymard, L., Cayeux, I., … Scherer, K. R. (2009a). Sequential unfolding of novelty and pleasantness appraisals of odors: Evidence from facial electromyography and autonomic reactions. *Emotion*, 9(3), 316–328.

Diener, E., Sandvik, E., & Larsen, R. J. (1985). Age and sex effects for emotional intensity. *Developmental Psychology*, 21(3), 542–546.

Diener, E., Suh, E. M., Lucas, R. E., & Smith, H. L. (1999). Subjective well-being: Three decades of progress. *Psychological Bulletin*, 125(2), 276 – 302.

Dimberg, U., Thunberg, M., & Elmehed, K. (2000). Unconscious Facial Reactions to Emotional Facial Expressions. *Psychological Science*, 11(1), 86 – 89.

Dimotakis, N., Scott, B. A., & Koopman, J. (2011). An experience sampling investigation of workplace interactions, affective states, and employee well-being. *Journal of Organizational Behavior*, 32(4), 572 – 588.

Eid, M., & Diener, E. (1999). Intraindividual variability in affect: Reliability, validity, and personality correlates. *Journal of Personality and Social Psychology*, 76(4), 662 – 676.

Ekkekakis, P., & Russell, J. A. (2013). *The Measurement of Affect, Mood, and Emotion*. Cambridge: Cambridge University Press.

Ekman, P. (1992a). An argument for basic emotions. *Cognition and Emotion*, 6(3 – 4), 169 – 200.

Ekman, P. (1992b). Facial Expressions of Emotion: New Findings, New Questions. *Psychological Science*, 3(1), 34 – 38.

Ekman, P. (1993). Facial expression and emotion. *American Psychologist*, 48(4), 384 – 392.

Ekman, P., & Cordaro, D. (2011). What is Meant by Calling Emotions Basic. *Emotion Review*, 3(4), 364 – 370.

Elfenbein, H. A., & Ambady, N. (2002). On the universality and cultural specificity of emotion recognition: A meta-analysis. *Psychological Bulletin*, 128(2), 203 – 235.

Elliot, A. J., Eder, A. B., & Harmon – Jones, E. (2013). Approach – Avoidance Motivation and Emotion: Convergence and Divergence. *Emotion Review*, 5(3), 308 – 311.

Ellis, G. D., Voelkl, J. E., & Morris, C. (1994). Measurement and Analysis Issues with Explanation of Variance in Daily Experience Using the Flow Model. *Journal of Leisure Research*, 26(4), 337 – 356.

Ellsworth, P. C., & Smith, C. A. (1988). From appraisal to emotion: Differences among unpleasant feelings. *Motivation and Emotion*, 12(3), 271 – 302.

Engelen, L., Chau, J. Y., Burks – Young, S., Bauman, A., A, L. E., A, J. Y. C., ... A, A. B. (2016). Application of ecological momentary assessment in workplace health evaluation. *Health Promotion Journal of Australia*, 27(3), 259 – 263.

Fahrenberg, J., & Myrtek, M. (Ed.). (1996). *Ambulatory assessment: Computer assisted psychological and psychophysiological methods in monitoring and field studies*. Hogrefe and Huber.

Feldman Barrett, L., & Russell, J. A. (1998). Independence and bipolarity in the structure of current affect. *Journal of Personality and Social Psychology*, 74(4), 967 – 984.

Fisher, C. D. (2000). Mood and emotions while working: missing pieces of job satisfaction? *Journal of Organizational Behavior*, 21(2), 185 – 202.

Fleeson, W., & Cantor, N. (1995). Goal relevance and the affective experience of daily life: Ruling out situational explanations. *Motivation and Emotion*, 19(1), 25 – 57.

Flory, J. D., Räikkönen, K., Matthews, K. A., & Owens, J. F. (2000). Self – Focused Attention and Mood During Everyday Social Interactions. *Personality and Social Psychology Bulletin*, 26(7), 875 – 883.

Franzoi, S. L., & Brewer, L. C. (1984). The experience of self-awareness and its relation to level of self-consciousness: An experiential sampling study. *Journal of Research in Personality*, 18(4), 522–540.

Fredrickson, B. L., & Kahneman, D. (1993). Duration neglect in retrospective evaluations of affective episodes. *Journal of Personality and Social Psychology*, 65(1), 45–55.

Frijda, N. H., Kuipers, P., & ter Schure, E. (1989). Relations among emotion, appraisal, and emotional action readiness. *Journal of Personality and Social Psychology*, 57(2), 212–228.

Gendron, M., & Feldman Barrett, L. (2009). Reconstructing the Past: A Century of Ideas About Emotion in Psychology. *Emotion Review*, 1(4), 316–339.

Gendron, M., Roberson, D., van der Vyver, J. M., & Barrett, L. F. (2014). Perceptions of emotion from facial expressions are not culturally universal: Evidence from a remote culture. *Emotion*, 14(2), 251–262.

Goetz, T., Frenzel, A. C., Stoeger, H., & Hall, N. C. (2010). Antecedents of everyday positive emotions: An experience sampling analysis. *Motivation and Emotion*, 34(1), 49–62.

Gogol, K., Brunner, M., Goetz, T., Martin, R., Ugen, S., Keller, U., ... Preckel, F. (2014). "My Questionnaire is Too Long!" The assessments of motivational-affective constructs with three-item and single-item measures. *Contemporary Educational Psychology*, 39(3), 188–205.

Gottman, J. M., Coan, J., Carrere, S., & Swanson, C. (1998). Predicting Marital Happiness and Stability from Newlywed Interactions. *Journal of Marriage and the Family*, 60(1), 5.

Graham, J. W. (2009). Missing Data Analysis: Making It Work in the Real World. *Annual Review of Psychology*, 60(1), 549–576.

Grandjean, D., Sander, D., & Scherer, K. R. (2008). Conscious emotional experience emerges as a function of multilevel, appraisal-driven response synchronization. *Consciousness and Cognition*, 17(2), 484–495.

Hall, N. C., & Goetz, T. (2013). *Emotion, Motivation, and Self-Regulation: A Handbook for Teachers*. Emerald Group Publishing.

Hektner, J. M., Schmidt, J. A., & Csikszentmihalyi, M. (2006). *Experience Sampling Method: Measuring the Quality of Everyday Life*. Experience Sampling Method: Measuring the Quality of Everyday Life.

Hemenover, S. H. (2003). Individual differences in rate of affect change: Studies in affective chronometry. *Journal of Personality and Social Psychology*, 85(1), 121–131.

Herbert, B. M., Pollatos, O., & Schandry, R. (2007). Interoceptive sensitivity and emotion processing: An EEG study. *International Journal of Psychophysiology*, 65(3), 214–227.

Hormuth, S. E. (1986). The sampling of experiences in situ. *Journal of Personality*, 54(1), 262–293.

Houben, M., Van Den Noortgate, W., & Kuppens, P. (2015). The relation between short-term emotion dynamics and psychological well-being: A meta-analysis. *Psychological Bulletin*, 141(4), 901–930.

Ilies, R., Scott, B. A., & Judge, T. A. (2006). The Interactive Effects of Personal Traits and Experienced States on Intraindividual Patterns of Citizenship Behavior. *Academy of Management Journal*, 49(3), 561–575.

Jahng, S., Wood, P. K., & Trull, T. J. (2008). Analysis of affective instability in ecological momentary assessment: Indices using successive difference and group comparison via multilevel modeling. *Psychological Methods*, 13(4), 354–375.

Joel M Hektner, Jennifer Schmidt, M. C. (n.d.). *Experience Sampling Method: Measuring the Quality of Everyday Life*.

K. R. Scherer, A. Schorr, & T. J. (Ed.). (2001). *Appraisal processes in emotion: Theory, methods, research*. Oxford University Press.

Kahneman, D., Diener, E., & Schwarz, N. (1999). *Well-being: Foundations of hedonic psychology*. (N. Kahneman, D., Diener, E., & Schwarz, Ed.). Russell Sage Foundation.

Kahneman, D., Krueger, A. B., Schkade, D. A., Schwarz, N., & Stone, A. A. (2004). A survey method for characterizing daily life experience: The day reconstruction method. *Science*, 306(5702), 1776–1780.

Kassam, K. S., & Mendes, W. B. (2013). The Effects of Measuring Emotion: Physiological Reactions to Emotional Situations Depend on whether Someone Is Asking. *PLoS ONE*, 8(6), e64959.

Koval, P., Kuppens, P., Allen, N. B., & Sheeber, L. (2012). Getting stuck in depression: The roles of rumination and emotional inertia. *Cognition and Emotion*, 26(8), 1412–1427.

Krosnick, J. A., & Fabrigar, L. R. (2005). *Questionnaire design for attitude measurement in social and psychological research*. Oxford University Press.

Krosnick, J. A. (1991). Response strategies for coping with the cognitive demands of attitude measures in surveys. *Applied Cognitive Psychology*, 5(3), 213–236.

Kubey, R., Larson, R., & Csikszentmihalyi, M. (1996). Experience Sampling Method Applications to Communication Research Questions. *Journal of Communication*, 46(2), 99–120.

Kuppens, P., Allen, N. B., & Sheeber, L. B. (2010). Emotional inertia and psychological maladjustment. *Psychological Science*, 21(7), 984–991.

Kuppens, P., Oravecz, Z., & Tuerlinckx, F. (2010). Feelings change: Accounting for individual differences in the temporal dynamics of affect. *Journal of Personality and Social Psychology*, 99(6), 1042–1060.

Kuppens, P., Sheeber, L. B., Yap, M. B. H., Whittle, S., Simmons, J. G., & Allen, N. B. (2012). Emotional inertia prospectively predicts the onset of depressive disorder in adolescence. *Emotion (Washington, D.C.)*, 12(2), 283–289.

Lapate, R. C., & Heller, A. S. (2020). Context matters for affective chronometry. *Nature Human Behaviour*.

Larson, R., Csikszentmihalyi, M., & Graef, R. (1980). Mood variability and the psychosocial adjustment of adolescents. *Journal of Youth and Adolescence*, 9(6), 469–490.

Larson, R. W., Moneta, G., Richards, M. H., & Wilson, S. (2002). Continuity, Stability, and Change in Daily Emotional Experience across Adolescence. *Child Development*, 73(4), 1151–1165.

Larson, R. W., & Richards, M. H. (1994). Family Emotions: Do Young Adolescents and Their Parents Experience the Same States? *Journal of Research on Adolescence*, 4(4), 567–583.

LeDoux, J. (2007). Unconscious and conscious contributions to the emotional and cognitive aspects of emotions: a comment on Scherer's view of what an emotion is. *Social Science Information*, 46(3),

395–405.

Levenson, R. W., & Gottman, J. M. (1983). Marital interaction: Physiological linkage and affective exchange. *Journal of Personality and Social Psychology*, 45(3), 587–597.

Levenson, R. W., & Gottman, J. M. (1985). Physiological and affective predictors of change in relationship satisfaction. *Journal of Personality and Social Psychology*, 49(1), 85–94.

M. W. deVries (Ed.). (1992). *The experience of psychopathology: Investigating mental disorders in their natural settings*. Cambridge University Press.

Ma, Y., Xu, B., Bai, Y., Sun, G., & Zhu, R. (2012). Daily Mood Assessment Based on Mobile Phone Sensing. In 2012 *Ninth International Conference on Wearable and Implantable Body Sensor Networks* (pp. 142–147). IEEE.

Maier, K. S. (2001). A Rasch Hierarchical Measurement Model. *Journal of Educational and Behavioral Statistics*, 26(3), 307–330.

Mauss, I. B., Levenson, R. W., McCarter, L., Wilhelm, F. H., & Gross, J. J. (2005). The Tie That Binds? Coherence Among Emotion Experience, Behavior, and Physiology. *Emotion*, 5(2), 175–190.

Meiselman, H. L. (Ed.). (2016). *Emotion measurement*. Woodhead publishing.

Moneta, G. B., Schneider, B., & Csikszentmihalyi, M. (2014). A Longitudinal Study of the Self-Concepts and Experiential Components of Self-Worth and Affect Across Adolescence. In *Applications of Flow in Human Development and Education* (pp. 407–435). Dordrecht: Springer Netherlands.

Moors, A., & De Houwer, J. (2001). Automatic appraisal of motivational valence: Motivational affective priming and Simon effects. *Cognition & Emotion*, 15(6), 749–766.

Moskowitz, D. S., & Coté, S. (1995). Do interpersonal traits predict affect? A comparison of three models. *Journal of Personality and Social Psychology*, 69(5), 915–924.

Mumenthaler, C., & Sander, D. (2012). Social appraisal influences recognition of emotions. *Journal of Personality and Social Psychology*, 102(6), 1118–1135.

Murphy, S. T., & Zajonc, R. B. (1993). Affect, cognition, and awareness: Affective priming with optimal and suboptimal stimulus exposures. *Journal of Personality and Social Psychology*, 64(5), 723–739.

Myin-Germeys, I., Oorschot, M., Collip, D., Lataster, J., Delespaul, P., & Van Os, J. (2009). Experience sampling research in psychopathology: Opening the black box of daily life. *Psychological Medicine*, 39(9), 1533–1547.

Niall Bolger, J. L. (2013). *Intensive Longitudinal Methods: An Introduction to Diary and Experience Sampling Research*. THE GUILFORD PRESS.

Oishi, S., Diener, E., Napa Scollon, C., & Biswas-Diener, R. (2004). Cross-Situational Consistency of Affective Experiences Across Cultures. *Journal of Personality and Social Psychology*, 86(3), 460–472.

Oosterwegel, A., Field, N., Hart, D., & Anderson, K. (2001). The Relation of Self-Esteem Variability to Emotion Variability, Mood, Personality Traits, and Depressive Tendencies. *Journal of Personality*, 69(5), 689–708.

P. Ekman & R. J. Davidson (Ed.). (1994). *The nature of emotion: Fundamental questions*. Oxford

University Press.

Panksepp, J. (1982). Toward a general psychobiological theory of emotions. *Behavioral and Brain Sciences*, 5(3), 407–422.

Peeters, F., Berkhof, J., Delespaul, P., Rottenberg, J., & Nicolson, N. A. (2006). Diurnal mood variation in major depressive disorder. *Emotion*, 6(3), 383–391.

Portell, M., Hogarth, R. M., & Cuxart, A. (2020). Research Methods for Studying Daily Life: Experience Sampling and a Multilevel Approach to Study Time and Mood at Work (pp. 69–94).

Psychometrics of ESM Data. (n. d.). In *Experience Sampling Method* (pp. 104–125). 2455 Teller Road, Thousand Oaks California 91320 United States of America: SAGE Publications, Inc.

Ravenna, M., Hölzl, E., Costarelli, S., Kirchler, E., & Palmonari, A. (2001). Diary reports on emotional experiences in the onset of a psychosocial transition: becoming drug-free. *Journal of Community & Applied Social Psychology*, 11(1), 19–35.

Robinson, M. D., & Clore, G. L. (2002). Belief and feeling: Evidence for an accessibility model of emotional self-report. *Psychological Bulletin*, 128(6), 934–960.

Röcke, C., Li, S.-C., & Smith, J. (2009). Intraindividual variability in positive and negative affect over 45 days: Do older adults fluctuate less than young adults? *Psychology and Aging*, 24(4), 863–878.

Roseman, I. J. (1991). Appraisal determinants of discrete emotions. *Cognition & Emotion*, 5(3), 161–200.

Russell, J. A. (1994). Is there universal recognition of emotion from facial expression? A review of the cross-cultural studies. *Psychological Bulletin*, 115(1), 102–141.

Russell, J. A. (2003). Core affect and the psychological construction of emotion. *Psychological Review*, 110(1), 145–172.

Russell, J. A. (2009). Emotion, core affect, and psychological construction. *Cognition & Emotion*, 23(7), 1259–1283.

Rusting, C. L., & Larsen, R. J. (1998). Diurnal Patterns of Unpleasant Mood: Associations with Neuroticism, Depression, and Anxiety. *Journal of Personality*, 66(1), 85–103.

Sander, D., Grandjean, D., & Scherer, K. R. (2005). A systems approach to appraisal mechanisms in emotion. *Neural Networks*, 18(4), 317–352.

Santangelo, P., Bohus, M., & Ebner-Priemer, U. W. (2014). Ecological Momentary Assessment in BorderlinePersonality Disorder: A Review of Recent Findings and Methodological Challenges. *Journal of Personality Disorders*, 28(4), 555–576.

Santangelo, P. S., Koenig, J., Kockler, T. D., Eid, M., Holtmann, J., Koudela-Hamila, S., ... Ebner-Priemer, U. W. (2018). Affective instability across the lifespan in borderline personality disorder — a cross-sectional e-diary study. *Acta Psychiatrica Scandinavica*, 138(5), 409–419.

Santangelo, Philip S., Koenig, J., Funke, V., Parzer, P., Resch, F., Ebner-Priemer, U. W., & Kaess, M. (2017). Ecological Momentary Assessment of Affective and Interpersonal Instability in Adolescent Non-Suicidal Self-Injury. *Journal of Abnormal Child Psychology*, 45(7), 1429–1438.

Schachter, S., & Singer, J. (1962). Cognitive, social, and physiological determinants of emotional state. *Psychological Review*, 69(5), 379–399.

Scherer, K. R. (2004). Feelings Integrate the Central Representation of Appraisal-driven Response Organization in Emotion. In *Feelings and Emotions* (pp. 136–157). Cambridge University Press.

Scherer, K. R. (2005). What are emotions? And how can they be measured? *Social Science Information*, 44(4), 695–729.

Scherer, K. R. (2009). The dynamic architecture of emotion: Evidence for the component process model. *Cognition & Emotion*, 23(7), 1307–1351.

Schimmack, U., & Diener, E. (1997). Affect intensity: Separating intensity and frequency in repeatedly measured affect. *Journal of Personality and Social Psychology*, 73(6), 1313–1329.

Schimmack, U., Oishi, S., Diener, E., & Suh, E. (2000). Facets of Affective Experiences: A Framework for Investigations of Trait Affect. *Personality and Social Psychology Bulletin*, 26(6), 655–668.

Schlegel, K., Grandjean, D., & Scherer, K. R. (2014). Introducing the Geneva Emotion Recognition Test: An example of Rasch-based test development. *Psychological Assessment*, 26(2), 666–672.

Schwarz, N., Grayson, C. E., & Knauper, B. (1998). Formal Features of Rating Scales and the Interpretation of Question Meaning. *International Journal of Public Opinion Research*, 10(2), 177–183.

Schwarz, Norbert, & Hippler, H.-J. (1995). The Numeric Values of Rating Scales: a Comparison of Their Impact in Mail Surveys and Telephone Interviews. *International Journal of Public Opinion Research*, 7(1), 72–74.

Scollon, C. N., Kim-Prieto, C., & Scollon, C. N. (2003). Experience Sampling: Promises and Pitfalls, Strengths and Weaknesses. *Journal of Happiness Studies*, 4(1), 5–34.

Silvia, P. J., Kwapil, T. R., Walsh, M. A., & Myin-Germeys, I. (2014). Planned missing-data designs in experience-sampling research: Monte Carlo simulations of efficient designs for assessing within-person constructs. *Behavior Research Methods*, 46(1), 41–54.

Smith, C. A., & Lazarus, R. S. (1993). Appraisal components, core relational themes, and the emotions. *Cognition & Emotion*, 7(3–4), 233–269.

Stone, A., Shiffman, S., Atienza, A., & Nebeling, L. (Ed.). (2007). *The science of real-time data capture: Self-reports in health research*. Oxford University Press.

Stone, A. A. (2002). Patient non-compliance with paper diaries. *BMJ*, 324(7347), 1193–1194.

Stone, Arthur A., Schwartz, J. E., Neale, J. M., Shiffman, S., Marco, C. A., Hickcox, M., ... Cruise, L. J. (1998). A comparison of coping assessed by ecological momentary assessment and retrospective recall. *Journal of Personality and Social Psychology*, 74(6), 1670–1680.

Stone, Arthur A., & Shiffman, S. (1994). Ecological Momentary Assessment (Ema) in Behavioral Medicine. *Annals of Behavioral Medicine*, 16(3), 199–202.

Sudman, S., & Bradburn, N. (1982). *Asking questions: A practical guide to questionnaire design*. Jossey-Bass.

Suls, J., Green, P., & Hillis, S. (1998). Emotional Reactivity to Everyday Problems, Affective Inertia, and Neuroticism. *Personality and Social Psychology Bulletin*, 24(2), 127–136.

Teuchmann, K., Totterdell, P., & Parker, S. K. (1999). Rushed, unhappy, and drained: An experience sampling study of relations between time pressure, perceived control, mood, and emotional exhaustion in a group of accountants. *Journal of Occupational Health Psychology*, 4(1), 37–54.

Thewissen, V., Bentall, R. P., Oorschot, M., à Campo, J., van Lierop, T., van Os, J., & Myin-Germeys, I. (2011). Emotions, self-esteem, and paranoid episodes: An experience sampling study. *British Journal of Clinical Psychology*, 50(2), 178–195.

Tong, E. M. W., Bishop, G. D., Enkelmann, H. C., Why, Y. P., Diong, S. M., Khader, M., & Ang, J. (2007). Emotion and appraisal: A study using ecological momentary assessment. *Cognition & Emotion*, 21(7), 1361–1381.

Tong, E. M. W., Bishop, G. D., Enkelmann, H. C., Why, Y. P., Diong, S. M., Khader, M., & Ang, J. (2009). Appraisal Underpinnings of Affective Chronometry: The Role of Appraisals in Emotion Habituation. *Journal of Personality*, 77(4), 1103–1136.

Tracy, J. L., & Randles, D. (2011). Four Models of Basic Emotions: A Review of Ekman and Cordaro, Izard, Levenson, and Panksepp and Watt. *Emotion Review*, 3(4), 397–405.

Uy, M. A., Foo, M.-D., & Aguinis, H. (2010). Using Experience Sampling Methodology to Advance Entrepreneurship Theory and Research. *Organizational Research Methods*, 13(1), 31–54.

van Eck, M., Nicolson, N. A., & Berkhof, J. (1998). Effects of stressful daily events on mood states: Relationship to global perceived stress. *Journal of Personality and Social Psychology*, 75(6), 1572–1585.

van Montfort, K. (2007). Models for intensive longitudinal data. *Psychometrika*, 72(3), 451–454.

van Os, J., Verhagen, S., Marsman, A., Peeters, F., Bak, M., Marcelis, M., ... Delespaul, P. (2017). The experience sampling method as an mHealth tool to support self-monitoring, self-insight, and personalized health care in clinical practice. *Depression and Anxiety*, 34(6), 481–493.

Verduyn, P., Delvaux, E., Van Coillie, H., Tuerlinckx, F., & Van Mechelen, I. (2009). Predicting the duration of emotional experience: Two experience sampling studies. *Emotion*, 9(1), 83–91.

Vidal, L., Ares, G., Hedderley, D. I., Meyners, M., & Jaeger, S. R. (2018). Comparison of rate-all-that-apply (RATA) and check-all-that-apply (CATA) questions across seven consumer studies. *Food Quality and Preference*, 67, 49–58.

Walls, T. A., & Schafer, J. L. (2012). *Models for intensive longitudinal data*. Oxford University Press.

Weidman, A. C., Steckler, C. M., & Tracy, J. L. (2017). The jingle and jangle of emotion assessment: Imprecise measurement, casual scale usage, and conceptual fuzziness in emotion research. *Emotion*, 17(2), 267–295.

Weiss, H. M., Nicholas, J. P., & Daus, C. S. (1999). An Examination of the Joint Effects of Affective Experiences and Job Beliefs on Job Satisfaction and Variations in Affective Experiences over Time. *Organizational Behavior and Human Decision Processes*, 78(1), 1–24.

Wheeler, L., & Reis, H. T. (1991). Self-Recording of Everyday Life Events: Origins, Types, and Uses. *Journal of Personality*, 59(3), 339–354.

Wilhelm, P., & Schoebi, D. (2007). Assessing Mood in Daily Life. *European Journal of Psychological Assessment*, 23(4), 258–267.

Winkielman, P., & Berridge, K. C. (2004). Unconscious Emotion. *Current Directions in Psychological Science*, 13(3), 120–123.

Zelenski, J. M., & Larsen, R. J. (2000). The Distribution of Basic Emotions in Everyday Life: A State and Trait Perspective from Experience Sampling Data. *Journal of Research in Personality*, 34(2), 178–197.

Zhang, Y., Luo, B. N., & Shi, W. (2016). Experience sampling: A new method to collect "real" data. *Advances in Psychological Science*, 24(2), 305.

第七章　情绪的客观评估

　　情绪是人对客观事物的态度体验以及相应的行为反应,对人的行为及身心健康都有着十分重要的影响。从情绪的产生来看,情绪是脑的各级水平(皮层、边缘系统、丘脑、内分泌系统、自主神经系统和骨骼肌系统)的整合活动的结果;同时,又是特定情境与人的需要之间的关系的评价产物,这种评价涉及各认知水平(感知、思维、记忆、判断、意识上和意识下)的整合活动。在情绪的相关研究中,如何准确识别与评估情绪一直是困扰研究者的一个重要问题。目前,情绪评估的方法主要包括两大类,一类是主观评估法,另一类是客观评估法。结合 Izard 提出的,情绪是由独特的主观体验、外部行为表现和生理唤醒三种成分构成的(Izard,1977),情绪的主观评估法通常用于测量情绪的主观体验,而客观评估法则用于测量情绪的外部行为表现和生理唤醒。一般来说,情绪的主观评估法采用自我报告的形式,是情绪测量方法中操作最为简便、应用最为普遍的测量方法(详见第五章)。然而,必须指出的是,文化差异、述情障碍、年龄限制、社会赞许等均可能影响个体对情绪体验自我报告的准确度,从而导致情绪的主观评估法存在一定的局限与不足。因此,在实际应用中,研究者往往结合情绪的客观评估法,尽可能全面准确地评估情绪反应。本章主要从情绪的外部行为表现(包括面部表情、姿态表情和语调表情)和生理唤醒(包括自主神经系统的生理信号和脑信号)的测量来介绍情绪的客观评估法。关于情绪的分类模型本章不再赘述,详见本书相关章节。

第一节　情绪的外部行为表情测量

一、面部表情测量

　　近年来,越来越多的心理学、临床工作者都强调面部表情(Facial expression)研究的重要意义。达尔文《人类和动物的表情》一书指出,情绪和面部表情都是自然选择的产物,在种族的生存和适应中起着重要的作用(Darwin,1998)。对于人类来说,面部表情不仅可作为沟通交流的有效工具,还起到传达多样化的情绪信息的作用。Tomkins 强调,情绪反应主要表现在面部,包括面部的肌肉反应、血流和温度的变化等;这些面部反应被机体意识到,就构成了情绪体验或情绪知觉(Tomkins,1962)。Izard 提出,特定情绪就是一种特定的面部表情,主体对特定面部表情的意识就是情绪的主观体验(Izard,1977)。国内学者孟昭兰认为面部表情是最敏感的情绪发生器和显示器,并论证了面部表情可作为情绪评估的客观指标

(孟昭兰,1987)。此外,面部表情的跨文化研究提示,一些基本的面部表情及其对应的基本情绪(如喜、怒、哀、惧、惊、厌)具有跨文化一致性(Ekman,1984)。因此,面部表情测量可作为评估情绪反应的一种重要方式。目前常用的面部表情测量方法有观察者评价和面部肌电图。

(一)观察者评价

观察者评价是研究者以面部肌肉运动为基础,结合特定的面部表情编码系统对面部表情进行评估从而评定情绪的一种测量方法。面部表情编码系统是在解剖学基础上建立的,精细区分面部各肌肉运动的综合测评系统。该系统主要记录情绪反应时面部各部位单一的或组合的肌肉活动,而后将这些肌肉活动与各种具体的情绪联系起来,从而使面部表情成为情绪的标志。

常见的面部表情编码系统有面部动作编码系统(FACS)(Ekman & Friesen, 1978),这是目前最为详尽、最为精细的测量面部运动的综合系统,它能够区分所有可观察到的面部行为,测量和记录绝大多数精细分化的面部活动。在FACS的制订中,面部活动被切分为一个个单一的活动单位(Action unit,AU),不同的活动单位组合在一起形成不同的面部活动。需要指出的是,FACS以面部活动为单位,而不是以肌肉运动为单位;因此,一个单一活动单位可能由一块或几块肌肉运动产生。在FACS中,共列出了24种单一活动单位,对应各自的肌肉运动(表7.1)。另外,Ekman等人在研究中发现,多数面部活动是由几个活动单位组合共同发生的。于是,他们将那些可明显辨认的组合发生的活动单位记录下来,列出了19种附加的活动单位,相对前24种单一活动单位来说定义上较为粗略,也没有对应肌肉的描述。

完整的FACS被制订为一本自我指导手册,除了上述的活动单位列表及相对应的肌肉运动,还包含了评估面部活动的具体示范,面部活动改变的详细描述,与43种活动单位对应的照片和影片库,还提供了使用该手册的学习步骤,可能出现的错误及解说等。

FACS主要用于对各种面部活动的测量和记录,而没有直接和情绪反应联系起来。为了使面部运动编码系统更适用于测量和解释情绪,Izard制订了两个互补的测量系统,分别是"最大限度辨别面部肌肉运动编码系统"(MAX,1979)(Izard,1979)和"表情判别整体判断系统"(System for identifying affect expression by holistic judgments, AFFEX; 1980)(Izard, Dougherty, Hembree, & Izard, 1980)。MAX与FACS类似,以面部肌肉运动为单位,提供各区域面部肌肉运动的精确图式,主要从微观上保证面部表情测量的客观性和精确性;AFFEX不同于前两者,它提供的是整体的面部表情模式,主要从宏观上保证面部表情测量的有效性(Izard & Dougherty, 1982)。另外,为减少社会文化差异的影响,MAX中提供的录像和图片材料均为婴儿的面容变化,而FACS提供的材料是成人的面容。

表 7.1 FACS 的单一活动单位

编号	FACS 名称	肌肉运动
1	眉心上抬	前额肌肉,内侧
2	眉梢上抬	前额肌肉,外侧
4	眉毛低垂	眉间降肌、降眉肌、皱眉肌
5	上眼睑上抬	提上睑肌
6	面颊上抬	眼轮匝肌,眶部
7	眼睑收紧	眼轮匝肌,睑部
9	鼻子皱起	提上唇肌、鼻翼肌
10	上嘴唇上扬	提上唇肌,上唇方肌
11	鼻唇沟加深	颧小肌
12	唇角后拉	颧大肌
13	面颊鼓起	犬齿肌(提口角肌)
14	出现酒窝	颊肌
15	嘴角下垂	三角肌(降口角肌)
16	下唇下垂	降下唇肌
17	下巴上抬	颏肌
18	嘴唇缩拢	上唇切牙肌、下唇切牙肌
20	嘴唇前伸	笑肌
22	嘴唇漏斗状	口轮匝肌
23	嘴唇紧绷	口轮匝肌
24	嘴唇紧压	口轮匝肌
25	嘴唇微张	降下唇肌或颏肌/口轮匝肌放松
26	颌下垂	咬肌,内侧翼状肌放松
27	嘴巴张开	翼状肌,二腹肌
28	嘴唇吮吸	口轮匝肌

(来源:Ekman & Friesen,1976)

在 MAX 中,面部被分为额眉-鼻根区、眼-鼻-颊区、口-唇-下巴区三个区域,并列出了 29 种相对独立的面部运动单位,分别匹配不同编号(见表 7.2)。每一个编号都代表面部某一区域的一种活动,三个区域的面部肌肉运动组合即形成了反映不同情绪的面部表情。通常情况下,MAX 可用于测量兴趣、快乐、惊奇、厌恶、愤怒、恐惧、悲伤、轻蔑、痛苦 9 种基本情绪。

MAX 的材料除自我指导的手册外,还有一套录像。其中手册提供了面部肌肉的详细分类、位置分布,肌肉运动编号列表、对应的详细描述及图片,还有手册使用的练习方法、步骤等。录像呈现各种面部活动的图像,主要用于训练观察者如何进行辨认、记录和评估。观察者只有达到一定的训练要求和标准才算完成训练从而可利用该手册进行面部运动的评估。

表 7.2　MAX 面部运动分区记录及编号

编号	眉	额	鼻根
No. 20	上抬、弧状或不变	长横纹或增厚	变窄
No. 21	一条眉上抬高于另一条眉		
No. 22	上抬、聚拢	短横纹	变窄
No. 23	内角上抬,内角下呈三角形	眉角上方额头中部有皱纹	变窄
No. 24	聚拢、眉间出现竖直纹		
No. 25	下压、聚拢	眉间出现竖纹或突起	增宽

编号	眼	颊
No. 30	上眼睑与眉之间皮肤绷紧、眼睛大而圆,上眼睑不抬高	
No. 31	眼沟展宽,上眼睑上抬	
No. 32	眉下压使眼变窄	
No. 33	双眼斜视或变窄	上抬
No. 36	向下注视、斜视	
No. 37	紧闭	
No. 38		上抬
No. 39	向下注视,头后倒	
No. 42	鼻梁皱起(可作为 54B 和 59B 的附加线索)	

编号	口-唇
No. 50	张大、张圆
No. 51	张大、放松
No. 52	唇角后拉、微上抬
No. 53	张开、紧张、唇角向两侧平展
No. 54	张开、呈矩形
No. 55	张开、紧张
No. 56	唇角向下方外拉,下颊将下唇中部上抬
No. 59A＝51/66	张开,放松,舌前伸过齿
No. 59B＝54/66	张开、呈矩形,舌前伸过齿
No. 61	上唇向一方上抬
No. 63	下唇下垂、前伸
No. 64	下唇内卷
No. 65	嘴唇缩拢
No. 66	舌前伸过齿

(来源:Izard C E.,1979)

AFFEX 要求观察者从整体上去辨认面部表情,它在 MAX 的基础上,组合各种面部运动,形成不同的面部表情,对应不同的情绪。观察者在完成 MAX 的训练之后,参照 MAX 对各部位面部运动的描述,整合 AFFEX 给出的面部表情上不同部位的信息,然后直接对该面部表情进行辨认。在这样的模式下,对面部肌肉运动的评估就与面部表情及情绪反应相联系,保证了观察者评价这一方法在面部表情测量中的客观性和可靠性。

在实际应用中,观察者经过相关的培训,即能利用这些基于面部肌肉运动的编码系统去评估面部表情。但要注意的是,待评估的面部表情最好先以照片或影片的形式记录下来,然后以单张画面的形式呈现以便观察者对照着手册去辨认、评估。

(二) 面部肌电图

肌电图(Electromyography,EMG)指通过肌电图仪或多导生理仪记录肌肉在静止或收缩时的生物电信号,绘制电流强度随时间变化的曲线而成的肌肉生物电图形。面部肌电图就是在面部合适部位安置电极来记录个体在不同情绪状态下面部肌肉电位的变化,通过分析面部肌肉电位图形显示的面部各部位肌肉活动来识别个体的情绪体验。

以往的研究表明,面部肌电图可作为反映情绪效价的可靠指标(Russell & Barrett, 1999; Schwartz, Fair, Salt, Mandel, & Klerman, 1976)。在 Schwartz 等人(Schwartz, Fair, Salt, Mandel, & Klerman, 1976)的研究中,他们要求被试者想象生活中能引起强烈的积极情绪(快乐)和消极情绪(悲伤)的场景,同时记录他们右脸皱眉肌、颧肌、降口角肌和颏肌部位的肌肉电位(图 7.1)。结果发现,积极情绪状态下被试者皱眉肌的活动减少,而颧肌、降口角肌和颏肌的活动增加;相反,消极情绪状态下被试者皱眉肌的活动增加,而颧肌、降口角肌和颏肌的活动变化不明显。此外,皱眉肌和颧肌的电位活动随情绪变化更为灵敏,而且积极情绪相较于消极情绪有更多的颧肌活动和更少的皱眉肌活动。这一发现与解剖学原理相符,个体处于积极情绪时往往表露微笑,表现为嘴角上扬,而处于消极情绪时往往表现出眉头紧蹙(Izard,1971)。

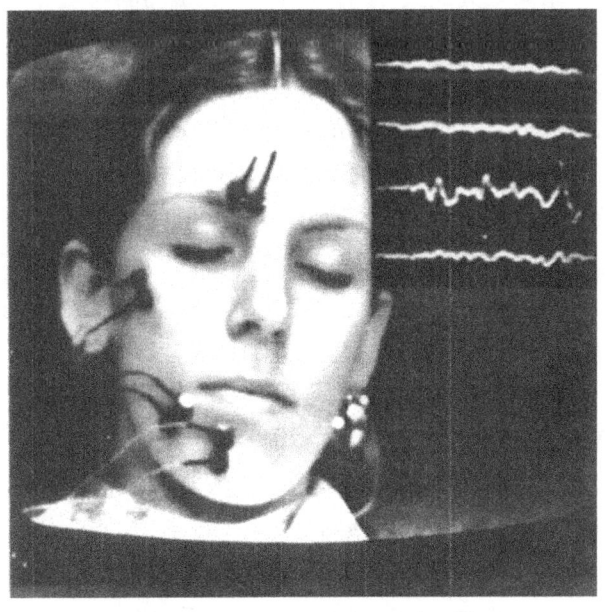

图 7.1 面部 EMG 电极安置位置

(来源:Schwartz G E, Fair P L, Salt P, et al., 1976)

面部肌电图反映的是面部神经、肌肉的状态,本质上是一种生理信号。在相关的情绪研究中,分析与识别此类生理信号一般需要经过情绪诱发、生理信号采集、信号预处理、特征提取、特征降维(优选)、分类与识别等步骤(赵国朕等,2016),涉及各种专业的计算机算法。其中,特征提取是情绪识别的关键步骤,只有提取出与诱发的目标情绪相关的敏感、有效的特征,才能保证后续情绪识别的准确性。

二、姿态表情测量

社会心理学和人类发展学的研究表明,人的情绪状态可以通过身体姿态自发地或有意识地表达出来,称为姿态表情(Posture expression),包括身体表情(Body expression)和手势表情(Gesture expression)。人在不同的情绪状态下往往会表现出不同的身体姿态或身体运动,如高兴时"手舞足蹈""捧腹大笑",紧张时"坐立不安""双手颤抖",伤心时"垂头丧气""抱头痛哭"等。

然而,相较于面部表情在情绪识别中的广泛研究,此前姿态表情在情绪方面的研究相对不足。近年来,随着计算机科学和人机交互(human-computer interaction,HCI)模式的发展,越来越多有关情绪识别的研究旨在开发一套基于身体姿态或身体运动这类非言语线索的计算机情绪自动识别系统(Dael,Mortillaro,& Scherer,2012)。有研究者相信,通过对人体姿态的观测来判断与预测情绪的计算机系统的开发将大大改变人机交互的模式。目前,基于姿态表情的情绪识别系统已经逐渐被应用于生物特征识别、医学、游戏、行为建模等领域(Corneanu et al.,2018)。

在姿态表情相关的情绪研究及实际应用中,一个关键的问题是,特定的情绪是否对应特定的身体姿态呢?对此学术界存在着长期的争议(Wallbott,1998)。一些研究者认为特定的情绪伴随着特定的身体姿态,另一些研究者认为身体姿态只能表现情绪的强度,而无法表现具体的情绪。尽管如此,相较于面部表情,姿态表情在情绪交流、识别及实际应用中还是具有一定优势的。如姿态表情视觉上的信息量大,且可在一定距离之外进行观测与识别(Wallbott,1998),而面部表情只有在足够近的距离才能准确识别。此外,有些情绪从面部表情就可以清楚地识别出来,而有些情绪(如愤怒和恐惧)经由姿态表情进行识别往往具有更高的识别率(de Gelder,2009)。而且,在某些需要我们有意识地对面部表情加以控制的场景下,姿态表情往往会表露出更真实的情绪。如面试时,有些人可能表现得镇静从容,应答自如,但他的身体还是会不自觉地表现出一些紧张。

目前关于姿态表情的识别研究,多采用计算机编码、计算、模型制作、动作分析、特征提取与分类等;所用的材料除了姿态表情相关的图片和视频外,还有全身运动姿态的光点图等(Ahmed,Bari,& Gavrilova,2020;Gunes,Shan,Chen,& Tian,2013),尽可能保证了由姿态表情测量情绪的客观性及识别的准确率。在 Coulson 等人(Coulson,2004)的实验中,他们要求被试者将 6 种基本情绪(愤怒、厌恶、恐惧、快乐、悲伤、惊奇)分别与计算机产生的静态人体姿态模型图进行匹配,结果显示姿态表情的识别率跟语调表情差不多,一些姿态表情(愤怒、悲伤、恐惧)的识别率甚至接近于面部表情的识别率。

三、语调表情测量

除了面部表情和姿态表情以外,语调表情(Vocal expression)也是情绪表达的重要形式。言语是人与人之间沟通的重要工具。语调表情即情绪在言语的声调、节奏、音质、音量等方面的表现。不同的情绪可以表现为不同的语音语调,如高兴时音调轻快,悲伤时音调低沉、节奏缓慢,愤怒时音量大、急促而严厉。此外,笑声、哭声、叹气、欢呼等非言语符号也能够传达个体的不同情绪(Belin, Fecteau, & Catherine, 2004)。

语调表情测量主要通过对语音信号的声学特征参数如韵律特征、音质特征与基于谱的相关特征进行提取而进行情绪情感识别。声带(Vocal folds)在发声过程中以一种准周期(Quasi-periodic)的方式振动产生语音,这种振动的基础频率称为基频(Fundamental frequency),符号表示为 F_0。在情绪识别的语音线索(Acoustic cues)中,F_0 及其相关的物理参数(如均值、方差、变化范围)是应用最为普遍的声学特征参数(J.-A., 1999)。反映一整段语音中平均能量分布的长程平均频谱(Long-term average spectrum, LTAS)也受到了不少研究者的关注(Pittam & Scherer, 1993)。该参数特征稳定,表征语音的总体频率特征,测量误差相对来说较小;不足之处在于其不能反映即时的语音特征。此外,反映声带振动的稳定性的音质声学特征参数,频率微扰(Jitter)和振幅微扰(Shimmer)也常用于语音的情绪识别(J.-A., 1999)。

尽管大量研究致力于探索基本情绪与特异性语音特征之间的联系,但大多数结果显示,语音特征主要与情绪的唤醒水平(Arousal level)相关,而不能明确区分情绪的效价(Valence)(Russell, Bachorowski & Fernandez-Dols, 2003)。如愤怒和高兴均使唤醒水平升高,都伴随语音的 F_0 和波幅升高(Johnstone & Scherer, 2000)。Bachorowski 等人对此也进行了相关的研究,结果发现语音特征主要与情绪的唤醒度相关,而语音特征与情绪效价之间的关联一定程度上受到发生者性别和情绪表达强度的影响(Bachorowski & Owren, 1995)。语调表情与情绪效价之间是否存在特异性关联还有待进一步研究。

此外,研究发现,语调表情识别同面部表情识别一样,也存在类别知觉效应(Categorical perception effect)。类别知觉(Categorical perception, CP)指事物在人脑中是按照类别表征的,而不是按照连续的物理信号表征的,且类别之间存在鲜明的类别界线。在面部表情的研究中,不同类别的面部表情(如快乐表情和悲伤表情)称为类间(between-category)刺激,同一类别表情的不同表现程度(如不同程度的愤怒)称为类内(within-category)刺激。研究发现,相较于对类内表情的辨别,被试者辨别类间表情的正确率更高,反应时也更短,这一现象被称为面部表情的类别知觉效应(Etcoff & Magee, 1992)。Laukka 对语调表情是否也存在类别知觉效应进行了相关研究,结果肯定了这一现象,为语调表情测量在情绪研究中的机制探索与应用提供了新思路(Laukka, 2005)。

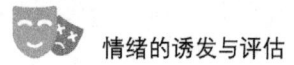
情绪的诱发与评估

第二节　情绪的生理唤醒测量

情绪反应除了个体独特的主观体验和面部表情、姿态表情等外部行为表现,同时伴随着一系列复杂的神经反应过程和生理唤醒。相较于外部行为表现易被人为掩饰或伪装,情绪的生理唤醒由神经和内分泌系统支配,具有自发性,不易受主观意念控制的特点,故基于生理信号的情绪测量往往能获得更加客观真实的结果。那么是否所有情绪(快乐、愤怒、悲伤、恐惧等)都伴随着相同的生理唤醒或神经反应过程? 还是每一种情绪都对应着特异性的生理唤醒模式? 在情绪的生理机制研究中,这是研究者们探讨多年的问题。

本节将结合情绪的自主神经反应和中枢神经活动,介绍在情绪的识别与测量中应用较为广泛的生理指标。另外,需要提及的一点是,在众多情绪识别的相关研究中,不同研究者采用不同的情绪分类模型,包括分类模型(Discrete model)和维度模型(Dimensional model)来定义及区分情绪识别的对象,结论有与理论一致的,但也有不一致的。本节主要介绍情绪研究中常用的生理指标、测量方法及相关研究,而未对不同情绪分类模型进行特别的区分。

一、情绪的生理基础

人体的神经系统可分为中枢神经系统(Central nervous systems,CNS)和周围神经系统(Peripheral nervous systems,PNS),其中中枢神经系统传递、储存和加工信息,产生各种心理活动,支配与控制机体的全部行为与活动。周围神经系统包括自主神经系统(Autonomic nervous systems, ANS)和躯体神经系统(Somatic nervous systems, SNS)。自主神经系统又可分为交感神经系统和副交感神经系统,两者既拮抗又协调地支配和调节机体各器官、血管、平滑肌和腺体的活动,并参与内分泌、体温、血压等的调节,在情绪的发生、体验和识别中发挥着重要作用。通常说的情绪的外周生理反应即自主神经反应。

情绪的生理机制研究可追溯到 19 世纪美国心理学家 James 提出的相关情绪理论。他认为外界刺激引起机体的生理反应是情绪体验发生的前提,个体对外周生理反应的知觉反馈形成情绪体验,任何情绪的产生都伴随着独特的生理变化(James,1884)。丹麦生理学家 Lange(Lange,1885)也提出了类似的理论。Cannon 对 James 的理论提出了质疑,并与 Bard 一起提出了 Cannon - Bard 理论(又称丘脑理论)(Cannon,1927)。

随着现代情绪电生理学和认知神经科学的发展,许多研究者开始尝试从整合的角度把情绪的外周生理反应与中枢神经活动有机结合起来,提出了一些系统化、层次化的情绪生理整合模型,如情绪环路模型(Emotion circuit model)和神经内脏整合模型(Neurovisceral integration model),为系统研究情绪的生理机制提供了基本框架(刘飞,蔡厚德,2010)。

二、自主神经反应测量

目前用于情绪的自主神经反应测量的生理指标主要有以下几类(Kreibig,2010):(1)心血管指标,常见的有心率(Heart rate,HR)、血压(Blood pressure,BP)、心率变异性(Heart rate variability,HRV)和手指温度(Finger temperature,FT),近年来心电图(Electrocardiogram,ECG)也逐渐被用于情绪评估;(2)皮肤电活动(Electrodermal activity,EDA),其中皮肤电导水平(Skin conductance level,SCL)和皮肤电导反应(Skin conductance response,SCR)是反映皮肤电活动的重要指标;(3)呼吸指标,研究较多的是呼吸频率(Respiratory rate,RR),另外呼吸周期(Respiratory period)、呼吸深度(Respiratory depth)、呼吸潮气量(Tidal volume,TV)和呼吸变异性(Respiratory variability,RV)等也有一定量的文献报道;(4)除了上述三类指标外,瞳孔直径(Pupil diameter)也是不少研究者关注的指标。

(一) 心血管测量(Cardiovascular measures)

1. 常用指标

心率(HR)是常见的心血管系统指标,也是情绪研究中应用最为普遍的生理指标。其定义是正常人安静状态下每分钟心脏搏动的次数(一般为60~100次/分),受交感神经系统和副交感神经系统的双重支配。正常情况下,当身体处于休息或放松状态时,副交感神经系统功能占优势,HR较慢;而当身体处于来自运动、心理事件或其他内部或外部压力源的压力之下时,交感神经活动增强,副交感神经活动减弱,HR加快。传统的心率记录方法是佩戴心率胸带来测量心率变化。

血压(BP)指血液在血管内流动时作用于单位面积血管壁的侧压力,它是推动血液在血管内流动的动力,可分为收缩压(Systolic blood pressure,SBP)和舒张压(Diastolic blood pressure,DBP)。SBP又称高压,是心脏收缩时,从心室射入动脉的血液对血管壁产生的最高的侧压力;DBP又称低压,是心脏舒张末期,血液暂时停止射入动脉,而动脉内的血液靠血管壁的弹力和张力作用继续流动,对血管壁产生的压力。最常用的血压测量方法是袖带加压法,即利用汞柱式、弹簧式或电子血压计进行测量。

心率变异性(HRV)指逐次心跳周期(R-R间期)波动的现象,具体表现为每个心动周期长短的不规则变化,可用于定量评估心脏交感神经与迷走神经张力及平衡性。随着情绪生理信号研究的深入,HRV作为反映自主神经系统活性的一个指标,弥补了其他心血管系统指标无法区分交感和副交感神经系统对心脏活动影响的不足,目前已正逐渐被应用于临床和心理学研究中。一般情况下,HRV升高多发生于机体处于放松状态,副交感神经系统张力增高时,而机体处于压力下,如紧张或运动时,交感神经活动增强,HRV会相对降低。目前HRV分析常采用频域分析法(Frequency domain analysis method),其原理是将变化的R-R间期或瞬时心率信号分解为多种不同能量的频域成分进行分析。频域分析常用到的指标有低频谱段功率(Low frequency power, LF)、高频谱段功率(High frequency power, HF)以及低频与高频谱段功率比(LF/HF),其中 LF 主要反映交感神经系统的调节作用,HF 主要接受副交感神经系统的调节作用,LF/HF 主要反映交感和副交感神经系统的均衡性(Terathongkum & Pickler, 2004)。

手指温度(FT)也是自主神经系统活动反应的指标。FT 变化与毛细血管壁的收缩与舒张造成手指血流量发生变化有关。当交感神经活动增强时,皮肤毛细血管收缩,指端血流量减少,FT 降低。反之则 FT 升高。除此之外,FT 受外部因素,如环境温度影响较大。因此,在情绪研究中,FT 对情绪变化的敏感性相对低于其他自主神经反应指标。测量 FT 一般在手指上佩戴专用的指套。

心电图(ECG)指利用心电描记器从体表记录心脏每一心动周期所产生的电活动变化而生成的图形,是心脏兴奋的发生、传播及恢复过程的客观指标。临床上通常使用常规的 12 导联体系记录 ECG,同时可以记录 HR 和 HRV。

2. 相关研究

大量研究发现,相比于中性和正性情绪刺激,被试者在负性情绪刺激下 HR 会表现出更大程度的减慢(Anttonen & Surakka, 2005; Bianchin & Angrilli, 2012; Codispoti, Surcinelli, & Baldaro, 2008; Gomez, Zimmermann, Guttormsen—Schar, & Danuser, 2005)。但也有研究发现不同的结论。国内学者徐景波等人(徐景波,孟昭兰,王丽华,1995)采用视频诱发范式研究正负性情绪刺激对被试者 HR 和指端脉搏容积(Finger pulse volume, FPV)的影响,结果发现,正性情绪下,HR 变化不显著;而负性情绪下,HR 显著加快。Brosschot 和 Thayer(Brosschot & Thayer, 2003)采用日常记录法的研究也发现被试者在负性情绪下的心率显著快于正性情绪。

Neumann 和 Waldstein(Neumann & Waldstein, 2001)采用回忆诱发范式分别探究了情绪的效价和唤醒度对心血管系统活动的影响,记录并分析了 HR、BP(包括 SBP、DBP)、总外周阻力(Total peripheral resistance, TPR)和心搏指数(Stroke index, SI)等指标的变化。结果发现,在情绪刺激下,被试者的 HR、BP 和 TPR 均出现显著增强;而且,相比于正性情绪,SBP 在负性情绪刺激下显著升高,DBP 则无显著差异。Gendolla 等人(Gendolla, Abele, & Krusken, 2001)采用音乐和回忆诱发被试者正性负性情绪的研究同样发现,被试者的 SBP 在负性情绪中显著升高,而 DBP 在正负性情绪下则无显著差异。

李建平等(李建平,张平,王丽芳,代景华,阎克乐,2005)为探究五种基本情绪体验(悲伤、厌恶、愤怒、恐惧和快乐)之间自主神经反应模式的差异和特异性,分别采用 6 段影片诱发上述五种基本情绪和一种中性情绪,用"情绪报告表"采集被试者诱发的情绪及等级,同时记录 BP、RR、FT、HR 及 HRV 相关指标的变化。结果显示,悲伤、愤怒和恐惧以及中性情绪刺激下被试者的 SBP 升高;厌恶、愤怒、恐惧和快乐以及中性情绪刺激下被试者的 RR 加快;悲伤和恐惧情绪刺激下被试者的 HR 减慢,HRV 总功率减小;悲伤、恐惧和中性情绪刺激下被试者的 HRV 高频功率降低。该研究还得出结论,研究中所诱导的每一种基本情绪(除愤怒情绪外)都有自己的特异性自主神经反应,且不同情绪的自主神经反应模式之间存在差异。

HR 和 BP 等心血管系统的指标在情绪研究中的应用十分广泛,但到目前为止,不同情绪反应对相关指标的具体影响仍存在着较大的分歧。HRV 的研究价值受到越来越多的关注,但在实际应用中易受个体差异的影响而导致测量误差较大,且缺乏标准化的分析方法,仍不是情绪的自主神经反应研究中常用的指标。心血管系统指标与情绪反应的关联性仍需要更深入全面的研究。

(二) 皮肤电测量(Electrodermal measures)

1. 常见指标

人体的皮肤电阻、电导随皮肤汗腺机能变化而变化,这些可测量的皮肤电变化称为皮肤电活动(EDA)。EDA 与情绪、唤醒和注意力等密切相关,当机体处于紧张、焦虑或恐惧情绪下时,汗腺分泌增加,皮肤表面汗液增多,即引起皮肤导电性增加而致 EDA 增强。除面部汗腺外,全身汗腺受交感神经系统的单一支配,因此 EDA 被认为是反映交感神经活动较为理想和敏感的生理信号,目前已被广泛应用于情绪识别研究中。EDA 信号的测量通常是将连接传感器或生理电导仪的两个电极分别放置在皮肤表面不同的两个部位(一般为手掌或足底,如食指和中指末梢部位),获取该表面的电阻和电流。

皮肤电导水平(SCL)指的是人体在平静状态下的皮肤电导的基础值,是跨越皮肤两点的皮肤电导的绝对值,又称基础皮肤电传导(Basic skin conductance)。皮肤电导反应(SCR)指的机体受到刺激处于一种生理心理的应激状态,如愤怒出现时,在 SCL 中出现的一个瞬时的、大幅度的波动。SCL 和 SCR 是连续的反应过程,SCL 可作为 SCR 的基础值或参照点。如果 SCL 越低,SCR 越强,则两者差别越大。因其灵敏易测的优势,这两项指标常常被应用于心理学、临床医学和康复医学的研究和治疗中。但需要指出的是,EDA 信号很容易受到外部因素的影响。如外界温度,主要通过身体的温度调节机制来影响 EDA。此外,SCL 的个体差异性非常明显,与个性特征相关性强:基础水平越高者,往往倾向于内向、紧张、焦虑不安、情绪不稳定;基础水平低者,则倾向于外向开朗、心态平和、自信,心理适应性较强。而且,同一个体在不同的时间不同的状态下其 SCL 也存在较大差异。因此,在研究 EDA 时,需要特别考虑这些因素的影响。

2. 相关研究

大量研究表明,相比于中性刺激,情绪性刺激能诱发更显著的 EDA,而且这种显著的 EDA 往往与情绪唤醒度的相关性更强,与效价的相关性不明显。如 Bensafi 等人(Bensafi et al., 2002)采用气味(异戊酸、苯硫酚、吡啶、左旋薄荷、乙酸异戊酯和桉树脑 6 种气味)情绪诱导范式,Gomez(Gomez, Stahel, & Danuser, 2004; Gomez et al., 2005)等人采用图片和视频诱导范式,Kallinen(Kallinen, 2004)采用音乐诱导范式的研究均发现,随着正负性情绪刺激的唤醒度的增高,被试者的 SCL 也随之增高。但也有研究发现,被试者的 SCL 在正负性情绪刺激下会出现不同变化。Balconi 等人(Balconi, Falbo, & Conte, 2011)在其研究中分别向被试者呈现不同效价和唤醒度的图片,结果发现,高唤醒负性情绪诱发的 SCL 显著高于高唤醒正性情绪。与之相反,Gomez 等人(Gomez et al., 2005)使用视频诱发高、低唤醒度的正负性情绪的研究发现,相比于负性情绪,正性情绪诱发了更高的 SCL。皮肤电活动与情绪效价之间的关系有待进一步研究。

(三)呼吸测量(Respiratory measures)

1. 常见指标

呼吸是指机体与外界环境之间气体交换的过程,是维持生物生存的基本生命活动之一。呼吸活动与情绪之间存在着密切联系(Ritz,2004)。一般情况下,呼吸加快加深表示机体处于兴奋状态,如愤怒或恐惧,有时候也能反映快乐的情绪;呼吸浅快往往表示机体处于紧张状态,如恐慌或恐惧;呼吸缓慢而深长往往表示机体处于放松状态。呼吸活动的测量一般是将内置呼吸传感器的胸带束缚于胸腔躯干,记录呼吸活动的变化。常用的呼吸系统测量指标包括呼吸频率、呼吸深度、呼吸周期、呼吸潮气量和呼吸变异性等。

呼吸频率(RR)指的是单位时间内呼吸的次数,即胸廓起伏(一次吸气一次呼气)的次数。正常成人平静状态下的 RR 为 12～20 次/分钟,节律均匀而整齐。当个体的情绪状态出现波动时,其呼吸频率和节律也会发生一定变化(Von Leupoldt et al.,2010)。

呼吸变异性(RV)指的是每一次呼吸的时长和呼吸量在整个呼吸周期中的变化,一般用呼吸周期或呼吸幅度的标准差及变异系数来表示。类似于 HRV,RV 也可用于评估人体自主神经功能的平衡与紊乱。随着呼吸检测技术的不断进步,RV 的研究和应用价值逐渐被发现与证实。除了在情绪研究中的应用,RV 还被用于睡眠监测、精神压力评估等。

2. 相关研究

相较于心率等心血管系统指标和皮肤电活动指标在情绪研究中的广泛应用,呼吸活动变化与情绪反应的相关研究较少。Gomez 等人(Gomez et al.,2004)在实验室条件下向被试者呈现不同效价和唤醒度的情绪图片,记录被试者的呼吸活动(选取多种呼吸活动参数)、SCL 和 HR。结果发现,随着情绪图片的愉悦度上升,被试者的吸气时间延长,平均吸气流量减少,胸式呼吸比例增加;随着情绪图片的唤醒度上升,被试者的吸气时间和总呼吸时间缩短,平均吸气流量、每分钟通气量、胸式呼吸和皮肤电活动增加。相关研究还发现,相比于情绪效价,呼吸活动的变化主要与情绪唤醒度相关(Gomez et al.,2005)。此外,值得注意的是,每分钟通气量随着唤醒度的上升而增加这一结论在不同的研究中得到了较为一致的证明。因此,每分钟通气量目前被认为是呼吸系统中最为可靠的用于衡量情绪唤醒度的指标(Gomez,Shafy,& Danuser,2008)。

想象情绪诱发方法由 Wright 和 Mischel 提出,是让被试者基于指导语想象某种情境(如悲伤、愉快、中性)来达到情绪诱发的目的。这些情境可以是过去生活中发生过的真实事件也可以是纯想象的,要求被试者身临其境地去感受情境中的一切。Vlemincx 等人为探究不同情绪效价和唤醒度对叹息样呼吸频率(Sigh rate)和呼吸变异性的影响,在其研究中分别以情绪图片诱发和想象诱发的方法诱发目标情绪,记录并分析被试者的呼吸活动变化。结果显示,两种情绪诱发方法之下,被试者处于负性和高唤醒情绪状态时,叹息样呼吸频率增加,呼吸变异性升高,表明情绪的不同维度会对呼吸调节产生一定影响(Vlemincx,Van

Diest, & Van den Bergh, 2015)。Blechert 等人也发现在被试者出现恐惧、焦虑等负性情绪时,呼吸变异性会相应升高(Blechert, Michael, Grossman, Lajtman, & Wilhelm, 2007)。

(四)瞳孔大小和眨眼频率

瞳孔是眼睛内虹膜中心的小圆孔,在瞳孔括约肌和瞳孔开大肌的调节之下可缩小或散大,以此来控制进入眼球的光线量。研究发现,瞳孔的大小不仅会随周围环境的明暗发生变化,还受情绪刺激的影响。美国芝加哥大学的心理学教授 Hess 和 Polt 曾做过一项研究,向被试者呈现特定内容的图片,观察他们的瞳孔变化。结果发现,当观看怀抱小孩的母亲的图片时,女性被试者出现了显著的瞳孔增大;而男性被试者则在观看裸体女性图片时出现显著的瞳孔增大,说明瞳孔的大小受个体对目标关心和感兴趣程度的影响。此外,情绪刺激除影响瞳孔大小外,还会对眨眼次数产生影响(Hess & Polt, 1960)。目前一般采用眼动追踪设备或瞳孔计来记录和分析不同情绪刺激下个体的瞳孔直径变化和眨眼次数。

研究发现,瞳孔的大小能够反映情绪的唤醒度。如 Partala 和 Surakka 分别向被试者播放高唤醒度的正性、负性声音刺激和中性的声音刺激,结果发现正负性高唤醒情绪刺激之下,被试者的瞳孔相较于中性情绪刺激,均出现显著性增大(Partala & Surakka, 2003)。此外,正负性情绪刺激也会引发不同的瞳孔反应。在 Laukka 等人的研究中,被试者的瞳孔在负性图片中增大程度最明显,其次是中性图片,而在正性图片中增大程度最小,而且正性和负性图片刺激诱发的瞳孔大小存在显著性差异(Laukka, Haapala, Lehtihalmes, Väyrynen, & Seppänen, 2013)。

三、脑信号测量

近年来,随着神经生理学的发展和脑成像技术的兴起,越来越多的研究证明,情绪反应除了自主神经系统的活动,还有中枢神经系统的参与。基于中枢神经系统的情绪识别,是指通过分析不同情绪状态下大脑发出的不同信号来识别相应的情绪。脑信号不易伪装,且识别率相对较高,因此越来越多地被应用于情绪相关研究中。常见的基于中枢神经系统的脑信号识别方法主要有脑电图(Electroencephalography, EEG)、功能性磁共振成像(Functional magnetic resonance imaging, fMRI)、脑磁图(Magnetoencephalography, MEG)、正电子放射断层扫描(Positron emission tomography, PET)等。其中,EEG 因场地要求低、测量无放射性等优势,是目前在情绪识别中研究较为广泛的方法。本节主要介绍 EEG 相关的情绪测量,关于 ERP 和 fMRI 的研究详见第三篇。

(一)脑电信号的特征

EEG 是指按照时间顺序,利用高灵敏度生物信号放大器在头皮表层记录下脑部的自发性生物电位,描记出来的类似正弦波的连续曲线图形,是大脑神经元的自发性、节律性电活动。脑电图由频率、波幅、位相、波形等基本要素组成,在实际应用中常用频率作为分析单位。脑电频率(Frequency)是指一秒钟内相同周期的脑波重复出现的次数,单位为 Hz 或次/秒。临床脑电图分析的脑波频率范围在 0.5～100 Hz,一般认为与认知相关的频率范围为 0.5～35 Hz。研究表明,人类的认知和心理活动与脑电信号存在着一定的相关性。目前一般将采集到的脑电信号通过离散傅里叶变换(Discrete Fourier transform,DFT)、快速傅里叶变换(Fast Fourier transform,FFT)等算法提取转换,然后分为 5 个频段(Frequency bands):δ 波(delta,1～4 Hz)、θ 波(theta,4～7 Hz)、α 波(alpha,8～13 Hz)、β 波(beta,13～30 Hz)、γ 波(gamma,30～47 Hz),分别对应着不同的认知加工特性(见表 7.3)(Alarcao & Fonseca,2017)。

表 7.3 脑电信号频段分类和认知加工特性

频段名称	频率(Hz)	振幅(μV)	认知加工特性
δ 波	1～4	20～200	慢波,通常出现在婴幼儿阶段或智力发育不成熟,或者成人在极度疲倦和深度睡眠阶段
θ 波	4～7	5～20	慢波,青少年(10 至 17 岁)中出现较多,成人处于精神放松或浅睡眠也可能出现该频段信号,常出现在额叶;在成人有抑郁情绪或者精神病患者中,该频率波也极为明显,常出现在颞顶叶
α 波	8～13	20～100	正常人脑电波的基本节律,通常在人处于安静、清醒或闭目状态下时出现在枕叶;睁眼或受到其他外部刺激时,α 波消失
β 波	13～30	5～30	快波,人类逻辑分析等主要脑电成分,主要集中在大脑额叶。当人处于清醒或者精神紧张、情绪激动时,大脑易产生该频段信号
γ 波	30～47		快波,脑电信号的高频成分,无相对固定的振幅变化区间。当人专注于某一事物时或处于警觉时,易产生 γ 波

(二) 利用脑电信号的相关研究

随着情绪电生理学和认知神经科学的发展,情绪反应与脑电活动之间的关系受到了相关研究者的广泛关注。早期的研究主要集中在不同情绪状态下脑电低频成分(θ 波、α 波和 β 波)的活动。

Suetsugi 等人(Suetsugi et al., 2000)发现在患有广泛性焦虑障碍(Generalized anxiety disorder,GAD)的个体中,焦虑症状的改善伴随着额中 θ 波(Frontal midline theta,Fmθ)活动的增强。在此基础上,Sammler 等人(Sammler, Grigutsch, Fritz, & Koelsch, 2007)采用音乐诱发范式研究情绪效价对脑电活动的影响,结果发现相较于不愉快音乐,愉快音乐诱发下被试者的 Fmθ 波活动增强,该结果进一步证实了 Fmθ 波活动受到情绪的调节。Stenberg(Stenberg, 1992)在其研究中让被试者分别回忆愉快、不愉快和中性的事件(可以是过去的真实经历也可以是虚构事件)以诱发相应的情绪,然后记录他们的脑电活动。研究结果显示,与中性情绪相比,被试者右侧额叶 θ 波活动在愉快和不愉快情绪诱发下均出现增强,枕叶 β 波活动在愉快情绪下增强,不愉快情绪下减弱。

情绪的 EEG 研究发现,α 波与知觉加工(Perceptual processing)和情绪加工(Emotional processing)(Klimesch, Schack, & Sauseng, 2005; Schmidt & Trainor, 2001; Tsang,

Trainor, Santesso, Tasker, & Schmidt, 2010)存在显著相关。此外,值得注意的是,α 波活动与大脑皮质活动呈现负性相关,即当某一脑区的活动增强时,该脑区的 α 波活动减弱(Sammler et al., 2007)。Schmidt 和 Trainor(Schmidt & Trainor, 2001)在额区 EEG 的研究中首次发现额区 α 波活动能够区分情绪效价(positive vs. negative)和情绪强度(intense vs. calm)。研究采用音乐诱发范式分别诱发被试者的快乐(happy)、愉悦(joy)、悲伤(sad)和恐惧(fear)情绪,结果发现被试者在快乐和愉悦的音乐诱发下,左前额区的脑电活动相对增强;在悲伤和恐惧的音乐诱发下,右前额区的脑电活动相对增强。进一步的分析发现,虽然额区脑电活动的非对称性模式无法区分情绪强度,但总的额区脑电活动按恐惧、愉悦、快乐、悲伤情绪呈现递减趋势。

众多研究显示,β 波与警觉性增高和认知加工相关(Steriade, 1999)。在非快速眼动睡眠(Non-Rapid Eye Movement Sleep, NREM Sleep)阶段,β 波活动减弱。在情绪加工方面,研究发现 β 波活动随着情绪唤醒度的升高而增强(Aftanas, Reva, Savotina, & Makhnev, 2006; Sebastiani, Simoni, Gemignani, Ghelarducci, & Santarcangelo, 2003)。

随着事件相关同步(Event-related synchronization, ERS)、事件相关区同步(Event-related desynchronization, ERD)等研究方法的发展,脑电活动的高频成分在情绪研究中也取得了一系列结果。Keil 等人(Keil et al., 2001)基于高频振荡脑电活动和事件相关电位(Event-related potentials, ERPs)研究情绪对大脑半球的影响。研究采用情绪图片分别诱发被试者的愉快、不愉快和中性情绪,同时采用 128 通道的 EEG 设备采集被试者在情绪诱发过程中的脑电活动。结果发现,与中性情绪刺激相比,被试者在图片刺激后 80 毫秒左右出现对负性图片的早期中频 γ 波(30~45 Hz)活动的增强,而在图片刺激后 500 毫秒左右对正性和负性图片均出现晚期 γ 波(46~65 Hz)活动的增强。ERPs 和晚期 γ 波活动的分析结果均表明主要激活区域在大脑右半球。

国内学者刘贤敏和刘昌(刘贤敏,刘昌,2011)采用音乐诱发范式对情绪的脑电和自主神经反应进行了相关研究。结果发现,悲伤情绪下被试者的 α 波、β 波和 θ 波能量高于愉快情绪下的脑波能量,但增强的脑区存在差异;愉快情绪较多激活枕区和顶区的 α 波,悲伤情绪较多激活额区的 α 波。

四、基于生理信号的情绪评估步骤

不同于主观评估法,可通过情绪评定量表或其他相关问卷相对直接地对被试者的情绪状态进行评估,基于生理信号的情绪评估需要对记录的生理信号进行一系列处理才能在生理信号与不同的情绪状态之间建立一定的联接。一般来说,基于生理信号的情绪评估步骤主要包括情绪诱发、生理信号采集、数据预处理、特征提取、优选及融合和情绪模式分类识别。其中,数据预处理、特征提取、优选及融合和情绪模式分类识别是最为关键的几个步骤(Shu et al., 2018)。

(一) 数据预处理(Preprocessing)

情绪具有情境性、暂时性、易波动的特点,而且生理信号在采集过程中易受到噪声及其他信号的干扰。因此,研究者需要对记录的生理信号进行一系列预处理才能展开下一步分析。预处理主要是保留有效数据段,如只截取情绪反应出现时的数据,还要去除信号中掺杂的噪声和伪迹。目前比较常用的伪迹去除方法主要有滤波、归一化、独立成分分析和主成分分析等。

(二) 特征提取(Feature extraction)

特征提取指的是提取出生理信号中与目标情绪相关的敏感、有效的特征,以保证后续情绪识别的准确性。常用的生理信号特征包括时域特征、频域特征和时-频特征。时域特征提取是对信号的时域波形进行分析,提取波幅、均值、标准差、偏歪度和峰值等信息,直观性强,物理意义较明确。常用的时域分析方法有:过零点分析、直方图分析、方差分析、相关分析、峰值检测、波形参数分析和波形识别等。频域特征提取通常建立在功率谱估计基础上,发展较为成熟,常见的频域特征有功率谱、功率谱能量、功率谱密度等。经典的功率谱估计以傅里叶变换(Fourier transform,FT)作为基础,常用的方法有周期图法和自相关法;现代功率谱估计包括参数模型谱估计和非参数模型谱估计。由于生理信号往往具有不稳定和易变的特性,单纯分析时域特征或频域特征可能无法提供全面有效的信息。因此,越来越多的研究将时域和频域联系起来,对生理信号进行时-频特征分析,以揭示生理信号中每个频率分量随时间变化的规律。常用的时-频特征提取方法有短时傅里叶变换(Short-time Fourier transform,STFT)和小波变换(Wavelet packet transform,WPT)等。

(三) 特征优选及融合(Feature optimization and fusion)

特征优选主要指对提取的原始特征维数进行降维,选出少数的与情绪高度相关的特征,剔除无效特征,从而减少特征维数,提高后续的情绪模式分类识别的精确度。常用的降维方法包括线性判别式分析(Linear discriminant analysis,LDA)、主成分分析(Principal component analysis,PCA)、独立成分分析(Independent component analysis,ICA)和奇异值分解(Singular value decomposition)等。特征融合是将多种类型的特征进行融合。早期融合在特征选择阶段执行,晚期融合在分类步骤之后执行,最终目的是提高情绪识别的准确率。

(四) 情绪模式分类识别(Classification and recognition)

情绪模式分类识别是选择不同的分类器(计算机算法)对情绪状态样本进行学习,再分类与预测。情绪状态的学习方法大致可分为三类:(1)无监督学习方法,即对没有概念标记的训练样本进行学习。在训练过程中,不标注样本的类别信息,特性相近的样本互相靠近,特性相异的样本互相远离,从而达到同类聚集、异类分离的训练效果,最终实现情绪模式的分类。常见的无监督学习方法有模糊聚类、K 均值和自组织映射等。(2) 监督学习方法,是对具有概念标记的训练样本进行学习。不同于无监督学习,有监督学习需要对样本的类别进行标注,在类别信息的指导下不断调整模型的参数,再将得到的训练模型用于后续情绪模式的分类。常见的监督学习方法有支持向量机、神经网络、决策树、贝叶斯网络、K-近邻以及隐马尔科夫模型等。(3) 半监督学习方法,该方法是无监督学习与监督学习方法的结合体,力求利用少量标记样本和大量未标记样本进行学习与分类。

五、情绪的生理唤醒测量需要注意的问题

(一) 基线问题

基线问题(Baseline problem)主要指分析生理信号发生变化时用作对比的参照水平,是情绪的客观评估中一个基本的问题(Nakasone, Prendinger, & Ishizuka, 2005)。通常情况下,个体处于平静状态(rest)下被认为没有特定情绪表现,此时的生理表现可作为基线水平。然而,Levenson 指出,情绪的产生并不是由平静状态开始的唤醒,而是机体达到一种更高水平的唤醒;他建议情绪唤醒的基线水平应该是机体的自主神经系统处于中等唤醒水平时的状态(Levenson, 1988)。

(二) 时间窗问题

在情绪的生理信号测量中,目标情绪捕捉与分析的时间窗是个关键问题。Levenson(Levenson, 1988)提出,情绪的平均持续时间为 0.5～4 秒。另外,不同情绪的持续时间不同,如惊奇这 情绪的持续时间非常短暂,而愤怒相对来说持续时间会比较长。目前学界对情绪测量的时间窗这一问题尚未达成共识。研究者多根据情绪不同的表现形式(选取的不同测量指标)采用不同的时间窗,如语调表情一般为 2～6 秒,生理信号一般为 3～15 秒(Gunes & Pantic, 2010; Kim, 2007)。

(三) 情绪强度问题

情绪强度(Emotional intensity)与生理唤醒的程度相关。情绪强度过低可能达不到生理唤醒的阈值,而情绪强度过高可能会损害自主神经系统和中枢神经系统的活动(Kim, 2007)。需要注意的是,不同个体在相同情境及刺激条件之下表现出的情绪强度可能也不同。

(四) 不同情绪诱发范式对情绪生理唤醒的影响

在实验室条件下进行情绪研究时,情绪诱发是关键的步骤之一。目前已有的实验室情绪诱发方法包括情绪材料诱发(如文字、图片、音乐、视频等)和情绪性情境诱发(如博弈游戏、回忆/想象情境等)。不同的研究者往往采用不同的情绪诱发方法诱发目标情绪,并同时

采用主观评估法和客观评估法来测量情绪的诱发效果。在不同的研究中,研究目的、情绪诱发范式、实验控制条件、被试者(如性别、文化背景)等难以避免地存在一些大大小小的差异,导致同一情绪(如快乐情绪)在同一生理信号上的表现可能不一致。因此,在情绪的生理唤醒测量中需要格外考虑这些因素可能带来的影响。

本章从情绪反应中的外部行为表现和生理唤醒角度出发,对目前研究较为广泛的情绪客观评估方法进行了相关总结。近年来,情绪的客观评估在情绪研究领域日渐受到重视并成为研究热点。随着感知技术和人机交互技术的发展,基于计算机的情感计算(Affective computing,AC)也逐渐在情绪研究领域兴起。具体而言,情感计算是通过构建情绪状态而建立的计算模型,它对个体的行为和生理信号进行分析,并基于测量到的情绪状态在人机之间建立情绪交互;目的是通过赋予计算机识别、理解、表达和响应人类情感的能力来建立和谐的人机环境,使计算机具有更全面的智能,从而影响、预测、估计人的情绪状态(Kim, Kim, Oh, & Kim, 2013)。其中,情绪识别(Emotion recognition)是情感计算中关键的一个环节,基于情感计算的情绪识别受到越来越多相关研究者的关注。由于情绪反应往往同时通过面部表情、语音、身体姿态及各种生理唤醒表现出来,有研究者提出了多模态情绪识别(Multimodal emotion recognition)的概念,即对面部表情、语音、身体姿态及各种生理反应等多模态信号进行情绪识别研究,再通过各种特征提取、特征选择和分类识别来提高情绪识别的准确率与客观性(Banziger, Grandjean, & Scherer, 2009; Kessous, Castellano, & Caridakis, 2010)。此外,情绪识别相关数据库的建立,如包含32个通道的EEG信号和8组外周生理信号的DEAP数据库(Koelstra et al., 2012),也为情绪的相关研究提供了多选择性,同时提高了研究的科学性和严谨度。

总之,在情绪的评估中,无论是主观评估法还是客观评估法,都有其自身的优势与不足之处。因此,在实际研究与应用中,研究者应根据自身的实验研究目的、要求、主客观条件等,灵活结合主观评估法和客观评估法,对目标情绪进行评估与识别。

参考文献

Aftanas, L. I., Reva, N. V., Savotina, L. N., & Makhnev, V. P. (2006). Neurophysiological correlates of induced discrete emotions in humans: an individually oriented analysis. *Neuroence & Behavioral Physiology*, 36(2), 119.

Ahmed, F., Bari, A. S. M. H., & Gavrilova, M. L. (2020). Emotion Recognition From Body Movement. *IEEE Access*, 8, 11761-11781.

Alarcao, S. M., & Fonseca, M. J. (2017). Emotions Recognition Using EEG Signals: A Survey. *IEEE Transactions on Affective Computing*, 1-1.

Anttonen, J., & Surakka, V. (2005). *Emotions and heart rate while sitting on a chair.* Paper presented at the Proceedings of the 2005 Conference on Human Factors in Computing Systems, CHI 2005, Portland, Oregon, USA, April 2-7, 2005.

Bachorowski, J.-A., & Owren, M. J. (1995). Vocal Expression of Emotion: Acoustic Properties of Speech Are Associated With Emotional Intensity and Context. *Psychological Science*, 6(4), 219-224.

Balconi, M., Falbo, L., & Conte, V. A. (2011). BIS and BAS correlates with psychophysiological and cortical response systems during aversive and appetitive emotional stimuli processing. *Motivation and Emotion*, 36(2), 218-231.

Banziger, T., Grandjean, D., & Scherer, K. R. (2009). Emotion recognition from expressions in face, voice, and body: the Multimodal Emotion Recognition Test (MERT). *Emotion*, 9(5), 691-704.

Belin, P., Fecteau, S., & Catherine, B. (2004). Thinking the voice: neural correlates of voice perception. *Trends in Cognitive ences*, 8(3), 129-135.

Bensafi, M., Rouby, C., Farget, V., Bertrand, B., Vigouroux, M., & Holley, A. (2002). Autonomic nervous system responses to odours: the role of pleasantness and arousal. *Chemical Senses*, 27(8), 703-709.

Bianchin, M., & Angrilli, A. (2012). Gender differences in emotional responses: a psychophysiological study. *Physiol Behav*, 105(4), 925-932.

Blechert, J., Michael, T., Grossman, P., Lajtman, M., & Wilhelm, F. H. (2007). Autonomic and respiratory characteristics of posttraumatic stress disorder and panic disorder. *Psychosom Med*, 69(9), 935-943.

Brosschot, J. F., & Thayer, J. F. (2003). Heart rate response is longer after negative emotions than after positive emotions. *International Journal of Psychophysiology*, 50(3), 181-187.

Cannon, W. B. (1927). The James-Lange Theory of Emotions: A Critical Examination and an Alternative Theory. *Am J Psychol*, 39(1-4), 106-124.

Codispoti, M., Surcinelli, P., & Baldaro, B. (2008). Watching emotional movies: affective reactions and gender differences. *International journal of psychophysiology: official journal of the International Organization of Psychophysiology*, 2(69).

Corneanu, C. A., Noroozi, F., Kaminska, D., Sapinski, T., Escalera, S., & Anbarjafari, G. (2018). Survey on emotional body gesture recognition. *IEEE Transactions on Affective Computing*, 1-20.

Coulson, M. (2004). Attributing Emotion to Static Body Postures: Recognition Accuracy, Confusions, and Viewpoint Dependence. *Journal of Nonverbal Behavior*, 28(2), 117-139.

Dael, N., Mortillaro, M., & Scherer, K. R. (2012). The Body Action and Posture Coding System (BAP): Development and Reliability. *Journal of Nonverbal Behavior*, 36(2), 97-121.

Darwin, C. (1998). *The expression of the emotions in man and animals (3rd ed.)*. New York: Oxford University Press.

de Gelder, B. (2009). Why bodies? Twelve reasons for including bodily expressions in affective neuroscience. *Philos Trans R Soc Lond B Biol Sci*, 364(1535), 3475-3484.

Ekman, P. (1984). Expression and the Nature of Emotion. In K. Scherer & P. Ekman (Eds.), *Approaches to Emotion (pp. 319-344)*. HIllsdale, NJ: Lawrence Erlbaum.

Ekman, P., & Friesen, W. V. (1978). *Facial action coding system: A technique for the measurement of facial movement*. Palo Alto, Ca.: Consulting Psychologists Press.

Etcoff, N. L., & Magee, J. J. (1992). Categorical perception of facial expressions. *Cognition*, 44(227-240).

Gendolla, G. H., Abele, A. E., & Krusken, J. (2001). The informational impact of mood on effort mobilization: a study of cardiovascular and electrodermal responses. *Emotion*, 1(1), 12–24.

Gomez, P., Shafy, S., & Danuser, B. (2008). Respiration, metabolic balance, and attention in affective picture processing. *Biol Psychol*, 78(2), 138–149.

Gomez, P., Stahel, W. A., & Danuser, B. (2004). Respiratory responses during affective picture viewing. *Biol Psychol*, 67(3), 359–373.

Gomez, P., Zimmermann, P., Guttormsen-Schar, S., & Danuser, B. (2005). Respiratory responses associated with affective processing of film stimuli. *Biol Psychol*, 68(3), 223–235.

Gunes, H., & Pantic, M. (2010). Automatic, Dimensional and Continuous Emotion Recognition. *International Journal of Synthetic Emotions*, 1(1), 68–99.

Gunes, H., Shan, C., Chen, S., & Tian, Y. L. (2013). Bodily Expression for Automatic Affect Recognition. In *Emotion Recognition: A Pattern Analysis Approach*: John Wiley & Sons, Inc.

Hess, E. H., & Polt, J. M. (1960). Pupil Size as Related to Interest Value of Visual Stimuli. *Science*, 132(3423), 349–350.

Izard, C., & Dougherty, L. M. (1982). *Two complementary systems for measuring facial expressions in infants and children*. In C. Izard (Ed.), *Measuring emotions in infants and children*. New York: Cambridge University.

Izard, C. E. (1971). *The face of emotion*. New York: Appleton-Century-Crofts.

Izard, C. E. (1977). *Human emotions*. New York: New York Plenum Press.

Izard, C. E. (1979). *The maximally discrimination facial movement coding system (MAX)*. Newark: Instructional Resources Center, Univ. of Delaware.

Izard, C. E., Dougherty, L., Hembree, E., & Izard, C. (1980). *A System for Identifying Affect Expressions by Holistic Judgments (AFFEX)*. Newark: Instructional Resources Center, Univ. of Delaware.

J.-A., B. (1999). Vocal Expression and Perception of Emotion. *Current Directions in Psychological Science*, 8(2), 53–57.

James, W. (1884). What is an Emotion? *Mind*, 9(34), 188–205.

Johnstone, T., & Scherer, K. R. (2000). Vocal communication of emotion. In M. Lewis & J. M. Haviland (Eds.), *Handbook of Emotions* (pp. 220–235). New York: Guilford.

Kallinen, K. (2004). *Emotion related psychophysiological responses to listening music with eyes-open versus eyes-closed: Electrodermal (EDA), electrocardiac (ECG), and electromyographic (EMG) measures*. Paper presented at the the 8th International Conference on Music Perception & Cognition, Evanston, IL, USA.

Keil, A., Muller, M. M., Gruber, T., Wienbruch, C., Stolarova, M., & Elbert, T. (2001). Effects of emotional arousal in the cerebral hemispheres: a study of oscillatory brain activity and event-related potentials *Clinical Neurophysiology*, 112(11), 2057–2068.

Kessous, L., Castellano, G., & Caridakis, G. (2010). Multimodal emotion recognition in speech-based interaction using facial expression, body gesture and acoustic analysis. *Journal on Multimodal User Interfaces*, 3(1–2), 33–48.

Kim, J. (2007). Bimodal Emotion Recognition using Speech and Physiological Changes. In G. Michael &

K. Kristian (Eds.), *Robust Speech Recognition and Understanding* (pp. 265-280). Vienna, Austria.

Kim, M. K., Kim, M., Oh, E., & Kim, S. P. (2013). A review on the computational methods for emotional stateestimation from the human EEG. *Comput Math Methods Med*, 2013, 573734.

Klimesch, W., Schack, B., & Sauseng, P. (2005). The functional significance of theta and upper alpha oscillations. *Exp Psychol*, 52(2), 99-108.

Koelstra, S., Muhl, C., Soleymani, M., Jong-Seok, L., Yazdani, A., Ebrahimi, T., ... Patras, I. (2012). DEAP: A Database for Emotion Analysis; Using Physiological Signals. *IEEE Transactions on Affective Computing*, 3(1), 18-31.

Kreibig, S. D. (2010). Autonomic nervous system activity in emotion: a review. *Biol Psychol*, 84(3), 394-421.

Lange, C. G. (1885). The emotions: a psychophysiological study. *The emotions*, 33-90.

Laukka, P. (2005). Categorical perception of vocal emotion expressions. *Emotion*, 5(3), 277-295.

Laukka, S. J., Haapala, M., Lehtihalmes, M., Väyrynen, E., & Seppänen, T. (2013). Pupil Size Variation Related to Oral Report of Affective Pictures. *Procedia-Social and Behavioral Sciences*, 84, 18-23.

Levenson, R. W. (1988). Emotion and the autonomic nervous system: A prospectus for research on autonomic specificity. In H. L. Wagner (Ed.), *Social psychophysiology and emotion: Theory and clinical applications* (pp. 17-42). New York: John Wiley & Sons.

Nakasone, A., Prendinger, H., & Ishizuka, M. (2005). *Emotion recognition from electromyography and skin conductance*. Paper presented at the Proceedings 5th International Workshop on Biosignal Interpretation (BSI-05).

Neumann, S. A., & Waldstein, S. R. (2001). Similar patterns of cardiovascular response during emotional activation as a function of affective valence and arousal and gender. *Journal of Psychosomatic Research*, 50(5), 245-253.

Partala, T., & Surakka, V. (2003). Pupil size variation as an indication of affective processing. *International Journal of Human-Computer Studies*, 59(1-2), 185-198.

Pittam, J., & Scherer, K. R. (1993). Vocal expression and communication of emotion. In M. Lewis & J. M. Haviland (Eds.), *Handbook of Emotions* (pp. 185-197). New York: Guilford.

Ritz, T. (2004). Probing the psychophysiology of the airways: physical activity, experienced emotion, and facially expressed emotion. *Psychophysiology*, 41(6), 809-821.

Russell, J. A., Bachorowski, J. A., & Fernandez-Dols, J. M. (2003). Facial and vocal expressions of emotion. *Annu Rev Psychol*, 54, 329-349.

Russell, J. A., & Barrett, L. F. (1999). Core Affect, Prototypical Emotional Episodes, and Other Things Called Emotion: Dissecting the Elephant. *Journal of Personality & Social Psychology*, 76(5), 805-819.

Sammler, D., Grigutsch, M., Fritz, T., & Koelsch, S. (2007). Music and emotion: electrophysiological correlates of the processing of pleasant and unpleasant music. *Psychophysiology*, 44(2), 293-304.

Schmidt, L. A., & Trainor, L. J. (2001). Frontal brain electrical activity (EEG) distinguishes valence and intensity of musical emotions. *Cognition and Emotion*, 15(4), 487–500.

Schwartz, G., Fair, P., Salt, P., Mandel, M., & Klerman, G. (1976). Facial muscle patterning to affective imagery in depressed and nondepressed subjects. *Science*, 192(4238), 489–491.

Schwartz, G. E., Fair, P. L., Salt, P., Mandel, M. R., & Klerman, G. L. (1976). Facial Expression and Imagery in Depression: An Electromyographic Study. *Psychosomatic Medicine*, 38(5), 337–347.

Sebastiani, L., Simoni, A., Gemignani, A., Ghelarducci, B., & Santarcangelo, E. L. (2003). Autonomic and EEG correlates of emotional imagery in subjects with different hypnotic susceptibility. *Brain Research Bulletin*, 60(1–2), 151–160.

Shu, L., Xie, J., Yang, M., Li, Z., Li, Z., Liao, D., ... Yang, X. (2018). A Review of Emotion Recognition Using Physiological Signals. *Sensors (Basel)*, 18(7).

Stenberg, G. (1992). Personality and the EEG: Arousal and emotional arousability. *Personality and Individual Differences*, 13(10), 1097–1113.

Steriade, M. (1999). Cellular substrates of brain rhythms. In E. Niedermeyer & F. H. Lopes da Silva (Eds.), *Electroencephalography–Basic principles, clinical applications, and related fields*, 4th ed (pp. 28–75). Baltimore: Williams Wilkins.

Suetsugi, M., Mizuki, Y., Ushijima, I., Kobayashi, T., Tsuchiya, K., Aoki, T., & Watanabe, Y. (2000). Appearance of frontal midline theta activity in patients with generalized anxiety disorder. *Neuropsychobiology*, 41(2), 108–112.

Terathongkum, S., & Pickler, R. H. (2004). Relationships among heart rate variability, hypertension, and relaxation techniques. *J Vasc Nurs*, 22(3), 78–82; quiz 83–74.

Tomkins, S. S. (1962). Affect, imagery, concioueness (Vol. I The positive affects).

Tsang, C. D., Trainor, L. J., Santesso, D. L., Tasker, S. L., & Schmidt, L. A. (2010). Frontal eeg responses as a function of affective musical features. *Annals of the New York Academy of ences*, 930, 439–442.

Vlemincx, E., Van Diest, I., & Van den Bergh, O. (2015). Emotion, sighing, and respiratory variability. *Psychophysiology*, 52(5), 657–666.

Von Leupoldt, A., Vovk, A., Bradley, M. M., Keil, A., Lang, P. J., & Davenport, P. W. (2010). The impact of emotion on respiratory-related evoked potentials. *Psychophysiology*, 47(3), 579–586.

Wallbott, H. G. (1998). Bodily expression of emotion. *European Journal of Social Psychology*, 28(6), 879–896.

李建平,张平,王丽芳,等.(2005).5种基本情绪自主神经反应模式特异性的实验研究[J].中国行为医学科学,14(3),257–259.

刘飞,蔡厚德.(2010).情绪生理机制研究的外周与中枢神经系统整合模型[J].心理科学进展,18(4),616–622.

刘贤敏,刘昌.(2011).中国古典音乐诱发情绪的生理活动研究[J].中国健康心理学杂志,19(5),618–620.

孟昭兰.(1987).为什么面部表情可以作为情绪研究的客观指标[J].心理学报,19(2),124–134.

徐景波,孟昭兰,王丽华.(1995).正负性情绪的自主生理反应实验研究[J].心理科学,18(3),134–139.

赵国朕,宋金晶,葛燕,等.(2016).基于生理大数据的情绪识别研究进展[J].计算机研究与发展,53(1),80–92.

第三篇
情绪的诱发

情绪一直是心理学研究的重要主题,为了了解情绪产生、发展和消退的机制、探究情绪与认知和行为的关系,研究时不得不人为地激发起情绪。这就需要借助一些情绪诱发材料,以获得不同效价和强度的情绪。但在情绪研究早期,不同的实验室使用不同的程序及材料作为情绪诱发的手段,这就造成了不同研究者的研究结果差异较大,影响实验结果的实验参数众多,情绪研究结论难以推广和深入。于是,一些研究者试图编制和推广标准化情绪刺激材料,其中以美国国立精神卫生研究所(National Institute of Mental Health, NIMH)编制的一系列标准化情绪刺激材料的使用最为广泛。国内也先后编制了中国版标准化词语、图片和声音情绪刺激材料,以供国内研究者使用。本书将重点介绍这些标准化材料的评价指标、编制过程,以及利用标准化情绪诱发材料做的研究。

常用的情绪诱发材料往往是西方学者以西方人为被试者编制的,这些材料能否激发东方人产生相同的情绪感受?跨文化的一致性一直是情绪研究领域的重要问题,研究者就标准化情绪材料库是否适用于不同文化的被试者进行了大量研究,本篇最后将对这些研究进行梳理,为广大研究在使用标准化情绪诱发材料时提供更多参考。

第八章　利用图片诱发情绪

1987年3月31日,凡·高的名作《向日葵》以2 250万英镑的天价被拍卖。一幅油画为何如此名贵？原因之一可能就在于《向日葵》这幅作品的情感价值。在《向日葵》作品中,凡·高以坚实的笔触刻画了一组正在怒放中的向日葵形象。这些向日葵花瓣富有张力,线条不羁,大胆肆意,给观赏画的人带来了强烈的情感体验。你似乎能从凡·高的向日葵中看到一种蓬勃向上的生命力,看到喷涌而出的热情,看到无限的勇气和力量。艺术作品虽然是静态的、无声的,却能带给我们真实的和涌动着的情感体验;并且,图片信息具有跨文化的一致性,同样的图片在不同的种族和文化中几乎能够诱发出完全相同的情绪,天价购买凡·高作品的人,不是和凡·高一样的西方人,而是来自日本的商人。

今天,因图像信息诱发情感体验的真实性和普遍性,使图片成为最常用的情绪诱发工具,国内外的研究者还编制了多个标准化情绪图片库用于科学研究。本章将说明图片诱发情绪的评估指标、标准化情绪图片库的建立方法,重点介绍常用标准化情绪图片库,最后为读者介绍利用标准化图片库所做的研究。

第一节　概　述

一、情绪图片的评估指标

情绪有积极的、有消极的、有激烈的、有温和的,不同的图片对应着不同的情绪强度与效价,这就需要研究者建立一套科学的情绪图片评价指标以评价图片诱发的情绪。当前,研究者主要建立了不同的主观评价指标和客观评价指标。其中主观评价指标主要指由被试者根据自身感受进行评价的情绪指标,而客观指标包括皮电、脑电、心率等生理指标。

(一) 主观评价指标

早期的研究主要依靠研究者区分情绪图片的效价,对图片内容和情绪唤醒度的控制不够精确。在情绪维度理论的指导下,依据不同维度评价情绪图片才被研究者接受和使用。对情绪的不同维度进行评分一般使用自评量表,要求被试者在看到情绪刺激时或者在情绪诱发后进行对情绪反应自评。主观评价的方式省时省力且可以进行大规模测量,受到研究者青睐。当前最常用的评估工具为自我情绪评定量表(Self-Assessment Manikin, SAM)

(Bradley & Lang, 1994)。SAM 是根据 Osgood 等人(Osgood, Suci & Tannenbaum, 1957)提出的情绪维度理论编制的,该理论认为情绪包含三个维度,即效价、唤醒度和优势度,这三个维度成为评价情绪图片的最重要指标。其中,效价指看到图片后,被试者觉得愉快或不愉快的程度;唤醒度指看到某个图片场景后觉得兴奋或不感兴趣。优势度指看到某个场景图片后觉得自己居于支配或被支配的地位。具体来说,自信、能自主行动、有影响力、有重要性、强大、具支配权、居优势地位代表支配;被关照、被影响、被引导、被控制、充满敬畏、顺从、屈服代表被支配(白露,马慧,黄宇霞,罗跃嘉,2005)。为了测量以上三个维度,SAM 呈现了一组情绪状态逐渐变化的小人(如图 8.1 所示),在效价维度,小人的表情从撇嘴皱眉显得很不高兴,到笑得十分开心;在唤醒度维度,小人的状态从放松甚至表现出睡意到非常兴奋。优势度则以小人的大小表现,小号的人像代表低优势度、大号人代表高优势度。两个极端情绪状态小人的中间设置了三个程度逐渐变化的过渡状态,被试者可以选择某个小人,或者小人之间的空隙以代表他们的情绪程度,因此 SAM 实际上是分别衡量情绪效价和唤醒度的 9 点量表。

当前国内外研究最为常用的国际情绪图片系统(International Affective Picture System,IAPS)提供了每张图片的效价、唤醒度和优势度指标,以供研究者在选取实验图片时能够进行良好的匹配。

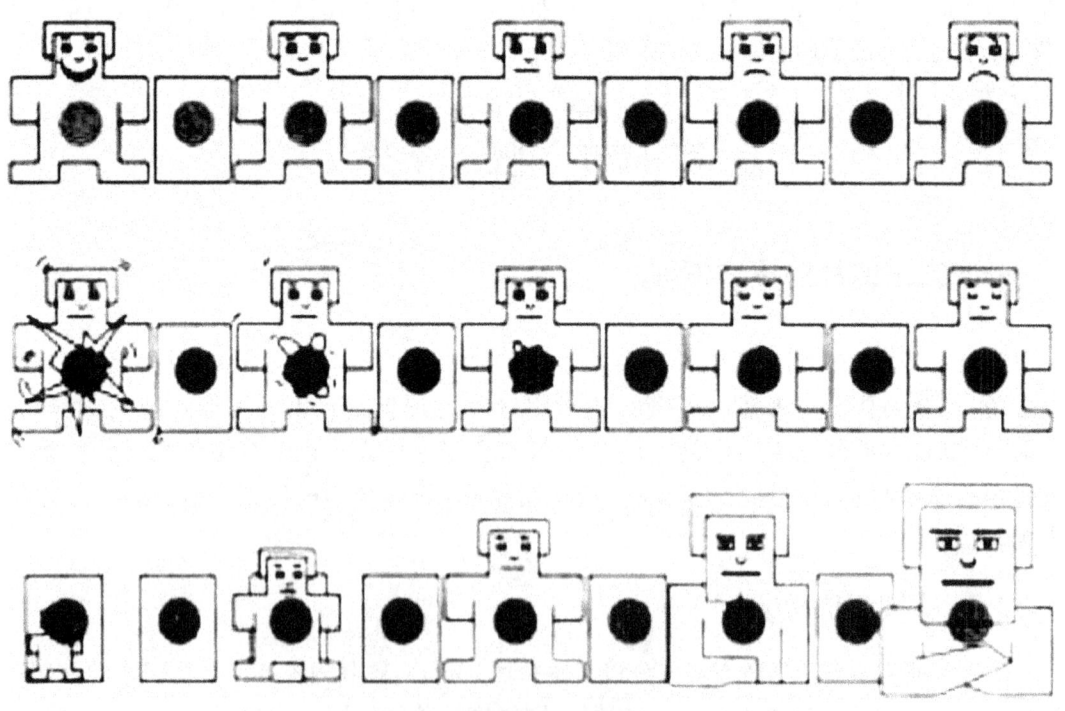

图 8.1 自我情绪评定量表(SAM)

其中第一行图片评估效价,第二行评估唤醒度,第三行评价优势度。

(来源: Lang, Bradley & Cuthbert, 2005)

在研究中,情绪图片经常作为情绪启动的工具,要求被试者看完一个或一组图片并产生了一定的情绪后完成某种任务。这就面临一个问题,即如何证明情绪图片诱发了情绪?这就需要另外三个指标,即情绪的强度(intensity)、纯度(discretenes)以及时间进程(duration)。情绪强度,是指靶情绪诱发的强烈程度。情绪纯度又称为分化度,指诱发出的靶情绪的单一性,对实验结果的关系推论有着直接影响。情绪的时间进程是指情绪材料呈现完毕后情绪的恢复时间,它关乎被试者在完成认知任务时是否一直处于靶情绪的反应状态下(谢韵梓,阳泽,2016)。一般而言,情绪的强度越强,纯度越高,时间进程越持久,说明情绪的诱发效果越好。

(二) 客观评价指标

客观指标是用来评价实验性情绪是否被成功诱发以及衡量情绪唤醒度的重要指标。常见的客观评价指标包括肌电(Electromyographic,EMG)、自主神经活动,如皮电(Skin Conductance,SC)、心率(Heart Rate,HR)等,以及眼动指标,如眨眼幅度(blink modulation)、观看时间(viewing time)等。

面部 EMG 是常见的生理指标,它记录个体面部活动,如皱眉或者微笑时的肌电变化,对情绪效价的反应敏感。研究者记录了巴西成年人对不同 IAPS 图片的 EMG 指标,结果显示被试者对唤醒度和效价都高的图片 EMG 水平明显高于效价一般和效价低的图片(Ribeiro,Teixeira‐Silva,Pompéia & Bueno,2007)。

皮电指标是另一个应用较为广泛的情绪唤醒的客观指标。它的优势包括反应灵敏,表现稳定。研究发现,表现激动、悲伤、恐惧的情绪图片能有效诱发皮电指标(谢韵梓,阳泽,2016)。

成人的心率指标并不敏感,但对儿童来说,观看不同效价的图片,确实可以导致心率的改变。儿童在观看消极图片时心率明显减缓(McManis,Bradley,Berg,Cuthbert & Lang,2007)。

McMain 等人(2001)的研究提供了眼动证据,他们发现眨眼幅度上存在性格×年龄的交互作用,对儿童被试者来说,女孩看到负性图片时眨眼幅度较大,而男孩则在看正性图片时眨眼幅度更大;对成人被试者来说,女性看积极或者消极图片时的眨眼幅度均显著高于看中性图片,而男性的眨眼幅度则不会受到图片内容的影响;在观看时间方面,成人对消极图片表现出对消极图片的观看时间延长。

关于这些指标的详细介绍详见第七章、第十三章。

二、情绪图片库的建立过程

Long 等人(2008)提供的技术报告中详细描述了 IAPS 的建立过程,下文以 IAPS 为例,介绍标准化情绪图片库是如何建立的。

IAPS 旨在建立一套标准化的多元情绪图片库,这就需要研究者收集并筛选出大量的情绪图片。那么,什么样的图片能够进入 IAPS 呢?研究者确定的标准包括:(1) 具有不同程度唤醒度和效价的图片均被纳入考虑范围;(2) 图片为彩色的;(3) 纳入 IAPS 的图片必须方便处理,前景和背景明显,可以清晰表现情绪。IAPS最初囊括了700张能引起不同情绪的图片,此后研究者继续填充了新的情绪图片,2005年的技术报告中已经包括了近1 000张情绪图片。

完成了图片筛选,下一步工作就是进行图片诱发情绪的评定。为了提供每张图片的效价、唤醒度和优势度数据,研究者邀请大学生对图片进行评分,评分工具为自我情绪评定量表SAM。在评分过程中,作者将IAPS的全部图片随机分为16组,每组约60张图片。大学生被随机分为8~25人的小组,每个小组分别对每组图片评定,这样每张图片被100名左右的被试者进行评分。在一个完整的评分过程中,每张图片呈现6秒,之后15秒内,被试者需要完成三个情绪维度的评分,整个过程持续40分钟左右。

三、利用图片进行情绪诱发研究的过程

(一) 图片材料的准备

研究者首先要确定要诱发的核心情绪是什么,以便选取有效的图片刺激。标准化情绪图片库为库中的每张图片的效价、唤醒度和优势度提供了参考数据,无需研究者重新评估,方便图片筛选。研究者需要注意的是,在选择不同效价的图片时,要注意图片唤醒度和优势度的匹配,如研究者选取的负性图片的平均唤醒度为6.5,那么正性图片的平均唤醒度应在相似的水平。同时,选择效价图片,还应保证不同效价图片的平均效价值差异显著。

(二) 基线和操作检验

为了说明情绪唤醒的有效性,在观看图片前后对被试者的情绪进行基线检测和操作检验是必要的步骤。测量工具可选用第五~七章介绍的评估工具。在一次实验中,一般先对被试者进行基线情绪测量,随后诱发情绪,之后立刻进行操作检验,如果基线和操作检验的情绪分数有显著差异,且符合研究者预期,可以认为情绪的诱发是成功的。

(三) 情绪对不同因变量的影响

实验中进行情绪诱发的意义一般是为了考察某种情绪状态对被试者认知、情绪和行为以及脑功能等方面的影响,因而观察不同情绪状态下被试者的反应就是研究的因变量。这一因变量可以有不同的水平,包括行为水平(如正确率和反应时等)、生理水平(如EMG、SC等)、脑组织水平(如脑组织耗氧量、脑电)等,详见本章第三节介绍。

第二节 国内外标准化情绪图片库介绍

一、国际和中国情绪图片系统

国际情绪图片系统(IAPS)是当前最为常用的情绪刺激材料,它由美国国立精神卫生研

究所(NIMH)情绪与注意研究中心编制。IAPS 的情绪图片内容选材广泛,包括人物、动物、艺术品、家用物品、城市景观、海景、战争、运动场景等等。IAPS 自 1980 年开始编制,经历了几十年的发展,IAPS 的图片数量稳步增加:1997 版本包含 700 张彩色图片,2001 版本共有彩色图片 822 张,2005 版本图片数量增至 956 张,而目前最新的 2008 版本,图片的数量已经超过 1 000 张。研究者为每张图片进行了编号,并且免费提供给科研人员。IAPS 的建立使不同的实验室或是不同的研究人员所做出的实验结果具有更高的可比性,使实验研究的可重复性增强(蒋军,陈雪飞,陈安涛,2011)。

经过多年的研究,IAPS 积累了大量的数据,为每张图片提供了详细的效价、唤醒度和优势度数据。如插页彩图三所示,这些数据为选取合适的情绪图片提供了重要参考。

在情绪的三个维度中,优势度能解释的变异较小,因而除了提供以上的三维度情绪数据,研究者还报告了由效价和唤醒度组成的"情绪空间(affective space)"。以情绪唤醒度为横坐标,以效价为纵坐标,标记每张情绪图片得分的均值,即可形成情绪空间。插页彩图三提供了 IAPS 的情绪空间,可以看出情绪越极端,唤醒度越强,而效价一般的情绪,唤醒度往往也不高,因而效价和唤醒度的关系曲线成 U 形。从该散点图中还可以看出,研究者尽量使不同的唤醒度和效价水平上均有相应的图片,这使 IAPS 的使用非常方便。

IAPS 适用于研究正常青年人在观看情绪图片时的心理和神经活动特点,此外 IAPS 还广泛用于心理疾病的研究,如对焦虑症、双向情感障碍、精神分裂症、PTSD 等患者的研究都用到了 IAPS。

IAPS 现在面对研究者免费开放,申请人需要进行邮件申请,申请通过后 30 天内可以得到用户名和密码,并使用 IAPS。申请网址为:https://csea.phhp.ufl.edu/media/iapsmessage.html。

对中国被试者来说,IAPS 有明显的不足:一是使用这种方法诱发出来的情绪只能维持较短的时间;二是 IAPS 存在明显的文化差异(蒋军,陈雪飞,陈安涛,2011)。基于此,中国心理学工作者建立了中国情绪图片系统(Chinese Affective Picture System,CAPS)(白露,马慧,黄宇霞,等,2005)。CAPS 由 852 张图片组成,相比 IAPS,这些图片更具有东方特色。研究者收集了 46 名大学生对这些图片的效价、唤醒度和优势度评分,结果发现这些图片在三个维度的不同程度上均有分布。并且 CAPS 的情绪空间分布与 IAPS 相似。CAPS 的情感图片材料具有较好的情绪唤起效果和实用性,在本土研究中得到广泛的应用。

二、其他情绪图片库

部分 IAPS 图片除了适用于青年人,还可以应用于儿童研究,如 McMain 等人(2001)从 IAPS 中选取了 60 张图片,并要求 7~11 岁儿童评价这些图片的效价、唤醒度和优势度。中国研究者丁军等(2010)则选择了 126 张 IAPS 图片,并验证了其对 10~12 岁中国儿童的适用性。参考 IAPS 的建立方法,赵迎春等人(2009)还编制了中国儿童情感图片评价系统,并且该系统的图片与 IAPS 图片不同。同样,老年人与青年人对图片的情绪反应也有所差异,因此选择适用于老年人的情绪图片也是必要的。在这方面,一些研究者选取了少量 IAPS

图片,并要求老年人对其进行评价,如 Smith 等人(2005)选取了 45 张 IAPS 图片,并收集了老年人对这些图片的效价和唤醒度评分;而另一些研究者则收集了尽可能多的图片的数据,如 Grühn 和 Scheibe(2008)收集了德国老年人对 504 张 IAPS 情绪图片的效价和唤醒度评分,而中国研究者进一步将图片数量扩展至 942 张(Gong & Wang,2016)。以上提到的这些研究扩展了 IAPS 使用的年龄范围,为以老年人或儿童为被试者进行研究时选取情绪图片提供了重要参考,同时为 IAPS 的跨年龄适用性提供了重要数据。

近年来,具身情绪的相关研究表明,在知觉他人情绪与自身体验同种情绪时,个体的身体变化往往是一致的,这个领域的研究也为情绪诱发提供了新的思路和可能(郑璞,刘聪慧,俞国良,2012)。目前,除了一般性图片,表情面孔图片也常用于实验性情绪研究。有研究表明,情绪图片中的面部表情图片更能诱发人们的情绪,并且面孔表情在意义上的跨文化共同性最大(周萍,陈琦鹂,2008)。目前国际上较为常用的面孔表情材料包括 Ekman 标准黑白面孔图片库、包含了东方面孔的日本人和高加索人面孔表情库(Japanese and Caucasian Facial Expression of Emotion,JACFEE)、NimStim 表情数据库,以及蒙特利尔情绪面孔表情图片库(Montreal Set of Facial Display of Emotion,MSFDE)等。这些表情图片为利用具身情绪原理唤醒情绪提供了标准化素材。

第三节　IAPS 相关研究

标准化情绪图片库的建立为广大研究者提供了极大的便利,情绪图片可作为情绪启动材料应用于情绪-认知或情绪-行为研究,也可作为被评价的对象用于研究情绪唤醒的个体差异。结合 ERP、fMRI 等技术,情绪图片也成为探究情绪的神经基础的重要工具。

一、以健康人为被试者的研究

(一)作为情绪诱发材料

IAPS 的积极、消极图片可以诱发积极和消极情绪,因此 IAPS 成了重要的启动材料,服务于实验性情绪的唤醒。在情绪唤醒的基础上,研究者对情绪-认知和情绪-行为的关系进行了考察,包括情绪对知觉、注意、记忆等认知过程的影响及负性或正性情绪启动后对行为的影响。

图片的情绪色彩影响视觉加工。研究者让被试者的左眼和右眼分别观察不同的 IAPS 图片,结果发现相比中性图片,当图片具有消极或者积极情感时,被试者都会首先加工这些图片,并且注视这些图片的时间更长(Alpers & Pauli,2006)。对注意的研究进一步证实了情绪和认知的密切关系,如苏晶等(2016)要求被试者观看 IAPS 的负性或中性图片后,完成多目标追踪和点探测任务,以探测负性情绪对注意的影响。结果发现,负性情绪可能干扰了被试者目标导向的注意系统,使得个体更易受刺激驱动的注意系统影响。此外,欧阳淑兰使用了 IAPS 的积极和消极图片作为积极和消极情绪启动材料,结果发现外显记忆受到积极情绪启动效应的影响,但未受到消极情绪启动的影响。研究者对情绪是否影响内隐记忆还存在争议(欧阳淑兰,2008)。

在情绪-行为关系的研究方面,有研究者将不同效价的图片作为情绪启动材料,探讨了不同情绪对决策的影响,结果发现情绪不仅会影响决策,还会影响决策后个体对自我决策的满意度(Bandyopadhyay, Pammi, & Srinivasan, 2013)。一项研究中,研究者首先借助不同效价 IAPS 图片诱发被试者的不同情绪,之后收集被试者在不同情绪下的手机划屏行为,以建立通过收集划屏行为识别手机使用者情绪的方法(戴大祥,2017)。

基于 IAPS 的情绪诱发还可应用于机器学习研究中。研究者从 IAPS 中选取了愉快、悲伤、恐惧、厌恶、中性图片,并记录这些图片在被试者中诱发的生理反应,包括肌电、呼吸量、皮肤温度、皮电、舒张压、心率等,并通过机器学习的方法对不同图片诱发的生理反应进行分类。结果发现在学习后,机器对图片情绪的分类准确率达到 85%。这项研究反映了 IAPS 在人机交互领域具有一定的应用前景(Gouizi, Bereksi, & Maaoui, 2011)。

(二) 研究情绪诱发的影响因素

这部分研究主要关注不同年龄群体的适用性以及性别、职业、人格、身心状态等因素对 IAPS 评价指标(效价、唤醒度和优势度)的影响。

一项研究发现,中国儿童对情绪图片三维指标的评分与 IAPS 提供的评价数据之间具有较好的相关性,但在效价方面存在显著性差异(丁军等,2010),说明儿童与成人常模的情绪评价大体类似,但也存在一定的年龄特征。相比年轻被试者,老年被试者对消极图片的唤醒度评分更高,但对积极图片的唤醒度评分更低,说明老年人与年轻人的情绪加工存在差异(Grühn & Scheibe, 2008)。

蚁金瑶等人(2006)比较了男性和女性对情绪图片的效价、优势度和唤醒度特征。结果发现,与男性相比,女性对正性和负性图片均更敏感、反应也更强烈。说明图片诱发的情绪存在性别差异。女性怀孕前后情绪易波动,因此研究者关注了生育对情绪图片评分产生影响。一项研究比较了女性生育前后对不同效价图片的唤醒水平,结果发现生产后的女性对威胁性图片的唤醒度评分显著升高(Rosebrock, Hoxha, & Gollan, 2015)。

杨国愉等人(2010)比较了军人和一般成年人对 IAPS 图片评价的差异,结果发现,军人对图片的三维度评分与一般成年人评分有显著相关,但其唤醒度和优势度得分显著低于一般人群($P<0.01$)。说明职业对情绪诱发可能存在一定的影响。

情绪评分还与人格有关,tok 等人(2010)按照被试者对 IAPS 图片的效价和唤醒度评分,将图片分为高愉悦-高唤醒、高愉悦-低唤醒、低愉悦-高唤醒、低愉悦-低唤醒四类,并利用结构方程模型分析了被试者对四类图片的评分和人格的关系。结果发现大五人格测验(The Five Factor Personality Inventory,FFPI)中的开放性(openness)、外倾性(extraversion)和神经质(Neuroticism)维度与情绪评分相关。

李自强等(2017)选取正性、中性和负性 IAPS 图片,并比较了睡眠剥夺被试者对这些图片的情绪反应。结果发现睡眠剥夺可导致被试者对中性图片的评估发生负性偏倚,说明睡眠可对情绪评价产生影响。还有研究发现,人际互动会影响情绪图片评价,个体倾向于给出与同伴相一致的图片唤醒度评价(Prehn et al., 2015)。

(三)探讨情绪加工的脑机制

认知神经科学家关注情绪图片引起情绪反应或情绪评价的脑机制。该领域的研究利用 ERP、fMRI 等工具探究了情绪图片加工的时间进程和空间定位,为 IAPS 作为情绪诱发材料的可靠性提供了进一步的证据。

研究者收集了被试者在观看唤醒度相同但效价不同图片时的 ERP 数据,结果发现额叶区域的 P300 波幅受到图片效价的影响,提示额叶参与情绪效价加工(Polich, 2007);另一项研究使用 fMRI 观察被试者观看高唤醒-消极、高唤醒-积极、低唤醒-消极、低唤醒-积极四类图片时的脑成像特征,结果发现不同的唤醒度和效价组合激活了不同的脑区,说明大脑的情绪唤醒度和效价加工不仅存在着脑区的分离,甚至对二者的不同组合也在不同的脑区进行加工,反映了情绪加工的复杂性(Nielen et al., 2009)。

二、以心理异常群体为被试者的研究

IAPS 亦被广泛用于临床研究,研究内容包括探究焦虑症、双向障碍、精神分裂症、PTSD、抑郁、强迫症患者的情绪特点和神经机制。IAPS 帮助我们增加了对心理异常群体情绪识别、情绪反应等方面的认识。

(一)研究疾病对情绪诱发的影响

刘亚光(2006)比较了抑郁症患者和健康对照组对 IAPS 情绪图片效价和唤醒度的评分,结果发现两组被试者对高唤醒度图片的评分相似,但抑郁症患者对低唤醒度图片的唤醒度和效价评分明显低于对照组,说明低唤醒度图片给抑郁症患者带来的愉悦感强度较低。对惊恐障碍患者的研究发现,他们对负性 IAPS 图片唤醒度的评分显著低于健康被试者(王赫,2012)。Kemmis 等人比较了创伤后应激障碍(Posttraumatic Stress Disorder, PTSD)、物质成瘾障碍(Substance Use Disorder, SUD)、共病组(SUD-PTSD)和健康对照组对 21 张 IAPS 图片效价和唤醒度的评价,结果发现相比对照组,SUD-PTSD 组和 PTSD 组对积极图片的效价评价明显偏低,反映 SUD-PTSD 和 PTSD 从积极图片中体验到的积极情感低;PTSD 组相较对照组和共病组对消极图片的效价评分更低,反映相比其他心理障碍,PTSD 认为消极图片更加消极。对唤醒度的评分显示相比 SUD 组,SUD-PTSD 组对积极图片唤醒度的评分显著降低,反映积极图片给 SUD-PTSD 带来的情绪感受不强烈(Kemmis, Wanigaratne, & Ehntholt, 2017)。对精神分裂症患者的研究显示,尽管其对 IAPS 图片的主观评分与对照组没有差异,但相比对照组,精神分裂症患者对积极图片刺激的心率反应更低,说明精神分裂症患者存在对积极情绪刺激的加工异常(Hempel et al.,2005)。有学者总结了 IAPS 在心理障碍中的应用,并指出 IAPS 作为标准化情绪刺激材料,可以反映不同心理障碍的情绪加工异常,而情绪调节异常是边缘性人格障碍(Borderline Personality Disorder,BD)的重要表现,研究者呼吁应加强 IAPS 在 BD 研究中的应用(Jayaro, de la Vega, Díaz - Marsá, Montes, & Carrasco, 2008)。

(二) 探讨心理障碍的脑机制

结合 ERP、fMRI 等手段,研究者进一步探究了心理疾病患者在情绪图片加工中的神经机制。李清伟等人(2012)发现,广泛性焦虑和惊恐障碍患者在观看不同效价和唤醒度图片时的脑激活模式有所不同;研究者比较了神经性贪食障碍患者在观看食物和其他图片时脑成像的差异,结果发现,相比于正常人神经性贪食障碍患者在看到食物图片时大脑的平均激活程度有明显差异(申远等,2009)。研究者对比了 PTSD 患者和对照组对 IAPS 图片效价的主观评估和脑成像数据,结果发现,PTSD 患者对积极图片的效价评估显著低于对照组,同时他们在观看积极图片时纹状体、内侧前额叶、顶叶和颞叶皮质等脑区激活程度显著低于对照组;在观看消极图片时,他们的杏仁核和丘脑激活程度不及对照组(Elman et al.,2018)。不过也有研究报告不同心理障碍患者在情绪图片加工中的 fMRI 结果没有显著差异。Hägele 等人对 29 名酒精成瘾障碍、37 名精神分裂障碍、25 名重性抑郁障碍、12 名双向障碍的躁狂发作期、12 名恐惧障碍及 20 名注意缺陷/多动症患者和健康对照组进行了 fMRI 脑成像研究,要求被试者观看消极、积极和中性 IAPS 图片,并进行评分,被试者看图期间进行脑功能成像扫描。结果发现被试者抑郁和焦虑水平与脑区激活水平相关;在呈现积极图片时,无论被试者为健康人还是患者,其腹内侧前额叶、双侧颞中回和右侧楔前叶的激活程度相似;在呈现消极图片时,被试者左侧杏仁核、双侧颞中回的激活程度也没有出现组间差异。作者认为不同心理障碍的 IAPS 图片的情绪加工差异与边缘系统和前额叶脑区活动水平无关(Hägele et al.,2016)。

在情绪图片加工的时间进程方面,研究者收集了精神分裂症患者和正常人在观看不同效价 IAPS 图片时的 ERP 数据,结果发现不同组别的被试者在情绪图片加工的早期阶段 ERP 成分存在差异,但晚期 ERP 成分并没有区别(Pinheiro et al.,2013),提示早期情绪加工可能对精神分裂症产生和发展起到一定作用。一项对 PTSD 患者的研究则关注了脑电(Electroencephalogram,EEG)的晚期正成分(late positive potential,LPP),该研究发现,在对被试者进行情绪调节策略干预前,PTSD 组和对照组对负性和中性 IAPS 图片的 LPP 波幅没有差异;随着被试者学习了情绪调节策略,他们对 IAPS 图片的 LPP 波幅明显减小。不过研究者只在对照组发现了 LPP 波幅随着情绪加工的持续而增加,PTSD 组则没有这种变化,说明 PTSD 的持续性情绪加工存在异常(Fitzgerald et al.,2016)。目前,IAPS 已经成为研究健康人和心理障碍的情绪加工的重要材料,为探讨不同人群对相同材料的情绪加工差异提供了方法,促进了情绪诱发领域的研究进展。

本章介绍了情绪诱发的重要材料——情绪图片,包括情绪图片的主客观评估指标、情绪图片库的建立过程。重点介绍了国际情绪图片库,以及使用该工具进行的相关研究。情绪图片是当今情绪研究的重要材料,标准化情绪图片库的建立为控制实验情绪的效价和强度提供了较为准确的参考值,研究者可以有效利用这些材料库,提升实验的严谨性。

参考文献

Alpers, G., & Pauli, P. (2006). Emotional pictures predominate in binocular rivalry. *Cognition & Emotion*, 20(5), 596–607.

Bandyopadhyay, D., Pammi, V. S., & Srinivasan, N. (2013). Role of affect in decision making. *Progress in Brain Research*, 202(2), 37–53.

Bradley, M. M., & Lang, P. J. (1994). Measuring emotion: The self-assessment manikin and the semantic differential. *J Behav Ther Exp Psychiatry*, 25(1), 49–59.

Elman, I., Upadhyay, J., Langleben, D. D., Albanese, M., Becerra, L., ... Borsook, D. (2018). Reward and aversion processing in patients with post-traumatic stress disorder: functional neuroimaging with visual and thermal stimuli. *Transl Psychiatry*, 8(1), 240.

Fitzgerald, J. M., MacNamara, A., DiGangi, J. A., Kennedy, A. E., Rabinak, C. A., Patwell, R., ... Phan, K. L. (2016). An electrocortical investigation of voluntary emotion regulation in combat-related posttraumatic stress disorder. *Psychiatry Res Neuroimaging*, 249, 113–121.

Gong, X., & Wang, D. (2016). Applicability of the International Affective Picture System in Chinese older adults: A validation study. *Psych Journal*, 5(2), 117–124.

Gouizi, K., Bereksi, R. F., & Maaoui, C. (2011). Emotion recognition from physiological signals. *J Med Eng Technol*, 35(6–7), 300–307.

Grühn, D., & Scheibe, S. (2008). Age-related differences in valence and arousal ratings of pictures from the International Affective Picture System (IAPS): Do ratings become more extreme with age? *Behavior Research Methods*, 40(2), 512–521.

McManis, M. H., Bradley, M. M., Berg, W. K., Cuthbert, B. N., & Lang, P. J. (2001). Emotional reactions in children: Verbal, physiological, and behavioral responses to affective pictures. *Psychophysiology*, 2(38), 222–231.

Hägele, C., Friedel, E., Schlagenhauf, F., Sterzer, P., Beck, A., Bermpohl, F., ... Heinz, A. (2016). Affective responses across psychiatric disorders – A dimensional approach. *Neurosci Lett*, 623, 71–78.

Hempel, R. J., Tulen, J. H., van Beveren, N. J., van Steenis, H. G., Mulder, P. G., ... Hengeveld, M. W. (2005). Physiological responsivity to emotional pictures in schizophrenia. *J Psychiatr Res*, 39(5), 509–518.

Jayaro, C., de la Vega, I., Díaz-Marsá, M., Montes, A., & Carrasco, J. L. (2008). The use of the International Affective Picture System for the study of affective dysregulation in mental disorders. *Actas Esp Psiquiatr*, 36(3), 177–182.

Kemmis, L. K., Wanigaratne, S., & Ehntholt, K. A. (2017). Emotional Processing in Individuals with Substance Use Disorder and Posttraumatic Stress Disorder. *Int J Ment Health Addict*, 15(4), 900–918.

Lang, P., Bradley, M., & Cuthbert, B. (2005). International affective picture system(IAPS): Affective ratings of pictures and instruction manual. *Technical Report A-6*, University of Florida, Gainesville, FL.

Lang, P. J., Bradley, M. M., & Cuthbert, B. N. (2008). International Affective Picture System (IAPS): Affective ratings of pictures and instruction manual. *Technical Report A-8*, University of Florida, Gainesville, FL.

Nielen, M. M., Heslenfeld, D. J., Heinen, K., Van Strien, J. W., Witter, M. P., Jonker, C., ... Veltman, D. J. (2009). Distinct brain systems underlie the processing of valence and arousal of affective pictures. *Brain Cogn*, 71(3), 396.

Osgood, C., Suci, G., & Tannenbaum, P. (1957). The measurement of meaning. Urbana: University of Illinois.

Pinheiro, A. P., Liu, T., Nestor, P. G., Mccarley, R. W., Gonçalves, Ó. F., ... Niznikiewicz, M. A. (2013). Visual emotional information processing in male schizophrenia patients: combining ERP, clinical and behavioral evidence. *Neuroscience Letters*, 550(5), 75-80.

Polich, J. (2007). Affective valence and P300 when stimulus arousal level is controlled. *Cognition & Emotion*, 21(4), 891-901.

Prehn, K., Korn, C. W., Bajbouj, M., Klann-Delius, G., Menninghaus, W., Jacobs, A. M., ... Heekeren, H. R. (2015). The neural correlates of emotion alignment in social interaction. *Social Cognitive & Affective Neuroscience*, 10(3), 435.

Ribeiro, R. L., Teixeira-Silva, F., Pompéia, S., & Bueno, O. F. A. (2007). IAPS includes photographs that elicit low-arousal physiological responses in healthy volunteers. *Physiology & Behavior*, 91(5), 671-675.

Rosebrock, L., Hoxha, D., & Gollan, J. (2015). Affective reactivity differences in pregnant and postpartum women. *Psychiatry Research*, 227(2-3), 179-184.

Schaaff, K. (2008). Challenges on Emotion Induction with the International Affective Picture System., Universität Karlsruhe.

Smith, D. P., Hillman, C. H., & Duley, A. R. (2005). Influences of Age on Emotional Reactivity During Picture Processing. *Journals of Gerontology*, 60(1), 49-56.

Tok, S., Koyuncu, M., Dural, S., & Catikkas, F. (2010). Evaluation of International Affective Picture System (IAPS) ratings in an athlete population and its relations to personality. *Personality & Individual Differences*, 49(5), 461-466.

白露, 马慧, 黄宇霞, 等. (2005). 中国情绪图片系统的编制——在46名中国大学生中的试用[J]. 中国心理卫生杂志, 19(11), 4-7.

戴大祥. (2017). 基于智能手机划屏行为的情绪识别方法研究[D]. 重庆: 重庆邮电大学.

丁军, 苏林雁, 高雪屏, 等. (2010). 国际情绪图片系统(IAPS)在中国10~12岁儿童的初步应用研究[J]. 中国临床心理学杂志, 18(2), 168-170.

蒋军, 陈雪飞, 陈安涛. (2011). 情绪诱发方法及其新进展[J]. 西南师范大学学报(自然科学版), 36(1), 209-214.

李清伟, 吴文源, 李春波, 等. (2012). 广泛性焦虑和惊恐障碍患者对情绪图片全脑反应模式功能磁共振成像的对照研究[J]. 中华精神科杂志,45(6),340-344.

李自强,戈英男,苏彤,等.(2017).睡眠剥夺对个体情绪图片认知评估的影响[J].第二军医大学学报,38(2),161-165.

刘光亚.(2006).抑郁症患者情绪图片认知及事件相关电位的研究[D].长沙:中南大学.

欧阳淑兰.(2008).情绪启动效应对个体外显和内隐记忆的影响的实验研究[D].长沙:湖南师范大学.

申远,李清伟,王培军,等.(2009).神经性贪食患者食物图片刺激的功能磁共振对照研究[J].中华行为医学与脑科学杂志,18(7),596-598.

苏晶,段东园,张学民.(2016).负性情绪刺激对大学生多目标追踪能力的影响[J].心理发展与教育,32(5),521-531.

王赫.(2012).惊恐障碍患者视觉情绪加工时间进程特征的ERP研究[D].大连:大连医科大学.

谢韵梓,阳泽.(2016).不同情绪诱发方法有效性的比较研究[J].心理与行为研究,14(5),591-599.

杨国愉,张大均,张均,等.(2010).国际情绪图片系统在中国青年军人群体的初步应用[J].第三军医大学学报,32(18),1998-2001.

蚁金瑶,刘明矾,罗英姿,等.(2006).情绪图片应答的性别差异研究[J].中国临床心理学杂志,14(6),583-585.

赵迎春,张劲松,韩晶晶,等.(2009).中国儿童情感评价图片库(7~14岁,上海版)的建立[J].中国儿童保健杂志,17(3),290-292.

郑璞,刘聪慧,俞国良.(2012).情绪诱发方法述评[J].心理科学进展,20(1),45-55.

周萍,陈琦鹂.(2008).情绪刺激材料的研究进展[J].心理科学,31(2),424-426.

第九章　利用声音诱发情绪

深夜,你打开音乐软件,播放一首曲调低沉的抒情曲,是否会产生类似悲伤、难过等情绪?而年关将至,你与家人一同去超市购物,听见商场播放的曲调轻快的恭贺新年的曲子,是否会增添你高兴的情绪?与图片一样,不同种类的声音由于它们节奏、曲调等的不同,可以使人产生不同种类的情绪。那么声音为什么能诱发情绪?我们又应该如何利用声音来诱发情绪呢?

第一节　概　　述

近年来,人们对情绪心理学以及情绪对其他心理过程的影响越来越感兴趣,这也就使得一系列诱导临时情绪状态的实验室方法逐渐发展起来。现代最早的情绪诱发技术是 Velten 情绪诱导法(Velten Mood Induction Procedure),这种诱导法通过让被试者大声朗读 60 个自我参照的陈述来诱发相关情绪(Velten,1968)。但研究者们在不断的实践中发现,Velten 诱导法引发的情绪有时并不可靠且比较微弱。因此,一些研究者通过改变陈述的数量或诱发的材料来改变诱发程序,尝试找到更多的代替方法。在此基础上,各种不同的情绪诱发方法逐渐被开发出来,通过声音诱发情绪就是其中一种(Sutherland, Newman, & Rachman, 1982)。通过声音诱发情绪的材料包括自然中的声音(如鸟叫声、风雨声等),人声(如尖叫)和音乐等,但在研究中,最常用的诱发情绪的声音材料为音乐,因此,本章将主要讨论利用音乐诱发情绪的部分。在使用音乐诱发情绪时,被试者被要求聆听一段具有情绪暗示的音乐材料,这些材料由实验者根据标准化的音乐选取,能使被试者产生特定的目标情绪。许多研究者认为,无论是在个体还是群体环境中,利用音乐诱发情绪的方法似乎是诱发情绪最有效的方法之一(Westermann, R., Spies, K., Stahl, G., & Hesse, F. W., 1996)。

利用音乐诱发情绪的方法在社会上已经得到越来越多的应用,但音乐诱发情绪的机制尚存在争议,没有一个统一的答案。最早关于音乐与情绪关系的讨论关注不同的音乐元素与情绪量值变化的关系(Dowling & Harwood, 1986),到 21 世纪,研究者们逐渐认识到认知与神经机制在利用音乐诱发情绪中的重要性(Juslin & Västfjäll, 2008)。

一、想象—紧张—预测—反应—评价模型(Imagination‑Tension‑Prediction‑Response‑Appraisal, ITPRA)

20 世纪 50 年代,音乐学家 Meyer 首先强调期待(expectation)在听者音乐体验当中的重要性。在他的著作《音乐中的情感与意义》(*Emotion and Meaning in Music*)中,他认为音乐的主要情感内容是通过作曲家对期望的编排而产生的。也就是说,音乐的情感力量主要来源于期待领域,听者产生怎样的音乐情绪取决于音乐刺激与听者对音乐的表征之间的匹配程度。

在此基础上,Huron 在 2006 年提出了更为全面的期待理论,即 ITPRA 理论(Huron, 2006)。该理论试图解释预期如何唤起各种感觉状态,以及为什么这些被唤起的感觉在生物学上可能是有用的。Huron 认为,由期待唤起的情绪涉及五个功能截然不同的生理系统:想象(Imagination)、紧张(Tension)、预测(Prediction)、反应(Response)和评价(Appraisal)。这五种反应系统可以分为两种类型:结果前反应(发生在预期/非预期事件之前的感觉)和结果后反应(发生在预期/非预期事件之后的感觉)。想象系统和紧张系统属于前者,另三种系统属于后者。这五种与期待相关的情绪反应系统有着不同的生物学功能。想象性应答(imagination response)是对事件的经验图式,它的目的是激发机体的行为方式,以增加未来产生有益结果的可能性。紧张性应答是指事件发生前机体的警戒状态,它目的是通过调整唤醒和注意力,使机体为即将发生的事件做好准备。预测性应答是指机体对事件与预期是否匹配做出的反馈,它的目的是提供积极或消极的诱因,鼓励机体产生准确的预期。反应性应答是对事件的自动化反应,它的目的是产生即时的保护性反应来应对可能出现的最坏结果。评价性应答是机体对自己应答有效性的评价,它的目的是提供积极或消极的强化。这五个系统将在预期周期的不同阶段被唤起,图 9.1 为不同系统反应的时间过程。

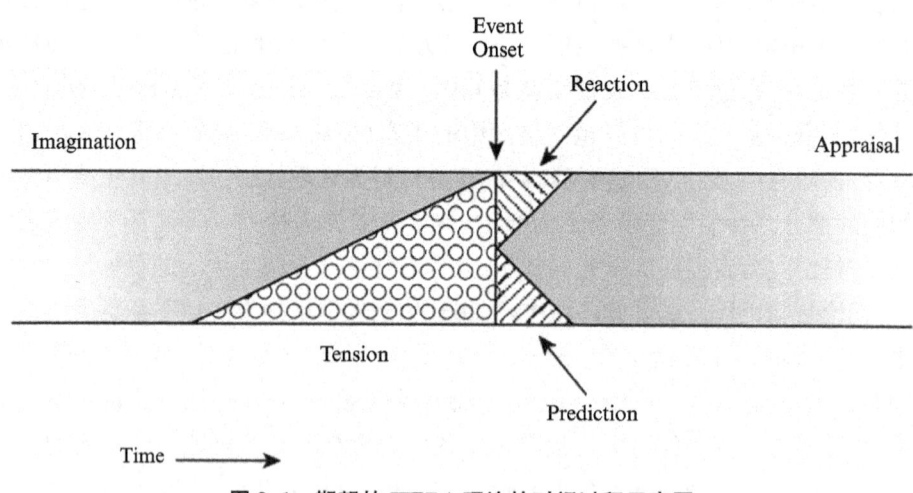

图 9.1　期望的 ITPRA 理论的时间过程示意图

(来源:Huron, 2006)

上面提到的五种系统都能够唤起各种感觉状态,当然,一部分系统可能比其他系统更受限制,例如紧张性应答和反应性应答,它们的情感表达范围更加有限,而评价性应答能够唤起一系列更为复杂的情感。这些系统共同作用,使我们在不同的环境中产生各种不同的、丰富的情感体验。

二、情感动作经验共享模型(Shared Affective Motion Experience, SAME)

一些相关的神经成像研究已经证明,镜像神经元系统(Mirror Neuron System,MNS)在感觉信息、自上而下的认知控制、情感信息和动作表征中都起到重要作用,而音乐正是一种能够激活所有这些神经系统的刺激,因此,镜像神经元系统似乎是解释音乐诱发情绪的理想起点。在此基础上,Molnar-Szakacs 等人在研究中提出,人类由音乐引发的情感体验,可能是由人类镜像神经元系统介导的(Molnar-Szakacs & Overy, 2006)。人类镜像神经元系统和边缘系统之间的相互作用可能使人类的大脑得以"理解"音乐信号的复杂模式,并为随后的情绪反应提供神经基础。

随后,Overy 与 Molnar-Szakacs 共同提出了用于解释音乐情绪产生的 SAME 模型(Overy & Molnar-Szakacs, 2009)。他们认为,模仿、同步和经验共享可能是音乐诱发情绪和行为的关键。SAME 模型包含以下几个关键点:第一是前脑岛,它作为 MNS 和边缘系统之间的神经管道(Neural Conduit),在我们体验某种情绪或看见他人表达同种情绪时都会被激活,也就是说,它为我们的移情能力提供支持,帮助我们利用自己的经验理解他人的行为。第二是强调动机控制的分层组织,SAME 模型根据听者音乐训练水平和种类的不同,将他们提取信息的动机层次分为四个水平:意图水平(the intention level)、目标水平(the goal level)、运动水平(the kinematic level)和肌肉水平(the muscle level),听者从音乐中提取信息,并在脑海中重构出来的音乐的丰富程度,是取决于个人的音乐经验的。例如,经历丰富的钢琴家在听到一段钢琴演奏时,可以通过意图水平甚至是肌肉水平(如演奏者的手指动作)等来提取信息,而新手则无法做到这些。第三是音乐可以传达一种对他人的存在、行为和情感状态的感觉。总的来说,当我们听到音乐时,我们其实是听到了他人的存在,我们听到了他的身体状态、情绪状态甚至是意图,我们可能会本能地与这些信息产生同步,表现为一些外显的行为(如跟着节奏拍手或跟着音乐哼唱)或是注意的卷入,这些行为就使我们产生相应的情绪反应。

三、多重机制模型(Multiple-mechanism model)

Juslin 在总结前人研究时提出,没有一种单一的机制能解释所有由音乐诱发的情感,因此,他提出了音乐情绪的多重机制模型(Juslin & Västfjäll, 2008)。多重机制模型假设,共有六种心理机制参与音乐诱发情绪的过程:脑干反射(brain stem reflexes),评价性条件反射作用(evaluative conditioning),情绪感染(emotional contagion),视觉表象(visual imagery),情景记忆(episodic memory),以及音乐期待(musical expectancy)。脑干反射是指,脑干在接收音乐的基本声学特征时,对一些重要或紧急的事件发出信号,例如,一些突然的或非常大的声音可能会使人产生不愉快的感觉。这一机制反映了音乐作为一种声音对人听觉感受的影响。评价性条件反射作用指的是,一段音乐是由与其他积极或消极的刺激反复配对而诱发出某种情绪，类似于经典条件反射。例如，某段音乐总是与一件让你感到开心的事（如吃到自己喜欢的食物）一起出现，这样反复多次之后，这段音乐单独出现也能唤起快乐的情绪。情绪感染是指，听者在感知某段音乐的情感表达时，内在地"模仿"这种表达，通过外周肌肉反馈或更直接的大脑相关情绪表征的激活，使人产生相同的情绪。例如，一些慢节奏、低音调的悲伤的音乐可以诱发听者悲伤的情绪。视觉表象是指，听者在听音乐的过程中，想象出视觉图像而产生情感的过程。例如，你听音乐时想象到一片美丽的风景，这可能使你产生愉快的情绪，这个过程中体验到的情绪是音乐和图像之间相互作用的结果。情景记忆指的是，音乐唤起了听者对过往生活中某个特定事件的记忆，而使得听者产生与这段记忆相关的情绪。早些时候，音乐理论家普遍认为情景记忆是与音乐不太相关的诱导机制，但最近的研究发现，它可能是音乐中最常见、主观上最重要的情绪来源之一。音乐期待是指，听者在听一段音乐时，会对这段音乐的旋律形成一定的期待，而当音乐的特定特征违反、延迟或实现了听者对音乐延续的期望时，听者就会被诱发出不同的情绪。例如，当一段音乐一直以连续的音阶逐渐上升时，我们就可能产生这段音乐是按照音阶上升的期望，当它突然出现一个下降的音时，我们可能就会感到惊讶。由此可见，音乐期待这一机制基于听者的音乐经验，不同背景的听者对同一段音乐产生的期待也可能是不同的。

Juslin认为，这些机制可以看成是由一些不同的大脑功能（brain functions）构成的，这些功能在进化过程中按照特定的顺序（从脑干反射依次到音乐期待）逐渐发展起来。每一种机制都有它独特的特征，不同机制以互补的方式，通过音乐诱发情绪。而当不同的机制在不同水平上同时被激活时，音乐就可以诱发所谓的混合情绪。需要注意的是，由于部分心理机制受到我们的自身经验影响，因此由音乐诱发的情绪是可能随着我们一生的发展而变化的。

第二节 利用音乐诱发情绪的研究方法

诱发情绪的方法有很多种，它们各自的研究方法和具体步骤也各有不同。一般来说，在实验室中诱发情绪的方法包括和自传体回忆（Autobiographical Recollections）和结构化的情绪陈述集（Structured Sets of Mood Statements）。结构化的情绪陈述是以认知理论为基础，通过认知陈述来产生某种感觉状态，它由Velten逐渐发展并流行起来。我们之前提到的利用文字诱发情绪以及本章着重讲的利用声音（音乐）来诱发情绪的方法都属于这类方法。也就是说，最基础的利用声音（音乐）诱发情绪的研究方法是通过向被试者呈现结构化的声音使被试者产生某种情绪的。而自传体回忆，要求个人或群体通过使用认知意象来重温个人过去的快乐或悲伤的经历，这种方法同样具有认知引起情绪状态的特点，并广泛应用于临床实践。两者的差异在于，自传体回忆是个人的，而情绪陈述是非个人的。有研究证明，相比于结构化的情绪陈述集，自传体回忆在诱发和改变焦虑和抑郁等情绪时更为有效，因此利用自传体回忆诱发情绪可以作为其他类型研究和设计的补充（Brewer et al.，1980）。

例如,在利用声音诱发情绪时,研究者有时会要求被试者在听音乐的同时通过回忆一段往事来帮助他们产生相应的情绪。

一、音乐诱发情绪的研究步骤

1982年,Sutherland等人最先在实验中采用音乐诱发情绪的方法,他们研究情绪和侵入性认知时发现,传统的Velten情绪诱导法存在诱发的情绪较弱和不可靠等问题,在测试了一系列替代方法后发现,音乐诱导程序在引起情绪变化方面是最有效的(Sutherland et al.,1982)。实验者从一组古典音乐和现代音乐的录音带中,选择了两首他们认为分别能引起快乐和悲伤情绪的曲子。在情绪诱发的实验过程中,要求被试者在听音乐时,尝试去生成与音乐相匹配的快乐或悲伤的情绪(如果对情绪的产生有帮助的话,可以回忆一段快乐或悲伤的往事)。指导语为:在你听音乐时,如果某件往事能够使你感到悲伤/快乐,尝试去回忆这段让你悲伤/快乐的事件。结果显示,音乐情绪诱导技术更为有效。特别是在对悲伤情绪的诱发中,相比于Velten技术,由音乐诱导技术引起的悲伤情绪伴随着更广泛的变化,包含焦虑、疲倦、恐惧和悲伤等。在使用音乐诱导技术诱发快乐情绪时,也能观察到快乐情绪的增加。研究者得出的结论是,音乐诱导法可以使人的情绪产生更明显、更持久的变化,但这种变化可能更为广泛,不像Velten法能够产生更具体的效果。

下面将以1982年Sutherland和1988年Eifert等人的实验过程为参考(Eifert,Craill,Carey,& O'Connor,1988;Sutherland et al.,1982),介绍利用音乐诱发情绪的大致步骤:

第一步,音乐材料的选择:(1)在音乐专业人员的辅助下,基于音乐的节奏、响度、旋律和音高等特征,从古典、流行等类型的音乐中选取长度合适的(一般不超过10分钟)纯伴奏无人声的音乐,选择完成后,由不参与正式实验的人员对音乐引发的相关情绪程度进行评分(如李克特量表),根据评分结果选择合适的音乐材料;(2)使用以往研究中使用过的声音材料或已有的声音材料库中的声音材料。

第二步,在听音乐前对被试者的情绪进行评估。

第三步,正式实验:使用音乐材料诱发被试者情绪(由于音乐本身不会自动诱导所期望的情绪状态,在实验过程中一般要求被试者主动尝试去产生与音乐相匹配的目标情绪)。

第四步,诱发过程结束后,对被试者的情绪进行再评估。

二、对诱发效果的评估

从情绪的概念来看,情绪是人对客观事物和自身需要的态度体验,是人脑对客观现实的主观反映形式,是由某种外在刺激或内在身体状况作用而引起的体验,它包含主观体验、外部表现和生理唤醒三个方面。因此,对情绪的诱发效果的评估同样可以从这三个方面出发。

在早期的音乐诱发情绪的研究中,对诱发效果的评估一般包括以下几个方面:

诱发成功率(Success Rate):通过达到拟诱发情绪标准的被试者人数计算而得。

达到标准的时间(Time to Criterion)：即被试者达到拟诱发情绪标准的时间，一般来说，好的诱发技术不仅要成功率高，也要能够快速起到效果。

愉悦度和唤醒度(Ratings of Pleasure and Arousal)：最常用的评估情绪愉悦度和唤醒度的工具是情感网格（Eich, Ng, Macaulay, Percy, & Grebneva, 2007）。具体介绍见第五章。情感网格的优点在于它简短且容易填写，能够快速地重复使用。以往的项目清单和问卷大多耗时较长且目标分散，并不适用于连续或快速重复的观察。因此，当被试者被要求快速连续地做出情感判断或做出大量判断时，情感网格就成了更好的选择。而我们对音乐的情感反应是存在持续的波动过程的，所以在研究音乐诱发情绪时，选用情感网格是很合适的。

积极情感和消极情感(Ratings of Positive and Negative Affect)：最常见的对这两者的评估工具是正负性情感量表（PANAS）（Watson, Clark, & Tellegen, 1988）。具体介绍见第五章。

PANAS量表的特点在于，它可以配合特定的时间指令使用。当与短期指令一起使用时（例如，现在或今天），它对情绪的波动很敏感；而当使用长期指令时（例如，过去的一年或一般情况），它又能表现出特有的稳定性。因此，PANAS量表是一种可靠、有效的情绪评估方法。

情绪的真实性(Ratings of Mood Genuineness)：一般在诱发结束后，由被试者对自己在实验过程中体验到的情绪真实性进行评估。

随着对音乐诱发情绪研究的深入以及科学技术的发展，研究者们对音乐诱发的情绪的评估也变得更加多样化。在研究中最为常见的评估情绪的方式依然是对情绪主观体验的评估。对情绪主观体验的评估有多种方法，可以要求被试者直接描述他们的感受，或使用研究人员自己建构的评定量表，也可以使用标准化的情绪检查表。情感网格（AG）和正负性情感量表（PANAS）都是比较经典的评估工具。除此之外，当研究聚焦于某种单一情绪时，评估方法还可以采用测量某种特定情绪的量表，例如测量抑郁的贝克抑郁量表（BDI）以及测量焦虑的焦虑自评量表（SAS）；也可以针对特定情绪，采用里克特式的量表，直接要求被试者对情绪的程度进行评分。而当研究聚焦于多种情绪时，可以使用多重情感形容词检查表（MAACL）（Zuckerman & Lubin, 1965）等量表同时评估几种不同的情绪。

对情绪外部表现的评估主要依靠对表情的评估。表情是个体在情绪和情感状态下生理、心理以及外部行为上的变化，是了解个体情绪感受和体验的客观指标。评估时主要从以下几个方面出发：（1）面部表情：通过眼睛、眉毛、口唇等肌肉变化表现出来的情绪体验。例如，愉快时嘴角上扬、眉毛舒展，悲伤时嘴角下垂等；（2）身体表情和手势表情：包括除面部之外的身体其他部分表达的情绪体验。例如，愉快时手舞足蹈，生气时暴跳如雷等；（3）言语表情：个体通过言语的声调、节奏、速度等表现出来的情绪体验。例如，愉快时节奏轻快、语调上扬；悲伤时节奏缓慢、语调低沉等。

对情绪生理唤醒的评估通常是通过一系列生理指标来进行。在研究中比较常用的生理指标包括一些比较经典的生理指标，如心率、血压以及相关激素水平等，近年来随着技术的发展，更多的研究开始采用新的技术如脑电图（EEG）、脑血氧参数等对情绪进行评估。

三、音乐诱发情绪的优缺点

(一)音乐诱发情绪的优点

大量有关音乐诱发情绪的研究表明,这种方法能使情绪产生更强、更持久且更真实的变化,相比于传统的 Velten 诱导法,在使用音乐诱导法时更多的被试者报告他们经历了真正的情绪变化(Eich et al.,2007;Sutherland et al.,1982)。特别是对某些特定情绪,音乐诱导法有着更好的效果。有研究证明,音乐诱导法对抑郁和快乐情绪的诱导效果显著高于 Velten 诱导法,但对于焦虑情绪的诱导效果两者无显著差异(Clark,1983)。

另外,有研究发现音乐诱导法实验中的被试者比 Velten 诱导法实验中的被试者更专注地参与情绪诱导过程,受情绪诱导过程的影响也更大、更久(Albersnagel,1988)。因此,音乐诱发情绪的另一个优点在于,它能让人更积极地参与诱导过程,这对于情绪的诱发是有帮助的。

(二)音乐诱发情绪的缺点

目前多数对音乐情绪诱导程序的研究通常是由研究者预先选择好音乐材料供所有被试者使用,这样的前提是同一段音乐在引起所有人情绪方面的效果是一样的。但已有研究证明,被试者对音乐的反应是高度个性化的,不能假定同样的音乐在引起被试者的情绪方面效果相同。因此,在研究时应当注意这种个性化的影响。

音乐诱发情绪的效果可能存在性别差异。有研究结果显示,对于同样的音乐,女性报告情绪改变的人数比男性要多(Albersnagel,1988),这也就是说,对于音乐诱导法,女性可能比男性更具易感性。

音乐诱导程序的效果仍然是相对短暂的。因此,如果研究的是诱导情绪对一项长任务或一系列任务的影响,研究者应该周期性地让被试者回到诱导过程来提升诱导情绪。此外,如果研究包含几个任务,研究者应该要求被试者在每个任务开始时都评价他们的情绪。

第三节 标准化声音诱发情绪材料库

一、国际情感数码声音系统(the International Affective Digitized Sounds,IADS)

20 世纪 90 年代末,Peter J. Lang,Bradley 和他们在佛罗里达大学(University of Florida)的研究小组根据情绪状态的"愉悦度—唤醒度—支配度"(pleasure-arousal-dominance,PAD)模型,开发了三种情绪测量工具,其中包含声音诱发情绪材料的为国际情感数码声音系统(IADS)(Bradley and Lang,1999)。

IADS 由 110 个声音组成,每个声音持续 6 秒,声音的保存采用数字格式,以防止声音退化,确保声音质量。其内容涵盖了一系列可能引起情绪反应的广泛的声音类别,包括相对容易识别和评估的自然声音(例如,鸟鸣、猫叫声和狗的咆哮声等),人的声音(例如,婴儿的笑声、男孩的笑声、孩子的哭泣声、呵欠声和女人的尖叫声等)以及物品发出的声音(例如,音乐盒的声音、电子游戏的声音和打字机的声音等)。在此基础上,Lang 等人几年后对 IADS 进行了拓展,新版本的 IADS-2(Bradley & Lang, 2007)包含 167 个录制的日常生活中常见的自然声音,如婴儿的笑声、做饭、雷雨声等。但相比于国际上通用的诱发情绪的图片材料库和文字材料库,IADS-2 的材料数量仍然存在局限性,因此有研究者在 IADS-2 的基础上,收集了 935 个情感声音,试图扩展和完善现有的情感听觉刺激数据库,并提供了一个更大范围的标准化的情感听觉刺激数据库 IADS-E(Yang et al., 2018)。

IADS 的一大特点在于,Lang 等人在选择声音材料时选择的大都是在日常生活中常见的、相对容易识别和评估的声音材料,试图将声音的文化负担降到最低,以便在任何人群中使用,选取的材料具有一定的跨文化一致性。然而,众所周知,情感刺激通常是复杂的,情感编码与我们自身的学习和认知有关,因此很难与文化背景完全分离,对不同文化背景的人群使用时还是需要进行相应的适应性研究。需要注意的是,IADS 中包含的每种声音持续时间较短,而在相关的情绪研究中,声音材料的持续时间一般要达到几分钟,且诱发的情绪需要维持到认知任务结束,因此如果在研究中使用 IADS 作为诱发材料,需要格外注意材料的持续时间和诱发情绪的保持。

二、蒙特利尔情感声音(the Montreal Affective Voices, MAV)

另一个比较常用的情绪实验的听觉刺激数据库是蒙特利尔情感声音(MAV)(表 9.1),它是由 Belin 等人提出的一套经过验证的听觉刺激,作为埃克曼面孔(Ekman faces)的听觉对应物。

蒙特利尔情感声音(MAV)包括 90 种的非言语情感爆发,对应的情绪分别是愤怒、厌恶、恐惧、痛苦、悲伤、惊讶、幸福(happiness)和快乐(pleasure),以及一个中性的表达,声音是由 10 名不同的演员(5 个男性和 5 个女性)录制的(Belin, Fillion-Bilodeau, & Gosselin, 2008)。完整的蒙特利尔情感声音(MAV)可在 http://vnl.psy.gla.ac.uk/处下载。

蒙特利尔情感声音(MAV)的特点在于,情感爆发是表达声音情感的一种非常有效的手段,通过情感爆发表达的 8 种情绪的识别准确率相当高,对于几类消极情感爆发如愤怒、厌恶以及悲伤的声音也几乎没有歧义。它的优势在于:第一,材料中不包含任何语义信息,不存在情意内容与语义内容交互的问题;第二,刺激材料不受语言的限制,可以用来比较不同国家的结果或测试跨文化差异;第三,这种情感表达比情感语言更接近动物或人类婴儿的情感表达,可能进行更好的跨物种或人类发展比较;第四,刺激也更类似于视觉模态的情感加工研究中使用的刺激,而不是情绪言语,因而能更好地进行跨模态比较以及跨模态情感整合的研究。但在使用蒙特利尔情感声音(MAV)也需要注意,不同类别的演员发出的声音的持续时间有很大的不同,即10个演员不同情绪的平均持续时间存在差异:惊讶为385毫秒,大笑(快乐)1 446毫秒,而哭泣(悲伤)为2 229毫秒,这种重要的差异可能会在一些实验设置中引起问题,在研究中需要特别注意。

表9.1 蒙特利尔情感声音(MAV)中90种刺激的声学特征

Stimulus	f_0(Hz)				Duration (msec)	Power(dB)	
	Minimum	Maximum	Median	SD		Median	SD
6_anger.wav	73	290	151	67	1 142	77.7	13.9
6_disgust.wav	115	196	158	25	1 051	63.1	13.4
6_fear.wav	129	537	317	93	761	80.2	10.5
6_happiness.wav	144	343	225	42	1 742	47.5	15.9
6_neutral.wav	91	116	113	4	896	80.9	5.6
6_pain.wav	108	313	238	64	745	71.4	12.9
6_pleasure.wav	71	151	110	24	1 001	75.0	11.4
6_sadness.wav	201	336	262	25	1 643	57.9	12.6
6_surprise.wav	203	303	275	30	265	71.5	16.2
42_anger.wav	74	267	138	63	888	64.7	15.0
42_disgust.wav	88	195	161	33	1 045	77.4	13.6
42_fear.wav	149	313	289	50	405	81.3	14.8
42_happiness.wav	139	223	157	20	1 445	52.6	13.5
42_neutral.wav	102	116	112	2	1 312	78.6	4.5
42_pain.wav	224	283	273	14	584	77.9	11.6
42_pleasure.wav	90	157	125	23	930	64.6	12.8
42_sadness.wav	132	233	181	30	1 667	51.1	13.9
42_surprise.wav	108	307	252	61	583	72.7	14.7
45_anger.wav	150	498	402	100	949	79.5	12.5
45_disgust.wav	185	545	391	115	607	78.9	8.8
45_fear.wav	300	653	629	87	628	80.9	10.7
45_happiness.wav	312	407	365	51	1 563	50.6	13.7
45_neutral.wav	222	253	228	3	992	83.7	5.5
45_pain.wav	49	689	510	204	1 528	75.1	14.2
45_pleasure.wav	247	414	346	51	879	76.6	9.7
45_sadness.wav	251	815	519	171	1 780	65.7	9.8
45_surprise.wav	452	913	826	150	284	76.4	16.0
46_anger.wav	357	589	532	57	421	83.0	16.1
46_disgust.wav	93	358	221	96	1 566	70.6	11.3
46_fear.wav	375	1 658	926	344	815	82.3	12.8
46_happiness.wav	189	584	231	101	1 009	61.6	13.8
46_neutral.wav	209	289	260	11	240	83.6	14.8
46_pain.wav	86	525	377	87	1 347	74.1	13.6
46_pleasure.wav	91	286	213	52	1 621	68.3	19.6
46_sadness.wav	331	661	433	88	1 956	70.4	11.2
46_surprise.wav	446	469	463	6	404	79.2	10.9
53_anger.wav	166	517	417	113	1 518	83.1	17.5
53_disgust.wav	143	253	213	31	1 714	77.1	12.4
53_fear.wav	274	477	467	49	835	84.5	9.9
53_happiness.wav	169	325	248	42	960	65.9	12.2
53_neutral.wav	160	196	190	3	946	83.2	4.6
53_pain.wav	252	451	397	36	1 324	81.6	6.5

(续表)

Stimulus	f_0(Hz)				Duration (msec)	Power(dB)	
	Minimum	Maximum	Median	SD		Median	SD
53_pleasure.wav	177	318	245	42	1 655	75.3	7.6
53_sadness.wav	160	537	302	37	2 877	73.8	13.6
53_surprise.wav	208	405	329	62	382	73.9	14.7
55_anger.wav	100	259	222	48	527	80.8	10.2
55_disgust.wav	63	252	169	57	672	80.2	10.3
55_fear.wav	204	302	284	23	614	80.8	10.0
55_happiness.wav	146	280	217	34	1 100	67.6	12.5
55_neutral.wav	106	130	109	2	1 236	77.3	3.7
55_pain.wav	114	263	234	47	565	77.3	12.0
55_pleasure.wav	72	172	125	32	871	71.7	11.5
55_sadness.wav	150	309	249	39	1 830	69.4	13.8
55_surprise.wav	73	281	228	61	263	78.5	13.0
58_anger.wav	160	468	407	103	715	80.6	15.0
58_disgust.wav	143	295	214	47	978	72.5	13.8
58_fear.wav	333	452	418	23	489	75.3	14.1
58_happiness.wav	197	523	299	61	1 046	66.8	9.6
58_neutral.wav	184	222	211	9	511	82.5	4.5
58_pain.wav	183	495	412	105	581	78.1	17.5
58_pleasure.wav	159	322	242	54	1 100	68.9	13.8
58_sadness.wav	186	542	379	90	1 416	65.4	13.5
58_surprise.wav	235	441	382	56	329	78.9	11.8
59_anger.wav	131	377	336	64	1 184	83.3	9.3
59_disgust.wav	72	243	152	52	710	78.2	9.7
59_fear.wav	118	359	324	53	719	85.0	12.2
59_happiness.wav	179	594	466	95	1 831	64.5	16.7
59_neutral.wav	139	197	143	5	645	84.3	5.5
59_pain.wav	89	393	292	103	707	77.0	13.9
59_pleasure.wav	75	272	167	59	2 067	70.4	14.2
59_sadness.wav	198	773	404	132	4 310	53.7	13.8
59_surprise.wav	129	475	304	109	574	75.8	15.9
60_anger.wav	159	516	301	113	1 082	75.4	13.3
60_disgust.wav	136	422	217	90	838	79.0	10.8
60_fear.wav	625	1 158	1 067	168	440	82.6	11.4
60_happiness.wav	253	665	430	106	1 159	68.0	15.4
60_neutral.wav	193	222	214	3	1 597	81.0	5.8
60_pain.wav	153	621	583	143	432	79.4	12.2
60_pleasure.wav	145	341	214	55	1 769	77.0	10.6
60_sadness.wav	154	662	345	95	2 376	67.2	9.9
60_surprise.wav	343	707	485	116	253	78.3	10.4
61_anger.wav	130	352	262	68	815	71.2	16.4
61_disgust.wav	44	192	109	37	584	70.5	11.3
61_fear.wav	152	514	358	80	319	78.0	11.6
61_happiness.wav	78	178	153	28	2 605	50.4	13.2
61_neutral.wav	85	101	95	1	1 861	78.9	5.6
61_pain.wav	81	322	191	67	583	75.9	10.7
61_pleasure.wav	78	182	132	33	1 611	57.2	14.0
61_sadness.wav	84	211	159	25	2 438	58.3	17.2
61_surprise.wav	82	225	185	43	514	73.0	10.8

(来源：Belin，Fillion-Bilodeau，& Gosselin，2008)

三、国内声音材料库的建立

由于利用声音研究情绪问题相对比较困难,美国国立精神卫生研究所(NIMH)情绪与注意研究中心编制开发的声音刺激材料系统——国际情感数码声音系统(IADS)并没有得到广泛的应用。基于 IADS 系统本身存在声音数量偏少、声音持续时间长、不适合中国被试者等特点,2006 年起我国学者罗跃嘉等人开始探索(刘涛生等,2006),建立了一套具有中国特色的情感数码声音系统(Chinese Affective Digital Sounds,CADS)。CADS 在编制初期通过搜集网络音素、购买声音材料库 CD、DVD 或 VCD 影片等途径一共采集了 850 个声音,经 WaveCN1.8 声音软件标准化处理后选取其中的 453 个声音,内容主要包括人声哭笑、乐器曲调、动物鸣叫、自然声音、机械声、怪异声响、暴力恐怖音等。研究招募了 100 名北京高校大学生,男女比例相等,参照 NIMH 的评价方式分别在愉悦度、唤醒度和优势度三个维度上进行 9 点量表评分。评定后发现,453 个声音刺激可以引发 6 种情绪类型,分别包括愉快、悲伤、激活、恐惧、厌恶和中性。此外,研究还发现男女生对大多数声音的情绪感受相近,存在较高的相关性,但在唤醒度和优势度上存在性别差异。该系统为我国心理工作者的情绪研究提供了一套本土化的声音刺激材料,但由于引发愉悦悲恐的声音数量较少,缺乏可以引发愤怒这一基本情绪的声音,该声音库还有待进一步完善。

声音诱发情绪的刺激材料除了源自生活情境的电子数码声音以外,具有韵律的音乐片段也能诱发特定的目标情绪并且具有独特的优势。主要体现在:(1) 音乐感染性强,目标情绪诱发成功率高(Maryanne,1990)且较为持续稳定;(2) 诱发的情绪具有较强的一致性,一定程度上可以减少个体差异的影响;(3) 对积极和消极情绪的诱发在强度上具有相等的可能性。由于以往的研究对音乐刺激材料的选取从评定对象到选择内容上都各不相同,缺乏统一标准,因此建立一套标准化的音乐刺激材料库相当必要。2012 年,李冬冬等人初步编制了一套适用于中国的标准化音乐刺激材料库(李冬冬,程真波,戴瑞娜,等,2012)。将源于各种音乐网站和论坛推荐 199 首音乐素材,经过标准化处理后请音乐素养较高的人士按照诱发情绪的明确性、音乐的熟悉度以及声音质量三个标准进行筛选,最终筛选出 78 段音乐,分别能引发积极、消极、中性情绪。研究参考了 NIMH 的方法模型对音乐材料按照情绪维度进行量化评定,沿用了效价和唤醒度这两个应用性较广的维度来反应被试者对音乐的感受,同时增设了表达性(expression)这一维度以区分音乐材料所表达的情绪和被试者当下自身情绪感受之间的差异(Hunter,Schellenberg,& Schimmack,2010)。该音乐库提供了一套相对标准化的音乐刺激材料库,但由于音乐对被试者产生的情绪变化会受到自身经历、知识水平以及曲风的影响,为保证研究结果真实可靠,要求使用者在实验后对诱发效果进行评估来保证情绪诱发的有效性。

国外常使用西方古典音乐进行目标情绪的诱发,Stefan Koelsch 等人的研究选用了德沃夏克的《G 小调斯拉夫舞曲第 8 号》、巴赫的《谐谑曲》诱发愉悦情绪;而在 Thomas Baumgartner 等人(2006)的研究中联合了视觉刺激和听觉刺激,通过选用古斯塔夫·霍尔斯特的《行星组曲：火星——战斗使者》、塞缪尔·巴伯的《弦乐柔板》以及贝多芬的《第六交响曲》对24名右利手女性分别进行恐惧、悲伤和愉悦情绪的唤醒。同时，他将与音乐刺激相同的视觉刺激材料单独或联合呈现70秒，并记录被试者的主观评分、脑电图（EEG）α波功率谱密度以及心率、皮肤电导反应、呼吸、温度等生理指标，结果发现音乐可以显著增强情感图片所唤起的情感体验。西方音乐将调性规则作为情绪表达的重要元素，以欧洲群体为被试者的多项研究发现，大部分群体能够理解认知调性规则传递的实质情绪，并能在此基础上唤起较为一致的情绪反应，通常情况下，大调音乐的听觉效果开阔明朗，容易唤起愉悦高兴的正性情绪体验，小调情绪迂回婉转，容易唤起愤怒、恐惧等负性情绪（Huron，2012）。

作为中国传统艺术的重要组成部分，中国古典音乐与西方古典音乐相比律动更为自然，在情绪的调动上独具优势。与西方七声调式音乐相比，典型的中国传统五声调式音乐也是以八度关系音高作为划分基础，两者都保持了构建大小调情绪色彩的基本声学属性。白学军等人（2016）基于中西方音乐调性规则的异同，考察了西方大调小调和中国宫调、羽调在不同稳定性和声结构下的情绪诱发效应，研究发现大调和宫调诱发了正性情绪，小调和羽调诱发了负性情绪。有研究证明，不同音色的乐曲可以诱发不同类型的情绪，以中国古典音乐为例，相同旋律的音乐演奏乐器不同，情绪诱发的结果也存在差异。人们在倾听埙演奏的乐曲时被试者的悲伤得分显著增加，而倾听筝乐时愉快得分会显著增加（刘贤敏，刘昌，2011）；比较竹笛和二胡两种音色发现，不同音色对音乐的情绪识别和情绪体验具有差异性影响（姚铮，2020）。因而，保持演奏乐器固定对于音乐材料刺激库的进一步标准化具有一定意义，研究者可以根据需求针对性选择音色特征更为合适的音乐作为刺激材料。2013年上官晨雨等人（2013）搜集了33首有代表性的中国竹笛曲，通过统计分析验证该曲库具有良好的信效度，能够诱发不同类型的情绪，但和其余的声音材料一样，曲库在数量和内容上还有待进一步的完善和丰富。

第四节 利用情绪声音材料库的相关研究

情绪声音材料库的建立为研究者探究情绪的声音诱发提供了丰富的素材，研究者利用声音材料库做了大量研究，如寻找听觉、视觉刺激在情绪诱发效果上的联系与差异；探究声音情绪诱发的影响因素以及寻找声音诱发情绪的生物学证据。

一、针对健康群体的研究

IADS中特定的声音样本在不同国家人群之间情绪评价存在一些差异，这些差异大部分是由于文化因素和教育导致的，如东方文化更注重内敛，西方文化倾向崇尚自由、独立。因此，在选取声音样本时，需要参考本土评定结果（贺玲姣，2013）。Jaime Redondo等人（2013）

收集了西班牙人的情感声音评级用于与美国人群样本做比较。实验招募了159名心理专业的学生，平均分为3组，在经过练习后使用电脑版本的SAM量表进行情感评价。刺激材料选取IADS中111种声音，同样平均分为3组，被试者对37个声音中的任意一个声音进行评估。结果发现，虽然在总体上来看，两种人群整体的情绪评价几乎相同，但与美国人群相比，西班牙人群在唤醒度和愉悦度两个维度上具有显著差异，对待材料库中的声音刺激材料，西班牙人群具有较低的愉悦度、较高的唤醒度，例如西班牙人群认为"炸弹的声音"更令人不愉快；而美国人对"足球"相关的评价要更愉快一些。贺玲姣使用IADS-2比较各个情绪维度后发现，中国人群对声音的愉悦度和觉醒度评价均值显著低于美国人群，其中对于声音"过云霄飞车"的评价两者差异最大，美国人群评价其为愉悦声，而中国人群则认为其不愉悦。

不同条件的声音刺激对情绪诱发的效果不同。人类通过调节声音的音调、响度、节奏、韵律等来实现声音情感交流的功能。比如当一个人愤怒的时候，他说话声音的速度会变快、音调会变高；而当一个人悲伤的时候，说话的声音会变得缓慢而低沉。除了音调、语速、音质等声音线索可以影响声音的情绪以外，以不同的强度描述相同的情绪也会产生不同的效果。Chen等人（2012）的研究中，被试者被要求对一些修改了声强的语句进行情感特征和声音强度的判断，这些语句的声音强度和情感韵律经过了交叉拼接，结果发现提高声音强度并不能显著提高中性韵律的愤怒水平，而降低愤怒韵律的声音强度显著降低了愤怒情绪的水平，并且延长了被试者对于愤怒韵律的反应时间。

早期研究者们关注了大脑对情绪加工的偏侧化现象，Davidson、Fox（1989）等人提出了效价不对称假说，认为大脑前额叶皮层活动的左右不对称与产生的具体情绪和人格特质有关，即大脑左半球参与积极情绪的加工，而消极情绪加工的中枢位于大脑右半球，随着脑成像技术的发展，这一理论也在不断接受验证与挑战。Louis A. Schmidt使用四组管弦乐作为刺激材料，发现不同效价的音乐片段可以引发不对称的额叶脑电活动（Schmidt & Trainor, 2001）。被试者对愉悦的音乐片段表现出相对较大的左额叶脑电活动，对恐惧和悲伤的音乐片段表现出相对较大的右额叶脑电活动。T. Takeda（2016）等人进一步实验，采用从IADS中选出的正效价和负效价两种类型的刺激片段，比较愉悦刺激和不愉悦刺激对正常被试者心理和生理产生的影响，并使用近红外光谱测量探测前额叶皮层的活性。结果发现，实验中大脑两个半球前额叶皮层的活性在两种刺激中均呈现增加趋势，当呈现愉悦刺激时，大脑左侧前额叶（PFC）的激活更显著，心率和焦虑特质水平都更低；而不愉悦刺激则引起右侧PFC的激活更显著，心率和焦虑特质水平也更高。M. Konno等人（2020）使用IADS中的负性声音作为应激源，探究咀嚼口香糖对聆听负性听觉刺激时前额叶皮层活动的影响。结果发现对照组与控制组之间存在显著差异，接受负性声音刺激时咀嚼口香糖的被试者前额叶皮层活动增加，α波出现频率增加、心率也较高，验证了咀嚼动作在负性声音刺激存在时有利于右侧前额叶皮层激活的假设。

个体对于某一情境的评估通常需要整合来自视觉和听觉两个渠道的信息，1976年英国心理学家HarryMcGurk和John MacDonald发现了在视听混合的情境中，通常听觉会过多的受到视觉刺激的影响从而产生误听的现象，后人把这种现象称之为麦格克效应（McGurk effect)(Boston,1977)。Spreckelmeyer 等人(2006)的研究发现不同交叉知觉模式的差异取决于情绪刺激的效价。在进行情绪评估任务时,对声音刺激的反应更可能受到同时呈现的情感图片的效价的影响。这一结论在一些磁共振成像技术中也得到了补充证明,Andersen 等人(2006)的研究显示,与 IADS 的情绪声音相比,IAPS 的情绪图片在杏仁核中有更高的激活;Thomas Baumgartner 等人(2006)通过功能性磁共振成像技术发现,结合与图片情感表达一致的声音刺激与单独呈现情感图片相比,组合状态下被试者情绪的主观评分显著增加。情感图片条件下仅出现前额叶皮层认知部分主要是右侧前额叶背外侧皮层的激活增加,而进行听觉和视觉组合后,参与情感处理的大部分脑区如杏仁核、海马体、岛叶、纹状体、额叶内侧腹侧皮质等区域的激活都有所增加。

二、针对异常群体的研究

在异常群体中,声音情绪诱发材料常被应用于听力损失患者。听力损失和耳鸣是中老年人常见的慢性疾病,耳鸣患者除了会在缺乏外部刺激的情况下感知到幻觉声音,对于幻听的内容也同样会产生情感反应。研究发现,耳聋、耳鸣患者出现焦虑、抑郁等异常心理问题的频率比普通人群更高,这引发研究者的思考,听觉敏锐度的降低是否会导致情绪诱发效果下降或影响听觉刺激的情感加工呢?Husain 等人基于任务态和功能态的功能磁共振成像研究听力损失对情绪加工的影响(Husain,Carpenter‐Thompson,& Schmidt,2014)。研究招募了两组年龄匹配的中年被试者,一组是双侧高频听力损伤的患者,另一组是听力正常的对照组。在这项实验中,被试者被要求对来自 IADS 数据库的情感声音刺激进行评分,研究者测量了被试者对每个声音的评价以及反应时后发现,与听力正常组相比,听力损失组对愉快刺激和不愉快刺激的反应时显著增加;而与听力损失组相比,听力正常组大脑边缘系统和听觉中枢的激活程度更高。Mithila Durai 等人进一步探究了短期情绪刺激对耳鸣结果的影响,发现情绪的负效价维度与耳鸣响度判断的增加有关(Durai,O'Keeffe,& Searchfield,2017)。与视觉刺激相比,负效价(不愉快)的听觉情绪刺激会导致更高的耳鸣响度评分。Annett Szibor 等人通过测量行为和生理学指标量化了耳鸣患者情感加工过程中的偏差,为进一步探究耳鸣患者如何处理声音信息提供科学实验依据(Szibor et al.,2018)。研究从 IADS‐2 中按照积极、消极、中性三个情感类别分别选取 60 种声音,通过测量瞳孔直径变化来反映被试者对情感声音刺激的自主激活,发现生理与行为证据均表明,与正常人相比,耳鸣患者对声音的主观评价存在显著差异,这种差异主要体现在其对积极声音的效价和唤醒评分都较低,揭示了耳鸣患者面对情绪声音刺激时情感处理过程的变化。

三、本土化情绪声音材料库的应用

利用本土化情绪声音材料库进行的研究主要集中在对听觉反应及注意偏向的探讨上。余凤琼等人采用 Go/No-go 范式,利用 ERP 等技术记录 13 名被试者在不同情绪诱发条件下,对反应抑制加工的影响(余凤琼,袁加锦,罗跃嘉,2009)。声音刺激材料选自中国数码声音系统,包括正性、负性、中性三种声音各50个,结果发现在Go条件下负性、中性、正性三种情绪诱发条件的反应时依次缩短;Nogo条件下,三种情绪背景下被试者均有明显的反应抑制效应出现;负性听觉刺激对反应执行有干扰作用,诱发的情绪能够调节早期听觉的选择性注意。陈云云等人比较了积极倾向高低不同的个体对情绪声音的注意偏向的不同特点(陈云云,晏碧华,2018),发现高积极倾向的个体对正、负性声音均存在注意解除困难;而低积极倾向个体只在正性声音条件下存在返回抑制消失的现象,即只对正性声音刺激表现出注意解除困难。

参考文献

Andresen, V., Poellinger, A., Tsrouya, C., Bach, D., Stroh, A., Foerschler, A., ... Monnikes, H. (2006). Cerebral processing of auditory stimuli in patients with irritable bowel syndrome. [Journal Article]. World J Gastroenterol, 12(11), 1723–1729.

Albersnagel, F. (1988). Velten and musical mood induction procedures: A comparison with accessibility of thought associations. Behaviour Research & Therapy, 26(1), 79–95.

Bradley, M. M., y Lang, P. J. (1999). International affective digitized sounds (IADS): Stimuli, instruction manual and affective ratings. Technical report B–2. Gainesville, FL: The Center for Research in Psy-chophysiology, University of Florida.

Bradley, M. M., & Lang, P. J. (2007). The International Affective Digitized Sounds: Affective ratings of sounds and instruction manual (Technical Report No. B–3). Gainesville, FL: University of Florida, NIMH Center for the Study of Emotion and Attention.

Brewer, D., Doughtie, E. & Lubin, B. (1980). Induction of mood and mood shift. Journal of Clinical Psychology, 36, 215–225. Dowling, W., & Harwood, D. (1986). Music Cognition. Music Cognition, 240–252.

Eich, E., Ng, J., Macaulay, D., Percy, A. D., & Grebneva, I. (2007). Combining music with thought to change mood.

Belin, P., Fillion-Bilodeau, S., & Gosselin, F. (2008). The Montreal Affective Voices: a validated set of nonverbal affect bursts for research on auditory affective processing. Behav Res Methods, 40(2), 531–539.

Baumgartner, T., Esslen, M., & Jäncke, L. (2006). From emotion perception to emotion experience: Emotions evoked by pictures and classical music. International Journal of Psychophysiology, 60(1), 34–43.

Baumgartner, T., Lutz, K., Schmidt, C. F., & Jäncke, L. (2006). The emotional power of music: How music enhances the feeling of affective pictures. Brain Research, 1075(1), 151–164.

Boston, D. (1977). Hearing lips and seeing voices. (11, pp. 86–87).

Chen, X., Yang, J., Gan, S., & Yang, Y. (2012). The contribution of sound intensity in vocal emotion perception: behavioral and electrophysiological evidence. [Journal Article; Randomized Controlled Trial; Research Support, Non-U. S. Gov't]. PLoS One, 7(1), e30278.

Clark, D. M. (1983). On the induction of depressed mood in the laboratory: Evaluation and comparison of the velten and musical procedures. Advances in Behaviour Research & Therapy, 5(1), 27–49.

Dowling, W., & Harwood, D. (1986). Music Cognition. Music Cognition, 240–252.

Durai, M., O'Keeffe, M. G., & Searchfield, G. D. (2017). Examining the short term effects of emotion under an Adaptation Level Theory model of tinnitus perception. Hearing Research, 345, 23–29.

R, J, Davidson, N, A, & Fox. (1989). Frontal brain asymmetry predicts infants' response to maternal separation. Journal of Abnormal Psychology.

Eich, E., Ng, J., Macaulay, D., Percy, A. D., & Grebneva, I. (2007). Combining music with thought to change mood.

Eifert, G. H., Craill, L., Carey, E., & O'Connor, C. (1988). Affect modification through evaluative conditioning with music. Behav Res Ther, 26(4), 321–330.

Gerrards-Hesse, A., Spies, K., & Hesse, F. W. (1994). Experimental inductions of emotional states and their effectiveness: A review. British Journal of Psychology, 85(1), 55–78.

Hunter, P. G., Schellenberg, E. G., & Schimmack, U. (2010). Feelings and perceptions of happiness and sadness induced by music: Similarities, differences, and mixed emotions. Psychology of Aesthetics, Creativity, and the Arts, 4(1), 47–56.

Husain, F. T., Carpenter-Thompson, J. R., & Schmidt, S. A. (2014). The effect of mild-to-moderate hearing loss on auditory and emotion processing networks. Frontiers in Systems Neuroscience, 8.

Juslin, P. N., & Västfjäll, D. (2008). Emotional responses to music: the need to consider underlying mechanisms. Behav Brain Sci, 31(5), 559–575; discussion 575–621.

Konno, M., Nakajima, K., Takeda, T., Kawano, Y., Suzuki, Y., ... Sakatani, K. (2020). Effect of Gum Chewing on PFC Activity During Discomfort Sound Stimulation. (1232, pp. 113–119).

Maryanne, M. (1990). On the induction of mood. Clinical psychology review, 10, 669–697.

Molnar-Szakacs, I., & Overy, K. (2006). Music and mirror neurons: from motion to 'e'motion. Soc Cogn Affect Neurosci, 1(3), 235–241.

Overy, K., & Molnar-Szakacs, I. (2009). Being Together in Time: Musical Experience and the Mirror Neuron System. Music Perception, 26(5), 489–504.

Russell, J. A., Weiss, A., & Mendelsohn, G. A. (1989). Affect Grid: A Single-Item Scale of Pleasure and Arousal. Journal of Personality & Social Psychology, 57(3), 493–502.

Schmidt, L. A., & Trainor, L. J. (2001). Frontal brain electrical activity (EEG) distinguishes valence and intensity of musical emotions. Cognition and Emotion, 15(4), 487–500.

Soares, A. P., Pinheiro, A. P., Costa, A., Frade, C. S., Comesaña, M., ... Pureza, R. (2013). Affective auditory stimuli: Adaptation of the International Affective Digitized Sounds (IADS-2) for European Portuguese. Behavior Research Methods, 45(4), 1168–1181.

Spreckelmeyer, K. N., Kutas, M., Urbach, T. P., Altenmüller, E., & Münte, T. F. (2006). Combined perception of emotion in pictures and musical sounds. (1070, pp. 160–170).

Sutherland, G., Newman, B., & Rachman, S. (1982). Experimental investigations of the relations between mood and intrusive unwanted cognitions. Br J Med Psychol, 55(Pt 2), 127–138.

Szibor, A., Lehtimäki, J., Ylikoski, J., Aarnisalo, A. A., Mäkitie, A., ... Hyvärinen, P. (2018).

Attenuation of Positive Valence in Ratings of Affective Sounds by Tinnitus Patients. Trends in Hearing, 22, 583010667.

Takeda, T., Konno, M., Kawakami, Y., Suzuki, Y., Kawano, Y., Nakajima, K., ... Sakatani, K. (2016). Influence of Pleasant and Unpleasant Auditory Stimuli on Cerebral Blood Flow and Physiological Changes in Normal Subjects. Adv Exp Med Biol, 876, 303–309.

Velten, E. (1968). A laboratory task for induction of mood states. Behav Res Ther, 6(4), 473–482.

Watson, D., Clark, L. A., & Tellegen, A. (1988). Development and validation of brief measures of positive and negative affect: the PANAS scales. J Pers Soc Psychol, 54(6), 1063–1070.

Westermann, R., Spies, K., and, G. S., & Hesse, F. W. (1996). Relative effectiveness and validity of mood induction procedures: a meta-analysis. European Journal of Social Psychology, 26(4).

Yang, W., Makita, K., Nakao, T., Kanayama, N., Machizawa, M. G., Sasaoka, T., ... Miyatani, M. (2018). Affective auditory stimulus database: An expanded version of the International Affective Digitized Sounds (IADS-E). Behav Res Methods, 50(4), 1415–1429.

Zuckerman, M., & Lubin, B. (1965). NORMATIVE DATA FOR THE MULTIPLE AFFECT ADJECTIVE CHECK LIST. Psychological Reports, 16(16), 438.

白学军,马谐,陶云.(2016).中-西方音乐对情绪的诱发效应[J].心理学报,48(07),757–769.

陈云云,晏碧华.(2018).高积极倾向个体对情绪声音的注意偏向——消失的返回抑制效应[J].中国临床心理学杂志,26(6).

贺玲姣.(2013).不同声刺激下的情绪反应与识别[D].杭州:浙江大学.

李冬冬,程真波,戴瑞娜,等.(2012).情绪音乐库的初步编制与评定[J].中国心理卫生杂志,26(07),552–556.

刘涛生,马慧,黄宇霞,等.(2006).建立情绪声音刺激库的初步研究[J].中国心理卫生杂志,20(11),709–712.

刘贤敏,刘昌.(2011).中国古典音乐诱发情绪的生理活动研究[J].中国健康心理学杂志,19(005),618–620.

上官晨雨,顾岱泉,李自强,等.(2013).标准化中国竹笛情绪诱发曲库的初步编制与评定[J].中国健康心理学杂志,21(12),1827–1828.

姚铮.(2020b).竹笛与二胡音色对情绪识别与体验影响的比较研究[D].重庆:西南大学.

余凤琼,袁加锦,罗跃嘉.(2009).情绪干扰听觉反应冲突的ERP研究[J].心理学报,41(007),594–601.

第十章　利用视频材料诱发情绪

想象一下,你正身处一片漆黑的电影院,电影还未开场,灯光已全部熄灭,周围只有轻轻浅浅的呼吸声,唯一的光亮是眼前泛着微弱光芒的巨大屏幕。渐渐地,屏幕上显现出了一条昏暗的空无一人的破旧走廊,一盏将灭不灭的白炽灯,伴随着一声声有节奏的敲击声……你的内心会产生什么样的情绪体验？恐惧、紧张、焦虑,还是好奇、兴奋、期待？你的呼吸频率、深度、心率将如何变化？

在信息技术高速发展的现代社会,看电影是大多数人青睐的休闲活动之一。人们在观看不同类型的影片时往往会因为影片呈现内容的不同而产生不同的情绪体验：快乐、悲伤、恐惧、厌恶、愤怒等。这一现象为实验室情境下研究情绪,利用视频材料诱发目标情绪提供了参考。

第一节　概　　述

随着情绪状态影响注意、知觉、记忆等认知过程及其潜在神经基础逐渐被发现,情绪的研究越来越受到心理学和神经科学领域相关研究者的关注。随着研究的深入,如何在实验室情境下有效诱发稳定且可靠的目标情绪成为情绪研究的关键问题。目前已有的实验室情绪诱发方法可大致分为两大类：情绪材料诱发(Emotional material elicitation)和情绪性情境诱发(Emotional situation elicitation)。情绪材料诱发指向被试者呈现具有情绪色彩的材料,进而诱发目标情绪的方法。情绪材料包括视觉材料(带有情绪色彩的文字、图片等)、听觉材料(自然界的声音录音、音乐等)、嗅觉材料、多通道材料(组合视觉、听觉、嗅觉等诱发材料,视频材料如电影剪辑等)。情绪性情境诱发即在实验室环境下模拟情绪发生的真实情境,通过对情境的控制,诱发被试者产生一系列情绪体验。情绪性情境诱发包括电脑游戏、博弈游戏、表情/姿势(如面部肌肉运动)、回忆/想象情境等。

在这些方法中,情绪性情境诱发对实验条件的要求较高,无论是主试的专业技术方面还是被试者的理解配合程度方面。虽然已有相关研究运用此类方法,但目前就情境的具体设置与选择,暂无标准化流程的建立。情绪材料诱发中的视频材料诱发,综合了动态的视觉和听觉通道刺激,相较于图片、音乐等单通道刺激,往往能诱发出被试者更加强烈的主观体验和生理变化,被认为是实验室情境下诱发情绪最有效的方法。同时,视频材料,如电影、电视剧剪辑片段、录像等具有易于获取,操作简便的优势。此外,视频材料是集视听于一身的动态刺激,其场景大多贴近于日常生活,与自然情境下个体情绪发生的条件相似,诱发出的情绪真实性更高。因此,视频材料诱发法具有更高的生态学效度。

一、视频材料情绪诱发效果的评估

在评估不同情绪材料诱发方法时,必须综合考虑多方面的因素。Rottenberg 等人(2007)提出从情绪强度、复杂性、被试者注意捕获、需求特征、标准化、时间分辨率、生态学效度几个角度对视频材料的情绪诱发效果进行评估。

(一) 强度(Intensity)

Rottenberg 等人认为,一般情况下,情绪强度包括反应强度和反应宽度两个方面。反应强度即刺激所诱发的情绪的剧烈程度;反应宽度即情绪反应包含的多种成分,如情绪体验、行为表现、自主神经反应、激素反应等。

情绪的反应强度是评定情绪诱发效果最常用的指标之一。视频材料诱发已被很多研究证实为诱发情绪强度最高的方法。有研究表明,在反应强度满足实验要求的条件下,音乐、电影、回忆在诱发目标情绪时的成功率达到75%以上,而面部表情、社会反馈等方法的诱发成功率约为50%(Martin & Maryanne, 1990)。Meta 分析表明,电影和文字诱发法不管是诱发正性情绪还是负性情绪都是最有效的方法(Westermann, Spies, STAHL, & Hesse, 1996)。此外,在涉及实验室情境下诱发情绪的反应强度时,研究者们不可避免地会面临道德约束的问题。个体强烈的情绪反应,尤其是负性情绪,往往与其痛苦的创伤性回忆相关联,具有不可控的特性。即使在实验前对被试者经过一系列的筛查,排除具有临床抑郁、焦虑或其他精神疾病症状的被试者,在实验过程中诱发出的负性情绪仍有可能对被试者的心理造成或轻或重的创伤。在道德约束方面,相较于催眠、实验室情境法等,视频材料诱发的一大优势在于,大多数人日常生活中很重要的一部分就是在电视、电脑上观看各类视频。因此,视频材料诱发法潜在的道德问题会相对较少。此外,在实验结束后向被试者呈现一些有助于情绪调节的搞笑视频、图片、文字等,或对有需要的被试者进行心理疏导是情绪研究实验中不可或缺的一步。

情绪发生时往往伴随着机体多反应系统的活化,体现在个体认知反应、行为反应、自主神经反应等方面。在评估情绪材料诱发情绪的强度时,除了关注被试者的主观情绪体验,还应注意情绪反应的其他成分,如自主神经成分。已有研究发现,电影剪辑片段可诱发出情绪反应的多种成分,情绪体验成分、行为成分和自主神经成分(Giuliani, McRae, & Gross, 2008)。关于情绪的自主神经反应,有研究者认为在一定程度上,每一种情绪都有相对特异的自主反应模式(Norman, Berntson, & Cacioppo, 2014);也有研究者认为不同的情绪具有相同的生理唤醒(Cannon, 1927)。目前,上述两种观点均有实证研究支持。在情绪研究的实验中,自主神经反应的多个生理指标被用于情绪的客观测量,与主观报告一起对情绪的诱发效果进行评估。

(二) 复杂性(Complexity)

视频材料相较于其他情绪诱发材料,其本身属性就较复杂。一个视频的画面可以是静止的,也可以是动态的;色调可以是明亮的,也可以是昏暗的;视频的主题可以是轻松的、愉悦的,也可以是悲伤的、沉重的,等等。因此视频材料诱发的情绪也具有复杂性。对情绪结构持有不同解释和理论观点的研究者,在用视频诱发情绪时的关注点有所不同。坚持情绪分类学说的研究者可以用情绪电影诱发出不同类型的情绪,如 Gross 和 Levenson 曾根据情绪的唤醒度(目标情绪的剧烈程度)和离散性(目标情绪的纯度)标准,筛选出了 16 个电影片段,成功诱发出了快乐、愤怒、满意、厌恶、恐惧、中性、悲伤、惊奇 8 种不同的情绪类型(Gross & Levenson, 1995)。坚持情绪维度学说的研究者则期望用情绪电影诱发出不同效价或唤醒度的情绪,如 Hubert 和 de Jong - Meyer 用情绪电影分别诱发出了积极和消极的情绪(Hubert & De Jongmeyer, 1990)。

被试者的个体差异性在情绪诱发中是一个不可忽视的重要影响因素。不同的个体因其自身特质、经历、文化背景众多因素的不同,在刺激感知、主观评估及情绪产生的过程中均存在差异。Gross 和 Levenson 的研究发现,在主观情绪强体验上,女性的报告强度显著高于男性,且此前看过实验中所采用的情绪电影的被试者的报告强度普遍高于没看过的被试者(Gross & Levenson, 1995)。此外,有特殊人生经历的被试者对某些视频可能有独特的感受(比如经历过自然灾害的被试者在看到灾难片时可能会有更高强度的情绪唤醒),这在一定程度上增加了视频材料诱发情绪的复杂性。

(三) 注意捕获(Attentional capture)

在实验室中诱发情绪,尤其是向被试者呈现情绪材料时,被试者的注意集中程度往往是目标情绪能否成功诱发的关键因素之一。例如,Velten(1968)情绪诱发法是要求被试者阅读一系列带有情绪色彩的自我陈述的语句并体会这些语句所表达的情绪内涵,以此来实现情绪诱发。这一任务就需要被试者注意力的高度集中。视频材料作为视听双通道的动态刺激呈现,在注意捕获方面要显著优于图片、文字等。另外,随着虚拟现实技术的发展及虚拟现实影院的相继出现,有研究者将虚拟现实技术与传统的实验室视频情绪诱发方法相结合。结果表明,虚拟现实情境下的视频呈现,不仅能进一步提高实验过程中被试者的注意集中程度,还能提高观看视频时的沉浸感,从而显著提高被试者的情绪体验(Visch, Tan, & Molenaar, 2010)。

(四) 要求特征(Demand characteristics)

美国心理学家 Orne 在其 1962 年发表的一篇文章里对要求特征做了较为详细的阐述(Orne, 1962)。要求特征指被试者在参与行为科学相关实验的过程中,并不是一味被动地对实验情境做出反应,而是自发地对实验目的做出一个假设或猜想,然后以"验证实验假设"为目的来调控自己的行为。要求特征是社会科学独有的偏差来源,与被试者及他们对实验本身的理解,对实验目的设想有关。霍桑效应和安慰剂效应就是典型的反映要求特征的例子。要求特征是实验室情境下影响情绪诱发效果的重要因素。除了实验材料本身,呈现情绪材料前的特定指导语也会对要求特征产生影响。有些研究的指导语可能明确地将实验目的告诉了被试者,如:这是一个通过视频诱发情绪的实验。呈现的视频可能会引起您产生某种情绪,请尽可能地去感受产生的情绪,不要试图抑制或掩盖你的情绪感受。这种情况下,有些被试者可能并没有真正地产生情绪变化,但为了符合实验的预期而根据视频的情感基调,报告虚假的情绪水平。有些研究者为了减少要求特征对实验结果的影响,事先并不告诉被试者实验目的,且采用更加简短的指导语,如:请认真观看视频。此外,要求特征的影响大小与视频的具体内容息息相关。如果视频呈现的是动物排泄物,被试者很容易就能猜到这是一个诱发厌恶情绪的实验;而如果视频呈现的是一些自然风景,那么对被试者来说实验者的实验目的就会变得比较模糊不清。相较于自我陈述、回忆/想象、催眠等情绪诱发方法,视频诱发法可通过采取一些措施,如避免向被试者透露实验目的,注意指导语的表述等,减小要求特征对实验结果的影响。

(五)标准化(Standardization)

已有大量的研究者通过各自的方法筛选出一些视频材料(多为电影剪辑片段),用于情绪研究的实验,并成功诱发出所需的目标情绪,但不同实验具体的诱发流程却存在或大或小的差异。实验室情绪诱发方法的标准化不仅使得不同实验室或不同研究者所做的情绪研究实验之间具有可比性,还增加了实验结果的可重复性。视频材料情绪诱发法的标准化包括视频的内容、呈现的设备选择、视频观看时的条件等。对于视频、图片、音乐等情绪材料诱发法来说,诱发流程的标准化相对较容易实现;而博弈游戏、催眠、互动训练等情境性情绪诱发法的标准化相对来说难以实现,因为研究者不可能准确预测不同被试者在某一情境下具体的行为表现与内心活动。尽管标准化视频材料诱发法的流程并不能百分百地保证在所有被试者中成功诱发出满足实验要求的目标情绪,但是标准化的流程是情绪研究实验必不可少的前提条件。

(六)时间分辨率(Temporal considerations)

在情绪研究中,不同研究者对于时间分辨率的要求不同。例如,在研究情绪对惊跳反射、事件相关脑电位等现象的调节作用时,由于情绪的变化可能发生在几秒或几毫秒之间,因此对捕捉情绪变化,采集数据的时间分辨率要求较高。在情绪材料诱发情绪的过程中,时间分辨率主要与情绪材料呈现的时间有关。一般来说,图片呈现的时间相对来说较短(约为6秒),而视频材料的呈现时间主要取决于视频时长。视频时长的长短跨度较大(差不多1~10分钟),因此视频材料诱发的时间分辨率相对较低。但因为情绪的变化是难以预测的,其唤醒与平复可能发生在几秒之间,也可能持续一段时间,因此视频材料情绪诱发法还是适用于大多数实验的。

(七)生态学效度(Ecological validity)

生态学效度指心理学理论或实验研究所获得的结果能够适用于现实世界中自然发生的行为的一个指标。电影、电视剧等视频材料的内容大多源于生活场景或我们所熟悉的事物,正如现实生活中诱发个体产生情绪体验的刺激一样。从这点来说,视频材料情绪诱发法具有较高的生态学效度。视频诱发出的情绪往往是真实而强烈的。比如,有被试者在观看诱发厌恶情绪的视频之后表现出明显的恶心呕吐行为,也有被试者在观看诱发快乐情绪的视频之后大笑不止。在 Rottenberg 和 Gross(2002)的一项情绪研究实验中,大约四分之一的被试者在观看悲伤的电影片段后表现出难以自抑的悲伤情绪甚至哭泣。另外,需要注意的是,视频诱发出的情绪是一种"审美情感"(Aesthetic emotion)(Frijda,1989)。即被试者在观看视频时,尽管明白视频的内容并不是真实的,仍尽量去感受视频传达出的情感,并产生内在的情绪体验。

总的来说,相较于面部肌肉运动、催眠等与日常情绪产生的条件相差甚远的情绪诱发方法,视频材料能诱发出更自然、更真实的情绪,能满足一般的情绪研究实验要求。但如果是对生态学效度要求比较高的实验,最佳的诱发方法还是互动训练等情绪性情境诱发法。

二、利用视频材料诱发情绪的研究方法

探讨情绪诱发首先面临的问题是情绪的结构。因为情绪本身的复杂性与特殊性,以及不同研究者在研究过程中的侧重点不同,关于情绪的结构,如第一章所述,目前尚无统一标准,主要有情绪的分类取向(Categorical approach)和维度取向(Dimensional approach)两大观点。情绪的分类取向认为情绪是由几种彼此独立的基本情绪,并在此基础上形成的多种复合情绪构成的,且每一种基本情绪都有其独特的唤醒模式、生理变化与外在表现。情绪的维度取向认为各种情绪不是分离的、独立的,而是高度相关、界限模糊的连续体。目前应用最广泛的维度空间模型是效价-唤醒模型(Frantzidis et al.,2010)。效价(valence)即愉悦度(pleasure),反映的是正负情绪的激活,主观上愉快-不愉快的情绪体验;唤醒度(arousal)又称激活度(activation),是感受活力或能量的程度,主观上从睡眠、放松到清醒、兴奋。

在情绪诱发的研究中,有些研究者以情绪的分类取向为基础,诱发不同类型的基本情绪,如快乐、悲伤、满意、厌恶、恐惧、中性等;也有研究者以情绪的维度取向为基础,诱发不同维度的情绪,如正性情绪和负性情绪。下述视频材料诱发情绪的研究方法主要参考 Gross(1995)的实验过程,结合国内外相关研究,以诱发不同类型的基本情绪(包含正性和负性情绪)为目的。

(一)视频材料的准备

1. 视频材料的收集

步骤包括:(1)研究小组成员、影迷、电影制作相关工作者、音像制品商店工作人员等推

荐带有不同情绪标签(如快乐、悲伤、厌恶、恐惧)的视频。(2)通过知名视频网站、影评网站等搜索不同情绪标签的视频。(3)查阅相关文献,搜索以往国内外研究中使用过的视频材料或有实证研究基础的视频材料库。电影、电视剧、新闻报道、网络视频等均可作为视频材料的来源。

2. 视频材料的剪辑与筛选

如果视频原材料是整部电影或电视剧,则需要研究人员进行剪辑制作。视频的剪辑由专门的视频剪辑软件完成,遵循使情绪最大化的原则,将采集到的视频材料中可诱发出目标情绪的关键片段剪辑出来,按实验具体要求制作成一定格式和分辨率的视频文件,并配有声音和字幕。

视频的筛选最好由从事情绪研究的相关人员完成。一般基于3个标准:(1)视频时长。视频文件的时长应相对较短(一般不超过10分钟),因为长时间观看视频易引起被试者的疲劳感,继而影响被试者情绪反应的主观报告。(2)视频的可理解性。视频的内容应简单易懂,适合大多数群体观看与理解,而不需要实验人员做出额外的解释。(3)诱发情绪的离散性。指每个视频片段诱发的目标情绪的纯度,即视频不仅能成功诱发出目标情绪,且目标情绪的强度高于其他非目标情绪。按上述标准筛选出有待进一步评估的视频,保证每种目标情绪对应的视频文件数不少于一个。

(二)视频材料诱发情绪的评估

1. 评估对象

视频材料诱发情绪的评估由普通人群完成,大多招募研究小组所在大学的大学生或研究生作为被试者自愿参加。要求被试者男女比例适当,身心健康,无哮喘、高血压等慢性疾病史;一般心理健康常用量表如症状自评量表(Symptom check list 90, SCL 90)、状态-特质焦虑问卷(State-trait anxiety inventory, STAI)、贝克抑郁问卷(Beck depression inventory, BDI)等用于筛查被试者无明显情绪问题或精神疾病。

2. 评估过程

视频材料的呈现与情绪诱发效果的评估均在实验室中进行,实验过程中保持实验室环境安静、整洁。被试者进入实验室后,实验人员对实验目的和实验程序进行讲解,并向被试者强调若在视频观看过程中出现任何不适,可选择终止实验,由心理专家帮助其调整情绪。被试者无疑义后签署知情同意书,在各自的电脑前戴上耳机独自观看视频并进行情绪诱发效果的评估。实验前对被试者进行随机分组,每组人数可不定。视频材料的分组呈现、呈现顺序、呈现间隔等具体实验设计由实验人员视实际情况而定。

3. 评估指标

情绪发生时个体不仅有主观情绪体验,还有外部行为表现和神经生理反应。早期的情绪研究多采用主观报告或面部表情等单一指标评估情绪唤醒水平,但此类指标反映的情绪可能存在伪装或掩饰现象。随着神经生物学的发展及情绪的生理机制逐渐被发现,越来越多的研究者将心率、呼吸、脑电等客观指标用于情绪唤醒的评估。因此,在评估情绪诱发效果时,最好将神经生理反应等客观指标与主观报告相结合对情绪的唤醒水平进行全面衡量。情绪体验的评估指标与声音材料情绪诱发效果的评估指标类似,详见第九章介绍。

三、利用视频材料诱发情绪时需注意的问题

(一)情绪的唤醒到评估之间的间隔

情绪变化的显著特点是转瞬即逝,而情绪的评估,尤其是情绪的主观报告往往是在情绪刺激呈现完毕之后,这就造成了情绪评估在时间上的滞后性。另外一个问题是情绪反应不同成分的唤醒与持续时间可能也不同。因此,情绪评估的时间点对于情绪诱发效果的影响是研究者在实验过程中及数据分析时必须注意的。大多数情况下,对主观情绪体验的评估,实验人员会要求被试者在情绪刺激材料呈现完后立即填写自评量表,以最小化评估时间滞后性的影响,但这种方法评估的情绪受要求特征的影响较大;还有一些研究,被试者在完成认知任务后才对自我的情绪进行评定,情绪的评定结果是否受时间、认知任务的影响往往很难确定。此外,情绪表情和生理指标的获取,大多由仪器自动记录,时间滞后性的影响一般可忽略。

(二)情绪的评估指标的选取

当前,大多数研究对情绪的评估依赖于被试者的主观报告或自评量表。此类评估方法之所以被广泛运用,很大一部分原因在于其操作简便、易于获取。但同时,主观报告的评估方式存在明显的缺点。比如,被试者可能受指导语的影响或为了满足猜想的实验目的,甚至可能为了遵循某种社会期许而做出某种倾向性的情绪报告。此外,情绪反应包括主观情绪体验、神经生理反应和外在行为表达等。因此,在对诱发情绪进行评估时,最好采取主观报告与客观指标相结合的方式。

(三)被试者的个体差异的控制

情绪的诱发效果不仅受到诱发范式的影响,还受到实验实施的具体情况、被试者的个体差异等因素的制约。被试者的个体差异除了此前提到的性别因素对情绪诱发效果的影响之外,被试者的人格特质是更加难以控制的因素。有学者在情绪诱发之前让被试者完成大五人格量表中的情绪稳定性和外倾性分量表,而后向被试者呈现正性、中性和负性图片材料,记录他们的皮肤电反应。结果显示,神经质对情绪诱发效果有显著的影响,与情绪正负效价之间存在显著的交互作用,其中高神经质被试者在观看负性图片时的皮肤电反应较强,而平复较缓(Norris, Larsen, & Cacioppo, 2007)。此外,还有被试者年龄、文化背景、对刺激的感知能力等,均可对情绪的诱发效果产生影响。因此,未来的情绪研究实验应根据不同的实验要求,对被试者的个体差异性进行控制。

第二节　标准化情绪视频材料库的建立

前两章中介绍的标准化情绪诱发材料库：IAPS、IADS 均为美国国立精神卫生研究所（NIMH）情绪与注意研究中心创建和发表的，国内学者也在此基础上进行了本土化研究。不过在视频材料库的建立上，NIMH 尚未建立成熟的材料库，目前主要是来自不同国家的学者根据自己的实验目的建立了一些包含不同元素的视频材料库。

一、国外已建成的部分视频材料库

（一）Gross 和 Levenson(1995)的视频材料库

Gross 和 Levenson 的情绪诱发视频材料库可诱发 8 种基本情绪，包括快乐、愤怒、满意、厌恶、恐惧、中性、悲伤、和惊讶，每种基本情绪对应 2 个电影片段或场景，具体如表 10.1 所示。

表 10.1　Gross 和 Levenson 的情绪诱发视频材料库

情绪标签	电影片段或场景	描述
快乐	When Harry Met Sally（当哈利遇上莎莉）	Sally 在餐厅与 Harry 的对话
	Robin Williams Live（罗宾·威廉姆斯直播）	喜剧日常
愤怒	My Bodyguard（我的保镖）	校园里，一个蛮横的男孩欺凌另一个男孩
	Cry Freedom（哭喊自由）	警察虐待抗议者
满意	Waves（海浪）	
	Beach Scene（沙滩）	
厌恶	Pink Flamingos（粉红色火烈鸟）	一个穿着怪异的女人吃狗的排泄物
	Amputation（截肢）	手臂截肢
恐惧	The Shining（闪灵）	一个小男孩在空无一人的走廊玩耍，然后他走向一扇虚掩着的门，说："妈妈，你在里面吗？"
	Silence of the Lambs（沉默的羔羊）	地下室追捕场景
中性	Abstract Shapes（抽象图形）	
	Colour Bars（彩色棒）	电脑屏幕保护图像：彩色条状图形不规则重复出现
悲伤	The Champ（冠军）	儿子为父亲的死哭泣
	Bambi（小鹿斑比）	鹿妈妈去世
惊奇	Capricorn One（摩羯星一号）	特工们破门而入
	Sea of Love（午夜惊情）	人们被鸽子惊吓到

（来源：Gross，Levenson，1995）

(二) Schaefer 等(2010)的视频材料库

该库的视频材料可诱发 6 种情绪,包括快乐、柔和(tenderness)、愤怒、悲伤、恐惧和厌恶,每种基本情绪对应 10 个电影片段或场景,具体如表 10.2 所示。

表 10.2 Schaefer 等的情绪诱发视频材料库

情绪标签	电影片段或场景	描述
快乐	Les Trois Frères(横冲直撞三兄弟)	主人公之一参加一个电视节目
	The Dinner Game(晚餐游戏)	复杂的幽默场景
	La cité de la peur(恐惧之城)	三个主人公在餐桌上的对话
	The Visitors(时空急转弯)	两个穿着中世纪盔甲的人袭击邮差的车
	A Fish Called Wanda(一条名叫旺达的鱼)	房东发现主人公之一没穿衣服
	Benny and Joon(邦尼和琼)	邦尼在一个咖啡店装疯卖傻
	There's Something About Mary(我为玛丽狂)片段 1	Mary 误以为 Ted 头发上的精液是发胶,将其取下
	There's Something About Mary(我为玛丽狂)片段 2	Ted 和狗打架
	When Harry Met Sally(当哈利遇上莎莉)	Sally 在一个餐馆里假装高潮,引起 Harry 的尴尬
	Le Pari(打赌)	庆祝父亲生日的午餐
柔和	Forrest Gump(阿甘正传)	父子团聚
	Life is Beautiful(美丽人生)片段 2	在集中营里,父亲与儿子通过广播和母亲说话
	Life is Beautiful(美丽人生)片段 3	母子重聚
	Life is Beautiful(美丽人生)片段 4	在集中营里,父亲为了儿子不被吓到,胡编乱造翻译德国军官的话
	The Eighth Day(第八日)	表现两个主人公友谊的场景
	The Dead Poets Society(死亡诗社)片段 2	影片结尾,所有学生站上桌子送别被辞退的老师
	Ghost(人鬼情未了)	男女主人公做泥塑的场景
	E. T.(外星人)	E. T. 似乎死了
	When a Man Loves a Woman(当男人爱上女人)	两个爱人和解
	The Professional(这个杀手不太冷)片段 1	两个主人公永远地分离
愤怒	Schindler's List(辛德勒名单)片段 2	一名集中营军官在阳台上随意射杀集中营里的犹太人
	Sleepers(沉睡者)	孩子们遭受性虐待
	Leaving Las Vega(远离赌城)	女主人公被三个醉汉强奸和毒打
	American History X(美国 X 档案)	一个新纳粹主义分子杀害了一个美国黑人并将他的头扔在路边粉碎
	Schindler's List(美国 X 档案)片段 1	集中营里的尸体被运走
	Schindler's List(美国 X 档案)片段 3	二战期间,德国士兵在犹太人居住区屠杀犹太人
	Man Bites Dog(人咬狗)片段 1	集体强奸的场景
	In the Name of the Father(因父之名)	警方暴力审讯以得到伪造的供词
	Seven(七宗罪)	影片结尾,Kevin Spacey 告诉 Brad Pitt 他砍下了他怀孕妻子的头
	A Perfect World(完美的世界)	影片结尾,Butch 被枪杀

(续表)

情绪标签	电影片段或场景	描述
悲伤	City of Angels(天使之城)	Maggie 在 Seth 的怀中死去
	Dangerous Mind(危险游戏)	老师告诉教室里的学生他们的一个同学死了
	Philadelphia(费城故事)	Andrew 和 Joe 听着立体声的歌剧咏叹调,Andrew 向 Joe 描述歌剧中主人公的痛苦和激情
	The Dead Poets Society 片段 1	一个男学生自杀
	The Dreamlife of Angels(两极天使)	主人公之一自杀
	Dead Man Walking(死囚漫步)	主人公被判处注射死刑
	The Professional 片段 1	两个主人公永远地分离
	Schindler's List 片段 1	集中营里的尸体被运走
	A Perfect World	影片结尾,Butch 被枪杀
	Life is Beautiful 片段 1	主人公被杀害
恐惧	The Blair Witch Project(女巫布莱尔)	最后一个场景,主人公被杀死
	The Shining(闪灵)	一个男人拿着斧头追赶他的妻子
	Scream(惊声尖叫)片段 1	一个女孩受到电话威胁
	Misery(危情十日)	Annie 打断了 Paul 的腿
	Scream(惊声尖叫)片段 2	发生在学校里的一场追杀
	Child's Play 2:Chucky's Back(鬼娃回魂 2:Chucky 回归)	Chucky 用戒尺杀死了 Andy 的老师
	Copycat(叠影谋杀案)	主人公之一在厕所被凶手抓到
	The Dentist(魔鬼牙医)	一个男人发现一个舌头被残忍割下的女人
	The Exorcist(驱魔人)	神父试图解救一个被魔鬼附身的女孩
	Seven 片段 2	警察找到一具被残忍折磨致死的尸体
厌恶	Trainspotting(猜火车)片段 2	主人公跳进一个肮脏的马桶
	Seven 片段 3	警察发现一个男人的尸体被绑在桌子底下
	Hellraiser(猛鬼追魂)	地上两个污渍大小的点慢慢生长成一个长着骷髅头的怪物
	Man Bites Dog 片段 1	集体强奸场景
	Seven 片段 2	警察找到一具被残忍折磨致死的尸体
	The Dentist	一个男人发现一个舌头被残忍割下的女人
	American History X	一个新纳粹主义分子杀害了一个美国黑人并将他的头扔在路边粉碎
	Sleepers	孩子们遭受性虐待
	Misery	Annie 打断了 Paul 的腿
	The Silence of the Lambs	法医解剖一具尸体

(来源:Schaefer, et al., 2010)

二、国内已建成的部分视频材料库

(一) 罗跃嘉等(2010)的视频材料库

该库的视频材料可诱发六种情绪：恐惧、厌恶、愤怒、快乐、悲伤和中性。每种情绪对应3个视频片段。(具体材料请与研究者联系)

(二) 靳霄等(2009)的视频材料库

可诱发5种情绪，包括中性、快乐、厌恶、愤怒和恐惧，每种基本情绪对应2个视频片段。具体如表10.3所示。

表10.3 靳霄等的情绪诱发视频材料库

情绪标签	视频片段
中性	stick
	帝企鹅日记
快乐	唐伯虎点秋香
	小鬼当家
厌恶	呕吐
	粉红色的火烈鸟
愤怒	黄石的孩子
	圆明园
恐惧	死寂
	公寓

(来源：靳霄等，2009)

(三) 周仁来等(2017)的视频材料库

该库内的素材可诱发8种基本情绪，包括恐惧(fear)、厌恶(disgust)、愤怒(anger)、悲伤(sadness)、中性(neutrality)、惊奇(surprise)、快乐(amusement)和愉悦(pleasure)，每种基本情绪对应8个视频片段，具体如表10.4所示。

表10.4 周仁来等的基本情绪诱发视频材料库

情绪标签	视频片段	描述
恐惧	山村老尸片段1	卫生间的鬼魂
	山村老尸片段2	鬼魂遇见自己的尸体
	午夜凶铃	鬼魂从电视里爬出来
	午夜出租车	在家里遇见鬼魂

(续表)

情绪标签	视频片段	描述
	咒怨 2	鬼魂拉扯着吊着的尸体
	咒怨 2	鬼魂藏在假发里
	咒怨 2	女孩在一个黑暗的屋子里
	床下有人	床底下的鬼魂
厌恶	网络视频	去粉刺
	网络视频	食物从胃里被吐出来
	网络视频	在脸上放满爬行的蛆
	网络视频	肮脏的食物材料
	网络视频	一个人正在呕吐
	网络视频	又脏又臭的脚
	绝命派对	蟑螂被压碎
	下水道的美人鱼	身上的脓疱
愤怒	网络视频	对灾难受害者没有表现出同情
	网络视频	袭击无辜的人
	东京审判	日本人欺凌中国人
	你是我的生命	母亲死后兄弟们夺取财产
	飞越老人院	孩子们不关心死去的父亲只关心财产
	叶问 2	老板不给工人发工资
	老牛家的战争	为了钱陷害好人
	新闻视频	路人没有救受伤的女孩
悲伤	妈妈,再爱我一次	母子分离
	我的父亲母亲	哥哥将年幼的弟弟和妹妹送给别人
	长江七号	儿子得知爸爸死讯
	飞越老人院	老人发现自己大小便失禁
	黄金大劫案	父亲在儿子面前死去
	人在囧途	残疾的孩子和不幸的夫妇
	新天生一对	父亲将儿子送往美国
	斗牛	在离开前归还东西并且道歉
中性	盲山	在山路上开车
	网络视频	大雪中的城市
	网络视频	下雪的城市
	网络视频	谈论天气和红色叶子的关系
	网络视频	谈论从干旱中恢复
	网络视频	开车教学
	网络视频	书法教学
	网络视频	天气预报

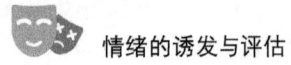

(续表)

情绪标签	视频片段	描述
惊奇	大魔术师	魔术表演
	天下无贼	用玻璃杯剥鸡蛋
	春晚视频	魔术表演
	网络视频	一次令人难以置信的快速服务
	网络视频	多米诺骨牌
	网络视频	将一艘新的汽轮放到海面上
	网络视频	差点发生车祸最终有惊无险
	网络视频	差点发生车祸
快乐	皇家刺青	中国古代愚蠢的强盗
	最强喜事	两个老师之间搞笑的竞争
	快乐大本营	有趣的新闻
	月光宝盒	一个漂亮的女人诱惑士兵
	郭德纲的相声	中国相声
	天下无贼	火车上愚蠢的小偷
	人在囧途	一个富人和一个穷人睡在一起
	九品芝麻官	三名官员在青楼
愉悦	长江七号	孩子们在草地上玩耍
	非常完美	情侣愉快地交谈
	志明与春娇	情侣谈论性
	不能说的秘密	男孩给了女孩一个礼物并向她表白
	岁月神偷	情侣谈论彩虹
	新天生一对	父子间快乐时光
	那些年,我们一起追的女孩	快乐的高中时光
	飞越老人院	老人们一起去远足

(来源:周仁来等,2017)

第三节 视频诱发情绪的相关研究

目前,视频材料诱发是情绪研究中应用最为广泛的实验室情绪诱发方法之一。国内外学者利用视频材料诱发实验所需的目标情绪,继而进行了大量情绪相关研究。其中用于研究的视频材料,有来自上述的标准化视频材料库的,也有不同研究者根据自身实验需要而收集剪辑的;而情绪的相关研究,更是多方面的。

一、视频材料情绪诱发效果的年龄和文化差异

在标准化视频材料库的建立过程中,对视频材料的情绪诱发效果进行评定的人群多为

成年人,因为成年人不管是理解视频内容的能力、感受情绪的能力,还是表达自身情绪的能力都强于多数儿童。但是在实际的情绪研究中,儿童是一组难以忽视的重要被试者人群。此外,因为儿童的特殊性,对儿童进行情绪诱发时,诱发方法的选择也是需要格外注意的一个点。视频材料以其便于控制,易引起儿童兴趣等优点成为诱发儿童情绪的最佳诱发方法之一。因此,评定视频材料在儿童中的情绪诱发效果,对儿童的情绪研究意义重大。有研究者参照 Rottenberg 等人建立标准化视频材料库的条件,以儿童为实验对象,剪辑了三段分别用于诱发积极、消极和中性情绪的动画电影片段(Leupoldt et al.,2007)。评定标准为情绪维度的愉悦度和唤醒度,使用的工具是非语言的自我情绪评定量表(SAM)(Hodes, Iii, & Lang, 1985)。结果显示,情绪的愉悦度从消极、中性到积极情绪逐渐上升,且消极和积极情绪的唤醒度显著高于中性情绪,表明所用的视频材料在儿童中成功诱发出了目标情绪。

此外,国内学者除了建立本土化的标准化视频材料库,还将国外的视频材料库进行了本土化评定。Schaefer 等人建立的视频材料库 FilmStim 是一个大型的情绪影片数据库,国内学者从情绪的唤醒度、正负效价和分化情绪类型方面,以中国大学生为评定主体,对该数据库进行了本土化评定(宋素涛,韩冬,陈功香,2016)。研究结果发现,所有情绪视频诱发的情绪唤醒度均显著高于中性视频诱发的情绪,而且正负性情绪视频成功诱发出了相应效价的情绪。分化情绪类型方面,负性情绪视频(除愤怒外)成功诱发出了相对应的负性目标情绪,而正性情绪视频同时诱发出了同效价的其他情绪,一定程度上反映了东西方的文化差异。

二、视频材料情绪诱发导致的自主神经反应

自主神经反应是情绪反应的重要成分之一。自主神经反应与主观情绪体验之间的关联性一直是情绪研究的重点和难点。心率和皮肤电导水平是情绪的自主神经反应测量中最常用的生理指标。大量研究表明,皮肤电导水平主要反映交感神经活动,而心率同时反映了交感神经活动和副交感神经活动(Mauss & Robinson, 2009)。Fernandez 等人就情绪诱发状态下的皮肤电导水平和心率与情绪的主观唤醒水平之间的关系进行了研究(Fernández, Pascual, Elices, Portella, & Fernández‐Abascal, 2012)。该研究中所用的视频材料来自 Gross 和 Levenson,还有 Schaefer 等人的标准化视频材料库,诱发的基本情绪包括愤怒、恐惧、悲伤、厌恶、快乐、柔和和中性。研究结果显示,以中性情绪状态为基线,恐惧情绪下被试者的皮肤电导水平和心率显著上升,愤怒情绪下被试者的心率显著上升;关于主观的情绪体验和客观的生理反应之间的关系,情绪的唤醒水平一定程度上预测了皮肤电导水平和心率的变化,高水平的情绪唤醒状态下被试者的生理反应更容易被测量出;另外,女性被试者在面对悲伤、厌恶情绪时反应更强烈,表现在皮肤电导水平和心率变化更明显。不同的情绪研究中,情绪的主观体验和客观的生理反应之间的相关存在一定差异,可能与所用的视频材料、实验目的和实验环境等不同有关。有学者总结了相关的研究报告,指出每种基本情绪对应其特定的情绪体验、生理反应和行为表现(Kreibig, 2010)。显然,关于情绪的主观体验和生理反应之间的关系,还需要大量的研究探索。

三、其他视频诱发情绪的研究

情绪调节是个体运用情绪调节策略,对具有何种情绪、何时产生、如何发生情绪体验及如何表达情绪这些方面施加一定影响的过程(Gross & Thompson, 2007)。Gorss 在其情绪调节理论中,提出认知重评(Cognitive reappraisal)和表达抑制(Expression suppression)是两个主要的情绪调节策略。认知重评指对特定的刺激(情绪情境或材料)进行重新评价和认知;表达抑制指改变已产生的情绪体验、生理反应和行为表达。Gross 就不同情绪调节策略对厌恶这一情绪反应的影响进行了实验研究(Gross, 1998)。诱发厌恶情绪所用的刺激材料为令人厌恶的视频。被试者被随机分成三组,一组被告知对刺激采取淡然的、无动于衷的态度(认知重评),一组被告知抑制自身的情绪反应,不让他人察觉(表达抑制),一组仅仅被告知观看视频。结果发现,与仅观看视频的被试者相比,认知重评和表达抑制组的被试者厌恶的面部表情表达程度较低。但是,认知重评组的被试者报告的主观情绪体验减少,而表达抑制组生理反应的唤醒度明显升高。另外,有研究者探究厌恶敏感度是否在厌恶刺激和情绪反应之间起到中介作用,同样用厌恶性的视频来诱发厌恶情绪(Rohrmann, Hopp, Schienle, & Hodapp, 2009)。结果发现,与低厌恶敏感度的被试者相比,高厌恶敏感度被试者的生理反应和情绪唤醒度更高。

情绪与认知的相关研究是情绪研究领域的一大热点。Hsieh 等人采用任务切换(Task switching)研究范式,探究不同效价的情绪对认知灵活性的影响(Hsieh & Lin, 2019)。被试者在实验室中观看情绪性视频材料,分别诱发正性、负性和中性的情绪,然后完成任务切换。认知灵活性的评估指标包括反映表现减退的切换损失(switching cost)和反映表现提高的衰减效应("fade-out" effect)。研究结果发现,负性情绪减少了切换损失,尤其在不协调任务中。此外,相较于正性和中性情绪,负性情绪产生了更为持久的衰减效应。

随着科学技术的发展与人们生活要求的相应提高,3D 影片层出不穷。有学者猜想相较于传统的 2D 影片,3D 影片在实验室情境下诱发情绪是否更有效。有研究者就 2D 和 3D 影片诱发情绪的有效性进行了相关研究(Bride et al., 2014)。结果发现,2D 和 3D 影片均诱发出了有效且稳定的目标情绪,但 3D 影片较 2D 影片的诱发效果并没有明显的优势。

参考文献

Bradley, M. M., & Lang, P. J. (1999a). *Affective Norms for English Words (ANEW): Stimuli, instruction manual and affective ratings. Technical report C-1*. Retrieved from Gainesville, FL: The Center for Research in Psychophysiology, University of Florida.

Bradley, M. M., & Lang, P. J. (1999b). *International Affective Digitized Sounds (IADS): Stimuli, instruction manual and affective ratings (Tech. Rep. No. B-2)*. Retrieved from Gainesville, FL: The Center for Research in Psychophysiology, University of Florida.

Bradley, M. M., & Lang, P. J. (2007). *Affective Norms for English Text (ANET): Affective ratings of text and instruction manual. (Tech. Rep. No. D-1)*. Retrieved from Gainesville, FL: University of Florida.

Bride, D. L., Crowell, S. E., Baucom, B. R., Kaufman, E. A., O'Connor, C. G., Skidmore, C. R., & Yaptangco, M. (2014). Testing the effectiveness of 3D film for laboratory-based studies of emotion. *Plos One*, 9(8), e105554.

Cannon, W. B. (1927). *The James-Lange theory of emotion: A critical examination and an alternative theory*.

Ekman, P., & Friesen, W. V. (1971). *Constants across cultures in the face and emotion* (Vol. 17).

Fernández, C., Pascual, J. C., Elices, M., Portella, M. J., & Fernández-Abascal, E. (2012). Physiological Responses Induced by Emotion-Eliciting Films. *Applied Psychophysiology & Biofeedback*, 37(2), 73–79.

Frantzidis, C. A., Bratsas, C., Klados, M. A., Konstantinidis, E., Lithari, C. D., Vivas, A. B., ... Bamidis, P. D. (2010). On the classification of emotional biosignals evoked while viewing affective pictures: an integrated data-mining-based approach for healthcare applications. *IEEE Trans Inf Technol Biomed*, 14(2), 309–318.

Frijda, N. H. (1989). Aesthetic emotions and reality. *American Psychologist*, 44(12), 1546–1547.

Giuliani, N. R., McRae, K., & Gross, J. J. (2008). The up- and down-regulation of amusement: Experiential, behavioral, and autonomic consequences. *Emotion*, 8(5), 714.

Gross, J. J. (1998). Antecedent-and response-focused emotion regulation: divergent consequences for experience, expression, and physiology. *Journal of Personality & Social Psychology*, 74(1), 224–237.

Gross, J. J., & Levenson, R. W. (1995). Emotion elicitation using films. *Cognition & Emotion*, 9(1), 87–108.

Gross, J. J., & Thompson, R. A. (2007). Emotion regulation: Conceptual foundations. In J. J. Gross (Ed.), *Handbook of emotion regulation*. New York: Guilford Press.

Hodes, R. L., Iii, E. W. C., & Lang, P. J. (1985). Individual differences in autonomic response: conditioned association or conditioned fear? *Psychophysiology*, 22(5), 545–560.

Hsieh, S., & Lin, S. J. (2019). The Dissociable Effects of Induced Positive and Negative Moods on Cognitive Flexibility. *Sci Rep*, 9(1), 1126.

Hubert, W., & De Jongmeyer, R. (1990). Psychophysiological response patterns to positive and negative film stimuli. *Biological Psychology*, 31(1), 73–93.

Izard, C. E. (2007). *Basic Emotions, Natural Kinds, Emotion Schemas, and a New Paradigm* (Vol. 2).

Kreibig, S. D. (2010). Autonomic nervous system activity in emotion: A review. *Biological Psychology*, 84(3), 394–421.

Lang, P. J., Bradley, M. M., & Cuthbert, B. N. (2008). *International Affective Picture System (IAPS): Affective ratings of pictures and instruction manual. Technical Report A-8*. Retrieved from Gainesville, FL: University of Florida.

Leupoldt, A. V., Rohde, J., Beregova, A., Thordsensörensen, I., Nieden, J. Z., & Dahme, B. (2007). Films for eliciting emotional states in children. *Behavior Research Methods*, 39(3), 606–609.

Martin, & Maryanne. (1990). On the induction of mood. *Clinical Psychology Review*, 10(6), 669–697.

Mauss, I. B., & Robinson, M. D. (2009). Measures of emotion: A review. *Cogn Emot*, 23(2), 209-237.

Norman, G. J., Berntson, G. G., & Cacioppo, J. T. (2014). Emotion, Somatovisceral Afference, and Autonomic Regulation. *Emotion Review*, 6(2), 113-123.

Norris, C. J., Larsen, J. T., & Cacioppo, J. T. (2007). Neuroticism is associated with larger and more prolonged electrodermal responses to emotionally evocative pictures. *Psychophysiology*, 44(5), 823-826.

Orne, M. T. (1962). On the social psychology of the psychological experiment: with particular reference to demand characteristics and their implications., 17(11), 776-783. *American Psychologist*, 17(11), 776-783.

Rohrmann, S., Hopp, H., Schienle, A., & Hodapp, V. (2009). Emotion regulation, disgust sensitivity, and psychophysiological responses to a disgust-inducing film. *Anxiety Stress & Coping*, 22(2), 215-236.

Rottenberg, J., Gross, J. J., Wilhelm, F. H., Najmi, S., & Gotlib, I. H. (2002). Crying threshold and intensity in major depressive disorder. *Journal of Abnormal Psychology*, 111(2), 302.

Rottenberg, J., Ray, R. D., & Gross, J. J. (2007). *Emotion elicitation using films. The handbook of emotion elicitation and assessment*.

Schaefer, A., Nils, F., Sanchez, X., & Philippot, P. (2010). Assessing the effectiveness of a large database of emotion-eliciting films: A new tool for emotion researchers. *Cognition & Emotion*, 24(7), 1153-1172.

Velten, E. (1968). A laboratory task for induction of mood states. *Behaviour Research & Therapy*, 6(4), 473-482.

Visch, V. T., Tan, E. S., & Molenaar, D. (2010). The emotional and cognitive effect of immersion in film viewing. *Cognition & Emotion*, 24(8), 1439-1445.

Watson, D., Clark, L. A., & Tellegen, A. (1988). Development and validation of brief measures of positive and negative affect: The PANAS scales. *J Pers Soc Psychol*, 54(6), 1063-1070.

Westermann, R., Spies, K., STAHL, G., & Hesse, F. W. (1996). Relative effectiveness and validity of mood induction procedures: a meta-analysis. *European Journal of Social Psychology*, 26(4), 557-580.

Yaling, D., Meng, Y., & Renlai, Z. (2017). A New Standardized Emotional Film Database for Asian Culture. *Frontiers in Psychology*, 8, 1941.

白露,马慧,黄宇霞,等.(2005).中国情绪图片系统的编制——在46名中国大学生中的试用[J].中国心理卫生杂志,19,719-722.

刘涛生,罗跃嘉,马慧,等.(2006).本土化情绪声音库的编制和评定[J].心理科学,29,406-408.

孟昭兰.(2005).情绪心理学.北京:北京大学出版社.

宋素涛,韩冬,陈功香.(2016).FilmStim情绪影片数据库在中国大学生中的初步评定[J].应用心理学,22(4),364-376.

王一牛,周立明,罗跃嘉.(2008).汉语情感词系统的初步编制及评定[J].中国心理卫生杂志,22(8),608-612.

第十一章 利用文字材料诱发情绪

你是否记得读到"千山鸟飞绝,万径人踪灭"时内心的心旷神怡,还有读到"但使龙城飞将在,不教胡马度阴山"时内心的壮怀激烈,"曲径通幽处,禅房花木深"这样的句子可能会让你心情获得忽然的平静;而"垂死病中惊坐起,暗风吹雨入寒窗"的句子,定会让你的心灵沉重。简单来说,当我们看到"安逸""舒适""头痛""失望"等词语时,也会被引发出类似的情绪,对我们的思考、记忆和注意等心理过程产生一定影响。因此我们知道文字,同视频、音频等资料一样,也是诱发情绪的重要材料。而这个过程具体是怎样的呢?为了说明这个问题,在研究过程中,我们常用固定的一些文字材料来诱发被试者的情绪,比如英语情绪词库(Affective Norms for English Words,ANEW)或汉语情感词系统(Chinese Affective Words System,CAWS)中的词汇。这些经过标准化了的词库能够帮助研究者在选择情绪刺激文字材料时很好地控制实验条件,而且体现出比视频、音频更容易操作的特点。心理工作者们早已开展了与情感词相关的大量研究,这些研究提示我们文字对情绪的诱发有着重要作用。

第一节 概 述

如何从理论上来评价诱发情绪的这些词语的情绪?Wundt 最早在 1896 年提出情绪维度的观点,认为情绪是由愉快—不愉快、激动—平静和紧张—松弛三个维度组成的(Wundt,1896),每一种具体情绪分布在三个维度的两极之间的不同位置上,他的这种看法为后来情绪的三维模式奠定了基础。Mehrabian 和 Russell 于 1974 年提出 PAD 三维情感模型,他们认为情感具有效价、唤醒度和优势度三个维度(A. Mehrabian,1995;Albert Mehrabian,1996)。而 Osgood 等人的研究将这一理论运用到了实际的情绪测量当中(Osgood,Suci,& Tannenbaum,1957)。通过运用语义差分法,结合因子分析法,Osgood 对被试者对大量刺激物的反应(语言判断)进行了分析,观察到这些反应的差异可以从两个主要维度来解释:效价效价,表示个体对某种情感刺激的不喜欢—喜欢的程度,体现情感状态的正、负特性,即情感的积极或消极程度;唤醒度,表示个体在面对刺激时的生理激活程度或兴奋性,情感状态联系的机体能量的激活程度有关,其范围为平静—激动。效价和唤醒度这两个维度描述文字情绪刺激的方法也被生物信息情绪理论支持(P. J. Lang,1995),该理论提出情绪是两套"主要动机"系统相关:需求和厌恶/防御动机系统。这两者一起解释了效价系统是情绪反应的主要解释因子。但与经典情绪维度理论说法不同的是,该理论认为唤醒系统并不是和效价系统完全分开的,而是代表了这两个"主要动机"系统在机体内的代谢性和神经性的激活,或者是共激活。之后他们又识别了第三个维度:优势度,反映了个体对某个刺激感到的可控程度,范围为不可控—可控。目前,这三个维度时在情感词的测量中广泛用到的维度。Jarymowicz 和 Imbir 等人也提出了关于情绪的双重加工学说(Jarymowicz & Imbir, 2015),从而引出了新的维度:起源(origin),表示情绪源于直接的反应还是大脑的评价;来源(source),表示情绪的产生是源于外部的刺激还是自身的内部因素;主观重要性(significance),表示刺激源对个体的重要程度。除此之外,一些研究中引入了其他情绪维度,如可知度(不可预测—可预测)等。与情绪维度理论不同,情绪离散模型认为情绪分为多种不同的类型,基本的五种情绪为:快乐、悲伤、愤怒、恐惧和厌恶(Levenson, 2003),每种情绪的行为和生理反应模式都与其他情绪不同。研究中还用到的其他情绪类型有自豪、内疚和同情等。离散模型是情绪测量的有效补充,比如,恐惧和愤怒在效价和唤醒度上的等级时相似的,但是它们对认知的影响,比如注意(Ford et al., 2010)、记忆(F. C. Davis et al., 2011)、决策(F. C. Davis t al., 2011)等过程是完全不同的。

心理语言学有关的变量是文字诱发情绪过程中涉及的重要因素,较常见的有:具体性(concreteness),高分代表词的描述很具体,比如"pizza(披萨)",低分表示很抽象,如"邪恶的(immoral)";熟悉度(familiarity),高分表示这个词很常见,如"sweater(毛衣)",低分表示很陌生,如"syphilis(梅毒)";可成像性(imageability),高分表示这个词很容易在大脑中塑造和想象,如"sofa(沙发)",而低分表示难以塑造和想象,比如"dazzle(耀眼)"。研究表明这些变量与情绪的变量有着显著相关的关系,有研究者提出在进行刺激材料选择时也应该充分考虑这些因素。

第二节 标准化情绪词库的建立

一、有关标准化情绪词库的研究

1999 年,美国国立精神卫生研究所(NIMH)所属的情绪与注意研究中心的 Bradley 和 Lang 建立了第一个标准化的英语情感词系统(ANEW)(M. M. Bradley & Lang, 1999),收录了 1 034 个英语单词,包含了先前 Mehrabian 等(1974)和 Bellezza 等(1986)有关词汇情绪研究的所用到的词汇。研究招募了心理系的学生,在测量过程中进行了分组纸笔测验,运用自我情绪评估量表(Self - Assessment Manikin, SAM)作为情绪指标量化测量的工具,对每个词汇效价、唤醒度、优势度三个情绪维度进行了评分,最后计算了均值和标准差,绘制了效价—唤醒度的散点图。该词库的建立为情绪研究提供了标准化的文字刺激材料,也为后续研究提供了方法的借鉴。除了书中列举的词库外,近年来美国和西班牙还开展了大规模词库的建立,词汇数量超过 10 000(Stadthagen - Gonzalez, Imbault, Perez Sanchez, & Brysbaert, 2017; Warriner, Kuperman, & Brysbaert, 2013),为研究者研究情绪提供了丰富的文字材料;另外,比如 Imbir 建立了波兰语的短文本库(718 条短文本,包含 5~23 个词的句子,字母范围在 36~133 之间)(Imbir,2016),测量了包括效价等在内的 6 个情绪维度,扩充了除词汇以外的情绪文字材料内容。

2008 年,我国研究者罗跃嘉等人初步编制了汉语情感词系统(CAWS)(Y. N. Wang, Zhou, & Luo, 2008),对汉语名词、动词和形容词的情感信息进行多维度评定和验证,建立了标准化的汉语情绪词库。词汇从国家语委语言文字应用研究所提供的 3 000 个双字名词中,选出频度分布广泛、不作兼词的名词 2 500 个,再从《现代汉语词典》中选取 1 250 个。研究招募了 124 名大学被试者,男女比例平衡;运用 9 点量表,以纸笔测验的方式进行,对词汇的效价、唤醒度、优势度、趋向度和熟悉度 5 个维度进行评定;统计分析中运用了主成分分析对信息维度进行确定。最后发现效价、唤醒度、优势度和熟悉度 4 个维度可全面反映双字词的感情信息,并报告了散点图分布;经 9 点量表评定的刺激材料能诱导每一维度的全程;测量信度可靠。该词库给我国的科研工作者提供标准化、本土化的情绪刺激材料。

二、标准化情绪词库建立的必要性

先前的研究已证明,文字的不同情绪维度能够对多种认知过程产生影响,比如学习、记忆和注意等,这也成了研究领域的重要话题(Citron,2012)。要理解情绪过程的机制,建立一个能够提供文字的各种情绪和非情绪属性评分的标准词库显得十分重要,因为当选用文字材料对被试者进行刺激时,我们希望知道这些文字材料代表何种程度的情绪刺激,有什么样的特性,这样将会有利于研究者对实验条件进行控制,从而更能得到准确的研究结论。比如,想要知道消极情绪对注意的影响,我们就需要挑选效价较低的词汇对被试者进行刺激,然后测量其注意过程的影响,结果与中性词汇的刺激结果进行比较,从而可以得出结论。

尽管情绪词库的跨文化相关性分析体现出一致性,即同一个词不同语言版本的翻译版本在各维度的评分相关性较高,比如"高兴"能够引起中国人较高的愉悦感,"Happy"同样也能使美国人感受到快乐。但是跨文化的差异始终存在,比如 Sianipar 等人的研究发现印度尼西亚的男性在唤醒度和优势度上的评分总是避免极高或极低值。而与此相反,美国和西班牙的男性在这两个维度的评分遍布了整个分值范围,这反映了美国和西班牙的男性在情感反应上,以及唤醒度和优势度这两个维度上的情感表达,比印度尼西亚的男性更强烈一些。不同群体同样也存在一致性和差异性,就拿男性和女性这两个基本群体来说,Sianiapar 等人的研究就报告了男性和女性在文字的某些情绪维度评分上的高度一致性,比如效价($r=0.84$)和唤醒度($r=0.6$)等,而在优势度上,两个群体的关联就较弱,但仍有显著性($r=0.2$)(Sianipar, van Groenestijn, & Dijkstra, 2016);Monnier 和 Syssau 的研究指出,相比于男性,女性在词汇上效价的评价上更容易给出高分,而且对积极词汇的唤醒度的评分也更高(Monnier & Syssau, 2014)。

根据先前研究的规律,我们有理由推测文字材料的情绪维度评分及心理语言学属性在不同方言群体及其他亚群体(特殊职业,如军人、老年人)仍会有一定差异性存在。Fairfield等人针对意大利老年人词汇情绪评分的报告就指出,对于年轻人觉得中等不愉快,唤醒度也中等的词汇,老年人觉得不愉快程度更高且唤醒度更高,老年群体更倾向与将负性刺激的唤醒度评得更高,将正性刺激的唤醒度评得更低(Fairfield, Ambrosini, Mammarella, & Montefinese, 2017)。因此建立更加细化的、具有针对性的标准化情绪词库是今后情绪研究中必然面临的课题,这就要求要了解和掌握建立情绪词库的方法和过程。情绪词库的建立过程主要可以从被试者选择、材料建立、测量内容的选定、测验实施、统计分析和结果几个方面来讨论。

三、标准化情绪词库建立的基本方法

(一) 被试者的选择

因为涉及在测量的过程中要对文字的意义进行识别,所以在被试者的选择上,应该要注意选择受教育程度较高、本土母语的个体。本土母语的大学生由于受教育程度较高,接受指导能力较其他群体较强,更容易得到与符合理论要求的测量结果。同时要注意男女数量的平衡,因为研究已报道男女在词汇评分上具有不同的特点,在 15 项研究中,3 项研究做到了 1∶1 的男女被试者数量平衡,2 项研究的男女比例接近 1∶1。尽管不是所有的研究都做到了平衡,但能观察到各研究结果之间的相关性和一致性都较好,然而为了保证结果不产生较大偏差,仍要注意性别比例的控制。

(二) 材料的建立

词库中选入的词一般是来自其本土的权威词库和研究中的词库,比如 Warriner 等人建立的大规模的情绪词库就收录了除 ANEW 中的词语之外,大量的美国英语高频词库中的词汇,CAW 收录的单词就来自中国权威的 3 个词库,而 1999 年 ANEW 收录的词汇也是来自前人对词汇情绪研究中的单词,除此之外,语系关系较近的语言还可以采用的翻译的方式获取词汇。

(三) 测量内容的选定

接下来要考虑的是从哪些方面测量词汇的属性。情绪维度理论的提出确立为情绪词库中词汇的测量提供了最基本的理论支持,最重要的情绪词库之一 ANEW 的建立,就是以效价、唤醒度和优势度作为基本的测量内容。在词库的建立过程中,这一理论又得到进一步支持。效价和唤醒度这两个维度的相对独立性和二元相关性在已有的研究中被不断证实:消极情绪词汇的效价和唤醒度呈负相关,积极情绪词汇的效价和唤醒度呈正相关,而中性词汇的效价和唤醒度相关性不高。在效价—唤醒度的二维散点图上(图 11.1),词汇分布呈 U 状或回旋镖状。优势度这个维度,在情绪的测量中并没有体现出显著地位,在一些研究中较一致地表现出和效价呈正性线性相关的关系,而不同研究中与唤醒度的关系模式并不统一。但有研究者提出优势度在区分效价极端的情绪(比如,恐惧和愤怒)有十分重要的作用,所以优势度仍然是词汇的情绪评价中重要的内容。Montefinese 等人建立了唤醒度(z),效价(x)和优势度(y)的有效三维模型,$z=11.823-1.257x-1.370y+0.063x^2+0.110y^2+0.084xy$,进一步说明了情绪三维度评估的必要性(Montefinese, Ambrosini, Fairfield, & Mammarella, 2014)。因此,为了保证词库情绪信息的完整性,效价、唤醒度和优势度这三个维度是不可或缺的内容(M. M. Bradley & Lang, 1999)。

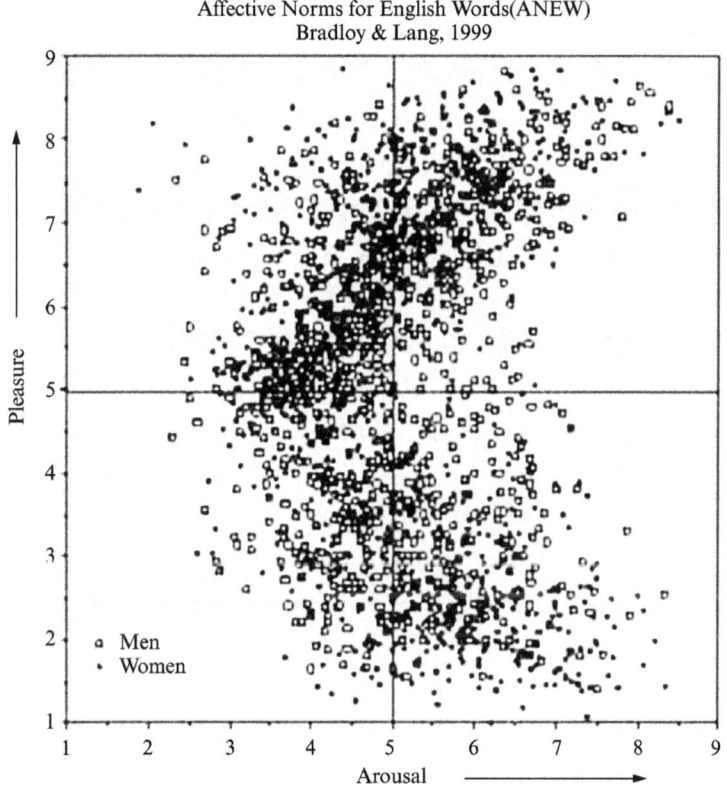

图 11.1　标准化情绪词库中所有词的效价-唤醒度散点

(来源:Bradley, Lang, 1994)

Imbir 等的研究探索了三个新维度(起源、来源和主观重要性)的有效性和相关性,发现起源和来源与经典的三个维度相关度都较低,提示这两个新维度代表了不同的结构;而且主观重要性和唤醒度及来源的相关度也很低,这表明三个新维度的激活模式是基于不同的机制,即坚持目标和基于规则的处理过程(Imbir, 2015)。Kapucu 等人在建立土耳其标准化的情绪词库的过程中,不仅测量的情绪维度的评分,也测量了情绪分类(快乐、悲伤、愤怒、恐惧和厌恶)的强度,发现效价与快乐情绪呈正相关,而与其他消极情绪呈负相关;唤醒度与所有情绪分类的强度呈正相关,但呈现出曲线模式;每种情绪强度相对较高或较低的词汇体现出较高的唤醒度。这种关系可能来自效价和唤醒度的典型的 U 形曲线关系。所有情绪分类的强度也相互有关,正如可预料的情形一样,快乐与其他负性情绪的强度呈负相关(Kapucu, Kilic, Ozkilic, & Saribaz, 2018)。这些结果与西班牙语情绪词汇的研究报告相一致(Ferre, Guasch, Martinez-Garcia, Fraga, & Hinojosa, 2017)。由于情绪的强度影响语义的加工,因此研究者在选择文字情绪材料的时候除了考虑情绪维度,也应考虑情感强度,而带来的影响到底对其他心理过程还有多大,还需要更多的研究来探索。

心理语言学属性中,具体性(表示某个词的抽象或具体程度)与情绪维度的探究是比较常见的,几项研究已共同发现,具体性越高的词,情绪负荷越低,也就是说某个词越抽象,它所引起的效价越呈两极化(愉悦或不快),唤醒度就越高,某个词越具体,它所引起的效价就越处于中间值,唤醒度也越低;也有研究指出在排除其他变量影响后,具体度与唤醒度的二元相关关系更显著,即特别具体或抽象的词易让人平静,而具体性处于中间范围的词易唤起人的反应。词汇频率与效价呈正相关,积极词汇比消极词汇的使用更平凡,这个结果也与语言学的研究结果一致,即积极词汇在不同语言的中的普遍程度都较高,反映了人们更善于发现生活中积极的一面。熟悉度和优势度也显示出显著的正相关,反映出人们在使用语言时更倾向于与表现出掌控力,避免被动性。可成像性与具体性有着相似的特性,即特别容易想象或特别难以想象的词易让人平静,而可成像性处于中间范围的词更能激起人的明显反应。由于部分心理语言学变量与情绪维度的变量有着共变的关系,因此在试验过程中是需要加以考虑和控制的因素,在建立词库过程中对这些变量进行测量十分必要(Yao, Wu, Zhang, & Wang, 2017)。

值得注意的是,与其他测量的变量相关程度高的就一定是有意义的变量吗?王一牛等的研究在测量前选择了效价、唤醒度、优势度、趋向度和熟悉度 5 项指标,测量后对感情色彩指标进行因子分析,通过对指标的相关矩阵或协方差矩阵内部结构的研究,找出控制所有指标的公共因子,用以对指标进行分类,再分析主成分求出要素得分,从而将彼此之间有较高相关性的多个指标化为彼此之间不相关的几个综合指标,最后 4 个因子的累计贡献率已经超过 98%,并发现这 4 个因子分别反映了效价、唤醒度、优势度和熟悉度的内容。这提示我们当测量变量较多时通过因子分析、主成分等方法进行降维,从而更能反映被试者人群情感认知的维度(M. M. Bradley & Lang, 1994; Y. N. Wang et al., 2008)。

(四)测验的实施

测验的实施中首先要考虑的是测验的方式,纸笔测验是最传统的方法,将测量的内容按照事先设定好的标准打印在纸上,要求被试者要集中到某一固定地点答题,这种方法能够控制测量过程中的环境条件,但是比较消耗时间和人力;通过电脑程序进行测量也是常用的方法,将编制好的测量程序输入电脑后,让被试者在固定地点完成测验,这样能够较好控制测量条件,也能方便数据的收集和处理,但是也比较消耗时间;通过手机链接发放测量程序是较新的一种方法,研究者可将在网络上编制好的测量问卷形成链接发放给被试者,被试者在手机上便能完成答题,这样有利于广泛收集数据,扩大样本量,数据的手机和整理也很方便,但是不利于控制测量的条件,也难以控制实施的过程。

情绪属性的工具中常用到 Bradley 和 Lang 发明的自我情绪评定量表(Self - Assessment Manikin, SAM),见图 8.1,三组图形按照渐进的模式,形象地表达了效价、唤醒度和优势度三个维度,当对一个情绪刺激进行评价时,被试者可以根据图形的提示勾选相应的分值,从而得到量化的评价结果(M. M. Bradley & Lang, 1994)。虽然这种方式得到的评分具有个体差异性,但研究已证实这种自我报告测量得到的结果与一些客观的反应三个维度的生理指标有高度的相关性,从而证明了这种方法的实用性。除此之外,常用到的量化方式有 7 分 Likert 和 9 分 Likert 评分表,SAM 可以结合不同范围的评分制进行使用。对分类情绪强度评分用的常用是 0~100 分的评分。

给被试者的测验指导要有具体、适当、准确的描述,以便于被试者能够理解各项指标的含义,从而能够测出要求的结果。比如在指导被试者评价用 SAM 时,可能会提示:"以下的这个图形,我们叫作 SAM(小人模型自我报告),你将用它来评价你对每个词汇的感受:愉悦—不愉悦(上);平静—兴奋(中);受控—掌控(下)……上方的图形条表示不愉悦—愉悦这个范围,小人图形对应有皱眉撇嘴到微笑,图形的一端表示你不愉快、生气、不满、犹豫、沮丧、无聊,当你感觉不愉快时应该在图形对应的分值上画圈,另一端表示愉快、开心、满意、满足、希望,当你感到愉快时应该在图形对应的分值上画圈……"在给被试者测量词汇的数量上,一般是将词库的所有单词平均随机分配后,将分组好的单词组平均发放给被试者测量,比如 Yao 等人的研究就是将 1 100 个单词分配为 10 组单词,并设置了两类问卷,一类调查情感维度,另一类调查心理语言学变量,被试者也被平均分为两组,分别完成两类问卷(Yao et al., 2017)。一些研究中,每个被试者只对一个指标进行测量(Warriner et al., 2013),而还有一些研究中,被试者都所有维度都进行了测量(Wang et al., 2008)。总之要在测量实施中控制好试验的条件,减少混杂因素,使测量结果更为准确。

(五) 统计分析和结果

测量结束后,一般要计算每个词情感指标的平均值、标准差,并进行分半效度的检验,信度的检验通常是和其他语言版本的词库进行相关检验,但这种情况需要词库中的词在另一种语言中有对应的翻译版本。完成平均值和标准差计算后,需进行各指标的相关性检验和绘制散点图,散点图的形式有标准差—平均数、效价—唤醒度等,可更直观了解词的情感属性和各维度之间的关系。在此基础上回归分析可更准确地了解各维度之间的关系,目前研究中用到的回归有线性回归和二次回归。也可以对词进行分类后再进行统计比较,比如根据效价评分可分为积极词汇、中性词汇和消极词汇,在分类的基础上再进行相关分析、回归分析和性别差异的方差分析等内容。完成统计分析后需对结果进行描述和讨论,与之前同类研究的结果比较,结合前人的研究对结果进行理论解释,判断词库的实用性,以得到其他可靠的结论。

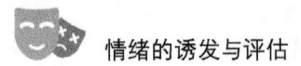
情绪的诱发与评估

第三节　与情绪词库相关的研究运用

情绪词库作为一种重要的研究情绪的工具,已广泛应用到认知领域的研究当中,我们主要通过介绍注意、记忆、语义加工及神经生理研究方面的1~2项研究,说明情绪词库诱发在该方面研究的运用。

一、文字的情绪诱发与注意

Kanske 和 Kotz 用词汇作为刺激材料研究了情绪对执行注意的影响(Kanske & Kotz, 2011)。32名被试者(16名男性)对挑选出的1 000个德语名词做了评分,评分运用九点量表,分别从效价、唤醒度、具体性三个方面进行了评价。然后研究者从这些词中挑选了30个负性词汇,30个中性词汇,这些词汇效价和唤醒度都显著不同,但是在具体性上、词频、单词长度、音节长度上都进行了控制。随后20名被试者(10名男性,德语本土语者,右利手,视力正常)进行了颜色 flanker 任务,并用 fMRI 进行了记录。颜色 flanker 任务就是要让被试者判断中央固定点目标单词的颜色(红或绿),并用按键给出答案。给出的单词有颜色为两种情况,一种是一致型,就是固定点的单词颜色和两侧单词的颜色一样,另一种是不一致型,就是固定点的单词颜色和两侧单词的颜色不一样,代表了冲突的情境(详见插页彩图四)。

结果发现,在有冲突的情况下,被试者对负性情绪词的反应时间,相比中性词汇,要显著减少,这意味着执行注意功能在情绪刺激下能够提高。fMRI 监测也提示了相同的结果。背侧前扣带皮层(Anterior Cingulate Cortex, ACC)在冲突情境下显示出主效应,而腹侧 ACC 只有在情绪刺激下(负性词汇)的冲突情境中被激活。背侧 ACC 似乎能够通过接受杏仁核的情绪信息,综合情绪和冲突的信息。而研究中的分析也支持了这一点:在情绪冲突情境下(与中性冲突情境相比),腹侧 ACC 间的功能性联系增强,而背侧 ACC 及杏仁核的活动性也增加。

Mathewson 等人通过快速视觉呈现试验(Rapid Serial Visual Presentation, RSVP)研究了禁忌词汇对注意的影响(Mathewson, Arnell, & Mansfield, 2008)。研究对1 000名大学生进行了以下测试:(1)对近来的情绪情况进行了简短的调查,(2)注意瞬脱试验(Attentional Blink, AB),(3)捕捉试验(capture task),(4)再认试验,(5)词汇情绪维度的评价。在 AB 试验中,给被试者快速呈现18个词汇刺激,包括目标1(包括中性、负性、积极、禁忌词汇,和其他用于干扰的中性词汇/威胁性词汇,T1),和目标2(T2),一个有颜色的中性词汇。被试者要求去判断 T1 的大小写和 T2 的颜色。捕捉试验的设置和 AB 基本一致,除了 T1 位置的词汇变成了干扰项(假目标,pseduotarget),不再需要被试者去判断大小写(如图11.2)。在再认试验中,被试者要求从单词清单中认出 T1 和假目标中使用过的词汇。情

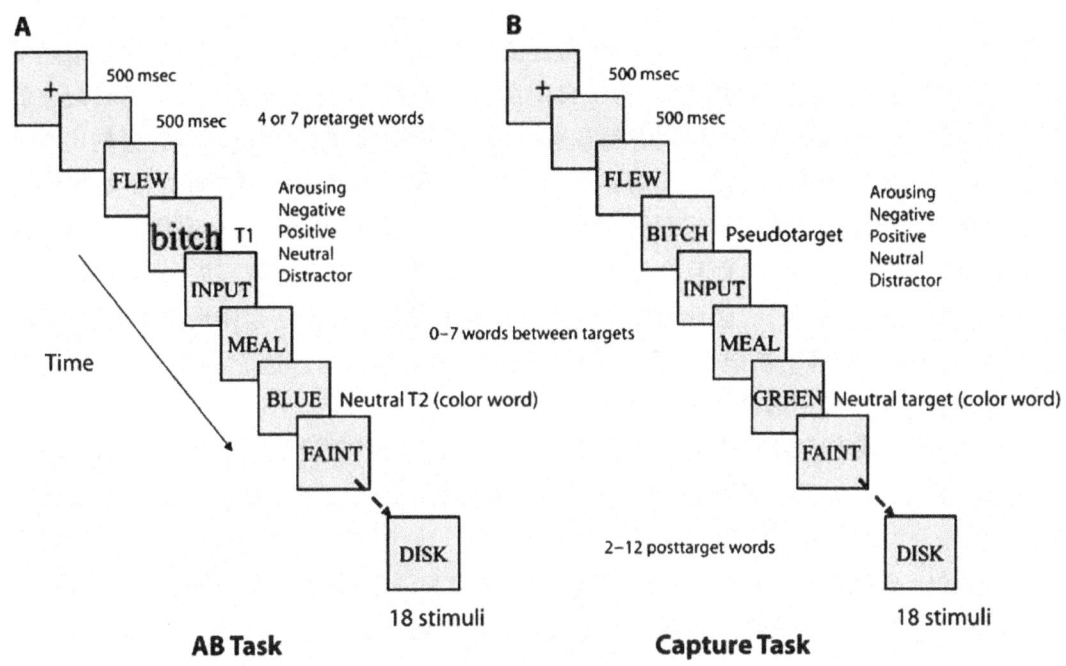

图 11.2　标准化情绪词库在注意瞬脱试验和捕捉试验中的应用

（来源：Mathewson et al.，2008）

绪维度的评价内容是效价和唤醒度。

结果发现，在 AB 试验中，T1 为禁忌词时注意瞬脱效应更明显（即 T2 识别的准确率下降）。在捕捉试验中，在要求被试者忽略其他干扰词（包括假目标中的词）的情况下，禁忌词汇仍然能够产生非自主的注意瞬脱效应，即目标词的判断正确性下降。在 AB 试验和起到降低 T2 准确性的单词同样也能够在捕捉试验中发挥相同的作用。具有较高唤醒度（T1 和假目标）与目标词判断的较低准确性有关，但是效价和效价的极性与目标词判断的准确性无关。最后，两项试验中禁忌词被识别出的频率明显高于其他种类的词。研究者提出解释这一现象的理论是：当禁忌词放在 T1 时，注意的定向（阶段 1）和注意的保持（阶段 2）的时间都得到了增长，其中阶段 2 时间的延长会占用 T2 的注意资源，从而产生 T2 的注意瞬脱。

二、文字的情绪诱发与记忆

Ferré 等人研究了在双母语者处理不同语言词汇的情绪内容的过程，其中包含了对记忆的研究（Ferré，Anglada‐Tort，& Guasch，2017）。研究招募了 130 名大学学生作为被试者（29 名男性），这些被试者都是加泰罗尼亚—西班牙双母语者，试验前对母语的熟悉程度进行了测评。研究分批次共进行了三项试验，试验 1 中，要求被试者对词汇的情感进行判断，试验 2 中，被试者判断所给出的单词是否是词（词汇判断），前两项试验中都用到了加泰罗尼亚语和西班牙语。试验 3 中用英语(非母语)和西班牙语进行了词汇判断。所用的词汇材料部分源于已有标准化词库,如 Guasch 等建立的西班牙语的标准化词库,包含了情绪变量和词汇语义变量。每个试验后都进行了自由回忆任务测试,要求被试者写下能够记住的单词。在试验 1 中和试验 2 中,研究者都观察到具体词比抽象词更容易回忆,积极词比消极词更容易回忆,两种母语之间没有显著差异;在试验 3 中,具体和积极的词汇的记忆也同样体现出优势,同时发现英语词汇的回忆词数比西班牙语更多,这种优势可能是因为英语作为非母语在记忆中更具辨别性,而且在加工过程中运用了更多资源和主观努力去编码(词汇判断任务中消耗的时间较长)。因此可以发现三个试验中记忆任务的结果体现出一致性,即积极词汇和具体词汇更容易被记忆,而且两个词汇特征的交互作用。这个结论不受试验任务类型的影响,也不受所用语言状态的影响。

另一项研究基于情绪的分类理论模型,研究了词汇加工和记忆的过程(Ferre, Haro, & Hinojosa, 2018)。研究共招募了 134 名(大学生被试者),从 Ferré 和 Hinojosa 等人建立基于情绪分类理论标准化词库中抽取了词汇素材,分为厌恶词、恐惧词和中性词,除了试验观察的厌恶和恐惧这两个变量外,其他情绪变量和词汇属性变量都进行了严格控制。被试者分批进行了三项试验:试验 1 和 2 都为词汇判断试验,试验 3 是情绪判断试验,每次试验后,都会进行一次未告知的词汇回忆试验,试验 1 的回忆方式是自主回忆的方式,试验 2 和试验 3 采用的方式是用单词清单进行回忆识别。试验完成后的数据分析发现,在词汇判断中消极词汇判断所用的反应时间更长,而厌恶词汇的回忆效果最好;而在情绪判断试验中,消极词汇比中性词汇所用的反应时更短,而在词汇回忆上厌恶词汇的优势显著性已消失。根据试验结果可以合理的推测,试验 1 和试验 2 中厌恶词汇的记忆优势是源于任务中更为深度的加工,因为对厌恶刺激的反应是一种适应性探索,个体会判断这种刺激是否具有真正威胁,这个过程中编码的丰富和精细程度决定了在回忆中的优势。而在试验 3 中由于任务本身需要对词汇进行较深入的处理,所以每一类词汇都得到了相近程度的加工,厌恶词汇的回忆优势从而消失。

三、文字的情绪诱发与语言加工

Delaney-Busch 和 Kuperberg 等人 2013 年的研究探究了情感话语语境对事件相关电位 N400 的影响(Delaney-Busch & Kuperberg, 2013)(图 11.3)。试验前,研究者构建了这样的双句语境:愉悦、不愉悦、中性的关键词出现在前后文语境一致和不一致的句子中,而语境的一致性的差异通过合理性的评估和完形概率来检验。在第一句话中构建了积极、消极和中性三种情绪语境,比如,"科林看见了一个耀眼的/吓人的/小的物体在地上"。在接下来的第二句话中,会有两种情况,即与前一句的语境一致或不一致,比如,在情感语句中,就有"科林看见了一个耀眼的/吓人的物体在地上,他立刻意识到这是一个蛇/钻石",在中性语境中,就有"科林看见了一个小的物体在地上,他立刻意识到这是一个纽扣/长颈鹿"。语境通过在屏幕上播放的形式呈现。被试者处理关键词的过程用 ERP 设备进行了监测,主要监测内容为 N400 和晚期正电位的效应。关键词的情感维度评分包括效价和唤醒度,语言学属性包括的具体性、频率、词长等属性,这些属性都通过招募被试者进行了评估或者从研究结果中直接获得。同时,研究对所用关键词进行了潜在语义分析,评估了关键词和先前语境的配对语义相似值,这些属性都在给被试者的语境清单中得到控制和调整,最后有 24 名被试者(8 名男性)进入了 ERP 的研究。研究结果发现,在中性语境中,前后句一致性的变化会引起显著的 N400 效应,而这种一致性变化在情绪语境中不明显。而且,情绪关键词的 N400 振幅都较小,不管它的效价与所在语境给出的情绪效价是否一致。另外,情绪词汇的晚期正电位效应比中性词汇的要更显著,即在 N400 电位后,情绪词所引起的电位回落更明显,其中不愉悦词引起的晚期正电位效应最显著(图 11.4)。

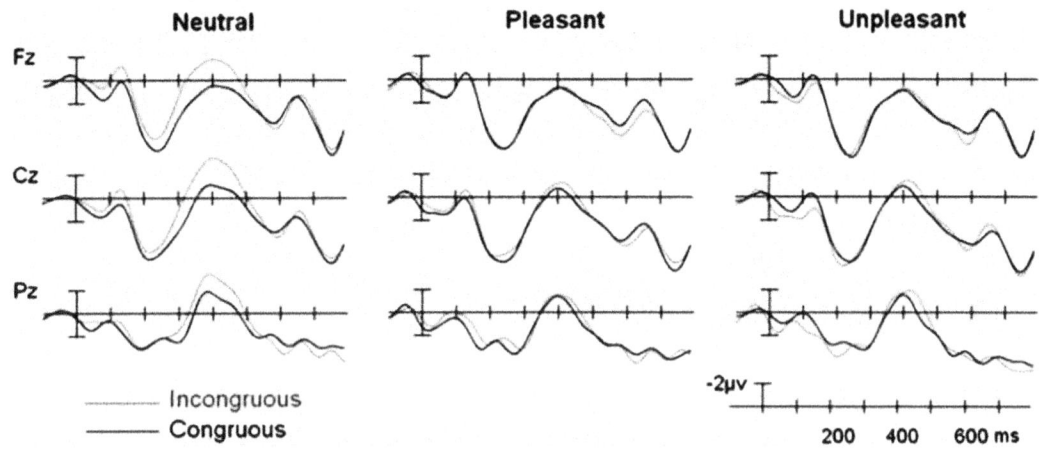

图 11.3　语境中不同种类情绪词刺激的 N400 变化

(来源:Delaney-Busch, Kuperberg, 2013)

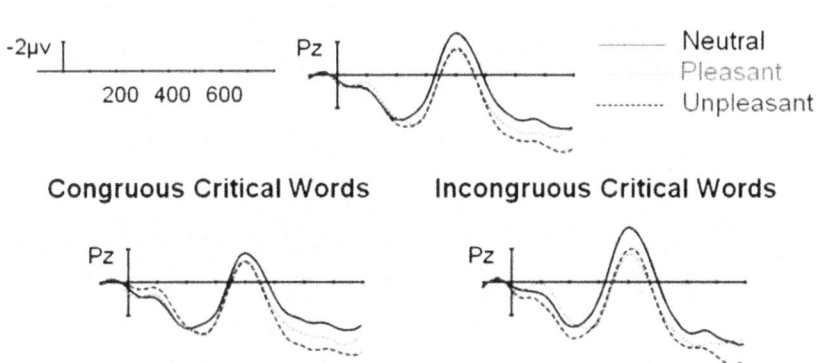

图 11.4　语境中不同情绪词和一致性所引起的晚期正电位效应变化

(来源:Delaney-Busch, Kuperberg, 2013)

研究者提出,被试者在处理情绪语境时 N400 的衰减(不管是前后语境一致还是不一致)反映出在处理显著情绪内容上的优先性,这个过程是在提取语义的最早阶段。这与情绪优先学说的框架理论一致,在情绪效价前后矛盾的情况下,阅读者会在 N400 时间窗阶段跳过语义的深度加工,从而进一步分析某个词的动机意义,这一点可以在晚期正电位阶段反映出来。而中性词汇的加工中,前后语境不一致而引起的 N400 效应的增高反映出语义更深层次的语义分析。而在其他研究中,可以观察到在中性语境中的情绪词汇能够引起更大的 N400 效应,意味着比中性词有着更深的语义分析。这种语义加工的模式具有适应性意义:情绪语境中,跳过语义深度分析能够保证生存;而在中性语境中,提取未预料到的情绪词的语义特征能够保证更精确的识别和更深层次的编码,为之后的再认做好准备。其他一些研究报告了在情绪语境中,效价一致性的变化具有 N400 的效应。而这种情况的产生是因为提供的语境在情绪效价上具有一定限制性(韵律、情感、信念等),而且语境的呈现往往是和目标词汇一起呈现的。而在 Delaney-Busch 等人的试验中,经完形测试可以发现,研究中所用的语境没有较强的限制性。因此研究者提出,理解语境的过程在 N400 的时间窗中对即将到来的情绪词显著性和愉悦性的反应有一个权衡过程。也就是说,在情绪效价优先于情绪显著性(唤醒度)的情况下,效价的不一致性在 N400 上会有所体现,但是晚期正电位效应会相对较小且滞后;而在相反的情况下,N400 对情绪效价的不一致性变化就不会敏感,晚期正电位效应就较强且提前。

四、文字情绪诱发的神经生理研究

Hebert 等人通过将文字作为情感诱发材料,探究了情绪与事件相关电位的关系,如图 11.5 所示。该研究所用的情感词主要为形容词,主要分为三类:高唤醒的积极形容词(60),高唤醒的消极形容词(60),低唤醒的中性形容词(60)。词频、正交邻域密度、随机频率等差异进行了严格的控制(信息来源于标准词库 CELEX, Baayen, Piepenbrock, & Gulikers, 1995)。被试者是 16 名来自本土的大学生。具体实验方法时运用快速视觉呈现范式将单词进行序列呈现,呈现顺序在被试者间进行了抵消平衡,被试者在电脑前进行被动的默读。脑电活动通过 ERP 设备进行监测,收集的数据主要为早期电位(P1, N1, EPM[早期后负极性])和后期电位(N400, LPP[晚期正电位])。结果发现被试者在阅读情感词内容时 EPN 的振幅比阅读中性词时增大。在处理情感内容时 EPN 在情感词和中性词上,在处理积极情感词时 N400 振幅减小,LPP 正性增强。在此基础上,根据不同情绪刺激的脑电活动差异,绘制了脑部地形图。EPN 对应的是刺激早期阶段的注意过程,该研究结果进一步支持了注意在情绪的驱动下会增强,反映了生物个体适应性本能;N400 和 LPP 对应的是刺激产生后认知的加工过程,该研究中的结果反映了词义的加工过程受到了词汇情绪内容的影响,提示对积极情绪加快了词义的整合,并促进了信息的编码。实验后被试者的单词回忆结果也显示,积极词汇被回忆起来的概率更大(Herbert, Junghofer, & Kissler, 2008)。

Haman 和 Mao 的研究,运用情绪词库中的词语,最早研究了积极情绪的产生与杏仁核的关系。研究者从 ANEW 中挑选了 50 个高唤醒积极词,50 个高唤醒消极词和 50 个中心词,这些词语是词频上进行了匹配。被试者为 14 名健康的男性成年被试者。这些词都按

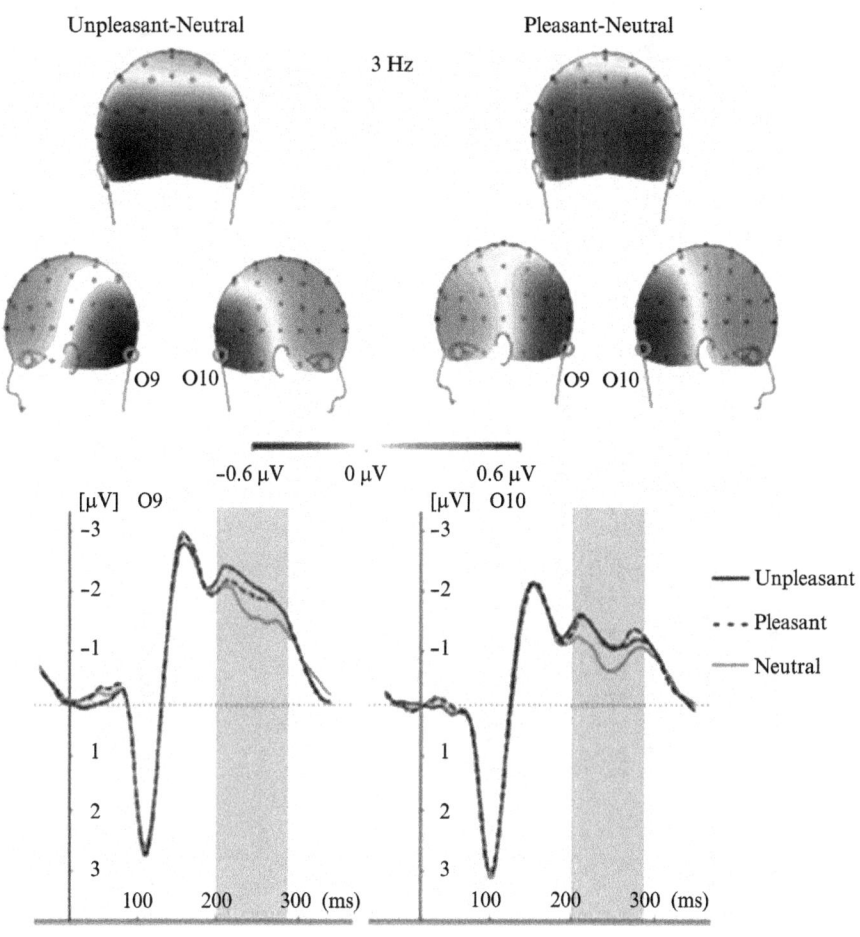

图 11.5 早期后负性(EPN)

该成分主要在 200~300 毫秒达到峰值,在枕颞部具有负极性。在处理情绪词时其振幅大于中性词。

(来源:Herbert et al.,2008)

一定序列呈现给被试者,同时包含有注视点的对照,即"十"按照与词汇呈现同样的时长呈现给被试者。试验的过程中,对被试者进行功能核磁的扫描。通过把词汇的情绪属性(积极、消极、中性)设为条件,将收集的脑部扫描的数据进行对比(按照一定标准进行突出显示,比如对比达到了显著的阈值($p<0.01$,未校正),并且有 4 块连续的像素可以得出积极情绪和消极情绪所对应的脑部激活区域。实验完成后,被试者对词汇的情绪唤醒程度进行了评分。结果发现,积极和消极词汇都能引起左侧杏仁核的活动增强,除此之外,积极词汇能够引起激活的区域还包括背侧和腹侧的纹状体结构(尾状核、壳核、苍白球和伏膈核),而这些是和奖赏反应的相关区域;消极词汇的刺激引起的左侧杏仁核的活动增强与实验后的被试者评分的相关度更强,即被试者如果给消极词汇的评分越高,那么对应的活动也会更强一些。研究指出,综合先前的研究结果,可以发现决定杏仁核神经元活动的首先可能是情绪刺激的强度,而效价的不同是一个次要的影响因素。

附表 1 国外有关标准化情绪词库建立的研究

序号	作者	年份	词库语言	被试者	词汇数	从 ANEW 中翻译过来的词汇数	词汇评价内容	评价方法	结果分析
1	Bradley 等	1999	美式英语	心理系学生（男女平衡）	1 034	—	效价、唤醒度、优势度	SAM	分开性别报道了词汇的评价，效价-唤醒度的点状图呈回旋镖状
2	VÖ 等	2006	德语	大学生（98）	2 200	—	效价、可成像性	7 分制 Likert 量表	从新旧词汇评价和反应时相关验证了词库建立的有效性
3	Redondo 等	2007	西班牙语	心理系学生（720，160 名男性）	1 034	1 034	效价、唤醒度、优势度、熟悉度、具体性、可成像性	针对情绪维度用 SAM，针对心理语言学变量用 7 分制 Likert 量表，每份答题指包含 129 个词汇	效价-唤醒度的点状图呈回旋镖状，各维度评分与 ANEW 中的评价相关解释，男女对词汇评分呈显著相关，女性对唤醒度和优势度的评分趋向于更高
4	Eilola 等	2010	英式英语、芬兰语	304 名芬兰语母语者（84 名男性），135 英式英语母语者（30 名男性）	210	未报告	效价、唤醒度、侵犯度、具体性	0~9 分制评定	两种语言在五个维度上显著相关，与 ANEW 中的词汇在效价和唤醒度上显著相关，唤醒度的相关程度较低，禁忌词汇的相关性在分析中，两种语言在五个维度上也显著相关，芬兰语与英式英语的熟悉度相关不显著
5	Kristensen 等	2011	巴西葡语	775 名本科生	1 046	1 034	效价、唤醒度	SAM	效价-唤醒度的点状图呈回旋镖状，该两个维度的评分与 ANEW 显著相关
6	Soares 等	2012	欧洲葡语	958 名研究生和本科生（325 名男性）	1 034	1 034	效价、唤醒度、优势度	SAM	效价-唤醒度的评分与 ANEW 和西班牙版的 ANEW 显著相关，三个维度的评分与 ANEW 显著相关，同时也观察到跨文化的差异和性别差异
7	Moors 等	2013	荷兰语	224 大学生（112 名男性）	4 300	—	效价、唤醒度、优势度、习得年龄	7 分制 Likert 量表	样本分半信度较高，词汇的效价和唤醒度呈二次相关，符合"U"状关系图，优势度与效价和唤醒度呈正相关
8	Monnier 等	2014	法语	469 名成年法语母语者（132 名男性）	1 031	—	效价、唤醒度	SAM	样本分半信度良好，与之前法语词汇情绪评分研究的相关显著，男性在效价的评分上倾向于女性，女性在唤醒度评分上倾向于男性，报道了心理语言学指标和情绪维度的相关性

(续表)

序号	作者	年份	词库语言	被试者	词汇数	从ANEW中翻译过来的词汇数	词汇评价内容	评价方法	结果分析
9	Montefinese等	2014	意大利语	1 084名本科心理系学生(253名男性)	1 121	1 034	效价,唤醒度,优势度,熟悉度,可成像性,具体性	情绪维度:SAM 心理语言学内容:9分制Likert量表	报道了个维度均均数和标准差的关系,其中效价的两极性相关显著,各维度的评分结果与其他研究(12个)相关,效价和唤醒度呈二次相关,唤醒度和优势度呈线性相关
10	Schmidtke	2014	德语	145名大学生(62名男性)	1 003	1 003(1 034)	效价,唤醒度,优势度,支配度,可成像度	效价:7分制评定 唤醒度:SAM(5分制Likert量表)和SAM(9分制Likert量表) 优势度、支配度:SAM 可成像度:7分制Likert量表	效价和唤醒度呈U形相关,优势度和支配度的相关性较弱,可能反应出词汇的多面属性;各方面评分与不同方面的ANEW体现出一致性葡牙语版的ANEW体现出一致性
11	Imbir	2014	波兰语	1 670名大学生(818名男性)	1 031		效价,唤醒度,优势度,起源,来源,重要性	SAM(6项,9分制Likert量表)	样本信度良好,效价-唤醒度点状图呈回旋形状,效价和支配度呈正相关,情绪维度相关性的跨文化研究发现差异性;起源和来源重要性三个新维度和经典情绪维度相关性较弱,提示反映不同的机制
12	Sianipar等	2016	印度尼西亚语	1 402大学生(630名男性)	1 490	637	效价,唤醒度,优势度,主观频率,具体性,预测度	9分制Likert量表	报道了结合度频分布和平均数散点图,样本的分半信度良好,效价和唤醒度分别呈正相关,预测度和效价与其他语言的词库评分相关性较高,不同性别评分相关性较好,各项评分与其他语言的词库具有一致性
13	Coso等	2019	克罗地亚语	933克罗地亚母语者(289名男性)	3 022	未报告	效价,唤醒度,具体性	效价,唤醒度:SAM(9分制Likert量表) 具体性:7分制Likert量表	样本信度良好,效价和唤醒度呈二元相关,具体性和两个情绪维度相关

附表 2 国外有关标准化情绪词库建立的研究

序号	作者	年份	词库语言	被试者	词汇数	来自 CAWS 中个的词汇	词汇评价内容	评价方法	结果分析
1	Wang 等	2008	汉语	124 名大学本科生（男女各半）	3 750（汉语双字词）	—	效价、唤醒度、优势度、趋向度、熟悉度	9 分制 Likert 量表	效价、唤醒度、优势度和熟悉度 4 个因子的累计贡献率均超过 98%，可全面反映双字词的感情信息；经 9 点量表评定的刺激材料能诱导每一维度的全程；被试者相隔 4 周后重测及同批材料被试者间的评定信度均>0.79。
2	Yao 等	2017	汉语	960 名大学生（480 名男性）	1 100（汉语双字词）	399	效价、唤醒度、具体性、熟悉度、可成像性、可用度	9 分制 Likert 量表	样本信度良好，与其他研究具有一致性，效价和唤醒度的经典关系得到验证，情感维度能够有效预测具体性，抽象词比具体词与情绪的关联更大。

数据来源：M. M. Bradley & Lang, 1999; Coso, Guasch, Ferre, & Hinojosa, 2019; Eilola & Havelka, 2010; Fairfield et al., 2017; Imbir, 2015; Kapucu et al., 2018; Kristensen, Gomes, Justo, & Vieira, 2011; Monnier & Syssau, 2014; Montefinese et al., 2014; Moors et al., 2013; Redondo, Fraga, Padron, & Comesana, 2007; Schmidtke, Schroder, Jacobs, & Conrad, 2014; Sianipar et al., 2016; Soares, Comesana, Pinheiro, Simoes, & Frade, 2012; Stadthagen-Gonzalez et al., 2017; Vo, Jacobs, & Conrad, 2006; Warriner et al., 2013; Yao et al., 2017)

参考文献

Baayen, R. H., Piepenbrock, R., & Gulikers, L. (1995). The CELEX Lexical Database [CD-ROM]. Philadelphia, PA: Linguistic Data Consortium, University Of Pennsylvania.

Bradley, M. M., & Lang, P. J. (1994). Measuring Emotion: The Self-Assessment Manikin And The Semantic Differential. *J Behav Ther Exp Psychiatry*, 25(1), 49-59.

Bradley, M. M., & Lang, P. J. (1999). *Affective Norms For English Words (ANEW): Stimuli, Instruction Manual And Affective Ratings (Tech. Rep. C-1)*. Gainesville: University Of Florida, Center For Research In Psychophysiology. University Of Florida, Center For Research In Psychophysiology.

Citron, F. M. (2012). Neural Correlates Of Written Emotion Word Processing: A Review Of Recent Electrophysiological And Hemodynamic Neuroimaging Studies. *Brain Lang*, 122(3), 211-226.

Coso, B., Guasch, M., Ferre, P., & Hinojosa, J. A. (2019). Affective And Concreteness Norms For 3,022 Croatian Words. *Q J Exp Psychol (Hove)*, 1747021819834226.

Davis, F. C., Somerville, L. H., Ruberry, E. J., Berry, A. B., Shin, L. M., & Whalen, P. J. (2011). A Tale Of Two Negatives: Differential Memory Modulation By Threat-Related Facial Expressions. *Emotion*, 11(3), 647-655.

Delaney-Busch, N., & Kuperberg, G. (2013). Friendly Drug-Dealers And Terrifying Puppies:

Affective Primacy Can Attenuate The N400 Effect In Emotional Discourse Contexts. *Cogn Affect Behav Neurosci*, 13(3), 473 - 490.

Eilola, T. M., & Havelka, J. (2010). Affective Norms For 210 British English And Finnish Nouns. *Behav Res Methods*, 42(1), 134 - 140.

Fairfield, B., Ambrosini, E., Mammarella, N., & Montefinese, M. (2017). Affective Norms For Italian Words In Older Adults: Age Differences In Ratings Of Valence, Arousal And Dominance. *Plos One*, 12(1), E0169472.

FerrÉ, P., Anglada-Tort, M., & Guasch, M. (2017). Processing Of Emotional Words In Bilinguals: Testing The Effects Of Word Concreteness, Task Type And Language Status. *Second Language Research*, 34(3), 371 - 394.

Ferre, P., Guasch, M., Martinez-Garcia, N., Fraga, I., & Hinojosa, J. A. (2017). Moved By Words: Affective Ratings For A Set Of 2,266 Spanish Words In Five Discrete Emotion Categories. *Behav Res Methods*, 49(3), 1082 - 1094.

Ferre, P., Haro, J., & Hinojosa, J. A. (2018). Be Aware Of The Rifle But Do Not Forget The Stench: Differential Effects Of Fear And Disgust On Lexical Processing And Memory. *Cogn Emot*, 32(4), 796 - 811.

Ford, B. Q., Tamir, M., Brunye, T. T., Shirer, W. R., Mahoney, C. R., & Taylor, H. A. (2010). Keeping Your Eyes On The Prize: Anger And Visual Attention To Threats And Rewards. *Psychol Sci*, 21(8), 1098 - 1105.

Herbert, C., Junghofer, M., & Kissler, J. (2008). Event Related Potentials To Emotional Adjectives During Reading. *Psychophysiology*, 45(3), 487 - 498.

Imbir, K. K. (2015). Affective Norms For 1,586 Polish Words (ANPW): Duality-Of-Mind Approach. *Behav Res Methods*, 47(3), 860 - 870.

Imbir, K. K. (2016). Affective Norms For 718 Polish Short Texts (ANPST): Dataset With Affective Ratings For Valence, Arousal, Dominance, Origin, Subjective Significance And Source Dimensions. *Front Psychol*, 7, 1030.

Jarymowicz, M. T., & Imbir, K. K. (2015). Toward A Human Emotions Taxonomy (Based On Their Automatic Vs. Reflective Origin). *Emotion Review*, 7(2), 183 - 188.

Kanske, P., & Kotz, S. A. (2011). Emotion Triggers Executive Attention: Anterior Cingulate Cortex And Amygdala Responses To Emotional Words In A Conflict Task. *Hum Brain Mapp*, 32(2), 198 - 208.

Kapucu, A., Kilic, A., Ozkilic, Y., & Saribaz, B. (2018). Turkish Emotional Word Norms For Arousal, Valence, And Discrete Emotion Categories. *Psychol Rep*, 33294118814722.

Kristensen, C. H., Gomes, C. F., Justo, A. R., & Vieira, K. (2011). [Brazilian Norms For The Affective Norms For English Words]. *Trends Psychiatry Psychother*, 33(3), 135 - 146.

Lang, P. J. (1995). The Emotion Probe: Studies Of Motivation And Attention. *Am Psychol*, 50, 372 - 385.

Levenson, R. W. (2003). *Autonomic Specificity And Emotion*. In R. J. Davidson, K. R. Scherer, & H. H. Goldsmith (Eds.), *Handbook Of Affective Sciences* (Pp. 212 - 224). Oxford: Oxford

University Press.

Mathewson, K. J., Arnell, K. M., & Mansfield, C. A. (2008). Capturing And Holding Attention: The Impact Of Emotional Words In Rapid Serial Visual Presentation. *Mem Cognit*, 36(1), 182–200.

Mehrabian, A. (1995). Framework For A Comprehensive Description And Measurement Of Emotional States. *Genet Soc Gen Psychol Monogr*, 121(3), 339–361.

Mehrabian, A. (1996). Pleasure–Arousal–Dominance: A General Framework For Describing And Measuring Individual Differences In Temperament. *Current Psychology*, 14(4), 261–292.

Monnier, C., & Syssau, A. (2014). Affective Norms For French Words (FAN). *Behav Res Methods*, 46(4), 1128–1137.

Montefinese, M., Ambrosini, E., Fairfield, B., & Mammarella, N. (2014). The Adaptation Of The Affective Norms For English Words (ANEW) For Italian. *Behav Res Methods*, 46(3), 887–903.

Moors, A., De Houwer, J., Hermans, D., Wanmaker, S., Van Schie, K., Van Harmelen, A. L., ... Brysbaert, M. (2013). Norms Of Valence, Arousal, Dominance, And Age Of Acquisition For 4,300 Dutch Words. *Behav Res Methods*, 45(1), 169–177.

Osgood, C., Suci, G., & Tannenbaum, P. (1957). *The Measurement Of Meaning*. Urbana: University Of Illinois.

Redondo, J., Fraga, I., Padron, I., & Comesana, M. (2007). The Spanish Adaptation Of ANEW (Affective Norms For English Words). *Behav Res Methods*, 39(3), 600–605.

Schmidtke, D. S., Schroder, T., Jacobs, A. M., & Conrad, M. (2014). ANGST: Affective Norms For German Sentiment Terms, Derived From The Affective Norms For English Words. *Behav Res Methods*, 46(4), 1108–1118.

Sianipar, A., Van Groenestijn, P., & Dijkstra, T. (2016). Affective Meaning, Concreteness, And Subjective Frequency Norms For Indonesian Words. *Front Psychol*, 7, 1907.

Soares, A. P., Comesana, M., Pinheiro, A. P., Simoes, A., & Frade, C. S. (2012). The Adaptation Of The Affective Norms For English Words (ANEW) For European Portuguese. *Behav Res Methods*, 44(1), 256–269.

Stadthagen-Gonzalez, H., Imbault, C., Perez Sanchez, M. A., & Brysbaert, M. (2017). Norms Of Valence And Arousal For 14,031 Spanish Words. *Behav Res Methods*, 49(1), 111–123.

Vo, M. L., Jacobs, A. M., & Conrad, M. (2006). Cross-Validating The Berlin Affective Word List. *Behav Res Methods*, 38(4), 606–609.

Wang, Y. N., Zhou, L. M., & Luo, Y. J. (2008). The Pilot Establishment And Evaluation Of Chinese Affective Words System. *Chinese Mental Health Journal*, 22(8), 608–612.

Warriner, A. B., Kuperman, V., & Brysbaert, M. (2013). Norms Of Valence, Arousal, And Dominance For 13,915 English Lemmas. *Behav Res Methods*, 45(4), 1191–1207.

Wundt, W. (1896). *Compendio De PsicologÍA*. Madrid: La España Moderna.

Yao, Z., Wu, J., Zhang, Y., & Wang, Z. (2017). Norms Of Valence, Arousal, Concreteness, Familiarity, Imageability, And Context Availability For 1,100 Chinese Words. *Behav Res Methods*, 49(4), 1374–1385.

第十二章 情绪诱发的跨文化研究

我们通过建立标准化的诱发程序和语料库,以期诱导出心理工作者期望的情绪。但是,标准程序和材料库的建立却不是一劳永逸的,一方面,科学家们需要紧跟时代的发展不断对它进行改善;另一方面,不同国家和民族的人们有不同的文化和价值观,在运用情绪诱发程序的时候必须要考虑到它的文化适用性。文化是由团体成员学习和共享的信念和行为定义的,它代表着一种集体拥有的价值体系,涵盖的范围不只是种族、民族或社会经济指标。在所有工业化国家,包括没有历史性移民的国家,近年来移民数量都有着前所未有的增加(Vidaeff, Kerrigan, & Monga, 2015)。以荷兰为例,现在超过18%的人口是非荷兰族裔(Schouten & Meeuwesen, 2006)。在具有移民的高度多元文化历史的国家(例如澳大利亚、加拿大和美国),传统的欧洲移民族裔占比在发生变化,移民的观念也在发生着变化。从历史角度上看,移民追求文化适应和同化("大熔炉"),并在语言、习俗和价值观方面跟随主流生活,这被视为向上流动的保证。与同化文化相反,相当多的移民已转变为倾向于保留原有的独特的文化(Chachkes & Christ, 1996)。多元文化主义的新概念可提高人们对多样性和不断变化的人口学的认识,并提高对独特人群需求的关注,这也为跨文化情绪研究提出了要求。

第一节 文化差异的理论

一、克拉克洪和斯多特贝克的价值取向理论

1961年,美国人类学家——Florence Rockwood Kluckhohn(佛萝伦丝·克拉克洪)与Fred Strodtbeck(弗雷德·斯多特贝克)在他们的《价值取向的变奏》(*Variations in Value Orientations*)一书中,提出了文化的价值取向理论(Values Orientation Theory)(Florence Rockwood Kluckhohn, 1961)。人们的态度是建立在稳定的价值观之上的。克拉克洪和斯多特贝克将"价值"定义为:"一种明确的或内隐的,个人或群体特有的,指导人们从可用的方式、手段和行动目的中进行选择的观念。"他们认为,某一社会所选择的解决这些问题的办法反映了该社会的价值观。因此,对于解决办法的偏好将表明该社会所拥护的价值观念。他们提出了每个社会都需要解决的五种基本问题:

(一)人性取向

人性取向涉及人类本质的内在特征,分为两个方面:一是人性本善(Good)、人性本恶

(Evil)或者善恶兼而有之(Mixed);二是人性是否可变(mutable/immutable)。西方人受基督教影响崇尚"原罪说",认为"人性本恶",通过忏悔和行善可以洗脱罪孽、升上天堂,反映的则是人性可变的信念。中国古代蒙学《三字经》第一句话就是:"人之初,性本善。性相近,习相远。"虽然历史上也曾有过人性本善与人性本恶之争。例如,战国时期孟子提出"人性本善,人之为善";荀子提出"性恶论",其本质是无所谓善恶的"本始材朴"的自然之性,它既有转化为恶的可能,也有发展为善的机会。性恶论以人性有恶,强调道德教育的必要性,很好地补充了性善论以人性向善,注重道德修养的自觉性这一观点。但大部分学者认为当今的中国主流文化还是持人性本善的观点(徐厚智,2005)。美国文化对人性的看法比较复杂,不单纯地认为人生来善良或险恶,而认为人性可善可恶,是善恶混合体,同时认为人性的善恶有可能在出生以后发生变化。

(二) 人与自然的关系取向

人与自然的关系取向包括征服自然(Mastery over nature)、服从自然(Subjugation to nature)或与自然和谐共处(Harmony with nature)三个维度。在中国,由道家提出、儒家发扬的人性观从天人一体的角度阐释人与自然的关系,认为人与自然合一既是人性的必然,也是人应该追求的目标,显示出人与自然统一的思想。然而,西方的人本主义提倡在生活中用理性和意志来改造环境,鼓励人们去征服自然,享受现世的物质生活。此外,有些文化认为人与自然的关系是人服从自然。比如,对于东南亚海啸事件,大部分的东南亚人将此事归结于命运,也有的东南亚人认为这是人类冒犯自然遭受的报应。而美国人会认为这是人类预测不精准,对可能发生的灾难准备不够的结果,如果人类能设计出更精确的科学仪器,或对可能发生的灾难提前做好防御准备,灾难就可以避免。

(三) 时间取向

时间取向包括过去(Past,强调传统和尊重历史)、现在(Present,注重短期和眼前)或未来(Future,强调长期和变化)三个维度。中国人非常重视"过去",他们崇拜祖先,尊敬老人,尊重老师,重视年龄和经验,因为这些方面都与"过去"有关,过去取向一直影响着中国人的行为和思维方式,因此循规蹈矩已成为一种社会规范。传统的伊斯兰文化则属于现在时间取向的文化。菲律宾、拉丁美洲一些国家及美国亚利桑那州北部印第安人的文化也是属于现在时间取向。未来时间取向的文化很注重变化,例如美国,新产品的种类和包装层出不穷,因为他们认为只有这样才能吸引顾客。而在过去取向的中国社会里,人们通常更相信老品牌和老字号。

(四) 人类活动取向

人类活动取向包括存在(Being)、成为(Becoming)或成就/做(Achievement/Doing)三个维度。美国社会是一个强调行动("做")的社会,人们必须不断地做事,不断地处在动之中才有意义,才创造价值。"存在"取向与"做"取向恰好相反,它视安然耐心为美德之一,而非无所事事。中国文化便是"存在"取向,提倡"以静制动","以不变应万变"。而"成为"取向强调的是"我们是谁",而不是我们做了什么。人类活动的中心是在自我发展的过程中努力成为更完整的自我。如致力于"修心"的禅宗和尚,为了圆满自己,他们会花一生的时间进行沉思与冥想。

(五)人际关系取向

人际关系取向包括等级的(Hierarchical)、个体主义的(Individualistic)或平等的(As equals)三个维度。等级制取向强调等级原则,服从上级或集团内部的权威,等级社会倾向于实行贵族统治,欧洲国家中的贵族就是这一取向的例子。平等取向强调平等群体内的共识,这一取向考虑的只是人们的群体成员身份而不是具体的人。例如,中国人习惯把自己看成是群体的一员,认为个人不应特立独行,而应尽量合群,与群体保持和谐的关系。当个人利益与群体利益发生冲突时,个人应牺牲自己的利益保全群体的利益。而美国人则恰好相反。他们认为每个人都是独立的个体,都应为自己负责,强调个人的独立性,是个体主义取向。

实际上,克拉克洪和斯多特贝克在书中还提出了空间的第六维度,即空间取向——私密(Here)、个人(There)、或公共(Far away),但没有进一步探索。该理论能够帮助我们理解许多平时观察到的文化差异现象,解释了这些不同的观念是如何影响不同文化背景的人们的生活和工作方式,但没有探索不同国家在这六大问题上的具体取向和深层次的原因。

二、吉尔特·霍夫斯坦德的文化维度理论

荷兰心理学家吉尔特·霍夫斯泰德(Geert Hofstede)对100多个不同国家的价值观进行了调查,先后出版《文化的影响力:工作相关价值观的国际差异》(G. Hofstede,1980)和《文化的影响力:价值、行为、体制和组织的跨国比较》(G. Hofstede,2001),结合加拿大心理学家迈克尔·哈里斯·邦德(Michael Harris Bond)和保加利亚学者迈克尔·明科夫(Michael Minkov)的研究,提出六个基本的价值观维度:(1)权力距离,关系到解决人类不平等这一基本问题的不同方法;(2)不确定性规避,与社会面对未知未来时的压力程度有关;(3)个人主义与集体主义,与个人融入初级群体有关;(4)男性化与女性化,与男女情感角色的划分有关;(5)长期导向与短期导向,关系到人们努力的焦点选择:未来还是现在和过去;(6)放纵与克制,与享受生活相关的基本人类欲望的满足还是控制有关。

(一)权力距离(Power Distance)

指组织和机构中(如家庭)权力较弱的成员接受和期望权力分配不平等的程度。权力距离小的国家社会相对平等,不是很看重权力,而是更注重个人能力。而权力距离大的国家注重权力的约束力,等级制度更严。Hofstede等人(2010)对76个国家的权力距离指数打分得

出，东欧、拉丁、亚洲和非洲国家的权力距离较高，而讲日耳曼语和英语的西方国家的权力距离则较低。

（二）不确定性回避(Uncertainty Avoidance)

指一个社会受到不确定的事件和非常规的环境威胁时是否通过正式的渠道来避免和控制不确定性，它涉及一个社会对模棱两可的容忍。高回避国家追求清晰和结构化，一般为高压力、情绪化、焦虑、神经质，低回避国家适应模糊和混乱，但在主观健康和幸福方面得分更高。Hofstede(2010)列出了76个国家的不确定性回避指数得分，东欧和中欧国家、拉丁国家、日本和讲德语的国家为高回避国家，而讲英语的国家、北欧和中国文化的国家则回避指数较低。

（三）个人主义/集体主义(Individualism/Collectivism)

个人主义文化中，人与人之间的联系是松散的，每个人都只被期望着照顾自己和直系亲属。在集体主义的文化中，我们发现人们从出生起就融入强大的、有凝聚力的群体中，通常是大家庭（叔叔、阿姨和祖父母）继续保护他们，以换取毫无疑问的忠诚，并抵抗其他群体。Hofstede(2010)对76个国家的研究发现，个人主义在西方国家盛行，集体主义在东方国家盛行，而日本在这个维度处于中间立场。

（四）男性化/女性化(Masculinity/Femininity)

这里的男性化和女性化是一种社会特征，而不是个人特征，指的是这个社会的价值观在性别之间的分配。男性化社会两性极化较大，男性应该符合男性气质，如竞争性、独断性等，女性应该符合女性气质，如谦虚、关爱他人等。而女性化社会两性趋于平等，男性和女性都可以是竞争性或者温柔型，男主内女主外的生活方式也能被广泛接受。Hofstede(2010)给出了76个国家的男性气质与女性气质指数得分：在日本、德语国家和一些拉丁国家，如意大利和墨西哥，男性气质得分很高；在讲英语的西方国家，男性气质得分略高；在北欧国家和荷兰，男性气质得分很低；在另外一些拉丁国家和亚洲国家，如法国、西班牙、葡萄牙、智利、韩国和泰国，男性气质得分略低。

（五）短期与长期取向(Short-term vs Long-term Orientation)

长期取向的文化关注未来，重视节俭和毅力。在短期取向的文化里，价值观是倾向过去和现在的，人们尊重传统，关注社会责任的履行，但此时此地才是最重要的。G. Hofstede(2011)的研究提出，长期取向的国家为东亚国家，其次是东欧和中欧。南欧、北欧和南亚国家处于中间取向。而美国、澳大利亚、拉丁美洲、非洲和伊斯兰国家属于短期导向国家。

（六）自身放纵与约束(Indulgence vs Restraint)维度

自身放纵是指一个社会允许人们相对自由地满足与享受生活和享乐有关的基本的、

自然的人类欲望。约束是指通过严格的社会规范来控制需求满足并规范需求的社会特征。G. Hofstede(2011)的研究指出，在南美、北美、西欧和撒哈拉以南非洲的部分地区，人们普遍放纵自己。东欧、亚洲和伊斯兰国家普遍克制。而地中海欧洲在这方面处于中间立场。

由于吉尔特·霍夫斯坦德的文化维度理论是基于工业管理研究得出的结论，在研究样本和主要对象上存在局限性，同时也缺乏对文化演变的动态分析，对于不同文化的情绪诱发的指导意义有限，需以发展的眼光有所取舍。

除了上述列举的两个跨文化理论外，还有一些学者提出了不同的维度。比如冯斯·川普涅尔(Fons Trompenaars)(1996)的文化架构理论提出七个文化维度：普遍主义与特殊主义，集体主义与个人主义，中性与情绪化，关系特定与关系散漫，注重个人成就与注重社会等级，长期与短期导向，以及内部控制与外部控制。另一个有影响力的价值观理论是施瓦茨(Schwartz)(1992)提出的10种普遍体现在个人身上的价值观（成就、仁慈、顺从、享乐主义、权力、安全、自我导向、刺激、传统、普遍主义)，以及7种在不同文化价值观（情感自治、保守主义、平等主义承诺、和谐、等级制度，智力自主和精通）。跨文化研究理论不仅为我们理解不同文化提供了角度和思路，同时在情绪诱发过程中，也提醒了我们要充分考虑到不同文化人群因价值观不同，对于情绪的产生过程、关注点、表达方式和评价过程不同。

第二节　跨文化研究的方法

偏倚(Bias)和等效性(Equivalence)是跨文化研究方法论中的关键概念。偏倚是指同一工具在不同文化中应用的有效性的影响因素，是挑战跨文化数据可比性的通用术语，偏倚往往会导致无效的结论。等效性指的是不同文化之间分数的可比性，等效性的证明（无偏）是进行跨文化比较的前提。就好比有些国家用公里来测量公路距离，而其他国家用英里。以公里和英里为单位的距离不能直接比较，必须适当转换。跨文化研究的方法论通常要求最小化偏倚和评估等效性。这种组合方法是解决确定一种工具是否可以在不同的文化背景下使用，以及在涉及多种文化的研究中确保数据是否具有可比性等的基础。

一、跨文化研究中的工具选择

一般来说有三种方法(Fernández Ballesteros, 2003; Harkness, 2003; F. J. R. Van de Vijver, Leung, K., 1997)。

采纳(adoption)。相当于用一种目标语言对一项文书进行精读翻译。这种方法是最常被选择的，因为它易于实施，成本低廉，具有很高的表面效度。但这种方法只有当原文书和目标语言版本中的项目对所度量的内容能够完全覆盖时才能使用。

改编(adaption)。由于语言、文化或心理测量学的原因，可采取近似翻译或适当修改以更好适应的方法。这一方法要求改编者不仅要精通两种语言,更要充分了解两种语言所代表的文化知识。

组装(assembly)。这和前两种单纯依据某一种工具编写新工具不同,这种方法需要结合多种工具,从中挑选和组装构成符合现有文化和价值观的研究工具。需要注意的是,要想更好地适应现有文化,最好的方式就是改编或组装,但这又会影响两种文化的可比性。因此,新工具在当地的适用性和跨文化的可比性似乎相互矛盾,这需要研究者做好取舍。

二、偏倚的分类

研究者们认为有三种类型的偏倚,按照无效来自理论结构、测量工具、或具体项目,分为构念偏倚、方法偏倚和项目偏倚(F. J. R. Van de Vijver, Poortinga, Y. H., 1997;Van de Vijver, 2004)。

构念偏倚(Construct Bias)是指所测量的构念在不同文化中是不相同的。例如,西方国家和非西方国家对于幸福有不同的关注点。根据Yukiko Uchida(2004)的研究,北美人倾向于通过积极情感体验的最大化而从个人成就中获得幸福,而东亚人倾向于将幸福定义为拥有平衡积极和消极情感体验的人际联系。

方法偏倚(Method Bias)是在取样、工具的结构特征或管理过程中产生偏倚的一个通用术语。取样偏倚是由于影响目标测量的样本特征的跨文化差异导致样本的不可比性,例如在测试智力时混淆了教育水平的跨文化差异、城市或农村居住地的差异,或宗教团体的归属等。工具性偏倚包括由工具特征引发的问题,如刺激熟悉度(如认知和教育测试)和反应风格(如性格和态度调查)。不同文化对刺激材料的熟悉程度往往不同(例如,在一种文化中拍摄的照片可能不容易被其他文化的成员识别),反应模式(例如,在计算机辅助评估中对计算机的熟悉程度不同),或反应程序(例如,多选题形式的测试)也不同。管理偏倚一般来自管理条件(如数据收集方式、样本规模)、指令模糊、管理者与被调查者之间的互动(如光环效应),以及沟通问题(如语言差异、话题禁忌)等。

项目偏倚(Item Bias)是指由于一个项目在不同文化中具有不同的心理意义,从而导致的偏倚。项目偏倚可能来自翻译不准确、项目内容在不同文化中的不适用或者项目包含特殊的含义或有词语有歧义。特别是地方的俚语可能在另外一种语言中无法找到对应的语言来描述。

三、等效性的分类

等效性与测量水平有关,在同一水平上,不同文化群体的得分方可进行比较。F. J. R. Van de Vijver, Leung, K. (1997)提出了等效性的三个等级,即构念等效性、度量单位等效性和满分等效性。

构念等效性(Construct Equivalence)是最低等级的等效性要求,当不同文化中的理论构念相同时才有可比性,如若构念不对等,研究者可以对此构念进行拆分,将对等的次级构念进行比较。例如,孝道作为一种被社会认可的美德,在大多数文化中包含着尊敬、关心和爱护父母的属性;在中国文化中,孝道更广泛,也包括对父母的服从和无限的责任,这可能相当于在父母年老和有需要时照顾他们,这时就不能将这两种"孝道"直接进行比较了。

度量单位等效性(Measurement Unit Equivalence/Metric Equivalence)要求对文化的项目间距或率的测量单位一致,但不要求不同文化的群体同源。因此,当度量单位对等时,可以在文化群体内部比较数值,也可以跨文化群体比较某个变量的差值(例如,在一个文化内部测量的男女性别差异,可以与在另一个文化中测量的性别差异进行比较),但测量的原始数值不能直接在群体之间进行比较。

满分等效性(Full Score Equivalence/Scalar Equivalence)是最高等级的等效性水平,在前两个等级条件都满足的基础上,还要满足不同文化中群体同源的要求。此时,跨文化测量的数值才可以直接比较。

在进行跨文化研究时,我们需要充分考虑到偏倚和文化间等效性的重要性,在以上列出的几个方面重点注意,可以通过丰富测量工具、选择原住民配合翻译、扩大样本量、对测量工作人员进行标准化培训等方法减少偏倚,以提高跨文化结论的有效性,并排除跨文化差异的其他解释。此外,在数据分析阶段也有很多方法可以增加数据等效性,如探索性因子分析(Exploratory Factor Analysis,EFA)和验证性因子分析(Confirmatory Factor Analysis,CFA),以及用于项目偏倚检测的差异项目功能分析(Differential Item Functioning Analysis,DIF)等(Jia He,2012)。

第三节 情绪诱发的文化差异

情绪是生物进化的结果,同时也是个体社会同化的产物,科学家们对情绪的跨文化研究历史已有100多年,但关于情绪诱发的跨文化研究或综述,目前鲜有较为全面的文献报道。从整体上来说,情绪诱发的文化差异与情绪的文化差异类似,与情绪的引发事件、情绪效价、情绪表达和情绪化行为差异等都有关系。这里以两种不同的文化模式为例,探讨情绪的差异:个体主义与集体主义。在本章第一节介绍的吉尔特·霍夫斯坦德的文化维度理论中有这个维度的划分。两种文化模式区别在于是把个人目标置于集体之上(如北美、西欧等国家),还是将集体目标置于个人目标之上(如东亚、印度及拉美等文化)。

一、个体主义与集体主义文化模式下情绪差异的表现

(一)情绪诱发事件上的文化差异

首先,两种文化的诱发情绪的事件分布不同。为什么说一个文化中某种情绪非常普遍,

是因为该文化人群更倾向于创造或促成激发该种情绪的事件。例如,快乐是美国人非常渴望的情绪,因此他们在生活中创造许多激发快乐的情绪,充分赞扬、祝贺和鼓励彼此,而避免批评和冷落,对生活充满热情。在个体主义文化中,体现积极自我的事件发生频率高,而集体主义文化群体保持谦虚和谨慎的行为事件比较多。研究表明,美国的被试者选择了更多的成功场景而不是失败场景来表现他们的自尊,美国人也比较容易进行自我提升,而日本被试者选择了更多失败的情况,并且表现出明显强烈的自我批评倾向(Kitayama, ShinobuMarkus, Rosematsumoto, HisayaNorasakkunkit, & Vinai, 1997)。其次,两种文化对于事件的评价不同。不同文化的人群对情绪诱发事件的解释和归因不同,这种不同反过来又影响了情绪的产生。此外,两种文化对于事件的关注点也不同。个体主义人群倾向于促进积极结果的发生,而集体主义人群倾向于预防消极结果。Higgins, Shah, and Friedman(1997)在对时间关注点的研究中发现,对于期待事件积极结果的参与者,他们在任务完成时就感到快乐,在任务未完成时感到悲伤;而对于避免事件消极结果的参与者,当完成任务时感到放松,任务未完成时感到焦虑。

(二)情绪效价上的文化差异

本书第一篇介绍了Mehrabian和Russell提出PAD三维情感模型,即愉悦度、激活度和优势度。这里的愉悦度也称为效价,代表了愉悦(积极)与非愉悦(消极)之间的变化。在个体主义国家中,人们追求积极情绪,并避免消极情绪,情绪与生活动机联系密切。而在集体主义国家中,人们强调对积极和消极两方面追求平衡,积极情绪的增加不能预测消极情绪的减少,且以最大程度符合社会规范为生活动机。研究表明,情绪和生活满意度的相关性在个人主义程度较高的国家中更为显著。在个体主义文化中,情绪比规范(对生活满意度的社会认可)更能预测生活满意度,而在集体主义文化中,规范和情绪能同等地能预测生活满意度(Suh, Diener, Oishi, & Triandis, 1998)。

(三)情绪表达上的文化差异

在表达方式上,集体主义社会强调关系的和谐,不鼓励个人占用过多的公共空间,如全身性的动作、大笑等行为较少。Mesquita and Walker(2003)的研究表明,相比欧美夫妇,华人夫妇在发生冲突时,较少使用全身性的肢体动作。在情绪表达偏好上,集体主义社会人们经常表现出以他人为中心的情绪,如自豪、优越感、自尊等;而个体主义社会则表现出以自我为中心的情绪,如尊敬、友爱、亲密、同情等(Kitayama, Mesquita, & Karasawa, 2006)。以自豪为例,在个体主义国家,人们认为自豪是个值得追求的情绪,自豪反映了个人的成就、个人独立等,而集体主义社会人们会认为因个人成就而自豪是个负面反应,在自豪的同时还夹杂了内疚和焦虑的情绪,他们认为当自己的行为对集体有利时才能自豪。

(四)情绪化行为上的文化差异

与情绪表达一样,情绪化行为也受文化影响,并与所处文化价值保持一致。在一项对欧美、墨西哥和日本被试者的研究中(Kitayama et al.，2006)，调查了被试者在遭到冒犯和受辱时的行为或行为冲动。结果表明，美国被试者报告最多的行为有责备、攻击和从关系中逃离；墨西哥被试者报告的主要行为为责备、从情景中离开和与他人保持距离；日本被试者报告的行为与前两组被试者恰好相反，有责备自己、对他人行为合理化，并且亲近冒犯和羞辱他的人，以消除误解和矛盾。这体现了个人主义文化和集体主义文化的根本不同，即行为与自己意愿相一致还是与他人意愿一致。

二、东亚国家的躯体化表现

提起情绪的跨文化差异，就不得不提到东亚国家的"躯体化"表现。这一发现源于抑郁症的研究，从20世纪80年代开始，文化心理学家就发现，中国人更倾向于通过身体表达情绪，尤其是心理压力。这个过程被称作"躯体化"。重症抑郁症在世界范围内普遍存在。根据世界卫生组织(World Health Organization，WHO)的大型国际研究，11.7%的被试者患有抑郁症(Lecrubier，2001)。20世纪80年代末90年代初，跨国合作组织(the Cross-National Collaborative Group)对十个国家和地区进行研究发现，不同国家和地区抑郁症终身患病率差异较大，从1.5%到19%不等，其中，中国台湾最低，黎巴嫩最高(Weissman et al.，1996)。国际精神疾病流行病学协会(the International Consortium of Psychiatric Epidemiology，ICPE)也对十个国家和地区进行了采样，发现抑郁症的终身患病率从3.0%到16.9%不等，其中，日本最低，美国最高(Andrade，L.，et al.，2003)。所有研究一致发现，抑郁症患病率最低的地方集中在东亚。

以中国为例，中国人抑郁症发病率少，却很难逃脱另一种疾病，即神经衰弱。美国神经病学家比尔德(George Miller Beard)在1869年首次对神经衰弱进行描述，囊括了70多种症状，包括虚弱、疲劳、失忆、晕眩、头痛、失眠、慢性疼痛等(Beard，1869)。但在1940年，美国医师们就开始质疑神经衰弱的正当性。最终，它离开了主流疾病认知，和其他过于模糊的综合征归为一类，比如癔症就代表了一系列的症状，而非一个具体的病症。类似于中国的神经衰弱，hwa-byung 一词在韩国被称之为"火病"，其不仅指上腹燃烧的症状和其他形式的躯体不适(包括失眠、疲乏、恐慌、濒死感、消化不良、呼吸困难、心悸等)，也用于形容因人际冲突或受到集体不公正待遇而产生的愤怒。当神经衰弱在美国逐渐消失的时候，精神分析学家们开始推崇一个叫做"躯体化"(somatization)的词，词源来自希腊的"soma"，意为身体。他们认为这是一个原始的防御机制，是一种压抑在潜意识中的焦虑与恐惧打破潜意识层，进入意识层的途径。有研究对中国和欧洲-加拿大门诊患者的症状表现进行了调查发现，与欧洲加拿大人相比，中国门诊患者在自发问题报告和结构化临床访谈中报告出更多的躯体症状，而欧洲加拿大人报告了更多的心理症状。这些结果表明，西方的心理语言化与中国的躯体化体现了文化特异性(Ryder et al.，2008)。美国跨文化心理学家 Yulia Chentsova Dutton 在"东亚的躯体化"领域做了深入的研究，他们的研究发现，与美国被试者相比，韩国被试者使用更多的躯体语言来传达困扰，当面对别人的痛苦叙事时，韩国人表现出更多的同情

(Choi, Chentsova-Dutton, & Parrott, 2016)。在 Chentsova-Dutton 与 Ryder 的另一项研究中,团队分别给中国和美国欧裔的年轻女性观看一段悲伤、无台词的动画电影,以诱发她们的情绪。在看电影的过程中,大家的生理反应被实时监测,面部表情被记录,随后她们完成了自陈报告。Chentsova-Dutton 发现中国的女性报告了更多的身体感觉。她们说自己心跳和呼吸加速、起鸡皮疙瘩、体温升高。两组女性都报告自己感觉到悲伤,但中国的女性同时还报告了一些正向情绪。例如,虽然电影是悲伤的,但是她们很欣赏动画制作的优美 (Shayla love, 2020)。

三、情绪诱发的国内外相关研究

国内外情绪诱发的方法众多,包括自我陈述、音乐、渐进式音乐、催眠暗示、面部表情、游戏反馈、社交反馈、孤独回忆、社交回忆、自传体回忆、意象、同理心、实验者行为、电影、威胁和公共演讲。当然,这些方法中有一些是密切相关的(例如,单独回忆、社会回忆和自传式回忆程序都通过操纵回忆的内容来影响情绪)。进行跨文化研究是很有挑战性的,尤其是考虑到在不同环境下设计具有足够心理测量特性的测量工具的困难。在一项回顾研究中,没有发现关于文化差异会影响情绪诱发的明确共识(Górriz, Etchezahar, Pinilla-Rodríguez, Giménez-Espert, & Prado-Gascó, 2020)。在所有的情绪诱发方法中,只要做好本土化适应和改编,情绪诱发方法基本上都可以通用。本篇前几个章节介绍了文字诱发情绪、图片诱发情绪、视频诱发情绪和声音诱发情绪,这些都是情绪材料诱发情绪的范畴,除此之外,还有情绪性情境诱发情绪,包括电脑游戏、博弈游戏、表情/姿势、回忆/想象情境等。

(一)情绪材料诱发情绪

1. 视觉材料

视觉刺激是最为常用的情绪诱发方法,包括文字、图片等刺激。在文字材料方面,由美国国立精神卫生研究所(NIMH)制定的英语情感词系统(ANEW)是目前普遍接受的文字情绪诱发材料库(Kousta, Vigliocco, Vinson, Andrews, & Del Campo, 2011; Kousta, Vinson, & Vigliocco, 2009; Lang P. J., 2010)。在图片方面,NIMH 建立了国际情绪图片系统(IAPS)。由于 IAPS 中图片的选材范围十分广泛,考虑到不同国家的差异,可能导致不同国家对这些刺激材料在效价、唤醒度或优势度等方面的评定存在差异,并最终导致使用这些刺激材料进行的研究之间缺乏有效性和可比性。例如,Marco 等人的研究表明,意大利籍被试者在评定裸体男女图片的效价及唤醒度上表现出明显的差异,女性对裸体男女图片的效价均为中性并在唤醒度上保持一致,而男性在评定异性裸体图片时给予了更高的效价和唤醒度(Costa, Braun, & Birbaumer, 2003)。Riberro 的研究也指出,IAPS 图片在巴西试用时,原本用来诱发高唤醒的色情、冒险等性质图片只能诱发被试者较低的唤醒程度(Ribeiro, Teixeira-Silva, Pompéia, & Bueno, 2007)。因此,巴西、比利时、西班牙、葡萄牙等国家都在推广使用 IAPS 前对其进行了本土化评定工作(Aluja et al., 2015; Cristina,

Larsen,& Amodeo,2008；Soares et al.,2014；Verschuere,Crombez,& Koster,2001)。在国内,中国研究者们对国外的刺激材料进行了本土化修订,推出了汉语情感词系统(CAWS)(王一牛,周立明,罗跃嘉,2008)以及中国情绪图片系统(CAPS)(白露,马慧,黄宇霞,罗跃嘉,2005)。

2. 听觉材料

听觉刺激材料包括自然界的声音录音、非言语音节和音乐等。NIMH通过采集鸟鸣、下雨、炸弹爆炸和婴儿哭泣等一系列声音,并进行分类评定,制定了国际情感数码声音系统(IADS,1999b)后经修订推出IADS2,为研究听觉刺激对认知、情绪、行为的影响提供了标准化的工具(Plichta et al.,2011；Strait,Kraus,Skoe,& Ashley,2010)。而中国学者也在收集各种声音的基础上建立了中国情感数码声音系统(CADS)(刘涛生,罗跃嘉,马慧,黄宇霞,2006)。除此之外,由音乐诱发情绪也被广泛研究。在西方,大调音乐在听觉效果上明亮开阔,容易唤起高兴和抒情(温情)等正性情绪体验,小调音乐则听起来曲折蜿蜒,容易唤起悲伤、恐惧、愤怒等负性情绪体验(Huron & Davis,2013；Juslin & Lindstrm,2011；Straehley & Loebach,2014)。但对于非西方人群,大小调式对情绪的诱发出现了不同的结果。印第安被试者和日本被试者在聆听大小调音乐时,具有与欧洲被试者类似的情绪体验,即大调唤起正性情绪,小调唤起负性情绪(Balkwill & Laura-Lee,2010)。而在中国被试者、亚马逊土著居民和玻利维亚被试者的研究中,却没有发现大小调式与情绪体验的稳定对应关系(Huron & Davis,2013；蔡岳建,潘孝富,庄钟春晓,2007；黄卫平,2011)。这也可能与西方音乐在该非西方国家的流行度和接受度有关。当然,有中国学者研究了中国传统音乐,宫调(与大调类似)和羽调(和小调类似)对情绪的诱发效应,发现大调和宫调诱发了正性情绪,小调和羽调诱发了负性情绪(白学军,马谐,陶云,2016)。虽然音乐诱发情绪被证明具有良好的情绪诱发效果和跨文化一致性,但目前尚无标准化材料库建立。

3. 嗅觉材料

研究表明,通过气味也可以诱发情绪,进而对个体的认知、行为产生影响(Millot & Brand,2001)。此外,研究发现,气味还存在联结作用,也就是说,被试者往往会将特定的气味与闻到该气味时的情绪体验之间产生联结,再次闻到该气味时就会诱发出上次的情绪(Herz,Schankler,& Beland,2004)。与音乐诱发方法类似,嗅觉诱发目前也缺少标准化的材料库,这与嗅觉材料的准备、储藏困难有关,嗅觉材料诱发情绪的稳定性目前也没有得到证实。总的来说,嗅觉刺激研究目前仍处于起步阶段,有待进一步研究。

4. 多通道材料

多通道诱发是指联合视觉、听觉、嗅觉等多个感觉通道,达到更佳诱发效果的情绪诱发方法。多通道诱发研究得最成熟的方法是电影片段诱发情绪。许多研究已经证明了电影片段在诱导积极和消极情绪以及其他情绪状态方面的有效性(Herz et al.,2004；Rottenberg,Ray,& Gross,2007a)。电影诱发的优点是使用简单高效,而且比大多数其他程序带来的伦理问题要少,因为被试者每天都能通过电视或电子设备接触到情感丰富的视频图像。例如,《哈利·波特》中的一些片段被用来制造负面情绪,而《当哈利遇上莎莉》则被选来激发积极的情绪等(Hewig, Hagemann, Seifert, Gollwitzer, & Bartussek, 2005; Philippot & Pierre, 1993)。当然,也有研究对嗅觉和视觉联合诱发情绪进行了探讨,研究发现,无论效价如何,气味刺激都能够促进被试者对厌恶情绪图片的认知加工,并且嗅觉和视觉共同作用会导致脑岛区域激活的改变,这一结果表明,对于嗅觉和视觉多通道加工具有其特异性机制(Seubert et al., 2010)。

(二) 情绪性情境诱发情绪

1. 电脑游戏

在一项使用第一人称射击游戏"虚幻竞技场2004"(Unreal Tournament 2004)诱发情绪的研究中,发现在游戏过程中根据场景不同,可以诱发出一系列不同类型不同强度的情绪(Merkx, 2007)。在使用电脑游戏诱发情绪的过程中,由于被试者参与度高,注意力集中,诱发的情绪比较自然且真实。此外,在游戏过程中,被试者往往会情不自禁地展现神情、声音、肢体动作等,通过对被试者报告的情绪和实验录像中被试者的肢体语言的对比分析,可以同时有效地验证报告情绪的准确性,为后续研究提供有价值的素材。

2. 博弈游戏

博弈通常被用于考察个体在两难情境下的决策行为,由于博弈游戏往往涉及自利、利他、公平、信任、背叛等各种行为,可以被用来作为很好的情绪诱发手段。研究发现,当被试者的实际所得高于其预期时,通常就能够诱发出积极情绪,反之亦然(Wout, Kahn, Sanfey, & Aleman, 2006)。

3. 表情/姿势

关于表情和身体姿势诱发相应情绪的观点可以追溯到达尔文、詹姆斯和兰格。时隔多年后,研究者提出了"具身情绪"(embodied emotion)的观点,认为肌肉、内脏等外围系统的输入(如摆出快乐表情时面部肌肉的活动),会引起其他和该情绪相关系统(如躯体感觉和运动皮层、假设的"镜像神经元"系统、边缘系统、眶额皮层)的模式化反应,最终使个体感受到该情绪,产生与该情绪一致的行为(Niedenthal, 2007)。也就是说,具体的行为能引起情绪,如微笑可使人开心,皱眉也可以让人感到悲伤。在Havas等人(2007)的研究中,要求被试者用牙齿横着咬一根棍子(笑脸的表情)或用嘴唇竖着抿一根棍子(皱眉的表情),同时进行句子效价的判断。结果发现,和表情一致的句子的反应时要显著快于不一致的句子。其他研究者的研究同样发现了类似的现象(Daniel, F., Kr Mer, Jascha, & Bernhard, 2009),表明了面部反馈是诱发被试者情绪的一种有效方法。

4. 回忆/想象情境

这种方法是让被试者自己回忆或想象一个场景,以诱发相应的情绪。如Brewer和Doughtie(1980)通过让被试者回忆能够唤起相应情绪的自传式事件来诱发特定情绪,Wright和Mischel(1982)让被试者想象悲伤、愉快或中性的情境来诱发其相关情绪。然而,与大多数诱导过程不同的是,这种技术需要被试者有意识的合作,这可能会促进需求效应的出现,即被试者有意无意地报告研究者希望的情绪。

四、情绪诱发中存在的问题

尽管人们对情绪诱发过程的发展充满了热情,但研究人员仍在继续争论关于诱发后观察到的情绪变化的来源,它们是由于所呈现的项目还是由于需求效应,即被试者愿意遵守研究者的期望?虽然现在下结论说所观察到的变化是需求效应的结果还为时过早,但它们的重要性是相当大的。就所产生的需求效应而言,并非所有的诱导过程都是相同的。在明确告知被试者实验目的或促使被试者改变情绪的过程中,被试者对这些影响特别敏感。特别是情绪态度明显的文字诱发和自传式回忆等,诱导的情绪容易被放大报告,而音乐或电影诱导似乎不受需求效应的影响(Kenealy & Pamela, 1988)。然而,有一些策略试图控制这些影响,包括误导被试者实验的真正目的,不向被试者提出明确的要求,或将诱导过程和随后的任务作为两个独立的实验来呈现(Gilet, 2008)。

另一个问题是这些不同诱导程序的有效性和诱导情绪的持续时间。一般来说,所使用的各种技术在大多数人(如果不是所有人)的情绪中产生了真正的变化。然而,一些程序似乎更有效地诱导特定的情绪;因此,使用电影片段的诱导在诱导积极情绪方面特别有效,而想象和文字诱导都适用于诱导消极情绪(Westermann, R., Spies, K., Stahl, G., & Hesse, F. W., 1996)。另一方面,诱导情绪的持续时间既取决于所使用的程序,也取决于所操纵的情绪。Frost 和 Green(1982)在文字诱导完成后立即测量了诱导效应,10 分钟后,诱导的负面情绪显著减少,而正面情绪则完全消失。Monteil J. M. (1998)也证明了正诱导效应的消失速度快于负诱导效应,即正诱导效应的持续时间小于负诱导效应,换句话说,积极情绪比消极情绪更难诱导。

然而,这些结果几乎总是依赖于使用明确的情绪测量问卷。事实上,大多数调查问卷只测量了情绪的意识部分,因此只显示了情绪变化的主观感受。被试者可能不想维持他们被诱发的情绪。在这种情况下,用不同方法诱导的情绪持续时间有限,并不意味着他们不再受到诱导的影响,或情绪消失。也有可能是由于被试者不再有意识地感受到诱导的影响,但这些影响仍然是潜在的,或者情绪的一个组成部分,即唤醒(兴奋或觉醒的状态),这在问卷中经常涉及不到,但仍然存在。联合使用几种情绪测量工具或间接问卷可能会产生不同的结果。尽管存在一些缺陷,情绪诱导的使用仍然是研究情绪对认知活动影响的基础。

五、情绪诱发跨文化研究中的问题

情绪诱发的跨文化研究与其他学科的跨文化研究一样,都存在跨文化研究本身的困难和问题。对于一个研究团队来说,跨文化研究实施起来困难非常大,不仅存在研究被试者招募困难、被试者是否具有代表性等问题,还涉及所使用的材料对于不同文化背景的人群的适用性问题。北京外国语学院院长刘润清指出:"到目前为止,我们对跨文化的研究仍然是零散罗列现象为多,整体系统研究居少;低层次的概括为多,高层次的抽象居少;实用性的建议

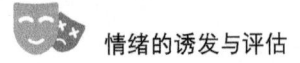

为多,理论建树为少(顾嘉祖,2000)"。

从被试者招募方面来看,虽然目前各国移民现象比较普遍,招募不同国家的人群可以实现,但容易存在样本缺乏代表性或具有"边际人效应"。所谓边际人(marginal man),是指生活在两种民族文化边缘的,因此也称文化边际人。他们往往在一种民族文化中受了教育,内化或社会化了这种文化的价值观念、行为规范和生活方式等,随后又来到了另一种民族文化中,为了适应生存环境,又接受了后一种文化的某些价值、规范和生活方式等。他们一生具有了两种(或多种)文化经验(傅铿,1988)。因此,对他们的研究得出的结论在推广性方面具有很大的局限性。同时,在跨文化研究中,研究者必须在某种程度上摆脱(或者说尽量摆脱,因为完全摆脱是不可能的)自身的本土文化,不将本上文化的价值、规范和准则等投射到研究对象上,取一种超然的、客观的立场,准确地把握研究对象,否则得出的结论也会有较大的偏差。

从使用的研究材料来看,不同语言词汇的内涵和文化表征也不尽相同。我国语言研究学者常敬宇(1995)提出文化词汇的定义:是指特定文化范畴的词汇,它是民族文化在语言词汇中直接或间接的反映。文化词汇与其他一般词汇的界定需要注意以下两点:一是文化词汇本身载有明显的民族文化信息,并且隐含着深层的民族文化的含义;二是它与民族文化,包括物质文化、制度文化和心理文化有各种关系,有的是该文化的直接反映,如"龙、凤、华表"等;有的则是间接反映,如汉语中的红、黄、白、黑等颜色词及松、竹、梅等象征词语。例如,俄罗斯的"红场",纽约的"白宫",北京的"天安门",它们都有各自的固有的文化含义,不能仅从字面的概念去理解和翻译。同样,在音视频的材料选择上,不同文化的人群对同一材料的唤醒度和效价可能存在较大差异。因此,跨文化研究材料的选取和使用将不可避免地导致各类偏倚。

近年来,广泛的国际性合作研究已经成为各学科研究的趋势,跨文化研究对象涉及不同国家的文化,在研究者联盟中应有对应的本土文化研究者,对该国样本的代表性和使用材料进行仔细审查,确保研究结果的适用性和可推广性。此外,如果研究者联盟中也存在文化边际人,在被研究的文化中有过亲身经历,那么他也可以从积极的文化移情中来把握研究对象,也就是说,他可以站在研究对象的立场上,从被研究对象的文化价值、规范和标准等出发,去体会、感受、理解或领悟这些对象。总而言之,即便存在诸多困难,情绪诱发的跨文化研究仍然非常有必要。

参考文献

Adolphs, R., Tranel, D., & Denburg, N. (2000). Impaired emotional declarative memory following unilateral amygdala damage. Learn Mem, 7(3),180-186.

Aftanas, L. I., Reva, N. V., Savotina, L. N., & Makhnev, V. P. (2006). Neurophysiological correlates of induced discrete emotions in humans: an individually oriented analysis. Neuroence & Behavioral Physiology, 36(2),119.

Ahmed, F., Bari, A. S. M. H., & Gavrilova, M. L. (2020). Emotion recognition from body movement. IEEE Access, 8, 11761-11781.

Alarcao, S. M., & Fonseca, M. J. (2017). Emotions recognition using EEG Signals: a survey. IEEE Transactions on Affective Computing, 1-1.

Aluja, A., Rossier, J., Blanch, Á., Blanco, E., Martí-Guiu, M., & Balada, F. (2015). Personality effects and sex differences on the International Affective Picture System (IAPS): A Spanish and Swiss study. Personality & Individual Differences, 77, 143-148.

Amaral, D. G., Behniea, H., & Kelly, J. L. (2003). Topographic organization of projections from the amygdala to the visual cortex in the macaque monkey. Neuroscience, 118(4), 1099-1120.

Anderson, A. K., & Phelps, E. A. (2001). Lesions of the human amygdala impair enhanced perception of emotionally salient events. Nature, 411(6835), 305-309.

Andrade, L., Caraveo-Anduaga, J. J., Berglund, P., Bijl, R. V., De Graof, R., Vollebergh, W., Dcagomirecka, E., Kohn, R., Keller, M., Kessler, R. C., Kawakami, N., Kilic, C., Offord, D., Ustun, T. B., & Wittchen, H. U. (2003). The epidemiology of major depressive episodes: results from the International Consortium of Psychiatric Epidemiology (ICPE) Surveys. International Journal of Methods in Psychiatric Research, 12(1), 3-21.

Anttonen, J., & Surakka, V. (2005). Emotions and heart rate while sitting on a chair. Paper presented at the Proceedings of the 2005 Conference on Human Factors in Computing Systems, CHI 2005, Portland, Oregon, USA, April 2-7, 2005.

Armony, J. L., & Dolan, R. J. (2002). Modulation of spatial attention by fear-conditioned stimuli: an event-related fMRI study. Neuropsychologia, 40(7), 817-826.

Ashby, F. G., Isen, A. M., & Turken, A. U. (1999). A neuropsychological theory of positive affect and its influence on cognition. Psychol Rev, 106(3), 529-550.

Baayen, R. H., Piepenbrock, R., & Gulikers, L. (1995). The CELEX Lexical Database [CD-ROM]. Philadelphia, PA: Linguistic Data Consortium, University of Pennsylvania.

Bachorowski, J.-A., & Owren, M. J. (1995). Vocal Expression of Emotion: Acoustic Properties of Speech Are Associated With Emotional Intensity and Context. Psychological Science, 6(4), 219-224.

Balconi, M., Falbo, L., & Conte, V. A. (2011). BIS and BAS correlates with psychophysiological and corticalresponse systems during aversive and appetitive emotional stimuli processing. Motivation and Emotion, 36(2), 218-231.

Balkwill, W. F. T., & Laura-Lee. (2010). Cross-cultural similarities and differences.

Bandura, A., & Cervone, D. (1983). Self-Evaluative and Self-Efficacy Mechanisms Governing the Motivational Effects of Goal Systems. Journal of Personality & Social Psychology, 45(5), 1017-1028.

Banziger, T., Grandjean, D., & Scherer, K. R. (2009). Emotion recognition from expressions in face, voice, and body: the Multimodal Emotion Recognition Test (MERT). Emotion, 9(5), 691-704.

Barbas, H. (2000). Connections underlying the synthesis of cognition, memory, and emotion in primate prefrontal cortices. Brain Res Bull, 52(5), 319-330.

Barch, D. M., Harms, M. P., Tillman, R., Hawkey, E., & Luby, J. L. (2019). Early childhood depression, emotion regulation, episodic memory, and hippocampal development. J Abnorm Psychol, 128(1), 81-95.

Beard, & George, M. (1880). A practical treatise on nervous exhaustion (neurasthenia) its symptoms, nature, sequences, treatment. American Journal of Psychiatry, 36(4), 521-a-526.

Bechara, A., Tranel, D., Damasio, H., Adolphs, R., Rockland, C., & Damasio, A. R. (1995). Double dissociation of conditioning and declarative knowledge relative to the amygdala and hippocampus in humans. Science (New York, N. Y.), 269(5227), 1115-1118.

Belin, P., Fecteau, S., & Catherine, B. (2004). Thinking the voice: neural correlates of voice perception. Trends in Cognitive ences, 8(3), 129-135.

Ben-Haim, M. S., Williams, P., Howard, Z., Mama, Y., Eidels, A., & Algom, D. (2016). The Emotional Stroop Task: Assessing Cognitive Performance under Exposure to Emotional Content. J Vis Exp(112).

Bensafi, M., Rouby, C., Farget, V., Bertrand, B., Vigouroux, M., & Holley, A. (2002). Autonomic nervous system responses to odours: the role of pleasantness and arousal. Chemical Senses, 27(8), 703-709.

Bi, D., & Han, B. (2015). Age-related differences in attention and memory toward emotional stimuli. Psych J, 4(3), 155-159.

Bianchin, M., & Angrilli, A. (2012). Gender differences in emotional responses: a psychophysiological study. Physiol Behav, 105(4), 925-932.

Blechert, J., Michael, T., Grossman, P., Lajtman, M., & Wilhelm, F. H. (2007). Autonomic and respiratorycharacteristics of posttraumatic stress disorder and panic disorder. Psychosom Med, 69(9), 935-943.

Bradley, B. P., & Mathews, A. (1988). Memory Bias in Recovered Clinical Depressives. Cogn Emot, 2(3), 235-245.

Bradley, M. M., Greenwald, M. K., Petry, M. C., & Lang, P. J. (1992). Remembering pictures: Pleasure and arousal in memory. Journal of Experimental Psychology: Learning, Memory, and Cognition, 18(2), 379-390.

Bradley, M. M., & Lang, P. J. (1994). Measuring emotion: the Self-Assessment Manikin and the Semantic Differential. J Behav Ther Exp Psychiatry, 25(1), 49-59.

Bradley, M. M., & Lang, P. J. (1999). Affective norms for English words (ANEW): Stimuli, instruction manual and affective ratings (Tech. Rep. C-1). Gainesville: University of Florida, Center for Research in Psychophysiology. University of Florida, Center for Research in Psychophysiology.

Bradley, M. M., Lang, P. J. (1999a). Affective Norms for English Words (ANEW): Stimuli, instruction manual and affective ratings. Gainesville, FL: The Center for Research in Psychophysiology, University of Florida.

Bradley, M. M., Lang, P. J. (1999b). International Affective Digitized Sounds (IADS): Stimuli, instruction manual and affective ratings. Gainesville, FL: The Center for Research in Psychophysiology, University of Florida.

Bradley, M. M., Lang, P. J. (2007). Affective Norms for English Text (ANET): Affective ratings of text and instruction manual. Gainesville, FL: University of Florid.

Brand, S., Reimer, T., & Opwis, K. (2007). How do we learn in a negative mood? Effects of a negative mood on transfer and learning. Learning & Instruction, 17(1),1 - 16.

Brandao, M. L., & Coimbra, N. C. (2019). Understanding the role of dopamine in conditioned and unconditioned fear. Rev Neurosci, 30(3),325 - 337.

Brewer, D., & Doughtie, E. B. (1980). Induction of mood and mood shift. J Clin Psychol, 36(1), 215 - 226.

Brosschot, J. F., & Thayer, J. F. (2003). Heart rate response is longer after negative emotions than after positive emotions. International Journal of Psychophysiology, 50(3),181 - 187.

Buchanan, T. W., & Lovallo, W. R. (2001). Enhanced memory for emotional material following stress-level cortisol treatment in humans. Psychoneuroendocrinology, 26(3),307 - 317.

Buchanan, T. W., & Tranel, D. (2008). Stress and emotional memory retrieval: effects of sex and cortisol response. Neurobiol Learn Mem, 89(2),134 - 141.

Burke, A., Heuer, F., & Reisberg, D. (1992). Remembering emotional events. Mem Cognit, 20(3), 277 - 290.

Bush, G., Luu, P., & Posner, M. I. (2000). Cognitive and emotional influences in anterior cingulate cortex. Trends Cogn Sci, 4(6),215 - 222.

Cahill, L., & Alkire, M. T. (2003). Epinephrine enhancement of human memory consolidation: interaction with arousal at encoding. Neurobiol Learn Mem, 79(2),194 - 198.

Cahill, L., Gorski, L., & Le, K. (2003). Enhanced human memory consolidation with post-learning stress: interaction with the degree of arousal at encoding. Learn Mem, 10(4),270 - 274.

Cahill, L., Haier, R. J., White, N. S., Fallon, J., Kilpatrick, L., Lawrence, C., ... Alkire, M. T. (2001). Sex-related difference in amygdala activity during emotionally influenced memory storage. Neurobiol Learn Mem, 75(1),1 - 9.

Cahill, L., Prins, B., Weber, M., & McGaugh, J. L. (1994). Beta-adrenergic activation and memory for emotional events. Nature, 371(6499),702 - 704.

Cahill, L., & van Stegeren, A. (2003). Sex-related impairment of memory for emotional events with beta-adrenergic blockade. Neurobiol Learn Mem, 79(1),81 - 88.

Campanella, S., Bourguignon, M., Peigneux, P., Metens, T., Nouali, M., Goldman, S., ... De Tiège, X. (2013). BOLD response to deviant face detection informed by P300 event-related potential parameters: a simultaneous ERP-fMRI study. Neuroimage, 71,92 - 103.

Canli, T., Desmond, J. E., Zhao, Z., & Gabrieli, J. D. (2002). Sex differences in the neural basis of emotional memories. Proc Natl Acad Sci U S A, 99(16),10789 - 10794.

Canli, T., Zhao, Z., Brewer, J., Gabrieli, J. D., & Cahill, L. (2000). Event-related activation in the human amygdala associates with later memory for individual emotional experience. J Neurosci, 20(19), Rc99.

Cannon, W. B. (1927). The James - Lange Theory of Emotions: A critical examination and an alternative theory. Am J Psychol, 39(1 - 4),106 - 124.

Carretié, L., Hinojosa, J. A., Martín - Loeches, M., Mercado, F., & Tapia, M. (2004). Automatic attention to emotional stimuli: neural correlates. Hum Brain Mapp, 22(4),290 - 299.

Carstensen, L. L., Isaacowitz, D. M., & Charles, S. T. (1999). Taking time seriously. A theory of socioemotional selectivity. Am Psychol, 54(3), 165 – 181.

Chachkes, E., & Christ, G. (1996). Cross cultural issues in patient education. Patient Educ Couns, 27(1), 13 – 21.

Choi, E., Chentsova-Dutton, Y., & Parrott, W. G. (2016). The Effectiveness of Somatization in Communicating Distress in Korean and American Cultural Contexts. Front Psychol, 7, 383.

Chrobak, A. A., Siuda-Krzywicka, K., Siwek, G. P., Arciszewska, A., Siwek, M., Starowicz-Filip, A., & Dudek, D. (2015). Implicit motor learning in bipolar disorder. J Affect Disord, 174, 250 – 256.

Cicerone, K. D., & Tanenbaum, L. N. (1997). Disturbance of social cognition after traumatic orbitofrontal brain injury. Arch Clin Neuropsychol, 12(2), 173 – 188.

Citron, F. M. (2012). Neural correlates of written emotion word processing: a review of recent electrophysiological and hemodynamic neuroimaging studies. Brain Lang, 122(3), 211 – 226.

Codispoti, M., Surcinelli, P., & Baldaro, B. (2008). Watching emotional movies: affective reactions and gender differences. International journal of psychophysiology: official journal of the International Organization of Psychophysiology, 2(69).

Corneanu, C. A., Noroozi, F., Kaminska, D., Sapinski, T., Escalera, S., & Anbarjafari, G. (2018). Survey on emotional body gesture recognition. IEEE Transactions on Affective Computing, 1 – 20.

Coso, B., Guasch, M., Ferre, P., & Hinojosa, J. A. (2019). Affective and concreteness norms for 3,022 Croatian words. Q J Exp Psychol (Hove), 1747021819834226.

Costa, M., Braun, C., & Birbaumer, N. (2003). Gender differences in response to pictures of nudes: a magnetoencephalographic study. Biological Psychology, 63(2), 129 – 147.

Coulson, M. (2004). Attributing Emotion to Static Body Postures: Recognition Accuracy, Confusions, and Viewpoint Dependence. Journal of Nonverbal Behavior, 28(2), 117 – 139.

Cristina, L., Larsen, R. R., & Amodeo, B. (2008). Brazilian norms for the International Affective Picture System (IAPS): comparison of the affective ratings for new stimuli between Brazilian and North-American subjects. Jornal Brasileiro De Psiquiatria, 57(4), 270 – 275.

Dael, N., Mortillaro, M., & Scherer, K. R. (2012). The Body Action and Posture Coding System (BAP): Development and Reliability. Journal of Nonverbal Behavior, 36(2), 97 – 121.

Dai, Q., & Feng, Z. (2009). Deficient inhibition of return for emotional faces in depression. Prog Neuropsychopharmacol Biol Psychiatry, 33(6), 921 – 932.

Dalgleish, T., & Werner-Seidler, A. (2014). Disruptions in autobiographical memory processing in depression and the emergence of memory therapeutics. Trends Cogn Sci, 18(11), 596 – 604.

Daniel, W., F., M. T., Kr?Mer, U. M., Jascha, R., & Bernhard, B. (2009). Embodied Emotion Modulates Neural Signature of Performance Monitoring. Plos One, 4(6), e5754.

Darwin, C. (1998). The expression of the emotions in man and animals (3rd ed.). New York: Oxford University Press.

Davis, F. C., Somerville, L. H., Ruberry, E. J., Berry, A. B., Shin, L. M., & Whalen, P. J. (2011). A tale of two negatives: differential memory modulation by threat-related facial expressions. Emotion, 11(3), 647 – 655.

Davis, M., & Whalen, P. J. (2001). The amygdala: vigilance and emotion. Mol Psychiatry, 6(1), 13 – 34.

de Gelder, B. (2009). Why bodies? Twelve reasons for including bodily expressions in affective neuroscience. Philos Trans R Soc Lond B Biol Sci, 364(1535), 3475 – 3484.

Delaney-Busch, N., & Kuperberg, G. (2013). Friendly drug-dealers and terrifying puppies: affective primacy can attenuate the N400 effect in emotional discourse contexts. Cogn Affect Behav Neurosci, 13(3), 473 – 490.

Dolcos, F., Iordan, A. D., & Dolcos, S. (2011). Neural correlates of emotion-cognition interactions: A review of evidence from brain imaging investigations. J Cogn Psychol (Hove), 23(6), 669 – 694.

Dolcos, F., LaBar, K. S., & Cabeza, R. (2005). Remembering one year later: role of the amygdala and the medial temporal lobe memory system in retrieving emotional memories. Proc Natl Acad Sci U S A, 102(7), 2626 – 2631.

Doll, A., Hölzel, B. K., Mulej Bratec, S., Boucard, C. C., Xie, X., Wohlschläger, A. M., & Sorg, C. (2016). Mindful attention to breath regulates emotions via increased amygdala-prefrontal cortex connectivity. Neuroimage, 134, 305 – 313.

Eastwood, J. D., Smilek, D., & Merikle, P. M. (2001). Differential attentional guidance by unattended faces expressing positive and negative emotion. Percept Psychophys, 63(6), 1004 – 1013.

Eilola, T. M., & Havelka, J. (2010). Affective norms for 210 British English and Finnish nouns. Behav Res Methods, 42(1), 134 – 140.

Ekman, P. (1984). Expression and the Nature of Emotion. In K. Scherer & P. Ekman (Eds.), Approaches to Emotion (pp. 319 – 344). HIllsdale, NJ: Lawrence Erlbaum.

Ekman, P., & Friesen, W. V. (1971). Constants across cultures in the face and emotion (Vol. 17).

Ekman, P., & Friesen, W. V. (1978). Facial action coding system: A technique for the measurement of facialmovement. Palo Alto, Ca.: Consulting Psychologists Press.

Elzinga, B. M., & Roelofs, K. (2005). Cortisol-induced impairments of working memory require acute sympathetic activation. Behav Neurosci, 119(1), 98 – 103.

Eriksen, B. A., & Eriksen, C. W. (1974). Effects of noise letters upon the identification of a target letter in a nonsearch task. Perception & Psychophysics, 16(1), 143 – 149.

Etcoff, N. L., & Magee, J. J. (1992). Categorical perception of facial expressions. Cognition, 44(227 – 240).

Fairfield, B., Ambrosini, E., Mammarella, N., & Montefinese, M. (2017). Affective Norms for Italian Words in Older Adults: Age Differences in Ratings of Valence, Arousal and Dominance. PLoS One, 12(1), e0169472.

Fernández Ballesteros, R. (2003). Encyclopedia of psychological assessment Thousand Oaks, CA: Sage.

Ferré, P., Anglada-Tort, M., & Guasch, M. (2017). Processing of emotional words in bilinguals: Testing the effects of word concreteness, task type and language status. Second Language Research, 34(3), 371 – 394.

Ferre, P., Guasch, M., Martinez-Garcia, N., Fraga, I., & Hinojosa, J. A. (2017). Moved by words: Affective ratings for a set of 2,266 Spanish words in five discrete emotion categories. Behav Res Methods, 49(3), 1082 – 1094.

Ferre, P., Haro, J., & Hinojosa, J. A. (2018). Be aware of the rifle but do not forget the stench:

differential effects of fear and disgust on lexical processing and memory. Cogn Emot, 32(4), 796 – 811.

Florence Rockwood Kluckhohn, F. S. (1961). Variations in Value Orientations. Evanston, Illinois: Peterson.

Ford, B. Q., Tamir, M., Brunye, T. T., Shirer, W. R., Mahoney, C. R., & Taylor, H. A. (2010). Keeping your eyes on the prize: anger and visual attention to threats and rewards. Psychol Sci, 21(8), 1098 – 1105.

Fox, E., Russo, R., Bowles, R., & Dutton, K. (2001). Do threatening stimuli draw or hold visual attention in subclinical anxiety? J Exp Psychol Gen, 130(4), 681 – 700.

Frantzidis, C. A., Bratsas, C., Klados, M. A., Konstantinidis, E., Lithari, C. D., Vivas, A. B., ... Bamidis, P. D. (2010). On the classification of emotional biosignals evoked while viewing affective pictures: an integrated data-mining-based approach for healthcare applications. IEEE Trans Inf Technol Biomed, 14(2), 309 – 318.

Frijda, & H., N. (1989). Aesthetic emotions and reality. American Psychologist, 44(12), 1546 – 1547.

Frost, R. O., & Green, M. L. (1982). Velten Mood Induction Procedure Effects: Duration and Postexperimental Removal. Personality & Social Psychology Bulletin, 8(2), 341 – 347.

Funayama, E. S., Grillon, C., Davis, M., & Phelps, E. A. (2001). A double dissociation in the affective modulation of startle in humans: effects of unilateral temporal lobectomy. J Cogn Neurosci, 13(6), 721 – 729.

Gao, A., Xia, F., Guskjolen, A. J., Ramsaran, A. I., Santoro, A., Josselyn, S. A., & Frankland, P. W. (2018). Elevation of Hippocampal Neurogenesis Induces a Temporally Graded Pattern of Forgetting of Contextual Fear Memories. J Neurosci, 38(13), 3190 – 3198.

Garcia, R. G., Valenza, G., Tomaz, C. A., & Barbieri, R. (2016). Relationship between cardiac vagal activity and mood congruent memory bias in major depression. J Affect Disord, 190, 19 – 25.

Gendolla, G. H., Abele, A. E., & Krusken, J. (2001). The informational impact of mood on effort mobilization: a study of cardiovascular and electrodermal responses. Emotion, 1(1), 12 – 24.

Gilet, A. L. (2008). [Mood induction procedures: a critical review]. Encephale, 34(3), 233 – 239.

Giuliani, N. R., McRae, K., & Gross, J. J. (2008). The up – and down-regulation of amusement: Experiential, behavioral, and autonomic consequences. Emotion, 8(5), 714.

Gomes, C. F. A., Brainerd, C. J., & Stein, L. M. (2013). Effects of emotional valence and arousal on recollective and nonrecollective recall. Journal of Experimental Psychology: Learning, Memory, and Cognition, 39(3), 663 – 677.

Gomez, P., Shafy, S., & Danuser, B. (2008). Respiration, metabolic balance, and attention in affective picture processing. Biol Psychol, 78(2), 138 – 149.

Gomez, P., Stahel, W. A., & Danuser, B. (2004). Respiratory responses during affective picture viewing. Biol Psychol, 67(3), 359 – 373.

Gomez, P., Zimmermann, P., Guttormsen – Schar, S., & Danuser, B. (2005). Respiratory responses associated with affective processing of film stimuli. Biol Psychol, 68(3), 223 – 235.

Górriz, A. B., Etchezahar, E., Pinilla – Rodríguez, D. E., Giménez – Espert, M. d. C., & Prado – Gascó, V. (2020). Cross-cultural validation of the Mood Questionnaire in three Spanish-speaking countries Argentina, Ecuador, and Spain. The Journal of Social Psychology, 1-17.

Gross, J. J., & Levenson, R. W. (1995). Emotion elicitation using films. Cognition & Emotion, 9(1), 87-108.

Gulyaeva, N. V. (2019). Functional Neurochemistry of the Ventral and Dorsal Hippocampus: Stress, Depression, Dementia and Remote Hippocampal Damage. Neurochem Res, 44(6), 1306-1322.

Gunes, H., & Pantic, M. (2010). Automatic, Dimensional and Continuous Emotion Recognition. International Journal of Synthetic Emotions, 1(1), 68-99.

Gunes, H., Shan, C., Chen, S., & Tian, Y. L. (2013). Bodily Expression for Automatic Affect Recognition. In Emotion Recognition: A Pattern Analysis Approach: John Wiley & Sons, Inc.

Gutchess, A., Alves, A. N., Paige, L. E., Rohleder, N., & Wolf, J. M. (2019). Age differences in the relationship between cortisol and emotional memory. Psychol Aging, 34(5), 655-664.

Harkness, J. A., Van de Vijver, F. J. R., Mohler, P. Ph. (2003). Cross-cultural survey methods. New York: Wiley.

Havas, D. A., Glenberg, A. M., & Rinck, M. (2007). Emotion Simulation during Language Comprehension. Psychonomic Bulletin & Review, 14.

Herbert, C., Junghofer, M., & Kissler, J. (2008). Event related potentials to emotional adjectives during reading. Psychophysiology, 45(3), 487-498.

Herz, R. S., Schankler, C., & Beland, S. (2004). Olfaction, Emotion and Associative Learning: Effects on Motivated Behavior. Motivation and Emotion, 28(4), 363-383.

Hess, E. H., & Polt, J. M. (1960). Pupil Size as Related to Interest Value of Visual Stimuli. Science, 132(3423), 349-350.

Hewig, J., Hagemann, D., Seifert, J., Gollwitzer, M., & Bartussek, D. (2005). A Revised Film Set for the Induction of Basic Emotions. Cognition & Emotion, 19(7), 1095-1109.

Higgins, E. T., Shah, J., & Friedman, R. (1997). Emotional responses to goal attainment: strength of regulatory focus as moderator. J Pers Soc Psychol, 72(3), 515-525.

Hofstede, G. (1980). Culture's consequences: International differences in work-related values. Beverly Hills, CA.: Sage.

Hofstede, G. (2001). Culture's consequences: Comparing values, behaviors, institutions and organizations across nations. Beverly Hills, CA: Sage.

Hofstede, G. (2011). Dimensionalizing Cultures: The Hofstede Model in Context. Online readings in psychology and culture, 2(1).

Hofstede, G., Hofstede, G. J., Minkov, M. (2010). Cultures and Organizations: Software of the Mind (Rev. 3rd ed.). New York McGraw-Hill.

Holland, A. C., & Kensinger, E. A. (2010). Emotion and autobiographical memory. Phys Life Rev, 7(1), 88-131.

Holmes, A., Vuilleumier, P., & Eimer, M. (2003). The processing of emotional facial expression is gated by spatial attention: evidence from event-related brain potentials. Brain Res Cogn Brain Res, 16(2), 174-184.

Holt, R. J., Graham, J. M., Whitaker, K. J., Hagan, C. C., Ooi, C., Wilkinson, P. O., Suckling,

J. (2016). Functional MRI of emotional memory in adolescent depression. Dev Cogn Neurosci, 19, 31–41.

Hubert, W., & De Jongmeyer, R. (1990). Psychophysiological response patterns to positive and negative film stimuli. Biological Psychology, 31(1), 73–93.

Huron, D., & Davis, M. J. (2013). The Harmonic Minor Scale Provides an Optimum Way of Reducing Average Melodic Interval Size, Consistent with Sad Affect Cues. Empirical Musicology Review, 7(3–4).

Imbir, K. K. (2015). Affective norms for 1,586 Polish words (ANPW): Duality-of-mind approach. Behav Res Methods, 47(3), 860–870.

Imbir, K. K. (2016). Affective Norms for 718 Polish Short Texts (ANPST): Dataset with Affective Ratings for Valence, Arousal, Dominance, Origin, Subjective Significance and Source Dimensions. Front Psychol, 7, 1030.

Iordan, A. D., Dolcos, S., & Dolcos, F. (2013). Neural signatures of the response to emotional distraction: a review of evidence from brain imaging investigations. Front Hum Neurosci, 7, 200.

Itoh, M., Hori, H., Lin, M., Niwa, M., Ino, K., Imai, R., ... Kim, Y. (2019). Memory bias and its association with memory function in women with posttraumatic stress disorder. J Affect Disord, 245, 461–467.

Izard, C., & Dougherty, L. M. (1982). Two complementary systems for measuring facial expressions in infants and children. In C. Izard (Ed.), Measuring emotions in infants and children. New York: Cambridge University.

Izard, C. E. (1971). The face of emotion. New York: Appleton–Century–Crofts.

Izard, C. E. (1977). Human emotions. New York: New York Plenum Press.

Izard, C. E. (1979). The maximally discrimination facial movement coding system (MAX). Newark: Instructional Resources Center, Univ. of Delaware.

Izard, C. E. (2007). Basic Emotions, Natural Kinds, Emotion Schemas, and a New Paradigm (Vol. 2).

Izard, C. E., Dougherty, L., Hembree, E., & Izard, C. (1980). A System for Identifying Affect Expressions by Holistic Judgments (AFFEX). Newark: Instructional Resources Center, Univ. of Delaware.

J.-A., B. (1999). Vocal Expression and Perception of Emotion. Current Directions in Psychological Science, 8(2), 53–57.

James, W. (1884). What Is an Emotion? Mind, 9(34), 188–205.

Janacsek, K., Borbely-Ipkovich, E., Nemeth, D., & Gonda, X. (2018). How can the depressed mind extract and remember predictive relationships of the environment? Evidence from implicit probabilistic sequence learning. Prog Neuropsychopharmacol Biol Psychiatry, 81, 17–24.

Jarymowicz, M. T., & Imbir, K. K. (2015). Toward a Human Emotions Taxonomy (Based on Their Automatic vs. Reflective Origin). Emotion Review, 7(2), 183–188.

Jelici, M., Geraerts, E., Merckelbach, H., & Guerrieri, R. (2004). Acute stress enhances memory for emotional words, but impairs memory for neutral words. Int J Neurosci, 114(10), 1343–1351.

Jia He, F. v. d. V. (2012). Bias and Equivalence in Cross–Cultural Research. Online readings in psychology and culture, 2(2).

Johnstone, T., & Scherer, K. R. (2000). Vocal communication of emotion. In M. Lewis & J. M. Haviland (Eds.), Handbook of Emotions (pp. 220–235). New York: Guilford.

Juslin, P. N., & Lindstrm, E. (2011). Musical Expression of Emotions: Modelling Listeners' Judgements of Composed and Performed Features. Music Analysis, 29(1–3).

Kallinen, K. (2004). Emotion related psychophysiological responses to listening music with eyes-open versus eyes-closed: Electrodermal (EDA), electrocardiac (ECG), and electromyographic (EMG) measures. Paper presented at the the 8th International Conference on Music Perception & Cognition, Evanston, IL, USA.

Kanske, P., & Kotz, S. A. (2011). Emotion triggers executive attention: anterior cingulate cortex and amygdala responses to emotional words in a conflict task. Hum Brain Mapp, 32(2), 198–208.

Kapucu, A., Kilic, A., Ozkilic, Y., & Saribaz, B. (2018). Turkish Emotional Word Norms for Arousal, Valence, and Discrete Emotion Categories. Psychol Rep, 33294118814722.

Keightley, M. L., Winocur, G., Graham, S. J., Mayberg, H. S., Hevenor, S. J., & Grady, C. L. (2003). An fMRI study investigating cognitive modulation of brain regions associated with emotional processing of visual stimuli. Neuropsychologia, 41(5), 585–596.

Keil, A., Muller, M. M., Gruber, T., Wienbruch, C., Stolarova, M., & Elbert, T. (2001). Effects of emotional arousal in the cerebral hemispheres: a study of oscillatory brain activity and event-related potentials Clinical Neurophysiology, 112(11), 2057–2068.

Kenealy, & Pamela. (1988). Validation of a music mood induction procedure: Some preliminary findings. Cognition & Emotion, 2(1), 41–48.

Kensinger, E. A., & Corkin, S. (2004). Two routes to emotional memory: distinct neural processes for valence and arousal. Proc Natl Acad Sci U S A, 101(9), 3310–3315.

Kensinger, E. A., Gutchess, A. H., & Schacter, D. L. (2007). Effects of aging and encoding instructions on emotion-induced memory trade-offs. Psychol Aging, 22(4), 781–795.

Kessous, L., Castellano, G., & Caridakis, G. (2010). Multimodal emotion recognition in speech-based interactionusing facial expression, body gesture and acoustic analysis. Journal on Multimodal User Interfaces, 3(1–2), 33–48.

Kilpatrick, L., & Cahill, L. (2003). Amygdala modulation of parahippocampal and frontal regions during emotionally influenced memory storage. Neuroimage, 20(4), 2091–2099.

Kilpatrick, L. A., Zald, D. H., Pardo, J. V., & Cahill, L. F. (2006). Sex-related differences in amygdala functional connectivity during resting conditions. Neuroimage, 30(2), 452–461.

Kim, J. (2007). Bimodal Emotion Recognition using Speech and Physiological Changes. In G. Michael & K. Kristian (Eds.), Robust Speech Recognition and Understanding (pp. 265–280). Vienna, Austria.

Kim, M. K., Kim, M., Oh, E., & Kim, S. P. (2013). A review on the computational methods for emotional state estimation from the human EEG. Comput Math Methods Med, 2013, 573734.

Kim, W. B., & Cho, J. H. (2020). Encoding of contextual fear memory in hippocampal-amygdala circuit. Nat Commun, 11(1), 1382.

Kitamura, T., Ogawa, S. K., Roy, D. S., Okuyama, T., Morrissey, M. D., Smith, L. M., ... Tonegawa, S. (2017). Engrams and circuits crucial for systems consolidation of a memory. Science

(New York, N. Y.), 356(6333), 73-78.

Kitayama, ShinobuMarkus, Rosematsumoto, H., HisayaNorasakkunkit, & Vinai. (1997). Individual and collective processes in the construction of the self: Self-enhancement in the United States and self-criticism in Japan. Journal of Personality and Social Psychology.

Kitayama, S., Mesquita, B., & Karasawa, M. (2006). Cultural affordances and emotional experience: Socially engaging and disengaging emotions in Japan and the United States. Journal of Personality and Social Psychology, 91, 890-903.

Klimesch, W., Schack, B., & Sauseng, P. (2005). The functional significance of theta and upper alpha oscillations. Exp Psychol, 52(2), 99-108.

Koelstra, S., Muhl, C., Soleymani, M., Jong-Seok, L., Yazdani, A., Ebrahimi, T., ... Patras, I. (2012). DEAP: A Database for Emotion Analysis; Using Physiological Signals. IEEE Transactions on Affective Computing, 3(1), 18-31.

Kousta, S. T., Vigliocco, G., Vinson, D. P., Andrews, M., & Del Campo, E. (2011). The representation of abstract words: why emotion matters. Journal of Experimental Psychology General, 140(1), 14-34.

Kousta, S. T., Vinson, D. P., & Vigliocco, G. (2009). Emotion words, regardless of polarity, have a processing advantage over neutral words. Cognition, 112(3), 473-481.

Krabbe, S., Gründemann, J., & Lüthi, A. (2018). Amygdala Inhibitory Circuits Regulate Associative Fear Conditioning. Biol Psychiatry, 83(10), 800-809.

Kreibig, S. D. (2010). Autonomic nervous system activity in emotion: A review. Biological Psychology, 84(3), 394-421.

Kreibig, S. D. (2010). Autonomic nervous system activity in emotion: a review. Biol Psychol, 84(3), 394-421.

Kristensen, C. H., Gomes, C. F., Justo, A. R., & Vieira, K. (2011). [Brazilian norms for the Affective Norms for English Words]. Trends Psychiatry Psychother, 33(3), 135-146.

Kuhlmann, S., Piel, M., & Wolf, O. T. (2005). Impaired memory retrieval after psychosocial stress in healthy young men. J Neurosci, 25(11), 2977-2982.

LaBar, K. S., & Cabeza, R. (2006). Cognitive neuroscience of emotional memory. Nat Rev Neurosci, 7(1), 54-64.

LaBar, K. S., LeDoux, J. E., Spencer, D. D., & Phelps, E. A. (1995). Impaired fear conditioning following unilateral temporal lobectomy in humans. J Neurosci, 15(10), 6846-6855.

Lane, R. D., Chua, P. M., & Dolan, R. J. (1999). Common effects of emotional valence, arousal and attention on neural activation during visual processing of pictures. Neuropsychologia, 37(9), 989-997.

Lang, P. J. (2010). Emotion and Motivation: Toward Consensus Definitions and a Common Research Purpose. Emotion Review, 2(3), 229-233.

Lang, P. J. (1995). The emotion probe: studies of motivation and attention. Am Psychol, 50, 372-385.

Lange, C. G. (1885). The emotions: a psychophysiological study. The emotions, 33-90.

Laukka, P. (2005). Categorical perception of vocal emotion expressions. Emotion, 5(3), 277-295.

Laukka, S. J., Haapala, M., Lehtihalmes, M., Väyrynen, E., & Seppänen, T. (2013). Pupil Size

Variation Related to Oral Report of Affective Pictures. Procedia - Social and Behavioral Sciences, 84, 18 - 23.

Lecrubier, Y. (2001). Prescribing patterns for depression and anxiety worldwide. Journal of Clinical Psychiatry, 62 Suppl 13(1), 31.

LeDoux, J. E. (2000). Emotion circuits in the brain. Annu Rev Neurosci, 23, 155 - 184.

Lemoine, E. R., Nassim, J. S., Rana, J., & Burgin, S. (2018). Teaching & Learning Tips 4: Motivation and emotion in learning. Int J Dermatol, 57(2), 233 - 236.

Levenson, R. W. (1988). Emotion and the autonomic nervous system: A prospectus for research on autonomic specificity. In H. L. Wagner (Ed.), Social psychophysiology and emotion: Theory and clinical applications (pp. 17 - 42). New York: John Wiley & Sons.

Levenson, R. W. (2003). Autonomic specificity and emotion. In R. J. Davidson, K. R. Scherer, & H. H. Goldsmith (Eds.), Handbook of affective sciences (pp. 212 - 224). Oxford: Oxford University Press.

Leventon, J. S., Camacho, G. L., Ramos Rojas, M. D., & Ruedas, A. (2018). Emotional arousal and memory after deep encoding. Acta Psychol (Amst), 188, 1 - 8.

Lin, M., Hofmann, S. G., Qian, M., & Li, S. (2015). Enhanced association between perceptual stimuli and trauma-related information in individuals with posttraumatic stress disorder symptoms. J Behav Ther Exp Psychiatry, 46, 202 - 207.

Littel, M., Kenemans, J. L., Baas, J. M. P., Logemann, H. N. A., Rijken, N., Remijn, M., ... van den Hout, M. A. (2017). The Effects of β - Adrenergic Blockade on the Degrading Effects of Eye Movements on Negative Autobiographical Memories. Biol Psychiatry, 82(8), 587 - 593.

Liu, T., Liu, X., Li, D., Shangguan, F., Lu, L., & Shi, J. (2019). Conflict control of emotional and non-emotional conflicts in preadolescent children. Biol Psychol, 146, 107708.

Loeffler, S. N., Myrtek, M., & Peper, M. (2013). Mood-congruent memory in daily life: evidence from interactive ambulatory monitoring. Biol Psychol, 93(2), 308 - 315.

Lupien, S. J., de Leon, M., de Santi, S., Convit, A., Tarshish, C., Nair, N. P., ... Meaney, M. J. (1998). Cortisol levels during human aging predict hippocampal atrophy and memory deficits. Nat Neurosci, 1(1), 69 - 73.

MacLeod, C., Mathews, A., & Tata, P. (1986). Attentional bias in emotional disorders. J Abnorm Psychol, 95(1), 15 - 20.

Martin, & Maryanne. (1990). On the induction of mood. Clinical Psychology Review, 10(6), 669 - 697.

Mather, M., & Carstensen, L. L. (2005). Aging and motivated cognition: the positivity effect in attention and memory. Trends Cogn Sci, 9(10), 496 - 502.

Mather, M., & Sutherland, M. R. (2011). Arousal - Biased Competition in Perception and Memory. Perspect Psychol Sci, 6(2), 114 - 133.

Mathewson, K. J., Arnell, K. M., & Mansfield, C. A. (2008). Capturing and holding attention: The impact of emotional words in rapid serial visual presentation. Mem Cognit, 36(1), 182 - 200.

McGaugh, J. L. (2000). Memory — a century of consolidation. Science (New York, N. Y.), 287(5451), 248 - 251.

McGaugh, J. L. (2004). The amygdala modulates the consolidation of memories of emotionally arousing experiences. Annu Rev Neurosci, 27, 1-28.

McGaugh, J. L., & Roozendaal, B. (2002). Role of adrenal stress hormones in forming lasting memories in the brain. Curr Opin Neurobiol, 12(2), 205-210.

Mehrabian, A. (1995). Framework for a comprehensive description and measurement of emotional states. Genet Soc Gen Psychol Monogr, 121(3), 339-361.

Mehrabian, A. (1996). Pleasure-arousal-dominance: A general framework for describing and measuring individual differences in Temperament. Current Psychology, 14(4), 261-292.

Merkx, P. P. A. B., Truong, K. P., Neerincx, M. A. (2007). Inducing and measuring emotion through a multiplayer first-person shooter computer game. Computer Games Workshop, 231-242.

Mesquita, B., & Walker, R. (2003). Cultural differences in emotions: a context for interpreting emotional experiences. Behaviour Research & Therapy, 41(7), 777-793.

Millot, J. L., & Brand, G. (2001). Effects of pleasant and unpleasant ambient odors on human voice pitch. Neuroscience Letters, 297(1), 61-63.

Monnier, C., & Syssau, A. (2014). Affective norms for French words (FAN). Behav Res Methods, 46(4), 1128-1137.

Montefinese, M., Ambrosini, E., Fairfield, B., & Mammarella, N. (2014). The adaptation of the Affective Norms for English Words (ANEW) for Italian. Behav Res Methods, 46(3), 887-903.

Monteil J. M., & Franois, S. (1998). Asymmetry and time span of experimentally induced mood. Cahiers de Psychologie Cognitive, 17(3), 621-633.

Moore, M., Shafer, A. T., Bakhtiari, R., Dolcos, F., & Singhal, A. (2019). Integration of spatio-temporal dynamics in emotion-cognition interactions: A simultaneous fMRI-ERP investigation using the emotional oddball task. Neuroimage, 202, 116078.

Moors, A., De Houwer, J., Hermans, D., Wanmaker, S., van Schie, K., Van Harmelen, A. L., ... Brysbaert, M. (2013). Norms of valence, arousal, dominance, and age of acquisition for 4,300 Dutch words. Behav Res Methods, 45(1), 169-177.

Morris, J. S., Friston, K. J., Büchel, C., Frith, C. D., Young, A. W., Calder, A. J., & Dolan, R. J. (1998). A neuromodulatory role for the human amygdala in processing emotional facial expressions. Brain, 121(Pt 1), 47-57.

Nakasone, A., Prendinger, H., & Ishizuka, M. (2005). Emotion recognition from electromyography and skin conductance. Paper presented at the Proceedings 5th International Workshop on Biosignal Interpretation (BSI-05).

Neumann, S. A., & Waldstein, S. R. (2001). Similar patterns of cardiovascular response during emotional activation as a function of affective valence and arousal and gender. Journal of Psychosomatic Research, 50(5), 245-253.

Niedenthal, P. M. (2007). Embodying emotion. science, 316(5827), 1002.

Nissen, M. J., & Bullemer, P. (1987). Attentional requirements of learning: Evidence from performance measures. Cognitive Psychology, 19(1), 1-32.

Norman, G. J., Berntson, G. G., & Cacioppo, J. T. (2014). Emotion, Somatovisceral Afference, and

Autonomic Regulation. Emotion Review, 6(2), 113 - 123.

Norris, C. J., Larsen, J. T., & Cacioppo, J. T. (2007). Neuroticism is associated with larger and more prolonged electrodermal responses to emotionally evocative pictures. Psychophysiology, 44(5), 823 - 826.

Ochsner, K. N., Bunge, S. A., Gross, J. J., & Gabrieli, J. D. (2002). Rethinking feelings: an FMRI study of the cognitive regulation of emotion. J Cogn Neurosci, 14(8), 1215 - 1229.

Ohman, A., Flykt, A., & Esteves, F. (2001). Emotion drives attention: detecting the snake in the grass. J Exp Psychol Gen, 130(3), 466 - 478.

Olafson, K. M., & Ferraro, F. R. (2001). Effects of emotional state on lexical decision performance. Brain Cogn, 45(1), 15 - 20.

Ortigue, S., Michel, C. M., Murray, M. M., Mohr, C., Carbonnel, S., & Landis, T. (2004). Electrical neuroimaging reveals early generator modulation to emotional words. Neuroimage, 21(4), 1242 - 1251.

Osgood, C., Suci, G., & Tannenbaum, P. (1957). The measurement of meaning. Urbana: University of Illinois.

Partala, T., & Surakka, V. (2003). Pupil size variation as an indication of affective processing. International Journal of Human - Computer Studies, 59(1 - 2), 185 - 198.

Pekrun, R., Goetz, T., Titz, W., & Perry, R. P. (2002). Academic Emotions in Students' Self - Regulated Learning and Achievement: A Program of Qualitative and Quantitative Research. Educational Psychologist, 37(2), 91 - 105.

Pekrun, R., Lichtenfeld, S., Marsh, H. W., Murayama, K., & Goetz, T. (2017). Achievement Emotions andAcademic Performance: Longitudinal Models of Reciprocal Effects. Child Dev, 88(5), 1653 - 1670.

Phelps, E. A., O'Connor, K. J., Gatenby, J. C., Gore, J. C., Grillon, C., & Davis, M. (2001). Activation of the left amygdala to a cognitive representation of fear. Nat Neurosci, 4(4), 437 - 441.

Philippot, & Pierre. (1993). Inducing and assessing differentiated emotion-feeling states in the laboratory. Cogn Emot, 7(2), 171 - 193.

Pierce, B. H., & Kensinger, E. A. (2011). Effects of emotion on associative recognition: valence and retention interval matter. Emotion, 11(1), 139 - 144.

Pittam, J., & Scherer, K. R. (1993). Vocal expression and communication of emotion. In M. Lewis & J. M. Haviland (Eds.), Handbook of Emotions (pp. 185 - 197). New York: Guilford.

Plass, J. L., Heidig, S., Hayward, E. O., Homer, B. D., & Um, E. (2014). Emotional design in multimedia learning: Effects of shape and color on affect and learning. Learning & Instruction, 29, 128 - 140.

Plichta, M. M., Gerdes, A. B. M., Alpers, G. W., Harnisch, W., Brill, S., Wieser, M. J., & Fallgatter, A. J. (2011). Auditory cortex activation is modulated by emotion: A functional near-infrared spectroscopy (fNIRS) study. Neuroimage, 55(3), 1200 - 1207.

Ponser, M. I., & Cohen, Y. (1984). Components of visual orienting. Hilldale: NJ: Erlbaum.

Ponzio, A., & Mather, M. (2014). Hearing something emotional influences memory for what was just seen: How arousal amplifies effects of competition in memory consolidation. Emotion, 14, 1137-1142.

Puls, S., & Rothermund, K. (2018). Attending to emotional expressions: no evidence for automatic capture in the dot-probe task. Cogn Emot, 32(3), 450-463.

Raymond, J. E., Fenske, M. J., & Tavassoli, N. T. (2003). Selective attention determines emotional responses to novel visual stimuli. Psychol Sci, 14(6), 537-542.

Redondo, J., Fraga, I., Padron, I., & Comesana, M. (2007). The Spanish adaptation of ANEW (affective norms for English words). Behav Res Methods, 39(3), 600-605.

Ressler, R. L., & Maren, S. (2019). Synaptic encoding of fear memories in the amygdala. Curr Opin Neurobiol, 54, 54-59.

Ribeiro, R. L., Teixeira-Silva, F., Pompéia, S., & Bueno, O. (2007). IAPS includes photographs that elicitlow-arousal physiological responses in healthy volunteers - ScienceDirect. Physiology & Behavior, 91(5), 671-675.

Richardson, M. P., Strange, B. A., & Dolan, R. J. (2004). Encoding of emotional memories depends on amygdala and hippocampus and their interactions. Nat Neurosci, 7(3), 278-285.

Rinck, M., Glowalla, U., & Schneider, K. (1992). Mood-congruent and mood-incongruent learning. Mem Cognit, 20(1), 29-39. Retrieved from https://link.springer.com/content/pdf/10.3758/BF03208251.pdf.

Ritz, T. (2004). Probing the psychophysiology of the airways: physical activity, experienced emotion, and facially expressed emotion. Psychophysiology, 41(6), 809-821.

Rolls, E. T. (2004). The functions of the orbitofrontal cortex. Brain Cogn. 55(1), 11-29.

Rolls, E. T. (2015). Limbic systems for emotion and for memory, but no single limbic system. Cortex, 62, 119-157.

Roozendaal, B., McReynolds, J. R., & McGaugh, J. L. (2004). The basolateral amygdala interacts with the medial prefrontal cortex in regulating glucocorticoid effects on working memory impairment. J Neurosci, 24(6), 1385-1392.

Rottenberg, J., Gross, J. J., Wilhelm, F. H., Najmi, S., & Gotlib, I. H. (2002). Crying threshold and intensity in major depressive disorder. Journal of Abnormal Psychology, 111(2), 302.

Rottenberg, J., Ray, R. D., & Gross, J. J. (2007). Emotion elicitation using films. The handbook of emotion elicitation and assessment. New York: Oxford University Press.

Russell, J. A., Bachorowski, J. A., & Fernandez-Dols, J. M. (2003). Facial and vocal expressions of emotion. Annu Rev Psychol, 54, 329-349.

Russell, J. A., & Barrett, L. F. (1999). Core Affect, Prototypical Emotional Episodes, and Other Things Called Emotion: Dissecting the Elephant. Journal of Personality & Social Psychology, 76(5), 805-819.

Rusting, C. L. (1999). Interactive effects of personality and mood on emotion-congruent memory and judgment. J Pers Soc Psychol, 77(5), 1073-1086.

Ryder, A. G., Yang, J., Zhu, X., Yao, S., Yi, J., Heine, S. J., & Bagby, R. M. (2008). The cultural shaping of depression: somatic symptoms in China, psychological symptoms in North America? J Abnorm Psychol, 117(2), 300-313.

Sammler, D., Grigutsch, M., Fritz, T., & Koelsch, S. (2007). Music and emotion: electrophysiological correlates of the processing of pleasant and unpleasant music. Psychophysiology, 44(2), 293–304.

Sanchez-Lopez, A., Vanderhasselt, M. A., Allaert, J., Baeken, C., & De Raedt, R. (2018). Neurocognitive mechanisms behind emotional attention: Inverse effects of anodal tDCS over the left and right DLPFC on gaze disengagement from emotional faces. Cogn Affect Behav Neurosci, 18(3), 485–494.

Sato, W., Kochiyama, T., Yoshikawa, S., & Matsumura, M. (2001). Emotional expression boosts early visual processing of the face: ERP recording and its decomposition by independent component analysis. Neuroreport, 12(4), 709–714.

Schmidt, L. A., & Trainor, L. J. (2001). Frontal brain electrical activity (EEG) distinguishes valence and intensity of musical emotions. Cognition and Emotion, 15(4), 487–500.

Schmidtke, D. S., Schroder, T., Jacobs, A. M., & Conrad, M. (2014). ANGST: affective norms for German sentiment terms, derived from the affective norms for English words. Behav Res Methods, 46(4), 1108–1118.

Schouten, B. C., & Meeuwesen, L. (2006). Cultural differences in medical communication: a review of the literature. Patient Educ Couns, 64(1–3), 21–34.

Schupp, H., Cuthbert, B., Bradley, M., Hillman, C., Hamm, A., & Lang, P. (2004). Brain processes in emotional perception: Motivated attention. Cogn Emot, 18(5), 593–611.

Schwartz, G., Fair, P., Salt, P., Mandel, M., & Klerman, G. (1976). Facial muscle patterning to affective imagery in depressed and nondepressed subjects. Science, 192(4238), 489–491.

Schwartz, G. E., Fair, P. L., Salt, P., Mandel, M. R., & Klerman, G. L. (1976). Facial Expression and Imagery in Depression: An Electromyographic Study. Psychosomatic Medicine, 38(5), 337–347.

Schwartz, S. H. (1992). Universals in the Content and Structure of Values: Theoretical Advances and Empirical Tests in 20 Countries. In M. P. Zanna (Ed.), Advances in Experimental Social Psychology (Vol. 25, pp. 1–65): Academic Press.

Sebastiani, L., Simoni, A., Gemignani, A., Ghelarducci, B., & Santarcangelo, E. L. (2003). Autonomic and EEG correlates of emotional imagery in subjects with different hypnotic susceptibility. Brain Research Bulletin, 60(1–2), 151–160.

Seubert, J., Kellermann, T., Loughead, J., Boers, F., Brensinger, C., Schneider, F., & Habel, U. (2010). Processing of disgusted faces is facilitated by odor primes: a functional MRI study. Neuroimage, 53(2), 746–756.

Shalev, A., Liberzon, I., & Marmar, C. (2017). Post-Traumatic Stress Disorder. N Engl J Med, 376(25), 2459–2469.

Sharot, T., & Phelps, E. A. (2004). How arousal modulates memory: disentangling the effects of attention and retention. Cogn Affect Behav Neurosci, 4(3), 294–306.

Shu, L., Xie, J., Yang, M., Li, Z., Li, Z., Liao, D., . . . Yang, X. (2018). A Review of Emotion Recognition Using Physiological Signals. Sensors (Basel), 18(7).

Sianipar, A., van Groenestijn, P., & Dijkstra, T. (2016). Affective Meaning, Concreteness, and Subjective Frequency Norms for Indonesian Words. Front Psychol, 7, 1907.

Simpson, J. R., Ongür, D., Akbudak, E., Conturo, T. E., Ollinger, J. M., Snyder, A. Z., ... Raichle, M. E. (2000). The emotional modulation of cognitive processing: an fMRI study. J Cogn Neurosci, 12 Suppl 2, 157-170.

Simpson, S., & Sheldon, S. (2020). Testing the impact of emotional mood and cue characteristics on detailed autobiographical memory retrieval. Emotion, 20(6), 965-979.

Sklenar, A. M., & Mienaltowski, A. (2019). The impact of emotional faces on younger and older adults' attentional blink. Cogn Emot, 33(7), 1436-1447.

Soares, A. P., Comesana, M., Pinheiro, A. P., Simoes, A., & Frade, C. S. (2012). The adaptation of the Affective Norms for English Words (ANEW) for European Portuguese. Behav Res Methods, 44(1), 256-269.

Soares, A. P., Pinheiro, A. P., Costa, A., Frade, C. S., Comesaña, M., & Pureza, R. (2014). Adaptation of the International Affective Picture System (IAPS) for European Portuguese. Behavior Research Methods.

Sörberg Wallin, A., Koupil, I., Gustafsson, J. E., Zammit, S., Allebeck, P., & Falkstedt, D. (2019). Academic performance, externalizing disorders and depression: 26,000 adolescents followed into adulthood. Soc Psychiatry Psychiatr Epidemiol, 54(8), 977-986.

Stadthagen-Gonzalez, H., Imbault, C., Perez Sanchez, M. A., & Brysbaert, M. (2017). Norms of valence and arousal for 14,031 Spanish words. Behav Res Methods, 49(1), 111-123.

Steinberg, C., Bröckelmann, A. K., Rehbein, M., Dobel, C., & Junghöfer, M. (2013). Rapid and highly resolving associative affective learning: convergent electro- and magnetoencephalographic evidence from vision and audition. Biol Psychol, 92(3), 526-540.

Stenberg, G. (1992). Personality and the EEG: Arousal and emotional arousability. Personality and Individual Differences, 13(10), 1097-1113.

Steriade, M. (1999). Cellular substrates of brain rhythms. In E. Niedermeyer & F. H. Lopes da Silva (Eds.), Electroencephalography-Basic principles, clinical applications, and related fields, 4th ed (pp. 28-75). Baltimore: Williams

Straehley, I. C., & Loebach, J. L. (2014). The Influence of Mode and Musical Experience on the Attribution of Emotions to Melodic Sequences. Psychomusicology, 24(1), 21.

Strait, D. L., Kraus, N., Skoe, E., & Ashley, R. (2010). Musical experience promotes subcortical efficiency in processing emotional vocal sounds. Annals of the New York Academy of ences, 1169, 209-213.

Strange, B. A., & Dolan, R. J. (2004). Beta-adrenergic modulation of emotional memory-evoked human amygdala and hippocampal responses. Proc Natl Acad Sci U S A, 101(31), 11454-11458.

Strange, B. A., Hurlemann, R., & Dolan, R. J. (2003). An emotion-induced retrograde amnesia in humans is amygdala- and beta-adrenergic-dependent. Proc Natl Acad Sci U S A, 100(23), 13626-13631.

Suetsugi, M., Mizuki, Y., Ushijima, I., Kobayashi, T., Tsuchiya, K., Aoki, T., & Watanabe, Y. (2000). Appearance of frontal midline theta activity in patients with generalized anxiety disorder. Neuropsychobiology, 41(2), 108-112.

Suh, E., Diener, E., Oishi, S., & Triandis, H. C. (1998). The shifting basis of life satisfaction judgments across cultures: Emotions versus norms. Journal of Personality and Social Psychology, 74(2), 482–493.

Tabert, M. H., Borod, J. C., Tang, C. Y., Lange, G., Wei, T. C., Johnson, R., ... Buchsbaum, M. S. (2001). Differential amygdala activation during emotional decision and recognition memory tasks using unpleasant words: an fMRI study. Neuropsychologia, 39(6), 556–573.

Tannert, S., & Rothermund, K. (2020). Attending to emotional faces in the flanker task: Probably much less automatic than previously assumed. Emotion, 20(2), 217–235.

Tapia, G., Clarys, D., Bugaiska, A., & El-Hage, W. (2012). Recollection of negative information in posttraumatic stress disorder. J Trauma Stress, 25(1), 120–123.

Taylor, J. G., & Fragopanagos, N. F. (2005). The interaction of attention and emotion. Neural Netw, 18(4), 353–369.

Terathongkum, S., & Pickler, R. H. (2004). Relationships among heart rate variability, hypertension, and relaxation techniques. J Vasc Nurs, 22(3), 78–82; quiz 83–74.

Tomkins, S. S. (1962). Affect imagery consciousness – Volume II the Negative Affects. Springer Pub.

Trompenaars, F. (1996). Resolving International Conflict: Culture and Business Strategy. Business Strategy Review, 7(3).

Tsang, C. D., Trainor, L. J., Santesso, D. L., Tasker, S. L., & Schmidt, L. A. (2010). Frontal eeg responses as afunction of affective musical features. Annals of the New York Academy of ences, 930, 439–442.

Turner, J. E., & Schallert, D. L. (2001). Expectancy-value relationships of shame reactions and shame resiliency. Journal of Educational Psychology, 93(2), 320–329.

Um, E., Plass, J. L., Hayward, E. O., & Homer, B. D. (2012). Emotional Design in Multimedia Learning. J Journal of Educational Psychology, 104(2), 485–498.

Van de Vijver, F. J. R., Leung, K. (1997). Methods and data analysis for cross-cultural research. Newbury Park, CA: Sage.

Van de Vijver, F. J. R., Poortinga, Y. H. (1997). Towards an integrated analysis of bias in cross-cultural assessment. European Journal of Psychological Assessment, 13, 29–37.

Van de Vijver, F. J. R., Tanzer, N. K. (2004). Bias and equivalence in cross-cultural assessment: An overview. Revue Européenne de Psychologie Appliquée/European Review of Applied Psychology, 54, 119–135.

Van Tol, M. J., Demenescu, L. R., van der Wee, N. J., Kortekaas, R., Marjan, M. A. N., Boer, J. A., ... Veltman, D. J. (2012). Functional magnetic resonance imaging correlates of emotional word encoding and recognition in depression and anxiety disorders. Biol Psychiatry, 71(7), 593–602.

Velten, E. (1968). A laboratory task for induction of mood states. Behaviour Research & Therapy, 6(4), 473–482.

Verschuere, B., Crombez, G., & Koster, E. (2001). The international affective picture system: A Flemish validation study. Psychologica Belgica, 41(4), 205–217.

Vidaeff, A. C., Kerrigan, A. J., & Monga, M. (2015). Cross-cultural barriers to health care. South

Med J, 108(1), 1-4.

Visch, V. T., Tan, E. S., & Molenaar, D. (2010). The emotional and cognitive effect of immersion in film viewing. Cognition & Emotion, 24(8), 1439-1445.

Vlemincx, E., Van Diest, I., & Van den Bergh, O. (2015). Emotion, sighing, and respiratory variability. Psychophysiology, 52(5), 657-666.

Vo, M. L., Jacobs, A. M., & Conrad, M. (2006). Cross-validating the Berlin Affective Word List. Behav Res Methods, 38(4), 606-609.

Von Leupoldt, A., Vovk, A., Bradley, M. M., Keil, A., Lang, P. J., & Davenport, P. W. (2010). The impact of emotion on respiratory-related evoked potentials. Psychophysiology, 47(3), 579-586.

Vuilleumier, P., Armony, J. L., Driver, J., & Dolan, R. J. (2001). Effects of attention and emotion on face processing in the human brain: an event-related fMRI study. Neuron, 30(3), 829-841.

Wallbott, H. G. (1998). Bodily expression of emotion. European Journal of Social Psychology, 28(6), 879-896.

Wang, Y. N., Zhou, L. M., & Luo, Y. J. (2008). The Pilot Establishment and Evaluation of Chinese Affective Words System. Chinese Mental Health Journal, 22(8), 608-612.

Warriner, A. B., Kuperman, V., & Brysbaert, M. (2013). Norms of valence, arousal, and dominance for 13,915 English lemmas. Behav Res Methods, 45(4), 1191-1207.

Watson, D., Clark, L. A., & Tellegen, A. (1988). Development and validation of brief measures of positive and negative affect: The PANAS scales. J Pers Soc Psychol, 54(6), 1063-1070.

Weissman, M. M., Bland, R. C., Canino, G. J., Faravelli, C., Greenwald, S., Hwu, H. G., ... Yeh, E. K. (1996). Cross-national epidemiology of major depression and bipolar disorder. Jama, 276(4), 293-299.

Westermann, R., Spies, K., Stahl, G., & Hesse, F. W. (1996). Relative effectiveness and validity of mood induction procedures: a meta-analysis. European Journal of Social Psychology, 26(4), 557-580.

Whalen, P. J., Rauch, S. L., Etcoff, N. L., McInerney, S. C., Lee, M. B., & Jenike, M. A. (1998). Masked presentations of emotional facial expressions modulate amygdala activity without explicit knowledge. J Neurosci, 18(1), 411-418.

Williams, J. M., Mathews, A., & MacLeod, C. (1996). The emotional Stroop task and psychopathology. Psychol Bull, 120(1), 3-24.

Wolf, O. T. (2009). Stress and memory in humans: twelve years of progress? Brain Res, 1293, 142-154.

Wout, M. v. t., Kahn, R. S., Sanfey, A. G., & Aleman, A. (2006). Affective state and decision-making in the Ultimatum Game. Experimental Brain Research, 169(4), 564-568.

Wright, J., & Mischel, W. (1982). Influence of affect on cognitive social learning person variables. Journal of Personality & Social Psychology, 43(5), 901-914.

Wundt, W. (1896). Compendio de psicología. Madrid: La España Moderna.

Yao, Z., Wu, J., Zhang, Y., & Wang, Z. (2017). Norms of valence, arousal, concreteness, familiarity, imageability, and context availability for 1,100 Chinese words. Behav Res Methods, 49(4), 1374-1385.

Yukiko Uchida, V. N., Shinobu Kitayama. (2004). Cultural constructions of happiness: theory and emprical evidence. Journal of Happiness Studies,5(3),223-239.

白露,马慧,黄宇霞,等.(2005).中国情绪图片系统的编制——在46名中国大学生中的试用[J].中国心理卫生杂志,19(11),719-722.

白学军,马谐,陶云.(2016).中一西方音乐对情绪的诱发效应[J].心理学报,48(7),757-769.

蔡岳建,潘孝富,庄钟春晓.(2007).音乐的速度与调式对大学生情绪影响的实证研究[J].心理科学,30(001),196-198.

常敬宇.(1995).汉语词汇与文化[M].北京大学出版社.

董妍,俞国良.(2007).青少年学业情绪问卷的编制及应用[J].心理学报(05),852-860.

傅铿.(1988).跨文化研究中的一些方法论问题[J].社会(04),8-10.

顾嘉祖.(2000).跨文化交际[M].南京师范大学出版社.

黄卫平.(2011).乐曲节拍、速度和调式对大学生情绪影响的实证分析[J].当代教育论坛,2011(3),83-85.

孔娥飞.(2019).高中生成就动机、学业情绪和学业成绩的关系研究[J].现代商贸工业,40(21),205.

李建平,张平,王丽芳,等.(2005).5种基本情绪自主神经反应模式特异性的实验研究[J].中国行为医学科学,14(3),257-259.

刘飞,蔡厚德.(2010).情绪生理机制研究的外周与中枢神经系统整合模型[J].心理科学进展,18(4),616-622.

刘涛生,罗跃嘉,马慧,等.(2006).本土化情绪声音库的编制和评定[J].心理科学,29(2),406-408.

刘贤敏,刘昌.(2011).中国古典音乐诱发情绪的生理活动研究[J].中国健康心理学杂志,19(5),618-620.

孟昭兰.(1987).为什么面部表情可以作为情绪研究的客观指标[J].心理学报,19(2),14-24.

王一牛,周立明,罗跃嘉.(2008).汉语情感词系统的初步编制与评定[J].中国心理卫生杂志,22(8),608-612.

徐厚智.(2005).性本善与性本恶——中西人性观比较[J].中国电力教育(S3),59-60.

徐景波,孟昭兰,王丽华.(1995).正负性情绪的自主生理反应实验研究[J].心理科学,18(3),134-139.

赵国朕,宋金晶,葛燕,等.(2016).基于生理大数据的情绪识别研究进展[J].计算机研究与发展,53(1),80-92.

钟晓燕.(2019).大学生学习动机、学业情绪与拖延行为的关系[J].教育现代化,6(37),201-205.

周凌云.(2011).高中生主观幸福感与学习动机的调查研究[D].苏州:苏州大学.

第四篇
情绪的机制

当代的心理学研究强调从不同层面、不同角度全面理解人类的心理,这促使研究者将不同的技术应用于情绪研究,以期更为精细、更为具象地刻画情绪的发生发展机制。其中眼动技术有助于检测情绪加工中眼球微小运动的变化,能捕捉肉眼难以识别的眼球运动的精确变化;脑电技术则具有高时间分辨率和一定的空间分辨率,在很大程度上拓展了情绪研究的时间精度;脑成像技术空间辨率较高,在帮助研究者回答"情绪在哪里产生"的问题上具有重要作用;而基于神经生物学视角和方法的情绪研究有利于发现情绪加工过程中的关键生物学指标,寻找情绪障碍的生理靶点已成为目前心理学家和神经生物学家的重要课题。本章将介绍利用眼动、脑电、脑成像技术进行的情绪研究,并对抑郁情绪的神经生物学研究进展进行梳理,以帮助读者进一步了解情绪加工的复杂机制。

第十三章　情绪的眼动研究

情绪对于人类的生存与发展具有重要的作用。人类会通过各种渠道传达或感知情绪状态。能够准确识别情绪，可以帮助个体适应社会环境。情绪识别是指通过观察面部表情、语音语调、肢体动作以及外界情境，判断个体情绪的过程。研究发现，心理健康的个体具有较好的情绪识别能力，因此也能更好地适应外界环境。而缺乏准确辨别和回应他人情绪的能力与一系列的精神障碍有关，如自闭症、精神分裂症等。随着心理学实验技术和设备的发展，目前通过眼球追踪技术(eye-tracking technique)，可以了解个体情绪信息收集以及情绪识别的过程。

第一节　眼动研究及范式

一、概述

眼动研究是指通过眼动仪(eye-tracker)追踪参与者在观看文字、图片、视频、现场场景等各种刺激时眼球运动的模式，从而提取注视时间和次数、眼跳距离、瞳孔大小等数据，研究个体的内在认知过程(图13.1)。眼动的本质是人注意力资源的主动或被动分配，选择更有用或吸引力的信息。因此通过眼动仪可以测量诸如语言理解、记忆、心理意象和决策等认知过程。研究表明，高空间分辨率的视觉加工是在中央凹完成，所以可以通过中央注视点来收集视觉信息。眼动仪的原理就是通过收集瞳孔反光及使用计算机建模的方式重构观察者在观看过程中的中央注视点的位置，从而记录个体的信息采集过程。基本上，它可以通过两种方式完成：一种是基于屏幕的任务，即在电脑显示器上观看材料；另一种是在自然环境中进行，通过头戴式的眼动设备。

眼动包括注视(fixation)、眼跳(saccades)和追随运动(pursuit movement)三种基本方式(阎国利, 2004)：

注视：视线集中在被观察物体上，停留时间至少持续100毫秒以上，图片刺激50毫秒以上，此时被注视的物体成像在中央窝上，可形成清晰的图像而获得充分的加工，因此有认知加工。

眼跳：也叫作扫视，是注视点的快速移动或注视方位的突然改变，这种改变往往是个体意识不到的。眼跳过程可以实现对刺激的快速搜索和选择，但是不能形成清晰的图像，因此没有认知加工。

图 13.1 被试者戴着轻便的头戴式眼动仪
（来源：Richardson & Spivey, 2008）

追随运动：眼球追随运动的物体移动，有认知加工。

这三种眼动方式常常交织在一起，最终实现选择信息，将刺激成像于中央窝区域，以形成清晰的图像。近些年，国内外眼动研究报告中，研究情绪识别，常用的眼动指标为瞳孔大小（pupil size）、首次注视时间（time to first fixation）、注视次数（number of fixations）、眼跳潜伏期（saccadic reaction time）、回视次数（regression count）以及总注视时间等。常用的参数包括：

眼动时间：将眼动信息与刺激图像叠加后，提取眼动的时间数据，包括注视时间、眼跳时间、回视时间、追随运动时间以及眼跳潜伏期等。同时，也能提取眼动的次数，包括注视次数、眼跳次数、回视次数等。这些数据可以用来分析不同的眼动模式，从而探究不同信息的认知加工过程。

瞳孔大小与眨眼：与刺激图像叠加后，可以揭示知觉广度与注意广度，以及生理唤醒的程度。

热图：热图是可视化的，显示注视点的总体分布情况。通常在所呈现的刺激上显示为颜色梯度叠加。红色、黄色和绿色按降序表示指向图像部分的注视点的时间长度，颜色越红表示眼球注视该目标的时间越长。

眼动轨迹图：能最直观、全面的反应眼动的时空特点，它是将眼球运动信息叠加在刺激图像上形成注视点及其移动的路线图，由此记录不同个体在不同场景下的眼动模式及其差异（de'Sperati, 2003）。

二、研究内容及范式

目前，使用眼动技术研究情绪识别的最主要的是面部表情（facial expressions）识别，其次是身体表情（body expressions）识别。

面部表情，是个体情绪的一种外在表现形式，主要通过眼部、面部、口部肌肉的变化来表现个体的情绪状态（彭聃龄，2004）。因此，面部表情是研究情绪的重要客观指标。Ekman 和 Friesen（1978）认为在不同的文化中，人们能从面部识别出至少六种主要的情绪表达，包括快乐、悲伤、恐惧、愤怒、厌恶和惊讶。有研究者为了研究方便，增加了中性表情，与前面的六种基本表情常用于面部表情识别的研究。这是将情绪作为离散变量进行研究，也有研究者提出不同意见，认为情绪可以作为连续变量从不同维度进行分析，包括情绪的效价（value）和唤醒度（arousal）两个维度（Russell，1980；Schubert，1999）。基于这两种情绪理论，存在两种常用的情绪识别任务。一种是情绪的分类任务，被试者要通过观察面部表情的主要肌肉活动，判断呈现的刺激属于何种情绪类别。另一种是情绪的评分任务，被试者需要对呈现的刺激从情绪效价和唤醒度两个维度进行评分。

面部表情的识别又可以分为两个阶段：面部表情的感知和面部表情的理解（Adolphs，2002）。面部表情的感知阶段依赖早期感觉皮层对刺激进行的早期加工，主要获取面部表情相关的视觉特征，如对两个同时呈现的面孔表情的区分。面部表情的理解更依赖记忆和经验，需要调动图式来进行判断。研究常用的范式包括情绪标签范式（emotional labels paradigm）、表情匹配范式（emotion-match paradigm）、学习-再认范式（study recognition paradigm）以及 Bubbles 范式等。情绪标签范式主要考查个体对面部表情的理解，要求被试者在观看各种表情（照片或者视频）后，使用情绪类别标签（语言或非语言）标示出呈现的情绪类别。表情匹配范式主要考查面部表情的感知。一般采用两个序列，一个序列呈现目标刺激，一个序列呈现选择刺激，要求被试者在后一个序列中选出与前一个序列中面部表情类别一致的刺激。学习-再认范式可根据研究需要，选择考查个体对面部表情的感知或理解。该模式通常分为两阶段，前期通常是让被试者学习某种表情或者规则，后期通过再认了解被试者的掌握的程度。Bubbles 范式是用来研究不同情绪面部表情呈现的关键部位（图 13.2）。这个范式是将面部情绪图片经过特殊处理，图片中大部分面积由灰色覆盖，只有几个"气泡"展示出面部的不同部位，被试者通过观察局部部位来判断面部表情。实验程序会根据被试者的判断结果自动调整气泡的位置，直到"气泡"展示的部位判断正确率维持在 75%，则认为该部位可以帮助个体识别面部表情。

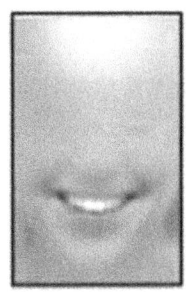
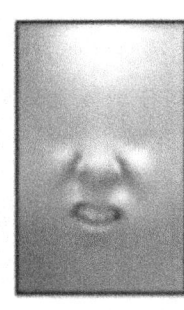
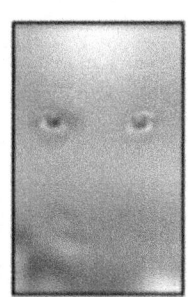

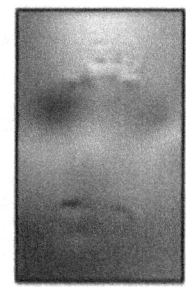

图 13.2　使用 Bubbles 范式判断每种情绪类型的诊断信息

（来源：J. Nelson, Iida, Ohira, & Chiao, 2017）

目前对于身体表情以及面部表情与身体表情关系的研究也越来越多,研究范式主要参照面部表情研究范式。

眼动技术在情绪图片认知与评估方面有重要意义。在情绪有关的研究中,目前常用的标准化的刺激材料,包括 Ekman 和 Friesen 的面部动作编码系统(FACS),国际情绪图片系统(IAPS),以及中国情绪图片系统(CAPS),等等。

第二节 正常人群的表情识别

一、正常人群的面部表情识别及研究

人类的交流不仅包括语音信息,还可以通过手势和面部表情来消除歧义。面部表情的正确解读在社会交往和人际关系中具有重要的意义,因为它们提供了如何与他人互动的线索。但是我们如何通过分析面部表情来判断他们的表情呢?答案是,我们似乎使用面部特征进行判断。早在 1944 年,Hanawalt(1944)就表明,不同的面部特征对于区分不同的特定情绪很重要。例如,他认为嘴巴在识别快乐的面孔时信息量最大,而眼睛在识别恐惧的面部表情时最重要。最近,这些发现在更复杂的技术手段的帮助下得到了证实。目前,关于面部表情的眼动研究结果表明,判断面部表情的效价主要通过眼睛和嘴巴判断,在正性情绪中更多关注嘴部,在负性情绪中更多关注眼睛,并且对于眼睛的注视时间都长于其他部位(Peterson & Eckstein, 2012; Scheller, Büchel, & Gamer, 2012; Spezio, Adolphs, Hurley, & Piven, 2007)。Nelson, Iida, Ohira, & Chiao(2017)等人测量了参与者区分六种基本情绪(快乐、愤怒、恐惧、悲伤、羞耻和厌恶)和中性面部表情时的眼部运动。他们将脸部分割成 21 个区域发现,面部的五个区域(眼睛、上鼻、下鼻、上唇和鼻)占所有注视的 88.03%(图 13.3);而其他面部区域最多占注视的 3%。由此说明,这五个面部区域可能是面部情感识别最关键的区域。但是,在识别不同情绪时,参与者的注视模式存在差异:

(1) 对于快乐,参与者注视眼睛的时间最少,注视上嘴唇的时间最长。这可能是因为上嘴唇相对于微笑的重要性,微笑是快乐最显著的面部特征。

(2) 对于厌恶感,参与者更多地盯着上嘴唇,较少地盯着眼睛。这些差异可能是由于在做出厌恶的面部表情时,鼻子和嘴的皱褶很重要,从而使上嘴唇更加突出。

(3) 对于害怕,参与者更多地注视眼睛,而相对较少地注视鼻子。与其他情绪相比,在鼻子上、鼻子下和上嘴唇的注视似乎没有任何显著差异。可能因为害怕的表情主要是眼睛发直,脸色苍白等。

(4) 在愤怒时,参与者大多会盯着眼睛,至少会盯着上嘴唇。当情绪不存在时,参与者也会更专注于鼻。在上鼻和下鼻的注视方面似乎没有任何显著的差异。这些结果与之前的研究结果一致,表明眼睛和鼻对于检测愤怒具有诊断价值(Smith et al., 2005)。

(5) 对于悲伤,参与者最关注的是眼睛。相比之下,上唇注视时间较短。可能是悲伤表

情主要是通过眼睛以及嘴角下垂来表现。

（6）对于羞愧，参与者的注意力更多地集中在眼睛上。对于所有其他区域，似乎没有任何显著差异。可能是因为羞愧的表情主要是眼睛朝下，头低垂。

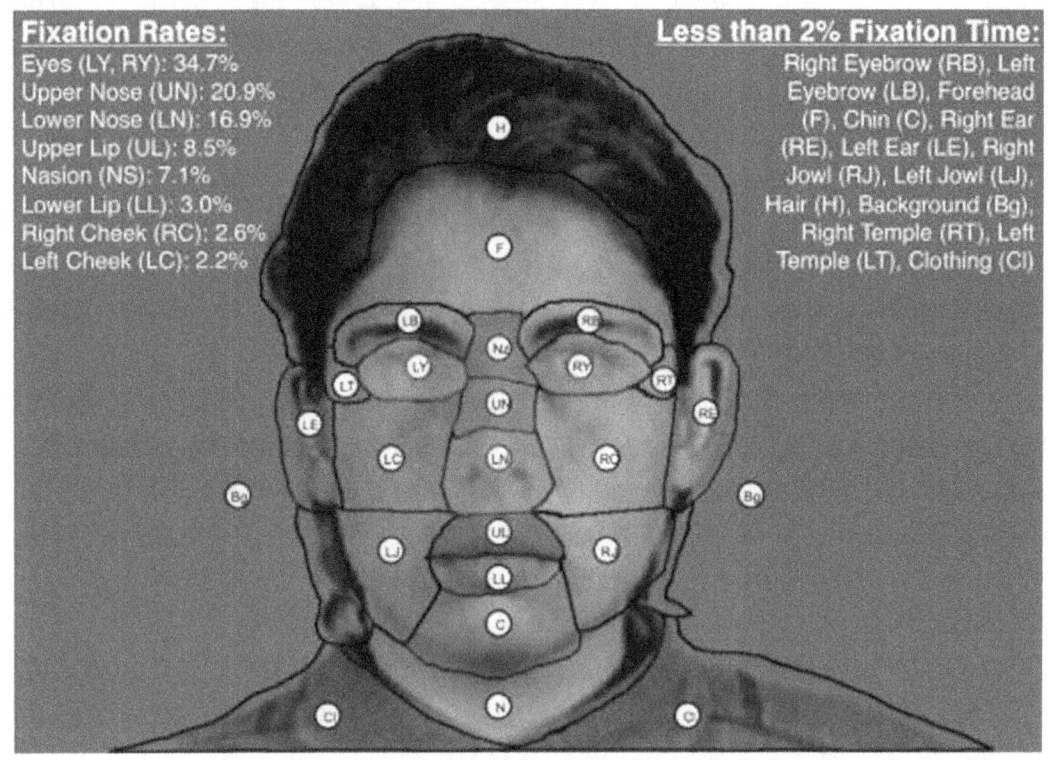

图 13.3　21 个面部兴趣区（Regions of interest，ROIs）

主要分为 5ROI：眼睛（绿色）、上鼻子（蓝色）、下鼻子（橙色）、上嘴唇（红色）和鼻（紫色），它们的占比为所有注视的 88% 以上。

（来源：J. Nelson et al, 2017）

事实上，人类识别基本情绪的能力在很小的时候就出现了。对于婴儿来说，面孔是重要的社会刺激因素之一。早期处理面孔的经验为之后一系列重要的社交和认知技能的发展奠定了基础。儿童对人脸的视觉偏好已被大量研究证实。例如，婴儿对脸部的注视在他们生命的第一年里增加（Frank，Vul，& Johnson，2009）；6 个月大的婴儿更专注于直立的脸，而不是倒立的、杂乱的脸或物体（Frank et al.，2009）。

到目前为止，大多数研究人员认为婴儿大约在 7 个月大时就开始识别情绪表达（Nelson，1987；Walker，1997）。在某些情况下，即使是 5 个月大的婴儿也表现出有限的理解能力（Walker，1982）。因此，在与照料者的社会互动中，他们可以相应地调整自己的行为（Hertenstein & Campos，2004）。对情感的更准确理解出现在学龄前儿童身上（Widen & Russell，2008），尽管 3 岁儿童的面部表情识别能力可能部分取决于任务规格。例如，Székely 等人（2011）发现，在发育正常的 3 岁儿童中，在四种基本情绪（快乐、悲伤、愤怒和恐惧）的情况下，语言（情绪标记）和非语言（情绪匹配）任务的识别率不同。尽管如此，从学龄期到童年中期,认知模式会逐步改善,直到成年期出现成熟的认知模式(Herba, Landau, Russell, Ecker, & Phillips, 2006;Widen, 2013)。然而,认知能力在情绪中似乎有不同的发展模式(Durand, Gallay, Seigneuric, Robichon, & Baudouin, 2007)。例如,快乐和悲伤的表情似乎在生命早期就能被精确地分类(Gosselin, 1995),但关于愤怒和厌恶的表情却没有明确的证据。尽管存在一些不一致的地方,面孔处理能力在儿童期和青春期总体上是增加的(Ewing, Karmiloff-Smith, Farran, & Smith, 2017),而且研究普遍认为识别能力会随着年龄的增长而提高(Theurel et al., 2016)。具体来说,一些研究表明,接近成人的认知水平是在青春期之前达到的(Rodger, Vizioli, Ouyang, & Caldara, 2015)。

Lawrence(2015)等人使用 Ekman-Friesen 面部情感图片,评估了 478 名 6~16 岁的儿童对于六种基本情绪的识别能力。研究发现在儿童识别喜悦、惊讶、恐惧和厌恶的面部表情的能力上,随着年龄的增长,有增强。相反,对于悲伤和愤怒的表情,在 6~16 岁的年龄范围内,准确率几乎没有变化;到了儿童时期的中期,能力水平接近成人。

快乐的面部表情对小孩子来说可能是最容易识别的。到 5 岁时,大多数儿童能够像成年人一样准确地识别出快乐的面孔(Gao & Maurer, 2010)。但其他的情绪,比如悲伤、愤怒、厌恶和惊讶,则需要更长的时间。在对加拿大儿童的实验中,5 岁的孩子很难区分悲伤和害怕的面部表情,甚至 10 岁的孩子也倾向于将悲伤的脸误判为害怕(Gao & Maurer, 2009)。在另一项研究中,孩子们直到 11 岁才表现出识别大多数情绪的成人能力(Chronaki, Hadwin, Garner, Maurage, & Sonuga-Barke, 2015)。

以上的这些研究结果均使用静态的面部图像作为实验刺激的材料。事实上,在现实生活中,婴儿看到的大多都是动态的面孔。婴儿对静态面部与对动态面部观看的眼动模式是否一致并不清楚。有研究者使用眼动技术,系统地检查了不同月龄婴儿(3 个月、6 个月、9 个月)对动态的面孔和静态的面孔的眼动的模式(Xiao et al., 2015)。研究观察到,在处理动态的面孔与静态的面孔时,存在明显的与年龄相关的眼动模式。3 个月和 6 个月的婴儿在扫描移动和静止的面部时都没有表现出差异;但 9 个月的婴儿在动态条件下相对于静止条件下看嘴部区域的时间更多,看眼部区域的时间更少,这可能是由于嘴部区域运动的显著性。更重要的是,与动态面孔相对应的特定眼动模式与婴儿面孔识别表现有关。因此,个体如何处理移动的面孔并不一定能从静态面孔的处理中得到预测。相反,即使是细微的面部运动,如咀嚼、眨眼,也会极大地影响婴儿面部编码,从而影响识别表现。这意味着面部运动在面孔加工的发展中起着重要作用。因此,关注动态的脸部加工应该有助于我们更好地理解现实世界情境中脸部的加工。

二、正常人群的身体表情识别及研究

情绪识别的研究主要集中在面部表情和声音表情的表达方式上,而对身体其他部位的研究相对较少。在《人与动物的情感表达》中,Darwin(1872)通过比较不同的身体姿势和动作来说明了人与动物之间情感表达的连续性。尽管有 Darwin 在身体表情方面的开创性工作,但是长期以来,人们一直认为面部肌肉构造是特定情绪的可靠指标,而身体动作或姿势只提供粗略的情感状态(例如,喜欢)或情感强度的信息。

事实上,人体姿势是推断人的情绪状态的重要信息来源。身体表情不仅提供了一定的情绪信息,也表明了行动意图。例如:一个害怕的身体姿势既可以表明危险的存在,也可以表明个体将如何应对:逃跑(flee)、战斗(fight)或冻结(freeze)。因此,肢体语言揭示了情绪和行为之间的密切联系。最近的研究发现身体运动和姿势的变化传达了关于不同情绪的特定信息。不同情绪的身体表情可以通过姿势、手势和肌肉运动的特征组合来帮助识别(Atkinson, Dittrich, Gemmell, & Young, 2004; Dael, Mortillaro, & Scherer, 2012; Glowinski, Camurri, Volpe, Dael, & Scherer, 2008)。对成年被试者的研究表明,躯干、手臂和手的姿势为识别愤怒、恐惧和快乐的表情提供了重要的感知线索。例如,在表达快乐时,成年人会挺直身体,举起双臂。相比之下,成年人在生气的时候往往身体前倾,挥舞拳头或指着别人。恐惧通常通过向后倚靠和在身体前举起手臂来表达。所有身体表情中最微妙的似乎是表达悲伤的身体姿势。当悲伤时,成年人倾向于采用头下垂的姿势,手或胳膊靠近身体。对于静态的身体姿势,这些情绪表达的特征往往大多位于身体的上半身(即躯干、手臂和手)。成年人在很大程度上依赖这些特征信号来识别身体表达的情绪。破坏这些特征会损害情绪识别。在一项研究中(Ross & Flack, 2020),让93名成年人观看静态的身体表情刺激图片,图片中将手、胳膊或两者都拿掉,然后让被试者完成一项强制选择的情绪识别任务。结果显示移去手显著降低了对恐惧和愤怒的识别准确率,但对快乐和悲伤的识别没有显著差异;而移除手臂对情感识别的准确性没有影响。也说明手在识别身体表情方面可能起着关键作用。针对成年人的眼球追踪研究进一步表明,人们注视上半身的时间比注视下半身的时间要多(Pollux, Craddock, & Guo, 2019; Solanas, Vaessen, & de Gelder, 2020)。

Geangu等人(2020)使用眼动追踪来研究婴儿在观看身体表情时的视觉探索模式与成人是否不同。研究人员随机向47名7个月大的婴儿展示了表现愤怒、恐惧和快乐的成年女性身体静态图片,以及中性情绪的姿势。通过面部像素化来消除来自面部表情的影响。研究测量了不同表情在头部、上半身和下半身的注视时间比例、注视次数和注视持续时间,结果显示婴儿对上半身的探索多于对下半身的探索,这与成人通过静态身体姿势识别不同情绪时关注的区域一致。并且,婴儿会根据不同的身体表情对身体部位有不同的关注。相对于其他身体表情,婴儿花在观察恐惧身体表情的时间更长,对上半身的注视时间也更长。之前的研究表明,当情绪图片成对出现时,婴儿可以区分快乐、恐惧、愤怒和悲伤的静态身体姿势(Hock et al., 2017; Krol, Rajhans, Missana, & Grossmann, 2015; Rajhans, Jessen, Missana, & Grossmann, 2016)。

三、面部表情识别与身体表情识别的关系

Pollux(2019)等人研究个体在观看静态和动态身体表情时的注视策略。结果显示,与静态显示相比,动态显示的分类准确率和置信度更高,而强度评级则不受身体运动的显著影

响。面部不可见在静态显示（影响所有表情）中比在动态显示（只影响悲伤的表情）中，被试者的正确率降低了，这表明在动态视频中，来自身体的信息对情绪识别更有意义。眼球运动数据显示，在观看静止图像时，被试者关注头部、躯干和手臂（无论面部是否可见），而当面部不可见时，身体关注更多。类似的观看模式与看动态的身体表情和看不见脸有关，这表明被试者在这三种情况下采用了相对统一的注视策略来优化信息搜索。相反，在动态显示中，注意力几乎完全分配到人脸上。此外，在所有情况下，观看模式的微小变化都与不同的表情有关，这表明注意力的分配受到刺激中特定情感的姿势和动作的影响。

当面部和身体表情呈现的情绪一致时，对这些情绪的识别会增强。面部表情与表达同样情绪的身体姿势同时出现时，对情绪的识别率会提高。反过来也成立。事实上，在快乐的身体表情中观察到最大的一致性效应。单独的快乐的身体姿势被正确识别的概率为76%。然而，当与一张快乐的脸结合在一起时，正确率达到81%（Kret, Stekelenburg, Roelofs, & de Gelder, 2013）。

第三节 眼动技术与心理障碍

一、概述

从非言语的线索中感知情感是人类交往的重要特征。许多心理障碍的特征是面部情绪识别存在缺陷，包括精神分裂症、自闭症、焦虑、抑郁以及双向情感障碍。面对同样的视觉场景，患有心理障碍的被试者，与正常状态下的被试者相比，具有不同的眼动模式。有很多研究将眼动技术应用在各种心理障碍的客观评估研究中。因为目前心理障碍的诊断主要是通过患者的主观报告和临床诊断，存在主观偏差的风险，容易误诊与漏诊。因此，研究者们希望通过研究相关心理障碍患者的眼动特征，形成一套客观标准或系统用来帮助临床医生诊断和监控心理障碍。

眼动追踪是一种直接的、非侵入式的诊断辅助手段。早在1908年，Allen Ross Diefendorf 和 Raymond Dodge 开创性地在精神病学和精神病理学中开展对眼球运动的研究（Diefendorf & Dodge, 1908）。他们研究了抑郁、躁狂、癫痫和智力残疾等群体的眼部反应。目前，先进的眼球追踪技术的发展，也促进了眼动在心理障碍中的研究。这项技术能够澄清某些诊断，并评估药物在疾病过程中的作用，以及治疗过程中的恢复或适应。Lipton 等人发现精神分裂症患者、躁郁症患者与健康对照组相比有异常的水平追踪和垂直眼球运动（Lipton, Levin, & Holzman, 1980）。这在其他研究中也得到证实，研究发现追踪率和眼跳率在正常人群组中有很强的相关性，但在精神分裂症患者和情感障碍患者中降低或缺失，说明精神分裂症和情感性精神障碍患者的眼运动系统发生了眼位误差异常（Abel, Friedman, Jesberger, Malki, & Meltzer, 1991）。对眨眼频率的调查显示，升高的眨眼频率，会随着抑郁症患者病情的改善而恢复到正常水平（Huang, Stanford, & Barratt, 1994）。

多年来,已经发展了几种眼球追踪模式,以探索与各种心理病理相关的行为和潜在的大脑过程。如自由观看范式,可用来评估抑郁症、焦虑症等患者的严重程度及治疗效果(Kellough, Beevers, Ellis, & Wells, 2008; Leyman, De Raedt, Vaeyens, & Philippaerts, 2011)。朝向眼跳和方向任务可用来评估各类心理障碍的抑制功能缺陷(Carvalho et al., 2014; Curtis & Connolly, 2008)以及区分不同的心理障碍,如抑郁症和双相情感障碍(Carvalho et al., 2015)。

二、抑郁障碍(Depression Disorder)的眼动研究

抑郁障碍是最常见的心理障碍之一。据世界卫生组织估计,全世界范围约有3.5亿抑郁障碍患者,平均每20人就有1人患过抑郁障碍(郝伟,陆林,2018)。情绪识别缺陷与人际关系的满意度与幸福感下降有关(John S. Carton, Emily A. Kessler, Christina L. Pape, 1999),而不良的人际关系被认为是抑郁障碍发病与维持的一个重要因素(Belinda Platt, Kathrin Cohen Kadosh, Jennifer Y. F. Lau, 2013),因此了解情绪识别的缺陷对于抑郁障碍的诊断、干预有重要意义。

Hermans(1999)等人改良了视觉点探测任务(Visual Dot - Probe, VDP),提出了自由观看任务(free viewing)。被试者在一定的时间内自由观看屏幕中呈现的刺激。其优势是可以在被试者更自然地状态下收集到更多的眼球运动信息。在这些任务中可以研究注视时间、注视次数、第一次注视的位置、平均注视时间、眼跳振幅、眼跳持续时间和眼跳峰值速度等参数。这些类型的任务通常被用来评估注意偏差、情绪、面孔和场景处理。有研究(Kellough et al., 2008)招募了60名被试者(其中15名重度抑郁症患者,45名健康被试者),观看同时呈现的四幅图像刺激(详见插页彩图五)。每张幻灯片包含4张图片,其中一张是从以下4个类别中选择:焦虑、威胁、中性和积极。

在每一个眼动跟踪试验中,每个图像的位置都是随机选择的,在12个试验中,每个刺激类别必须在四个位置的每个位置出现3次。8个填充实验(filler trial)用4张中立的图片来掩盖任务的性质。每个被试者参与的20次试验为随机顺序。每次试验都以1 000毫秒的在中间呈现的注视点开始,然后是30秒的刺激。

结果发现,与健康人相比,抑郁症患者花更多时间关注焦虑刺激。在30秒的实验过程中,组间差异相对一致,说明时间并没有缓和这种联系。对焦虑刺激的注视次数更多,而不是更长的注视时间,似乎是导致抑郁组在观看焦虑图像总时间上的差异的原因。这种对焦虑性刺激的反复关注很可能反映了对刺激的持续或精心处理。相比之下,健康被试者比抑郁被试者花了更多的时间关注积极的刺激,并且对积极的刺激有更多的注视,这表明健康被试者对积极图像的处理更持久。最后,各组间首次注视的位置无差异。所有参与者一开始都倾向于更多地观看有威胁性和正面的图像,而不是焦虑或中性的图像。Kellough等人(2008)使用类似的方法研究不同面部表情的自由观看,也发现了类似的结果。说明抑郁症的发病和维持与长时间关注负面信息有关。

一些研究报道了抑郁症患者中存在一些特定的情绪识别障碍。例如，Leppänen（2004）等人招募了 18 名抑郁症患者和 18 名与之匹配的健康对照者，对短暂呈现中性、快乐和悲伤的面孔做出了选择。测量识别精度和反应时间。12 名患者在症状缓解后再次接受测试。抑郁症患者和对照组在识别快乐和悲伤的面孔方面同样准确。对照组对中性面孔的识别准确率与快乐面孔和悲伤面孔相同，但抑郁症患者对中性面孔的识别准确率低于快乐面孔和悲伤面孔。抑郁症患者识别中性面孔的速度也特别慢。症状缓解后，对中性面孔的加工障碍仍然明显。抑郁症患者不仅将悲伤，也将快乐（缓解期）归纳为中性的面孔。结果表明，与健康的被试者不同，抑郁倾向的人似乎并不认为中性的面孔是情绪中立的明确信号。还有研究发现这种对情绪的认知受损缺陷不止在视觉方面，当情绪通过言语表达时也会出现，这种损害与抑郁症的严重程度和执行障碍综合征有关。重性抑郁似乎将情绪韵律的认知倾向于负面情绪刺激，而积极情绪的钝化似乎并不局限于视觉模式（Péron et al.，2011）。因此，可以认为，重性抑郁症患者对情绪面部表情识别的缺陷可能由患者的消极情绪体验以及对其内部情绪状态的评估决定。重度抑郁症的特征是消极认知（无价值、自我批评、绝望），因此他们对外界刺激的评价，包括面部表情，可能比健康的被试者更消极（Demenescu，Kortekaas，den Boer，& Aleman，2010）。

三、社交焦虑障碍（Social Anxiety Disorder，SAD）的眼动研究

精神障碍诊断与统计手册（the fifth Diagnostic and Statistical Manual of Mental Disorders，DSM-5）将社交焦虑障碍或社交恐惧症（Social anxiety disorder，SAD）作为一种特定的恐惧症列入了焦虑症的范畴中（American Psychiatric Association，2013）。主要症状是患者非常害怕被负面评价，尤其是在与陌生人互动的社交场合，或者在公共场合。一个社交焦虑的人可能会因为其行为感到尴尬、羞辱、被拒绝，或害怕冒犯某人。SAD 在西方国家的患病率为 7%～13%（Furmark，2002），是最普遍的精神障碍之一，并且会损害个体的社会功能，对学习、工作、情感、生活均有影响。

有研究者使用视觉扫描路径来检查 SAD 患者如何处理面部表情的研究。评估了 15 例社交恐惧症患者和 15 例年龄、性别相匹配的健康对照者，对积极、消极和中性面部刺激的视觉扫描策略。发现 SAD 患者在注视的次数和时间上都减少了，但是对消极表情（悲伤）和中性表情的追踪增加了，并且在注视消极（悲伤）的刺激下避免注视重要的面部特征，如眼睛、鼻子和嘴巴。说明，负面刺激会引发注意回避反应（Horley，Williams，Gonsalvez，& Gordon，2003）。同一作者在 2004 年研究了 22 名患有 SAD 的患者与年龄和性别匹配的健康对照组，对愤怒，悲伤，快乐和中性面部表情的视觉扫描路径。研究发现 SAD 患者表现出眼睛部位的超扫描（扫描路径长度增加）和回避（中央凹注视减少），尤其是在观看愤怒的面孔。说明 SAD 患者对愤怒表情（可称为威胁情境）表现出高度警觉，会避开眼睛区域（Horley，Williams，Gonsalvez，& Gordon，2004）。

Schofield 等人（2013）对 19 名临床 SAD 患者和 20 名非临床对照者完成了愤怒脸、恐惧

脸和快乐脸的实验。研究发现，与对照组相比，SAD 患者表现出类似的专注于情绪和中性表情的模式，而对照组则倾向于在整个实验过程中避免专注于消极的表情（恐惧和愤怒），在演示结束时避免专注于积极的表情（快乐的）。在两组中，表情面部的注视潜伏期比中性面部的注视潜伏期要短。因此，我们可以说，SAD 患者表现出高度警觉，而不管情绪的效价。

一项关于 SAD 患者眼动研究的综述（Claudino, de Lima, de Assis, & Torro, 2019）表明，SAD 患者在情绪方面具有高度警觉-回避（hypervigilance-avoidance）效应，主要是与负面表达（如愤怒）有关。这种效应表现为，SAD 患者在看到图片的第一个瞬间会有更多的注视，然后回避注视，特别是在产生消极情绪的情况下。研究人员还观察到，相较于物体或中性表情，他们更喜欢有感情的面孔。一项关于眼球运动程度的研究显示，在消极表情的情况下，人们会避开具有明显面部特征的区域，尤其是眼睛区域。还有人指出，社会压力因素的引入提高了警觉。然而，这篇综述中的研究的局限性是仅适用静态刺激（即图片）。在日常生活中，人际关系明显更为复杂，面部表情和情绪强度也是不断变化的。Roy（2010）等人注意到，健康的志愿者在面对静态和动态面部时，眼睛扫描模式不同。因此，后续的研究建议使用更具生态效应的刺激（例如动态面孔）进行眼动跟踪研究，以验证在这种情况下，过度警觉的模式是否保持不变。

四、自闭症谱系障碍（Autism Spectrum Disorders，ASD）的眼动研究

自闭症谱系障碍（ASD）是一种神经发育障碍，主要表现为持续的社会交流和社会互动方面的障碍以及重复刻板的行为，即使在智商正常的自闭症患者身上，这种功能障碍也依然存在。

由于 ASD 最核心的症状是社交能力的缺失，因此很多研究聚焦于 ASD 患者的社会认知特点，探索可用于早期筛查、诊断的客观指标。目前，已有一些研究者使用眼球追踪技术来采集 ASD 患者加工社交信息的资料，了解 ASD 患者加工这些信息的特点。目前，对自闭症谱系障碍的眼动研究范式主要包括：反向眼跳研究、平稳追踪研究、记忆指导眼跳研究、图片扫描研究等（石利娟，欧建君，罗学荣，2013）。

在对 ASD 患者的情绪识别研究中，有研究发现不管是儿童 ASD 患者还是成人 ASD 患者均存在情绪能力识别缺陷（Ashwin, Chapman, Colle, & Baron-Cohen, 2006; Lindner & Rose, 2006），研究者认为 ASD 识别恐惧、愤怒、厌恶、悲伤等消极表情存在困难（Ashwin et al., 2006; Corden, Chilvers, & Skuse, 2008; Wallace, Coleman, & Bailey, 2008）。使用眼动技术来研究 ASD 患者的情绪识别能力，一方面可以了解 ASD 患者对情绪识别的准确率以及反应时间长短，另一方面可以分析其识别情绪时所采用的注视模式。有研究发现，ASD 男性成年患者与健康对照组相比，在观看人物面部图片时，较少观看面部的核心区域（如眼睛、鼻子、嘴巴），更关注于面部的非核心区域（Åsberg Johnels et al., 2017; Pelphrey et al., 2002）。

由于使用静态的面部图片存在一定的局限性，与真实社交场景存在差距，也有研究者采

用观看社交视频对 ASD 患者的注视模式进行研究。研究发现，ASD 患者很少注视视频中人物的眼睛部分，更多注视的是嘴巴、身体和其他物体。同时，发现相比较注视嘴部，注视物体更多的患者社会功能障碍更严重(Jones, Carr, & Klin, 2008; Klin, Jones, Schultz, Volkmar, & Cohen, 2002)。另外，Karen(2016)等人让 37 个 ASD 患者，22 个发育迟缓的患者以及 51 个健康幼童观看一个 1 分钟的视频，视频的一边播放的是移动的几何图形，另一边播放的是正在跳舞或做瑜伽的儿童。使用眼动技术记录了注视时间和扫视次数。研究发现，ASD 患儿比其他控制组花更多的时间注视动态几何图形。当一个幼童花了超过 69% 的时间专注于动态几何图形，那么预测其患有 ASD 的准确率是 100%。

但是，也有部分研究并没有发现 ASD 患者与健康控制组在情绪识别方面的差异。研究结果的差异一方面可能是由于研究对象的不同，有些研究被试者是成人 ASD 患者，有些是儿童患者。并且，ASD 患者也存在不同认知功能水平差异。另外，实验材料也存在差异，有的使用静态面部照片，有的使用动态视频，也有的使用计算机模拟的面部表情。另外，也存在一些共性的问题，如样本量小，以横断面研究为主，缺少追踪研究等。未来的研究可从这些方面着手调整。

综上所述，眼动技术可以直接、客观、量化地对视觉行为进行观察与记录，通过对注视方式的分析，可以了解情境中的什么信息在什么时间可能进入大脑。虽然仍需改进，但多数研究表明使用眼球追踪作为一种直接的、非侵入性的诊断辅助手段具有明显的潜力。来自眼球追踪的数据也被证明是检测抑郁症、精神分裂症等心理障碍的有用指标。也有不少研究将眼动技术与其他生理信号如相关事件电位(Event-Related Potentials, ERP)、功能核磁成像技术(functional Magnetic Resonance Imaging, fMRI)协同使用，可探讨个体视觉加工方式与大脑神经激活关系的研究，结果更具可靠性和可用性，详细见其他相关章节介绍。

参考文献

Adolphs, R. (2002). Neural systems for recognizing emotion. *Current Opinion in Neurobiology*, 12(2), 169–177.

American Psychiatric Association. (2013). *Diagnostic and statistical manual of mental disorders (5th ed.)*. Washington, DC: Arlington.

Åsberg Johnels, J., Hovey, D., Zürcher, N., Hippolyte, L., Lemonnier, E., Gillberg, C., & Hadjikhani, N. (2017). Autism and emotional face-viewing. *Autism Research*, 10(5), 901–910.

Ashwin, C., Chapman, E., Colle, L., & Baron-Cohen, S. (2006). Impaired recognition of negative basic emotions in autism: A test of the amygdala theory. *Social Neuroscience*, 1(3–4), 349–363.

Atkinson, A. P., Dittrich, W. H., Gemmell, A. J., & Young, A. W. (2004). Emotion Perception from Dynamic and Static Body Expressions in Point-Light and Full-Light Displays. *Perception*, 33(6), 717–746.

Belinda Platt, Kathrin Cohen Kadosh, Jennifer Y. F. Lau. (2013). The role of peer rejection in adolescent depression. *Depression and Anxiety*, 30(9), 809–821.

Carvalho, N., Laurent, E., Noiret, N., Chopard, G., Haffen, E., Bennabi, D., & Vandel, P. (2015).

Eye movement in unipolar and bipolar depression: A systematic review of the literature. *Frontiers in Psychology*, 6.

Carvalho, N., Noiret, N., Vandel, P., Monnin, J., Chopard, G., & Laurent, E. (2014). Saccadic Eye Movements in Depressed Elderly Patients. *PLoS ONE*, 9(8), e105355.

Chronaki, G., Hadwin, J. A., Garner, M., Maurage, P., & Sonuga-Barke, E. J. S. (2015). The development of emotion recognition from facial expressions and non-linguistic vocalizations during childhood. *British Journal of Developmental Psychology*, 33(2), 218–236.

Claudino, R. G. e, de Lima, L. K. S., de Assis, E. D. B., & Torro, N. (2019). Facial expressions and eye tracking in individuals with social anxiety disorder: a systematic review. *Psicologia: Reflexão e Crítica*, 32(1), 9.

Corden, B., Chilvers, R., & Skuse, D. (2008). Avoidance of emotionally arousing stimuli predicts social-perceptual impairment in Asperger's syndrome. *Neuropsychologia*, 46(1), 137–147.

Curtis, C. E., & Connolly, J. D. (2008). Saccade Preparation Signals in the Human Frontal and Parietal Cortices. *Journal of Neurophysiology*, 99(1), 133–145.

Dael, N., Mortillaro, M., & Scherer, K. R. (2012). Emotion expression in body action and posture. *Emotion*, 12(5), 1085–1101.

Darwin, C. (1872). *The expression of the emotions in man and animals*. London: England: John Murray.

de'Sperati, C. (2003). The Inner Working of Dynamic Visuo-Spatial Imagery as Revealed by Spontaneous EyeMovements. In *The Mind's Eye* (pp. 119–142).

Demenescu, L. R., Kortekaas, R., den Boer, J. A., & Aleman, A. (2010). Impaired attribution of emotion to facial expressions in anxiety and major depression. *PLoS ONE*, 5(12).

Diefendorf, A. R., & Dodge, R. (1908). An experimental study of the ocular reactions of the insane from photographic records. *Brain*, 31(3), 451–489.

Durand, K., Gallay, M., Seigneuric, A., Robichon, F., & Baudouin, J.-Y. (2007). The development of facial emotion recognition: The role of configural information. *Journal of Experimental Child Psychology*, 97(1), 14–27.

Ekman, P. and Friesen, W. (1978). *Facial Action Coding System: A Technique for the Measurement of Facial Movement*. Palo Alto: Consulting Psychologists Press.

Ewing, L., Karmiloff-Smith, A., Farran, E. K., & Smith, M. L. (2017). Distinct profiles of information-use characterize identity judgments in children and low-expertise adults. *Journal of Experimental Psychology: Human Perception and Performance*, 43(12), 1937–1943.

Frank, M. C., Vul, E., & Johnson, S. P. (2009). Development of infants' attention to faces during the first year. *Cognition*, 110(2), 160–170.

Furmark, T. (2002). Social phobia: overview of community surveys. *Acta Psychiatrica Scandinavica*, 105(2), 84–93.

Gao, X., & Maurer, D. (2009). Influence of intensity on children's sensitivity to happy, sad, and fearful facial expressions. *Journal of Experimental Child Psychology*, 102(4), 503–521.

Gao, X., & Maurer, D. (2010). A happy story: Developmental changes in children's sensitivity to facial expressions of varying intensities. *Journal of Experimental Child Psychology*, 107(2), 67–86.

Geangu, E., & Vuong, Q. C. (2020). Look up to the body: An eye-tracking investigation of 7-months-old infants' visual exploration of emotional body expressions. *Infant Behavior and Development*, 60, 101473.

Glowinski, D., Camurri, A., Volpe, G., Dael, N., & Scherer, K. (2008). Technique for automatic emotion recognition by body gesture analysis. *2008 IEEE Computer Society Conference on Computer Vision and Pattern Recognition Workshops*, 1–6.

Gosselin, P. (1995). Le développement de la reconnaissance des expressions faciales des émotions chez l'enfant. *Canadian Journal of Behavioural Science/Revue Canadienne Des Sciences Du Comportement*, 27(1), 107–119.

Hanawalt NG. (1944). The role of the upper and the lower parts of the face as a basis for judging facial expressions: II. In posed expressions and '"candid-camera"' pictures. *J Gen Psychol*, 31, 23–36.

Herba, C. M., Landau, S., Russell, T., Ecker, C., & Phillips, M. L. (2006). The development of emotion-processing in children: effects of age, emotion, and intensity. *Journal of Child Psychology and Psychiatry*, 47(11), 1098–1106.

Hermans, D., Vansteenwegen, D., & Eelen, P. (1999). Eye movement registration as a continuous index of attention deployment: Data from a group of spider anxious students. *Cognition and Emotion*, 13(4), 419–434.

Hertenstein, M. J., & Campos, J. J. (2004). The Retention Effects of an Adult's Emotional Displays on Infant Behavior. *Child Development*, 75(2), 595–613.

Hock, A., Oberst, L., Jubran, R., White, H., Heck, A., & Bhatt, R. S. (2017). Integrated Emotion Processing in Infancy: Matching of Faces and Bodies. *Infancy*, 22(5), 608–625.

Horley, K., Williams, L. M., Gonsalvez, C., & Gordon, E. (2003). Social phobics do not see eye to eye: *Journal of Anxiety Disorders*, 17(1), 33–44.

Horley, K., Williams, L. M., Gonsalvez, C., & Gordon, E. (2004). Face to face: visual scanpath evidence for abnormal processing of facial expressions in social phobia. *Psychiatry Research*, 127(1–2), 43–53.

Huang, Z., Stanford, M. S., & Barratt, E. S. (1994). Blink rate related to impulsiveness and task demands during performance of event-related potential tasks. *Personality and Individual Differences*, 16(4), 645–648.

John S. Carton, Emily A. Kessler, Christina L. Pape. (1999). Nonverbal Decoding Skills and Relationship Well-Being in Adults. *Journal of Nonverbal Behavior*, 23(1), 91–100.

Jones, W., Carr, K., & Klin, A. (2008). Absence of Preferential Looking to the Eyes of Approaching Adults Predicts Level of Social Disability in 2-Year-Old Toddlers With Autism Spectrum Disorder. *Archives of General Psychiatry*, 65(8), 946.

Karen Pierce, David Conant, Roxana Hazin, R. S. J. D. (2016). Preference for Geometric Patterns Early in Life as a Risk Factor for Autism. *Arch Gen Psychiatry*, 68(1), 101–109.

Kellough, J. L., Beevers, C. G., Ellis, A. J., & Wells, T. T. (2008). Time course of selective attention in clinically depressed young adults: An eye tracking study. *Behaviour Research and Therapy*, 46(11), 1238–1243.

Klin, A., Jones, W., Schultz, R., Volkmar, F., & Cohen, D. (2002). Visual Fixation Patterns During Viewing ofNaturalistic Social Situations as Predictors of Social Competence in Individuals With Autism. *Archives of General Psychiatry*, 59(9), 809.

Kret, M. E., Stekelenburg, J. J., Roelofs, K., & de Gelder, B. (2013). Perception of Face and Body Expressions Using Electromyography, Pupillometry and Gaze Measures. *Frontiers in Psychology*, 4.

Krol, K. M., Rajhans, P., Missana, M., & Grossmann, T. (2015). Duration of exclusive breastfeeding is associated with differences in infants' brain responses to emotional body expressions. *Frontiers in Behavioral Neuroscience*, 8.

Lawrence, K., Campbell, R., & Skuse, D. (2015). Age, gender, and puberty influence the development of facial emotion recognition. *Frontiers in Psychology*, 6.

Leppänen, J. M., Milders, M., Bell, J. S., Terriere, E., & Hietanen, J. K. (2004). Depression biases the recognition of emotionally neutral faces. *Psychiatry Research*, 128(2), 123–133.

Leyman, L., De Raedt, R., Vaeyens, R., & Philippaerts, R. M. (2011). Attention for emotional facial expressions in dysphoria: An eye-movement registration study. *Cognition and Emotion*, 25(1), 111–120.

Lindner, J. L., & Rosén, L. A. (2006). *Decoding of Emotion through Facial Expression, Prosody and Verbal Content in Children and Adolescents with Asperger's Syndrome.* Journal of Autism and Developmental Disorders, 36(6), 769–777.

Lipton, R. B., Levin, S., & Holzman, P. S. (1980). Horizontal and vertical pursuit eye movements, the oculocephalic reflex, and the functional psychoses. *Psychiatry Research*, 3(2), 193–203.

Nelson, C. A. (1987). The Recognition of Facial Expressions in the First Two Years of Life: Mechanisms of Development. *Child Development*, 58(4), 889.

Nelson, J., Iida, S., Ohira, H., & Chiao, J. Y. (2014). *Eye movements during emotion recognition in faces.* Journal of Vision, 14(13), 1–16.

Pelphrey, K., Goldman, B. D., Pelphrey, K. A., Sasson, N. J., Reznick, J. S., Paul, G., ... Piven, J. (2002). Visual Scanning of Faces in Autism. *Journal of Autism and Developmental Disorders*, 32(4), 249–261.

Péron, J., El Tamer, S., Grandjean, D., Leray, E., Travers, D., Drapier, D., ... Millet, B. (2011). Major depressive disorder skews the recognition of emotional prosody. *Progress in Neuro-Psychopharmacology and Biological Psychiatry*, 35(4), 987–996.

Peterson, M. F., & Eckstein, M. P. (2012). Looking just below the eyes is optimal across face recognition tasks. *Proceedings of the National Academy of Sciences*, 109(48), E3314–E3323.

Pollux, P. M. J., Craddock, M., & Guo, K. (2019). Gaze patterns in viewing static and dynamic body expressions. *Acta Psychologica*, 198, 102862.

Rajhans, P., Jessen, S., Missana, M., & Grossmann, T. (2016). Putting the face in context: Body expressions impact facial emotion processing in human infants. *Developmental Cognitive Neuroscience*, 19, 115–121.

Richardson, D., & Spivey, M. (2008). Eye Tracking: Characteristics and Methods. *Encyclopedia of Biomaterials and Biomedical Engineering, Second Edition - Four Volume Set*, (May), 1028–1032.

Rodger, H., Vizioli, L., Ouyang, X., & Caldara, R. (2015). Mapping the development of facial expression recognition. *Developmental Science*, 18(6), 926–939.

Ross, P., & Flack, T. (2020). Removing Hand Form Information Specifically Impairs Emotion Recognition for Fearful and Angry Body Stimuli. *Perception*, 49(1), 98–112.

Roy, C., Blais, C., Fiset, D., & Gosselin, F. (2010). Visual information extraction for static and dynamic facial expression of emotions: an eye-tracking experiment. *Journal of Vision*, 10(7), 531–531.

Russell, J. A. (1980). A circumplex model of affect. *Journal of Personality and Social Psychology*, 39(6), 1161–1178.

Scheller, E., Büchel, C., & Gamer, M. (2012). Diagnostic Features of Emotional Expressions Are Processed Preferentially. *PLoS ONE*, 7(7), e41792.

Schofield, C. A., Inhoff, A. W., & Coles, M. E. (2013). Time-course of attention biases in social phobia. *Journal of Anxiety Disorders*, 27(7), 661–669.

Schubert, E. (1999). Measuring Emotion Continuously: Validity and Reliability of the Two-Dimensional Emotion-Space. *Australian Journal of Psychology*, 51(3), 154–165.

Solanas, M. P., Vaessen, M., & de Gelder, B. (2020). *Limb contraction drives fear perception*.

Spezio, M. L., Adolphs, R., Hurley, R. S. E., & Piven, J. (2007). Analysis of face gaze in autism using "Bubbles." *Neuropsychologia*, 45(1), 144–151.

Székely, E., Tiemeier, H., Arends, L. R., Jaddoe, V. W. V., Hofman, A., Verhulst, F. C., & Herba, C. M. (2011). Recognition of facial expressions of emotions by 3-year-olds. *Emotion*, 11(2), 425–435.

Theurel, A., Witt, A., Malsert, J., Lejeune, F., Fiorentini, C., Barisnikov, K., & Gentaz, E. (2016). The integration of visual context information in facial emotion recognition in 5- to 15-year-olds. *Journal of Experimental Child Psychology*, 150, 252–271.

Walker-Andrews, A. S. (1997). Infants' perception of expressive behaviors: Differentiation of multimodal information. *Psychological Bulletin*, 121(3), 437–456.

Walker, A. S. (1982). Intermodal perception of expressive behaviors by human infants. *Journal of Experimental Child Psychology*, 33(3), 514–535.

Wallace, S., Coleman, M., & Bailey, A. (2008). An investigation of basic facial expression recognition in autism spectrum disorders. *Cognition & Emotion*, 22(7), 1353–1380.

Widen, S. C. (2013). Children's Interpretation of Facial Expressions: The Long Path from Valence-Based to Specific Discrete Categories. *Emotion Review*, 5(1), 72–77.

Widen, S. C., & Russell, J. A. (2008). Children acquire emotion categories gradually. *Cognitive Development*, 23(2), 291–312.

Xiao, N. G., Quinn, P. C., Liu, S., Ge, L., Pascalis, O., & Lee, K. (2015). Eye tracking reveals a crucial role for facial motion in recognition of faces by infants. *Developmental Psychology*, 51(6), 744–757.

彭聃龄. (2004). 普通心理学[M]. 北京：北京师范大学出版社.

石利娟, 欧建君, 罗学荣. (2013). 孤独症谱系障碍眼动研究的新进展[J]. 中国临床心理学杂志, 21(5), 735–738.

郝伟, 陆林. (2018). 精神病学[M]. 北京：人民卫生出版社.

阎国利. (2004). 眼动分析法在心理学研究中的应用. 天津：天津教育出版社.

第十四章 情绪的脑电研究

1848 年,铁路工人盖吉(Gage)在一次意外事故中被一根 1 米的铁杆刺穿了颅骨。他身体上的伤害并不严重,走路姿势、言语、运动也和受伤之前没有差别,但令人想不到的是他自此以后性格大变,变得暴躁易怒,爱说脏话,情绪极不稳定,就连他的亲人朋友都说"他不再是之前的盖吉了"(Harlow,1868)。20 世纪 50 年代中期,沃尔特·黑斯(Walter Hess)使用电刺激探查脑的深部结构,他对近 500 只猫的 4500 个大脑部位进行了电刺激。沃尔特发现由于电极部位不同,迅速开闭开关会带来猫不同的变化。例如,电刺激某个特定脑区会导致一只本来很温顺的猫发狂大怒,猛撞身旁的物体。这些现实案例或者实验都表明,人或动物的情绪反应是存在特定脑区的,那究竟是哪些脑区与情绪有关呢?不同情绪反应的脑活动又有何不同?情绪研究的传统方法能够解决这些问题吗?如果不能,那么要用哪种方法来记录人们的大脑活动呢?本章介绍一种可以观察到我们大脑反应的新技术——脑电。

第一节 脑电技术概述

人的大脑连接着各个不同的脑区,这些脑区紧密相连并不停地交换和传输信息,执行各自的任务。情绪是存在特定脑区的,但人在表达情绪时并不是由一个独立的脑区完成加工的,与一个脑区紧密相连的其他脑区也会加入其中。Dalgleish(2004)提出了"情绪脑"的概念,探讨了杏仁核、前额皮层、下丘脑、前扣带回对情绪加工的影响。其中,杏仁核作为情感的最重要的一个脑区,在处理情绪的社交信号(特别是恐惧)、情绪调节和情绪记忆的巩固方面起着重要作用。Weiskrantz(1956)的研究首先揭示出杏仁核的作用。研究发现,在毁损了动物的杏仁核之后,它们则对外界威胁不再表现出应有的恐惧反应。在之后的研究中杏仁核逐渐被确认为情绪加工的核心脑区。此外,海马在情绪加工过程中也有着独特的作用,主要与情绪性记忆相关。海马跟皮层、下丘脑、杏仁核及其他脑区间存在大量联接。在压力产生时,海马在前摄记忆过程中有重要作用,而前摄记忆又能够加强、抑制,甚至是独立引发压力应激状态,并由此带来焦虑、抑郁等负性情绪(罗跃嘉,吴婷婷,古若雷,2012)。除此之外,还有研究发现大脑情绪单侧化,正性情绪的表达和左脑相关,负性情绪的表达和右脑相关(Silberman,E. K.,Weingartier,H.,王益明,1992)。鉴于情绪和大脑之间的复杂关系,传统的情绪研究方法可以更深入的探讨情绪的内在机制吗?如果不行,那么我们可以采取哪项技术呢?又该如何利用这项技术更好的开展情绪研究呢?

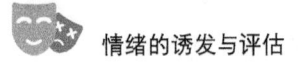

一、情绪传统研究方法的不足

关于情绪的研究由来已久,并一直是研究者们的关注热点。前人研究所使用的方式和手段不尽相同,传统的情绪研究方法上主要分为以下几类。

(一)基于外在行为表现的情绪测量

日常生活中,我们都会通过察言观色来判断一个人的情绪状态变化,随着面部特征的变化,例如笑容、皱眉、嘟嘴、眨眼等外在的变化都可以反映出个体当时的心理状态。所以,较早就有研究通过对个体的面部表情(微笑、哭泣、惊讶等)(Edwards, J., 2002; Ekman, 1987; Ekman, 1992; Coleman, 1949),语音语调(高亢、低沉等)(Cowie, 2001; Luck, 2004)以及手势姿态等外部行为特征的方式进行情绪识别。这种方式虽然直观易懂,但缺点是无法保证识别的可靠性,通过伪装自己的面部表情和语音语调来掩饰真实情绪对于那些经过专业训练的人员来说并不是难题。总的来说,这些非生理信号很容易受到被试者主观想法的影响,所以利用非生理信号无法可靠地识别出真实的情绪。

(二)基于主观情绪体验的情绪测量

还有一些研究是通过谈话、访谈或者是量表的形式来了解被试者的情绪体验(Bradley & Lang, 1994; Yao et al., 2017; Warriner et al., 2013; Wang et al., 2008)。最初的操作方式是:先给被试者呈现一段情绪刺激,之后询问被试者是否产生情绪体验,是愉快还是不愉快的,强度如何。之后更客观一些的是采用量表的形式来检验被试者的情绪反应,如自我情绪评定量表(Self-Assessment Manikin, SAM)。这种方法同样简单易行,但也存在一定的缺点:(1)主观性太强;(2)情绪体验转瞬即逝,情绪评估在时间上具有滞后性,要求研究者进行详细精确的实验设计;(3)在访谈时所得到的不同被试者的内省报告在比较时会存在困难,被试者可能由于文化水平或语言能力的影响,无法对自己的情绪体验进行描述,而研究者也无法判断这个被试者所给出的形容词是否等同于另一个被试者所说的形容词。

(三)基于生理信号的情绪测量

随后,人们开始利用更加客观和可测量的生理信号来进行情绪识别。研究者会通过使用各种仪器,以各种各样的方法测量并记录被试者根据情绪反应而产生的生理反应,如呼吸频率、心率、血压和皮肤电等各项指标(详见第五章)。

研究者们都普遍认同:在评估情绪诱发效果时,最好将生理反应等客观指标与主观报告相结合,这样可以对情绪的唤醒水平进行全面衡量。随着科学技术的不断进步,现如今的研究者们把关注点更多的放在情绪的脑机制方面,来探讨情绪活动和大脑反应之间的关系。脑不仅支配着人的思维和行为,而且也是控制情绪和植物神经功能的最高中枢。那么用什么方法能客观的记录时刻变化的脑机能状态呢?这时脑电技术就应运而生。

二、脑电方法概述

我们常常会在医院或者是一些科研场所看到这种现象：一个人端坐在电脑前,似乎在完成一些任务,头上还戴着一个充满电极的帽子,而在另一台电脑上我们可以看到一条条波动的曲线,如图 14.1 所示。这就是研究者们获取被试者脑电信号的过程。将一些电极放在他们的头皮或靠近头皮处,大量朝向大脑皮层表面的神经细胞共同活动就产生了可在头皮上记录的电活动,这种电活动是大范围整合性的。这些电极提供的就是脑电(Electroencephalogram,EEG)数据或者是放大了的脑活动的信号。也就是说,我们可以通过脑电图看到被试者脑信号的变化,并可以通过这些数据来研究个体心理活动和大脑反应之间的关系。事件相关电位(Event-Related Potentials,ERP)则是基于脑电(EEG)提取的。EEG 是在头皮上记录下来的连续电位变化,而把记录下来的电活动和另外一个外部事件匹配后(例如,呈现一个刺激或者是由被试者完成某一个反应),我们就将所得到的随时间而产生的正向或负向电压变化称为事件相关电位(ERPs)。接下来再来看看它产生的神经基础,ERPs 反映的是神经元的同步活动,更精确地讲是突触后电位的累加(Fabiani,Gratton & Federmeier,2007；Luck,2005)。一般 ERPs 成分根据波幅极性和峰谷潜伏期来命名(如"P300"表明在一个刺激呈现之后的大约 300 毫秒处有一个正性波峰)。大量研究表明,ERP 被当做是人类中枢神经系统信息加工的生物学指标(Hillyard and Kutas,1983；Prichard,1986；Donchin and Coles,1988),是大脑皮层表面神经元活动规律的表现,和情绪有着更加紧密的联系,因此可以敏感的反映出情绪活动在脑内的活动过程,为人脑高级功能的研究提供了一种客观可行的方法,也是评价大脑信息处理活动的一种无创性方法(Miller,1996)。

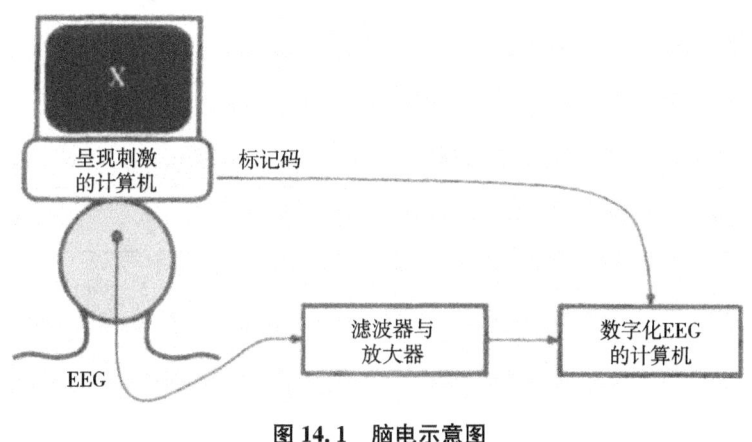

图 14.1　脑电示意图

(来源：Steven J. Luck,2009)

近年来,随着科学技术的蓬勃发展,脑电信号分析方法和工具也得到了迅速发展,基于脑电信号的情绪识别能够更加真实地反映人的情绪状态,其结果也就更加具有准确性和客观性(Ullsperger M, Fischer A G, 2014),因此越来越多的学者使用脑电信号来研究情绪识别课题(Hughes M A, 2014)。而在情绪管理方面,社会、临床、发展、认知心理学的相关研究同样在近些年迅速增加(Gross & Thompson, 2007),并且越来越多的研究者开始用神经生理学和神经生物学的方法来探讨情绪管理的相关问题(Lewis, Lamm, Segalowitz, Stieben, & Zelazo, 2006; Ochsner & Gross, 2005)。从发展的角度来看,情绪管理处于认知和情感发展的交叉口中,采用神经生理学方法(例如 ERP)可以帮助研究者们更好地理解它们之间的交互作用(Lewis et al., 2006; Lewis & Stieben, 2004)。因此,从情绪识别到情绪管理,都展示出了脑电技术在情绪研究领域的广泛应用及突出优势。

三、脑电的测量及优点

ERP 测量的程序一般是:多次呈现情绪刺激,同时记录脑电信号,叠加并平均这些信号以消除自发电位的影响,由此得到事件的相关电位,之后再分析情绪刺激与 ERP 电位之间的关系,揭示情绪活动的神经机制。

ERP 技术有许多优点:(1) ERP 可以直接反映出大脑神经活动,不像功能磁共振成像、近红外成像等一样要测量血氧指标;(2) ERP 可以提供高分辨时间信息。神经元活动会从大脑到头皮迅速涌现,所以头皮记录和神经活动几乎是同时开始的,而 ERP 是按毫秒来抽取样本的,因此具有极高的时间精确性,研究者们可以又快又准确地获得神经活动的改变;(3) 与其他技术相比,ERP 没有那么贵,没有伤害性,即使对小孩子也同样适用。

四、情绪研究中的 ERP 成分

我们根据现如今已有的 ERP 研究,总结出与情绪相关的 ERP 成分,虽然有大量关于情绪的 ERP 研究,但仍没有发现特异于情绪的 ERP 成分,表 14.1 所列出的 ERP 成分也并未涵盖了全部的相关研究。

表 14.1 不同研究中的 ERP 成分及其成分解释

序号	ERP 成分	成分解释	参考文献
1	P1	早期成分(如 P1)表现为对情绪刺激的相对自动注意	Weinberg, A., & Hajcak, G., 2011.
2	N2	早期知觉和注意过程的指标,受到偏差刺激所属情绪效价的调节	Huang and Luo, 2006; Carretie et al., 2004.
3	P2	被认为与注意力分配或工作记忆的神经系统有关,与内源性因素有关。常用于探讨负性情绪诱导下的空间和言语工作记忆的脑机制的研究中。结果发现,在空间工作记忆任务中,与中性图片相比,当中央呈现厌恶图片后,被试者的 P2 波幅会降低	Li, X., Li, X., & Luo, Y. J., 2005; Smith, & Michael, E., 1993.

(续表)

序号	ERP 成分	成分解释	参考文献
4	P200	源于视觉相关皮层,与注意相关的成分,对负性情绪呈现出更高的波幅,更短的潜伏期。在内隐情绪加工任务中同样发现负性刺激引起的 P200 成分波幅较大,潜伏期较短	Carreti'e et al., 2001; Huang, Y., 2006; 罗跃嘉,2006.
5	P300	呈现情绪刺激时表现出更大的波幅;不论是积极情绪还是消极情绪都会引起 P300 的变化,但不同效价的情绪所引起的 P300 的波幅不同。大量研究发现,消极情绪会比积极情绪引起更大的波幅	Lang et al, 1990; Yee and Miller, 1987; Johnston et al., 1986; Deldin et al., 1994; Morita, 2001; 罗跃嘉,2006.
6	Novelty P300, P3a	与创伤后应激障碍相关的成分。有研究发现经过工作记忆训练后,这一成分回归正常人指标	Saunders et al., 2015; Sadie E Larsen et al., 2019.
7	N400	一个与意义加工有关的成分,证明情绪对语言过程的影响(Federmeier 等人研究中的积极情绪,Chwilla 等人研究中针对消极情绪),因此这一成分可以用来分析语义工作记忆的加工过程,以及积极情绪和消极情绪对它的影响	Federmeier et al., 2001; Chwilla et al., 2011.
8	EPN	与强化的情绪图像的加工处理有关。EPN 的波幅在具有高度进化意义的刺激物中最为显著,例如色情图片	Johanna Kissler et al., 2009; Harald et al., 2003.
9	Late positive potential, LPP	研究表明,这一更持久的正性成分与情绪刺激有关;LPP 指数反映了情绪刺激所引起的唤醒的动态水平;LPP 对情绪管理更为敏感,是衡量情绪管理的一个重要指标;LPP 表现为对情绪刺激的动态注意分配	Weinberg, A., & Hajcak, G., 2011.
10	定位于扣带前回的反馈负波(Feedback related negativity, FRN)	扣带前回与情绪功能关系密切,在人们对行为的好坏做出评价时起着至关重要的作用。这种评估作用会影响人们对所做抉择将带来的情绪体验的预期,或者影响做决定当时的情绪状态,从而对决策行为发生影响。研究发现 FRN 是与情绪活动密切相关的 ERP 成分;FRN 也与焦虑有关,高焦虑者的 FRN 比低特质焦虑者小,表明高焦虑者对结果的预期比低焦虑者更悲观	Gehring WJ, Willoughby A R., 2002; Gu, R., Huang, Y. X., & Luo, Y. J., 2010;罗跃嘉,吴婷婷,古若雷,2012.

第二节 情绪的脑电研究注意要点

一、被试者

如同大多数研究一样,关于情绪的 ERP 研究选择的被试者也可分为两类:正常与情绪障碍被试者。在这两类被试者群体下有两种实验模式:一种是只选择正常或者是障碍群体作为单一被试者,如一些研究仅在正常被试者中开展,给被试者呈现不同情绪刺激,比较 ERP 成分异同;二是将被试者按照正常与否分为实验组和对照组,向他们呈现相同的情绪刺激,之后比较正常和障碍被试者在某些 ERP 成分上的异同(Weinberg, A., & Hajcak, G., 2011; Miskovic, V., Moscovitch, D. A., et al., 2011)。

从儿童到老年人各个年龄阶段都可使用脑电,并且这些研究都对情绪性疾病的诊断及治疗提供了理论和实践上的贡献。在周宏珍的研究中,向老年人呈现正性、负性和中性简笔画面孔图片以及汉字"喜""思""恐"随机构成列的情绪刺激序列。结果发现情绪的主效应分别出现于左侧颞顶区(40~80毫秒),双侧顶枕和颞顶区(160~180毫秒)和(310~340毫秒);刺激的主效应分别出现于前头部(375~475毫秒),后头部(195~255毫秒),全头部(135~175毫秒)和(275~355毫秒)。Anna Weinberg(2011)让 21 个患有广泛性焦虑障碍(Generalized Anxiety Disorder, GAD)及 25 个正常被试者(Health Control, HC)观看带有情绪性的图片和中性图片并记录他们的脑电信号(Weinberg, A., & Hajcak, G., 2011)。结果发现相较于中性刺激,GAD 患者表现出对不愉快刺激更强的 P1 成分,而对不愉快刺激增加的 LPP 成分则比中性刺激要低。这说明广泛性焦虑患者在经历精细加工的失败之后,会表现出对情绪刺激的早期过度警觉。在 Miskovic 等人(2011)的研究中,对 25 名被诊断为社会焦虑障碍的成年人进行了为期 12 周的认知行为干预,并在前测、中期以及后期收集了 4 次脑电数据。结果发现,认知行为干预组表现为焦虑症状的减轻,脑电指标回归正常标准,也就是说行为功能与神经指标的相伴共同提升。

个体的性别差异是大多数研究都会探讨的问题,情绪领域同样也是这样,而针对情绪性别差异所潜在的神经机制的研究也在如火如荼地进行中。例如有研究表明不同效价的情绪所引起的 P300 的波幅不同,而对于男性被试者来说,他们有更小的 P300 波幅及更短的潜伏期(Polich and Geisler, 1991; Deldin et al., 1994)。在负性情绪的易感性方面,女性比男性更容易感受到负性情绪,女性会更快更准确的识别到消极情绪。有研究发现表现,对于适度负性情绪刺激,女性呈现出更大的 N2 和 P3 成分;而对与极其强烈的负性刺激,无论是男性还是女性都表现出类似的 N2 和 P3 反应(Li et al., 2008; Yuan et al., 2009),这表明中性情绪对人类来说有更强的社会适应性。

二、实验材料

情绪脑电研究中的实验材料一般可以分为内部诱发和外部诱发。内部诱发是指被试者通过回忆或想象某些让人有大悲大喜感觉的事情来诱发情绪。外部诱发是让被试者接受一些外部的、直接的较强的情绪刺激,如让被试者看一些或听一些有刺激性的图片、声音、视频或文字材料(Wu, C., & Zhang, J., 2019)等。国际通用的外部诱发材料如美国国立心理健康研究所(NIH)编制的 3 套情绪材料系统,分别为国际情感图片系统(IAPS)、国际情感数码声音系统(IADS)和英语情感词系统(ANEW)。相对应的罗跃嘉老师课题组也编制了针对我国人群的中国情感图片系统(CAPS)、中国人情感面孔图片系统(CAFPS)、中国情感数码声音系统(CADS)和汉语情感词系统(CAWS)。

三、实验范式

情绪脑电研究中常用的实验范式包括怪球范式(oddball paradigm,简称 oddball 范式)、延迟样本匹配任务(Delayed matching-to-sample task,DSMT)、N-back 任务、Go/No-go 任务。

(一)怪球范式(oddball paradigm)

oddball 范式是常用的 ERP 实验范式之一,详见插页彩图六。参与者必须在一系列快速呈现的相似刺激中识别出出现频率更低的目标刺激。例如,被试者会听到"哔哔声"和"嘣"的声音,这两个声音出现的概率分别是 80% 和 20%,而被试者需要对出现概率更低的"嘣"的声音做出反应(Johnson, 1984, 1986; Magliero, Bashore, Coles & Donchin, 1984; Squire, Donchin, Herning & McCarthy, 1977; Sutton et al., 1965)。与之相应,情绪 oddball 任务则会将实验材料换成情绪图片(Rozenkrants, & Polich, J, 2008; Raz, S., Dan, 2014),如被试者需要在出现目标图片时按下按钮,出现其他刺激时不按键。超过 1 500 篇已经发表了的事件相关电位(ERPs)论文都使用了这一任务,这一范式广受欢迎的原因是它可以可靠地反映出各种认知功能指标(Campanella, 2013)。

(二)延迟样本匹配任务(Delayed matching-to-sample task,DSMT)

DSMT 常用在情绪与工作记忆的 ERP 的研究中,由"图片——目标——延迟——探测"4个阶段构成一个实验单元。例如,图片可以来自中国情绪图片系统(CAPS),一部分的图片为负性,以诱导被试者的负性情绪,另一个部分的图片为中性,作为组内对照。以词语任务为例,首先在屏幕中央呈现一张图片 1 000 毫秒;之后在目标(Target)阶段,目标任务为在屏幕上 8个可能的二维空间位置中,随机选择几个位置呈现字母,呈现时间为 300 毫秒;延迟阶段保持注视符 4 000~4 300 毫秒,要求被试者记忆所呈现的字母;探测(Probe)阶段呈现一个字母,被试者判断这一字母是否在目标阶段出现过。词语任务是对 4 个英文字母进行记忆后匹配判断。被试者对正探测(出现过的探测)做"是"判断;对负探测(未出现过的探测)做"否"的判断。记录并分析刺激消失后延迟阶段的 ERP 波形(罗跃嘉,2011),详见插页彩图七。

(三)N-back 任务

N-back 任务是测量工作记忆信息更新过程的经典范式。该任务要求被试者在连续呈现一系列的刺激中,判断当前刺激与倒回去第 N 个刺激是否相同,如果相同就是目标,否则为非目标。情绪与认知加工存在相互作用,双竞争理论(dual competition theory)指出(Pessoa, 2009, 2010),情绪与认知加工同时进行时会竞争有限的认知资源,比如 Luo 等人(2014)的神经成像研究发现,情绪面孔对工作记忆的影响受工作记忆负荷的调节。情绪 N-back 任务常用来调查任务无关的情绪刺激对工作记忆信息更新过程的影响及其神经机制(张禹等,2016)。

(四) Go/No-go 任务

Go/No-go 任务是常用的测量反应抑制的实验范式,通常包含两种刺激,被试者需要对 Go 刺激做出按键反应,而忽略 No-go 刺激。一些研究证明了情绪会影响反应抑制,这些研究中经常使用情绪 Go/No-go 任务,也就是将情绪图片或情绪词作为刺激呈现,从而探讨情绪效价对反应抑制的影响(Chiu, Holmes, & Pizzagalli, 2008)。

除了这里列出了的实验范式,其他认知研究中的实验范式同样适合于情绪研究。

第三节　情绪与认知相关的脑电研究

情绪与认知的相关研究是情绪研究领域的一大热点。对正常人群的研究表明,情绪对几个认知过程都有影响,包括语言(Fischler and Bradley, 2006),记忆(Gray, 2001; Storbeck and Clore, 2005),注意(Kissler et al., 2009)和执行功能(Dreisbach and Goschke, 2004; Simon - Thomas and Knight, 2005)。例如,积极的情绪状态与思维的灵活性和创造性的解决问题有关(e.g. Isen and Daubman, 1984; Dreisbach and Goschke, 2004)。大量研究在行为层面对情绪和认知能力的关系进行了探讨,但其中潜在的大脑机制的研相关究仍然很少。一些研究表明,情绪性刺激和中性刺激在视觉和听觉上的处理方式有所不同(Levenston et al., 2000; Paulmann and Kotz, 2008)。除此之外,大量研究表明,情绪在认知过程中扮演着调节器的作用。鉴于情绪在认知过程中所起的重要作用,情绪-认知交互作用的神经生物学基础得到越来越多研究者们的探讨。与正性和中性事件相比,负性刺激似乎拥有一种认知加工上的优先权。行为实验数据表明负性事件引起情绪反应的速度更快,效应更显著(罗跃嘉,2012)。但负性偏向究竟能以多快的速度发生,负性偏向究竟发生在信息加工过程的哪一个或哪几个时间阶段,这一问题目前尚不清楚,利用 ERP 技术具有很高的时间分辨率这一特点可以很好地研究这一问题。

一、情绪与注意

由于资源和危险在时空分布上的不可预知性,所以我们人类会选择比较重要的刺激优先处理。根据这一进化观点,重要的情感刺激,如食物、配偶或威胁信号,应该是吸引注意力的特别有效的线索,并且大量行为研究已经予以证明(Lang PJ, Bradley MM and Cuthbert BN, 1997)。例如,人们对与恐惧相关的蛇和蜘蛛的图片的检测速度要比对与恐惧无关的图片(鲜花和蘑菇)的检测速度要快。此外,这种效应在对这些动物有特殊恐惧的被试者身上更为明显。另一项研究表明,在中性和情绪因素干扰下,威胁性面部表情比友好性面部表情的识别速度更快。更多的证据表明,这种效应在高度焦虑的人身上尤为明显。大量行为研究都发现了情绪刺激所引起的注意捕获,脑电研究同样为两者的关系进行了探讨。Harald

等人(2003)探讨了当被试者执行一项明确的非情绪注意任务时,情绪图像的处理是否得到了持续的促进。在被试者观看一组会诱发情绪的和任务相关但不含情绪的棋盘图的快速连续图像时,研究人员并记录他们的脑电信号。结果发现,对目标图像明确的选择性注意引起了较大的 P3 波幅,增强的 EPN 波幅与情绪刺激,尤其是与进化有关的刺激(色情、致残、威胁等)有关。这一结果显示了情绪性刺激的选择性编码,而自上而下的注意力控制则是针对非情绪性目标刺激的。Johanna Kissler(2009)同样讨论了情绪-注意力相互作用模型在大脑中的应用,探讨了视觉诱发电位的不同组成部分,即 P1、N1、EPN(单词开始后约 250 毫秒)和 LPC(约 500 毫秒)对情绪词汇的不同反应,以及这种不同的反应是否取决于注意力资源的可用性。被试者随机观看一系列积极、中性和消息的形容词和名词,要求他们先读单词,然后再数形容词或名词的数量,并记录他们的脑电信号。结果发现,P1 和 N1 成分没有一致的效应出现。但在阅读和计数的过程中,不管这些词语是目标词还是非目标词,在出现情绪词(积极和消极)的时候 EPN 的波幅都得到了加强,这一影响仅限于形容词,但与情感内容无关。并且在安静阅读时,当听到令人愉悦的词,人们会产生一种小规模的但在波形上明显不同的情绪- LPC 效应。

二、情绪与记忆

情感对认知的调节,尤其是情感与记忆的相互作用在临床上和理论上都具有重要意义。艾森克和卡尔沃的加工效率理论表明负性情绪(如焦虑)对认知表现的影响可能是通过工作记忆的中介作用来实现的(Eysenck & Calvo, 1992)。情绪对不同类型的工作记忆(言语工作记忆和空间工作记忆)的影响是不同的,但不同的研究在这一方面得出的结论是不一致的。Ikeda 及其研究者(1996)的结果表明,在焦虑的情况下,言语工作记忆比空间工作记忆更易受干扰。而近年来的研究都表明,负性情绪对空间工作记忆的影响大于言语工作记忆(Bartolic et al., 1999; Gray, & Jeremy, R., 2001; Lavric, Shackman, 2000; Lavric, Rippon, 2003; Weiland-Fiedler, P., Erickson, K., 2004)。神经生理学研究进一步探索其潜在的神经机制。Xuebing Li 等人(2005)用 ERP 探讨了负性情绪诱导下的空间和言语工作记忆的脑机制。结果发现,在空间工作记忆任务中,与中性图片相比,当中央呈现厌恶图片后,被试者的 P2 和 LPC 波幅会降低。然而,在言语工作记忆任务中负性情绪对 ERP 成分的影响不显著。这一结果证明了,负面情绪会影响空间工作记忆,但对言语工作记忆没有影响;而这种选择性影响可能源自消极情绪对空间注意的影响,负性情绪引起的有限注意资源在空间信息复述中的作用大于言语信息。罗跃嘉等人(2006)的研究发现同样发现不同效价情绪对工作记忆的不同影响。负性情绪下空间工作记忆任务引起的 P300 波幅减小,这种效应可能是基于情绪对顶叶注意系统的调节作用,而在词语工作记忆任务中这种效应消失。

情绪会有选择性地影响空间和言语工作记忆,而这其中的交互作用可以受到认知负荷的调节。Xuebing Li 等人(2010)又在不同负荷(高负荷、低负荷)的工作记忆任务下,探讨了情绪与工作记忆之间的交互作用。在 0-back 任务中，空间和言语工作记忆的后期 ERP 成分受到诱导情绪的持续影响。然而，在 2-back 任务中，诱导的情绪状态对空间工作记忆的 ERP 成分有影响，而对言语工作记忆没有影响。这些结果表明，情绪与工作记忆的交互作用受认知负荷的调节。在低认知负荷下，情绪与工作记忆的交互作用相似且不具有特异性。但随着认知负荷的增加，情绪与工作记忆的交互作用变得有针对性。ERP 结果提示注意资源竞争可能是情绪与工作记忆有选择性的交互作用模式下的潜在机制。

三、情绪与语言

行为研究已经发现情绪会影响语义长时记忆中知识的获取，因此为情绪和语言的交互作用提供了证据。事件相关脑电位（ERPs）方法特别适合于探索情绪和语言交互的神经基础，它提供了优越的毫秒范围的时间分辨率，允许跟踪实时发生的神经事件（Niznikiewicz et al.，1997，2010）。但有关情绪和语言的脑电研究比较少，Pinheiro(2013)向 55 个男性被试者呈现 324 对句子，并从国际情感图片系统数据库（IAPS）中选出积极、消极、中性图片各 30 个来诱发情绪，也就是说每个情绪状态下各阅读 108 个句子。该研究发现了 N400 在情绪与语言加工中的积极作用，证明了情绪对句子理解过程中长期语义记忆的影响差异（Pinheiro, Del Re, Nestor et al.，2013）。总之，不管是行为研究还是脑电研究，都证实了积极和消极情绪的差异在本质上影响着我们理解信息的方式，特别是语义信息。未来研究者们可以进一步深入研究情绪对句子理解的影响。

四、情绪加工的大脑单侧化

人的大脑的两半球在功能上并不相同，处理不同刺激或信息的方式也不同。在神经生理学研究之前，已有大量研究证明了个体情绪加工时的大脑偏侧化，大脑两半球在对情绪及有关行为的调节功能上也是不同的（Silberman, Weingartier, 王益明,1992），即右半球侧重消极情绪，而左半球侧重于处理积极情绪。许多脑成像研究同样得出类似的结论，从神经生理基础角度证实了人脑正性和负性情绪的分离。脑电研究发现，愉快和高兴的音乐片段可以更明显地激活左侧额叶相关脑区，而悲伤恐惧的音乐片段更强烈地激活右侧额叶相关脑区。Davidson 等人(1979)让被试者观看有情绪性内容的电视节目并监测他们的情绪反应，结果发现当出现积极情绪反应时，被试者额部的 EEG 表现出相应的左半球的激活，而当出现消极情绪反应时其额部的 EEG 表现出相应的左半球的相反激活。虽然这些研究都为大脑情绪功能单侧化的存在提供了证据，但仍出现了一些不一致的结论。例如，有研究发现大脑情绪加工的单侧化与任务的难度和性质有关，随着任务难度的增加会逐渐表现出双侧半球的参与。Cacioppo 和 Berntson(1994)发现，积极和消极评价通路是部分分离的，在反应阶段是单一激活，在开始感情加工阶段时存在着多重激活。

第四节 情绪脑电研究的应用与展望

一、应用

(一) 针对情绪障碍的干预及治疗

脑电技术可以作为情绪障碍干预治疗的衡量指标。例如,在 Miskovic 等人(2011)的研究中,对 25 名被诊断为社会焦虑障碍的成年人进行了为期 12 周的认知行为干预,并在前测、中期以及后期收集了 4 次脑电数据。结果发现,认知行为干预组表现为焦虑症状的减轻,脑电指标回归正常标准,也就是说行为功能与神经指标的相伴共同提升(Miskovic, Moscovitch et al., 2011)。目前,大部分情绪干预研究还停留在行为层面,未来研究可以融入脑电或脑成像技术,进一步加强干预效果。这类干预研究兼具理论和实践价值,有助于发现与症状减轻相关的神经模式。理论方面,这些发现为研究大脑活动的分布模式提供了大量信息,这些分布模式可能是各种情绪障碍产生的基础,也可能是障碍改善的基础。在实践层面上,识别与心理治疗相关联的神经对提出可能的治疗指标会有帮助,并可能通过神经反馈技术的发展使其发挥出作为治疗工具的内在价值。

(二) 脑电在人工智能上的应用

脑电技术除了可以作为情绪障碍干预治疗的衡量指标外,也被广泛应用于其他领域,例如人工智能。Liu Y 等(2011)基于情绪维度效价-唤醒度模型,选择 IADS 中的音乐和声音作为情绪诱发素材,基于脑电信号特征实现了维度空间中情绪的识别,在此基础上搭建了三维虚拟环境来实时反映被试者情绪状态,同时实现了基于脑电信号的音乐播放器,根据被试者情绪状态来选择合适的音乐播放,以此起到音乐治疗的作用。毛茅(2013)研究了音乐视频类型、调式、节奏型等特征对于诱发情绪的影响,基于情绪维度空间效价-唤醒度设计了一个基于脑电测量的音乐交互服务,通过分析被试者在聆听音乐时的脑电信号预测其性格爱好。目前,基于脑电信号的情绪识别系统还存在许多问题,例如实时性、识别情绪种类、识别正确率等问题。因此,基于脑电信号的情绪识别系统还需要更加深入的研究,使情绪脑电信号更好地应用于人工智能、医疗康复等各个领域。

二、展望

区分基本情绪和复杂情绪,选择恰当的实验范式。ERP 实验设计时必须考虑探讨的是基本情绪还是复杂情绪,如果是基本情绪那怎么控制复杂情绪的产生,以及被试者所产生的情绪到底是不是研究者所关注的情绪。因此研究者必须选择恰当的实验范式、使用标准化的实验材料,并在实验过程中通过其他方法进行验证,如观察被试者的表情等行为特征、让被试者报告自我情绪体验等,以增加实验的信效度。

与 fMRI、PET 等脑成像技术相结合,将心理活动定位于某个脑结构。尽管 ERP 拥有较高的时间分辨率,但在空间分辨率上远不如 fMRI 等技术。ERP 是对大脑皮层的电信号进行记录,但很多情绪活动不局限于大脑皮层更是皮下活动,因此从这个角度来看,研究者也要谨慎看待脑电结果。而将 ERP 与 fMRI 相结合,获得较高的时间及空间分辨率,能更加深入地探讨情绪潜在的神经机制,以及为情绪障碍的缓解提供指导。

参考文献

Anthony Magliero, Theodore R. Bashore, Michael G. H. Coles, & Emanuel Donchin. (1984). On the dependence of p300 latency on stimulus evaluation processes. Psychophysiology, 21(2), 171-186.

Bartolic, E. I., Basso, M. R., Schefft, B. K., Glauser, T., & Titanic-Schefft, M. (1999). Effects of experimentally-induced emotional states on frontal lobe cognitive task performance., 37(6), 677-683.

Bradley, M. M., & Lang, P. J. (1994). Measuring emotion: the Self-Assessment Manikin and the Semantic Differential. J Behav Ther Exp Psychiatry, 25(1), 49-59.

Cacioppo JT, Berntson GG. Relationship between attitudes and evaluative space: a critical review, with emphasis on the separability of positive and negative substrates [J]. Psycho l Bull, 1994, 115(5): 401-423.

Campanella, & S. (2013). Target detection through a visual oddball task: A combined ERP-fMRI study. (Vol.43, pp.74). Elsevier SAS.

Chiu, P. H., Holmes, A. J., & Pizzagalli, D. A. (2008). Dissociable recruitment of rostral anterior cingulate and inferior frontal cortex in emotional response inhibition. Neuroimage, 42(2), 988-997.

Coleman, & James, C. (1949). Facial expressions of emotion. Psychological Monographs: General and Applied, 63(1), i-36.

Cowie, R., Douglas-Cowie, E., Tsapatsoulis, N., Votsis, G., Kollias, S., & Fellenz, W., et al. (2001). Emotion recognition in human-computer interaction. IEEE Signal Processing Magazine, 18(1), 32-80.

Deldin, P. J., Duncan, C. C., & Miller, G. A. (1994). Season, gender, and p300. Biological psychology, 39(1), 15-28.

Donchin, E., & Coles, M. G. H. (1988). On the conceptual foundations of cognitive psychophysiology. Behavioral and Brain Sciences, 11(3), 408-427.

Dreisbach, G., & Goschke, T. (2004). How positive affect modulates cognitive control: reduced perseveration at the cost of increased distractibility. Journal of Experimental Psychology: Learning, Memory, and Cognition, 30(2), 343-353.

Edwards, J., Jackson, H. J., & Pattison, P. E. (2002). Emotion recognition via facial expression and affective prosody in schizophrenia. Clinical Psychology Review, 22(6), 789-832.

Ekman, & Paul. (1992). Facial expressions of emotion: new findings, new questions. Psychological

Science, 3(1), 34 – 38.

Ekman, P., Friesen, W. V., O'Sullivan, M., Chan, A., & Al, E. (1987). Universals and cultural differences in the judgments of facial expressions of emotion. Journal of Personality and Social Psychology, 53(4), 712 – 717.

Eysenck, M. W., & Calvo, M. G. (1992). Anxiety and performance: the processing efficiency theory. Cognition & Emotion, 6(6), 409 – 434.

Fabiani, Gratton, Federmeier. (2009). Event-related brain potentials: methods, theory, and applications.

Fischler, I., & Bradley, M. (2006). Event-related potential studies of language and emotion: words, phrases, and task effects. Progress in brain research, 156, 185 – 203.

Gehring WJ, Willoughby A R. (2002). The medial frontal cortex and the rapid processing of monetary gains and losses. Science, 295: 2279 – 2282.

Gray, & Jeremy, R. (2001). Emotional modulation of cognitive control: approach-withdrawal states double-dissociate spatial from verbal two-back task performance. Journal of Experimental Psychology General, 130(3), 436 – 452.

Gu, R., Huang, Y. X., & Luo, Y. J. (2010). Anxiety and feedback negativity. Psychophysiology, 47(5).

Huang, Y., & Luo, Y. (2006). Temporal course of emotional negativity bias: an erp study. Neuroscience Letters, 398(1 – 2), 91 – 96.

Hughes M A. Engineering brain-computer interfaces: past, present and future[J]. Journal of Neurosurgical Sciences, 2014, 58(2): 117 – 123.

Ikeda, M., Iwanaga, M., & Seiwa, H. (1996). Test anxiety and working memory system. Perceptual and Motor Skills, 82(3c), 1223 – 1231.

Isen, A. M., & Daubman, K. A. (1984). The influence of affect on categorization. Journal of Personality and Social Psychology, 47(6), 1206 – 1217.

Johnston, V., Miller, D., & Burleson, M. (1986). Multiple p3s to emotional stimuli and their theoretical significance. Psychophysiology, 23(6), 684 – 694.

Kissler, J., Herbert, C., Winkler, I., & Junghofer, M. (2009). Emotion and attention in visual word processing — an erp study. Biological Psychology, 80(1), 0 – 83.

Kutas, M., & Hillyard, S. A. (1983). Event-related potentials to grammatical errors and semantic anomalies. Memory & Cognition, 11(5), 539 – 550.

Lavric A, Shackman A J, Sarinopoulos I, et al. (2000). Effects of threat-of shock on verbal and spatial working memory.

Lavric, A., Rippon, G., & Gray, J. R. (2003). Threat-evoked anxiety disrupts spatial working memory performance: an attentional account. Cognitive Therapy and Research, 27(5), 489 – 504.

Lewis, M. D., & Stieben, J. (2004). Emotion regulation in the brain: conceptual issues and directions for developmental research. Child Development, 75(2).

Lewis, M. D., Lamm, C., Segalowitz, S. J., Stieben, J., & Zelazo, P. D. (2006). Neurophysiological correlates of emotion regulation in children and adolescents. Journal of Cognitive Neuroscience, 18(3), 430 – 443.

Lang PJ, Bradley MM and Cuthbert BN. Motivated attention, Affect, activation, and action. In: Lang PJ, Simons RF and Balaban M, eds. Attention and Orienting, Sensory and Motivational Processes. Mahwah, NJ: Lawrence Erlbaum Associates; 1997, pp. 97–135.

Lang, S. F., Nelson, C. A., & Collins, P. F. (1990). Event-related potentials to emotional and neutral stimuli. Journal of Clinical and Experimental Neuropsychology, 12(6), 946–958.

Levenston, G. K., Patrick, C. J., Bradley, M. M., & Lang, P. J. (2000). The psychopath as observer: emotion and attention in picture processing. Journal of Abnormal Psychology, 109(3), 373–385.

Li, X., Li, X., & Luo, Y. J. (2005). Selective Effect of Negative Emotion on Spatial and Verbal Working Memory: An ERP Study. International Conference on Neural Networks & Brain. IEEE.

Li, X., Ouyang, Z., & Luo, Y. J. (2010). The effect of cognitive load on interaction pattern of emotion and working memory: An ERP study. Cognitive Informatics (ICCI), 2010 9th IEEE International Conference on. IEEE.

Liu Y, Sourina O, Nguyen M K. (2011). Real-Time EEG-Based Emotion Recognition and Its Applications CW 2010; International conference on cyberworlds. Nanyang Techonlogical University.

Luo, Y., Qin, S., Fernández, G., Zhang, Y., Klumpers, F., & Li, H. (2014). Emotion perception and executive control interact in the salience network during emotionally charged working memory processing. Human Brain Mapping, 35(11), 5606–5616.

Luck, P., & Dowrick, C. F. (2004). 'don't look at me in that tone of voice!' disturbances in the perception of emotion in facial expression and vocal intonation by depressed patients. Primary Care Mental Health, 2(2), 99–106.

Malik, A. S., & Amin, H. U. (2017). Visual and cognitive fatigue during learning. Designing EEG Experiments for Studying the Brain, 123–135.

Miller, G. A. (1996). How we think about cognition, emotion, and biology in psychopathology. Psychophysiology, 33(6), 615–628.

Miskovic, V., Moscovitch, D. A., Santesso, D. L., Mccabe, R. E., Antony, M. M., & Schmidt, L. A. (2011). Changes in eeg cross-frequency coupling during cognitive behavioral therapy for social anxiety disorder. Psychological Science, 22(4), 507–516.

Morita, Y., Morita, K., Yamamoto, M., Waseda, Y., & Maeda, H. (2001). Effects of facial affect recognition on the auditory p300 in healthy subjects. Neuroscience Research, 41(1), 89–95.

Ochsner, K. N., & Gross, J. J. (2005). The cognitive control of emotion. Trends in Cognitive Sciences, 9(5), 0–249.

Paulmann, S., & Kotz, S. A. (2008). Early emotional prosody perception based on different speaker voices. Neuroreport, 19(2), 209–213.

Pessoa, L. (2009). How do emotion and motivation direct executive control? Trends in Cognitive Sciences, 13(4), 160–166.

Pessoa, L. (2010). Emergent processes in cognitive-emotional interactions. Dialogues in Clinical Neuroscience, 12(4), 433–448.

Pinheiro, A. P., Del Re, E., Nestor, P. G., Mccarley, R. W., Goncalves, O. F., & Niznikiewicz, M.

(2013). Interactions between mood and the structure of semantic memory: event-related potentials evidence. Social Cognitive and Affective Neuroscience, 8(5), 579 – 594.

Polich, J., & Geisler, M. W. (1991). P300 seasonal variation. Biological Psychology, 32(2 – 3), 173 – 179.

Raz, S., Dan, O., & Zysberg, L. (2014). Neural correlates of emotional intelligence in a visual emotional oddball task: an erp study. Brain and Cognition, 91, 79 – 86.

Rozenkrants, B., & Polich, J. (2008). Affective erp processing in a visual oddball task: arousal, valence, and gender. Clinical Neurophysiology, 119(10), 2260 – 2265.

Saunders, N., Downham, R., Turman, B., Kropotov, J., Clark, R., & Yumash, R., et al. (2015). Working memory training with tdcs improves behavioral and neurophysiological symptoms in pilot group with post-traumatic stress disorder (ptsd) and with poor working memory. Neurocase, 21(3), 271 – 278.

Schupp, H. T., Junghofer M., Weike, A. I., & Hamm, A. O. (2003). Attention and emotion: an erp analysis of facilitated emotional stimulus processing. NeuroReport, 14(8), 1107 – 1110.

Simon – Thomas, E. R., Role, K. O., & Knight, R. T. (2005). Behavioral and electrophysiological evidence of a right hemisphere bias for the influence of negative emotion on higher cognition. Journal of Cognitive Neuroscience, 17(3), 518 – 529.

Smith, & Michael, E. (1993). Neurophysiological manifestations of recollective experience during recognition memory judgments. Journal of Cognitive Neuroscience, 5(1), 1 – 13.

Squires, K. C., Donchin, E., Herning, R. I., & Mccarthy, G. (1977). On the influence of task relevance and stimulus probability on event-related-potential components Electroencephalography and Clinical Neurophysiology, 42(1), 0 – 14.

Storbeck, J., & Clore, G. L. (2005). With sadness comes accuracy; with happiness, false memory: mood and the false memory effect. Psychological Science, 16(10), 785 – 791.

Sutton, S., Braren, M., Zubin, J., & John, E. R. (1965). Evoked-potential correlates of stimulus uncertainty. Science, 150(3700), 1187 – 1188.

Tim Dalgleish. (2004). The emotional brain. Nature Reiview Neuroscience, 5(7), 583 – 589.

Ullsperger, M., Fischer, A. G., Nigbur, R., & Endrass, T. (2014). Neural mechanisms and temporal dynamics of performance monitoring. Trends in Cognitive Sciences, 18(5), 259 – 267.

Wang, Y. N., Zhou, L. M., & Luo, Y. J. (2008). The Pilot Establishment and Evaluation of Chinese Affective Words System. Chinese Mental Health Journal, 22(8), 608 – 612.

Warriner, A. B., Kuperman, V., & Brysbaert, M. (2013). Norms of valence, arousal, and dominance for 13,915 English lemmas. Behav Res Methods, 45(4), 1191 – 1207.

Weinberg, A., & Hajcak, G. (2011). Electrocortical evidence for vigilance-avoidance in generalized anxiety disorder. Psychophysiology, 48(6), 842 – 851.

Weiland – Fiedler, P., Erickson, K., Waldeck, T., Luckenbaugh, D. A., Pike, D., & Bonne, O., et al. (2004). Evidence for continuing neuropsychological impairments in depression. Journal of Affective Disorders, 82(2), 253 – 258.

Weiskrantz, & Lawrence. (1956). Behavioral changes associated with ablation of the amygdaloid complex in monkeys. Journal of Comparative and Physiological Psychology, 49(4), 381-391.

Wu, C., & Zhang, J. (2019). Conflict processing is modulated by positive emotion word type in second language: an erp study. Journal of Psycholinguistic Research, 48(3).

Yao, Z., Wu, J., Zhang, Y., & Wang, Z. (2017). Norms of valence, arousal, concreteness, familiarity, imageability, and context availability for 1,100 Chinese words. Behav Res Methods, 49(4), 1374-1385.

Silberman, E. K., Weingartier, H., & 王益明. (1992). 情绪的大脑半球功能的单侧化[J]. 心理科学进展, 10(1), 29-34.

李雪冰, 罗跃嘉. (2011). 空间及言语工作记忆任务的情绪效应：来自ERP/fMRI的证据[J]. 心理科学进展, 19(2), 166-174.

罗跃嘉, 吴婷婷, 古若雷. (2012). 情绪与认知的脑机制研究进展[J]. 中国科学院院刊(S1), 31-41.

毛茅. (2013). 音乐诱发情绪的心理生理测量及其在服务设计中的应用[D]. 北京：清华大学.

张禹等. (2016). 任务无关情绪刺激对工作记忆信息更新的影响：来自ERP的证据[J]. 心理科学, 39(1): 2-7.

第十五章 情绪的脑成像研究

本章主要介绍在喜(happiness)、怒(anger)、哀(sadness)、惧(fear)、惊(surprise)和厌(disgust)等基本情绪的加工中,大脑不同区域起到的作用。重点介绍以人为被试者、利用脑成像技术,如正电子发射型计算机断层显像(Positron Emission Computed Tomography,PET)、单光子发射计算机断层成像术(Single-Photon Emission Computed Tomography,SPECT)、功能磁共振成像(functional Magnetic Resonance Imaging,fMRI)、功能性近红外成像(functional Near-Infrared Spectroscopy,fNIRS)等脑成像研究技术得到的情绪加工相关脑区的动态加工结果,以及利用磁共振成像(Magnetic Resonance Imaging,MRI)技术得到的静态脑成像结果。同时我们也将引用一些使用脑损毁技术、显微注射技术等方法探讨动物某些脑区功能的研究。在每种情绪的最后,又列举了与该情绪相关的心理障碍的脑成像研究,提示脑成像研究在临床中的应用价值。

需要注意的是,情绪加工非常复杂,实际的情绪加工涉及大脑多个部位,很难由一个单独的神经回路或脑结构来定义或概括。当前研究关注的主要是某种特定类型的情绪任务及特定情绪行为的神经基础。需要指出的是,本章列举的研究,主要是通过功能代谢成像技术进行的。该类技术具有空间定位准确,但时间分辨率不足的特点。而前面介绍的脑电基础则具有较高的时间分辨率。读者可以结合本章内容及"情绪的脑电研究"的章节,以更加深入和全面地了解大脑对情绪加工的时空特点。

第一节 概 述

MRI 成像利用了有机体组织的磁特性。成像时,扫描仪产生强大磁场,使质子变得与磁力线方向平行,无线电波穿过磁区域,质子会吸收能量;当无线电波关闭,吸收的能量消散,质子重新朝向磁场的方向。这种同步反弹产生的能量被头部周围探测器接受并通过计算机图像重组和空间编码成像(周晓林,高定国,2016)。MRI 扫描可以分辨小于 1 毫米的结构,图像清晰度非常高,不仅能够清晰地显示皮质的各个沟回,还能能够清晰地观察诸如乳头体或上丘等体积较小的皮下结构。

PET、SPECT、fMRI 和 fNIRS 都属于利用脑功能代谢或血流量变化的成像技术,其共同的原理在于,大脑是极度需要新陈代谢的器官,尤其是当大脑进行某一加工时,相关脑区被激活,该区域血流量增加,耗氧量和消耗葡萄糖的量上升,因此可以通过记录新陈代谢情况了解大脑在进行某种加工时激活了哪个脑区。这些方法的区别在于成像手段不同:PET

和 SPECT 利用放射性元素作为示踪剂,将示踪剂注射到体内,并利用示踪剂物理特性成像。成像位置与血流量变化有关:哪里血流量大,哪里的射线最多,可以通过这些射线实现重构图像。在 PET 研究中通常设置控制条件和实验条件,因变量为两种条件之间局部血流量(regional Cerebral Blood Flow,rCBF)的变化。fMRI 通过检测脑局部氧消耗量的变化反映脑区激活情况。当大脑局部进行加工活动,该区域血流量增加,更多含氧血红蛋白(oxyhemoglobin,O_2Hb)就会流向该区域,fMRI 通过记录含氧血红蛋白:脱氧血红蛋白(deoxygenated hemoglobin,HHb)的比率(即血氧依赖水平,Blood Oxygenation Level-Dependent,BOLD)反映大脑的加工特点。还有很多研究关注了静息态下大脑的功能活动,静息态 fMRI(rest state fMRI,rs-fMRI)信号即静息状态下血氧水平依赖信号,能够反映大脑自发性的神经元活动及活动激活的模式和程度。

fMRI 技术的成像原理是含氧、脱氧血红蛋白对磁场的敏感性有差异,而 fNIRS 的成像利用的是含氧、脱氧血红蛋白对不同长度近红外光吸收率的差异。此外,fNIRS 成像的原理基本与 fMRI 相同。fNIRS 的因变量为 O_2Hb 浓度(HbO)或 HHb 浓度(叶佩霞,朱睿达,唐红红,买晓琴,刘超,2017)。

第二节 不同情绪的脑成像研究成果

一、喜(积极情绪)的脑成像研究

"喜"一般指开心,愉快的情绪,既可以来自感官的愉快体验(比如吃到了喜欢的食物),也可以来自更高的加工层次(比如社交可以带来快乐)。在本章,我们将所有对积极情绪的研究归纳为"喜"这一情绪的研究。

早期研究者关注了大脑情绪加工的偏侧化现象,并提出了积极情绪的偏侧化假设。这一理论认为加工积极情绪的脑区位于大脑左半球,而消极情绪加工的中枢位于大脑右半球。Ahern 和 Schwartz(1979)观察了被试者在回答不同情绪效价问题时的眼动特征,发现左半球与积极情绪有关,而消极情绪问题引发了右半球的加工。但是随着脑成像技术的发展,这种笼统的将情绪与左右脑功能相对应的理论受到了挑战,研究者更加关心与"喜"或积极情绪相关的特定脑区。

研究发现,由食物、性、成瘾性药物、朋友和爱人、音乐,甚至持续的幸福状态带来的喜悦有着共同的脑机制。与喜相关的脑区包括:前额叶皮层,包括部分眶额(Orbitofrontal Cortex,OFC、脑岛(insula)和前扣带皮层(Anterior Cingulate Cortex,ACC),以及皮层下边缘结构(如伏隔核 Nucleus Accumbens,NAc)、腹侧苍白球(Ventral Pallidum,VP)和杏仁核 amygdala)(Berridge & Kringelbach,2015)(图 15.1)。其中,眶额皮质(OFC)得到的关注最多,一项 fMRI 研究发现,OFC 的激活程度随愉快的主观评分的变化而改变,为 OFC 与愉快的主观体验有关提供了直接证据(Kringelbach,O'Doherty,Rolls,& Andrews,

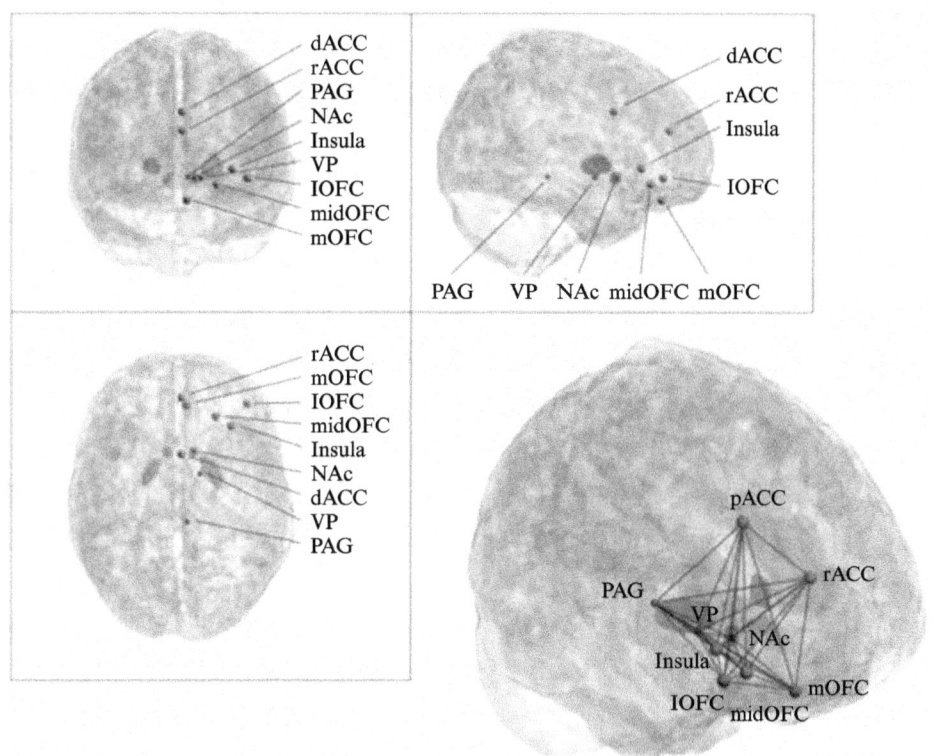

图 15.1　与积极情绪加工相关的脑结构

（来源：Berridge & Kringelbach, 2015）

2003）。来自于 PET 的研究表明,当赢得金钱奖励时,左侧 OFC 激活增强（Thut et al., 1997）。

在皮下结构中,伏隔核与积极情绪加工联系最为密切。NAc 位于前脑皮层下的前部,包含着多巴胺和类鸦片传递系统,其中多巴胺是"脑的愉快神经递质",因此 NAc 有诱导积极情绪的作用。NAc 还经常被脑神经科学家认为是奖励和愉快系统的一般流通渠道,被称为"正性奖励的感情通道"（杨丽珠,董光恒,金欣俐,2007）。研究发现观看美食和色情照片能够激活伏隔核,并且伏隔核血氧依赖（BOLD）水平差异与 6 个月后个体体重和性欲的变化有关（Demos, Heatherton, & Kelley, 2012）。但是如果一个人过度追求奖赏和满足则可能导致成瘾行为,研究支持了成瘾患者伏隔核加工的异常。如动物实验发现,损毁 NAc 可以减少小鼠对成瘾药物的寻求（for a review, see Koob & Volkow, 2010）。人类脑成像研究提示成瘾形成和维持的原因可能和 NAc 与额叶的功能连接异常有关,如 Motzkin 等人（2014）使用 MRI 技术探究了物质成瘾的结构基础,结果发现相比对照组,物质成瘾组的 NAc 与主管认知控制的额叶区域的功能连接减弱,并且这种连接的强度与个人认知控制行为相关。研究者认为伏隔核和皮质交互的异常与物质成瘾的发生发展相关。

杏仁核也和积极情绪加工有一定的关系,研究发现,随着面孔愉快程度的减少和恐惧程度的增加,被试者左侧杏仁核的激活程度不断提高（Morris et al., 1996）。不过该项研究和其他研究结果更多指向了杏仁核在恐惧情绪加工中的重要性,这一点将在后文中详述。2015年发表在《自然》杂志上的一篇文章揭示了杏仁核参与积极情绪加工的神经机制:杏仁核-NAc的谷氨酸通路与NAc中的多巴胺信号相结合,促进寻求奖赏的行为(Namburi et al.,2015)。

二、愤怒的脑成像研究

动物的"假怒"实验是揭示愤怒情绪加工脑区的经典实验。该实验发现,在切除了下丘脑后部之前的大脑皮质后,动物会出现与正常动物相似的攻击行为,并且这种行为在受到轻微的刺激时就会被激活,但是这些攻击行为并没有直接攻击特定目标,因此研究者用"假怒"来描述这种行为特征。但是当切除的组织包括下丘脑后部时,假怒的行为即可终止,说明假怒的关键部位是下丘脑后部(杨艳杰,2014)。人类研究同样显示了丘脑、边缘系统和脑干在愤怒情绪反应中的重要性(Gilam & Hendler,2017),但更多的脑成像研究关注了更高级的皮层区域对愤怒情绪加工的重要性。

Blair等人(1999)通过计算机模拟让一张中性脸逐渐变为愤怒脸,并通过PET技术检测脑部代谢情况。结果发现,随着面孔愤怒程度的增加,眶额皮质(OFC)和前扣带皮层(ACC)的激活程度也随之增加,说明OFC与ACC同愤怒情绪加工有关。后续的研究进一步引入了内隐和外显愤怒的分类,Sander等(2005)通过fMIR监控双耳分听任务中被试者血氧代谢特点发现,不论被试者是否注意到愤怒的语气,他们的右侧杏仁核及双侧颞上沟区域均被激活;而OFC仅对注意到的愤怒语气较为敏感。研究还证实了OFC及ACC脑区与情绪行为的关系,如Beyer,Münte,Göttlich,& Krämer(2015)等人发现,愤怒面孔引发的OFC活动增加与愤怒行为负相关;而愤怒面孔引发的ACC活性增强则与愤怒行为正相关。近期的一项综述中,研究者在探讨了OFC与情绪加工的关系后指出,OFC通过预期愤怒情绪的后果来指导愤怒行为;ACC也起到了类似的调节作用(Gilam & Hendler,2017)。

边缘型人格障碍(Borderline Personality Disorder,BPD)的特点之一即愤怒控制存在缺陷,造成他们情绪不稳定、易冲动。脑成像研究揭示了他们在进行愤怒情绪加工时OFC和ACC等脑区出现了加工异常。fMRI研究发现,BPD患者被激怒后,他们的右侧杏仁核及右侧丘脑活性增加,而其亚属前扣带皮层(subgenual Anterior Cingulate Cortex,sgACC)活性降低,研究者认为BPD的杏仁核-前额叶环路出现异常(Jacob et al.,2013)。PET研究表明,诱发BPD和间歇性爆发障碍(Intermittent Explosive Disorder,IED)共病(即BPD-IED)患者的愤怒情绪后,他们OFC和杏仁核脑区葡萄糖代谢量上升,而正常被试者该区域的代谢率则有所下降;对照组前侧、中部和背外侧前额叶的代谢率则比BPD-IED高。BPD-IED情绪加工的异常在于他们情绪加工的杏仁核-OFC通路活性强,而与认知控制相关的背侧皮质活性弱,因此他们被强烈的情绪控制而不能有效地自我调节(New et al.,2009)。

三、悲伤的脑成像研究

早期研究发现，悲伤情绪的加工有赖于边缘系统和附近脑区的激活。如 George 等（1995）的研究使用 PET 记录了健康女性被试者在加工悲伤和快乐情绪时的脑区激活情况，结果发现，悲伤情绪激活了包括双侧边缘系统和边缘旁系结构，包括扣带回、前额叶中部、内侧颞叶等皮质区域，皮下结构中，脑干、丘脑和尾状核被激活。同时他们发现，参与快乐和悲伤加工的脑区非常复杂，对两种情绪的加工不是相同脑区的激活或减活那么简单，而是两种情绪以不同的方向影响不同的大脑区域。但是由于研究技术和研究设计的限制，这项研究没有实现悲伤情绪与其他认知过程的剥离，如研究发现的内侧颞叶的激活可能与记忆有关而非与情绪加工相关。后续的研究进一步明确了悲伤情绪加工的具体位置，并发现悲伤情绪与扣带回等脑区有关。在一项回顾了 55 篇脑成像研究的元分析中，研究者得出结论认为悲伤的情绪加工与胼胝体下扣带皮层（Subcallosal Cingulate Cortex，SCC）有关（Phan，Wager，Taylor，& Liberzon，2002）。作者发现引发悲伤情绪的研究中，有 46% 报道了 SCC 的激活，这是其他情绪激活该脑区频率的 2 倍。还有研究发现悲伤情绪加工与 ACC 有关。如 Liotti 等（2000）比较了健康被试者回忆悲伤事件和中性事件时的 PET 图像特征，发现悲伤情绪与背侧岛叶和 sgACC 区域的激活增加有关；同时也与右侧前额叶、后侧顶叶的激活减少有关。

持续性的悲伤情绪是抑郁症的症状之一。研究者为抑郁症患者存在 SCC 区代谢异常提供了证据。Drevets 等（1997）使用 MRI 和 PET 为双向情感障碍（抑郁和躁狂交替发作）和抑郁症患者（"单向"情感障碍）的脑功能异常提供了结构和功能上的证据。首先，MRI 结果发现 39% 和 48% 的双向情感障碍和抑郁症患者存在前额叶腹侧到胼胝体膝部（genu of corpus callosum）区域灰质体积的减少。PET 成像结果进一步证明双向和单项情感障碍患者的这一区域活性下降。利用 fMRI 技术，Schwartz 等（2019）发现，重性抑郁障碍（Major Depression Disorder，MDD）患者右侧 sgACC 和膝前/背前侧扣带（pregenual/dorsal Anterior Cingulate Cotex，pg/dACC）的功能连接减弱，并且 sgACC - pg/dACC 与 MDD 及正常人对悲伤情绪加工的灵活性有关。sgACC - pg/dACC 与日常负性情绪加工相关，而 MDD 患者这部分功能受损，这可能是 MDD 症状持续的一种机制。此外，中国学者近期对抑郁治疗的脑成像研究进行了元分析，结果发现，抑郁障碍患者在接受治疗后，活动增加的脑区聚集于扣带回、枕下回、顶上小叶和楔前叶，而活动减少的脑区聚集于左右楔前叶、左右额下回、豆状核、颞上回、颞中回、额上回、海马旁回、额中回、丘脑和中央后回，提供了较为全面的抑郁症治疗生理机制证据（任志洪等，2017）。

四、恐惧的脑成像研究

早期研究中，研究者关注了边缘系统在情绪加工中的作用，如 Paradiso 等人（1997）使用PET表明,看到高兴、恶心和恐惧的电影片段后,边缘系统的部分结构出现激活。后续研究则主要关注了杏仁核对恐惧表情识别的作用。如Breiter等(1996)发现,在观察愤怒面孔时,杏仁核的激活增强,并且尽管杏仁核也对其他表情产生反应,其对愤怒的反应更为明显。

大量恐惧情绪的研究进展来自对条件恐惧习得与消退的研究。相比于其他情绪,条件恐惧具有概念明确、易于操作并采用实验研究的特点(刘海燕,2004)。条件恐惧是建立在经典条件反射基础上的恐惧反应,在条件恐惧建立的过程中,首先呈现中性刺激(如光或声音),该刺激即为条件刺激(Conditioned Stimulus,CS),之后接着呈现一个危险性的无条件刺激(Unconditioned Stimulus,US;通常是电击),经过多次训练,中性刺激转变成条件刺激,形成条件恐惧反应(conditioned Reaction,CR)。著名脑科学家LeDoux等人的一系列实验表明,杏仁核是与恐惧情绪联系最密切的中枢部位。他们描述了听觉CS引发恐惧反应的过程,如图15.2所示。听觉CS首先经丘脑和听觉皮质的加工,之后传入外侧杏仁核(Lateral Amygdala,LA)。LA再将信息传入杏仁核中心核(central amygdala),后者引发行为系统、自主神经系统和下丘脑垂体-肾上腺轴(Hypothalamic - Pituitary - Adrenal,HPA轴)的防御反应,即出现CR。在一项fMRI研究中,LaBar等(1998)对正常人条件恐惧形成的过程进行了脑成像研究。结果发现,不论是在个体水平还是在团体水平上,在条件恐惧形成的早期,被试者的杏仁核或者杏仁核周边的皮质激活均表现出增强,并且其增强水平与皮电反应成正相关,说明了杏仁核加工与自主神经反应间的联系。

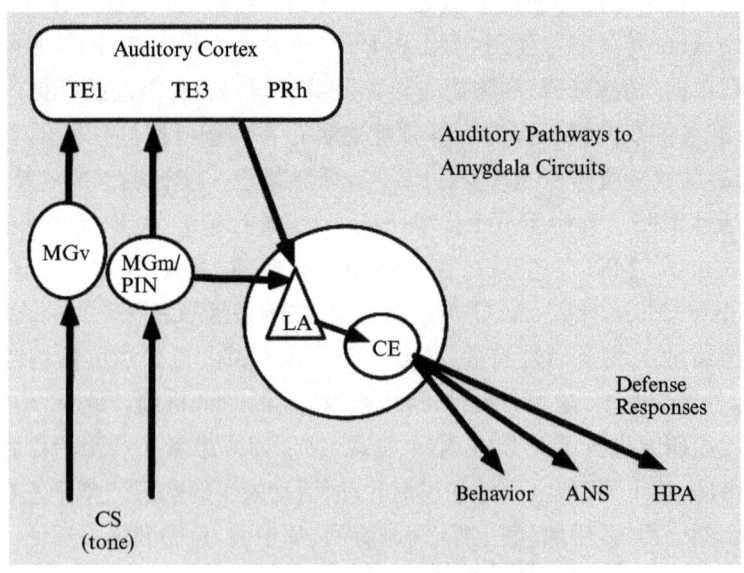

图15.2　杏仁核环路言语加工通路

(来源:LeDoux,2000)

条件恐惧的消退(extinction)是将条件刺激CS与无恐惧刺激no - US配对的过程,是一种新的学习和记忆,这种新的安全记忆会对以往的不安全记忆产生抑制作用(Maddox,

Hartmann，Ross，& Ressler，2019）。在恐惧的消退的过程中，内侧前额叶（medial prefrontal cortex，mPFC）对杏仁核的活动起到了抑制作用，并使恐惧反应降低。研究者使用 MRI 方法发现，mPFC 厚度与恐惧消退有关，尤其是内侧眶额皮质（medial orbitofrontal cortex）越厚，个体在恐惧消退阶段的皮电反应越低，恐惧记忆消退越明显。这一结果为 mPFC 参与恐惧消退过程提供了生理依据（Milad et al.，2005）。

条件恐惧是 PTSD 形成的机制之一，如战后患有 PTSD 的老兵在听到直升机的声音（CS）时可能将其与战争情景（US）联系起来，从而产生严重的恐惧反应（UR），并发展成为 PTSD。研究发现，PTSD 患者的杏仁核功能也存在着异常。Liberzon 等（1999）使用 SPECT 技术对比了 PTSD 患者和对照组对白噪声和与创伤相关的声音的神经激活程度，结果发现，当呈现白噪声时，PTSD 患者、有创伤经历但未出现 PTSD 的对照组和健康对照组的左侧杏仁核激活程度相似，但当播放与创伤经历相关的声音时，PTSD 组的左侧杏仁核激活水平明显出现上升如图 15.3 所示。此外，PTSD 症状的持续提示该疾病患者条件恐惧的消退可能存在异常，由于恐惧消退与 mPFC 相关，因此研究者对 PTSD 患者的这一脑区进行了脑成像研究。结果发现，PTSD 患者在回忆创伤经历时 mPFC 活性下降，而杏仁核活性增强，在经过治疗后，他们的 mPFC 活性恢复正常或者有所增强，说明恐惧的消退与 mPFC 的活性有关。

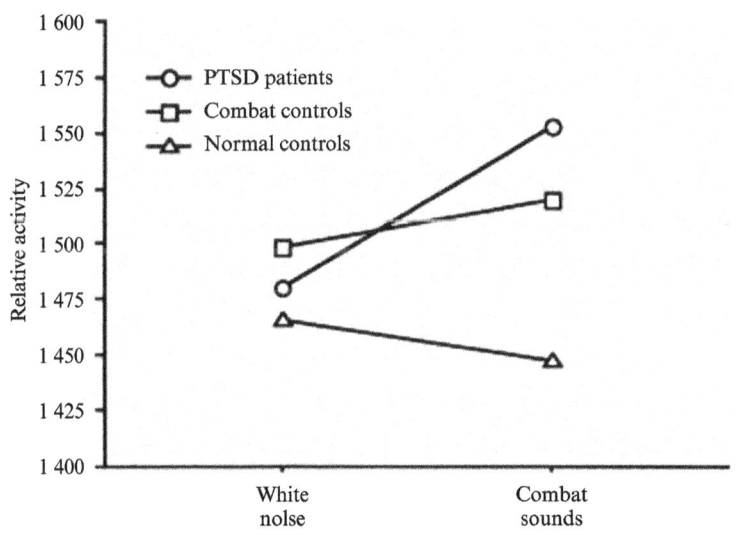

图 15.3 PTSD 和对照组的杏仁核活动折线图

在播放创伤相关的声音时，PTSD 患者的杏仁核活动水平明显增强。

（来源：Liberzon et al.，1999）

条件恐惧消退的研究也对 PTSD 的治疗提供了思路和依据。首先，PTSD 的常用治疗方法：暴露疗法（expose therapy）及延长暴露疗法（Prolonged expose，PE）的理论依据就是条件恐惧的消退。在这些治疗中，患者被置身于真实或想象的创伤情境中进行在体验，治疗师通过将创伤情景（CS）与不断下降的情绪反应（no-US）相联系从而改善 PTSD 症状。当前的脑成像研究为暴露疗法的有效性提供了神经基础。如近期一项研究发现，PE 治疗可以增加 PTSD 患者杏仁核-眶额皮层在静息状态下的功能连接性（resting-state functional connectivity，rsFC），以及海马-内侧前额叶 mPFC 的 rsFC，为 PE 治疗的有效性提供了生理依据（Zhu et al.，2018）。（详见插页彩图八）

五、厌恶的脑成像研究

对厌恶情绪的研究较为一致地指向了前脑岛皮质（anterior insular cortex）对该情绪识别和体验的重要性。如 Philips 等人发表在《自然》杂志上的一篇研究报告发现，厌恶和恐惧表情引发的脑区激活位置有差异，恐惧更多与杏仁核有关，而强烈的以及中度的厌恶表情都能激活前脑岛，而非杏仁核；此外，强烈的厌恶表情还与皮质-纹状体-丘脑回路相关（Phillips et al.，1997）。Wicker et al.（2003）等人的研究进一步发现，替代性的厌恶情绪体验（看到别人的厌恶经历）及直接的厌恶情绪（自己经历厌恶）激活了前脑岛的相同位置，作者认为这一结果除了说明前脑岛和厌恶情绪的关系，还能说明在理解他人情绪时可能需要自己模仿和经历他人的情绪体验，这是我们了解他人情绪和行为的机制。厌恶情绪还可以根据是否包含道德评价分为"道德厌恶"（moral disgust）和"纯粹厌恶"（pure disgust），举例来说，我们看到呕吐、肮脏等画面引起的厌恶情绪就是"纯粹厌恶"；而由乱伦性行为引起的厌恶感则可以划分为道德厌恶。Schaich 等（2008）比较了不同类型的厌恶情绪的脑机制，结果两种不同的厌恶情绪都引起了基底节、杏仁核、丘脑、海马旁回、背侧前扣带皮质、楔前叶、视觉皮层活性和中央前、后回活性的增强。同时他们还发现，相比其他道德厌恶内容，与性相关的道德厌恶引起的杏仁核、中脑、楔前页、前部脑岛等大脑深部的活性更强。研究者认为与身体健康相关的厌恶更多激活大脑的皮层下结构；与社会道德和规范相关的厌恶更多激活大脑皮层结构，两者可能具有不同的神经基础（黄好，罗禹，冯廷勇，李红，2010）。

一些神经疾病（如亨廷顿病 Huntington's Disease，HD、帕金森病 Parkinson's Disease，PD，及威尔逊病 Wilson's Disease，WD）的患者在基底节上都存在不同程度或者部位的损伤，同时这些患者在厌恶情绪的加工方面也存在异常表现。对这些患者的研究揭示了基底节在厌恶情绪加工中的作用，如研究发现，相比对照组，HD 患者加工悲伤、恐惧、愤怒表情的能力受损达到边缘显著，而厌恶表情的加工受损极其显著；基底节受损的 PD 患者也表现出厌恶加工的异常（黄好，罗禹，冯廷勇，李红，2010）；还有研究发现，WD 患者对怕、怒和厌恶情绪都存在加工异常，其中对厌恶的认知障碍最为明显（汪凯，杨任民，Hoosain，2003）。使用脑成像技术，研究者还进一步探讨了 HD 患者厌恶加工的神经机制。HD 是一种常染色体显性遗传性神经退行性疾病，研究者比较了尚未表现出症状的 HD 基因携带者（简称 pre - HD）和正常人在观看厌恶表情图片时的表现，结果发现，相比对照组，pre - HD 患者左背侧前脑岛的激活更低，并且正常人该区域的活性和厌恶情绪加工有关；而在 pre - HD 中则没有这样的相关，说明即使没有表现出症状，pre - HD 患者也存在厌恶加工异常的神经基础（Hennenlotter et al.，2004）。

六、惊讶的脑成像研究

相比与其他情绪,惊讶情绪似乎临床价值较少,惊讶似乎没有与哪种特定精神或者神经疾病相关,也没有哪种疾病的患者会特异性地表现出惊讶加工的缺陷。因而关注惊讶的研究数量较少,对惊讶的加工机制也尚待进一步明确。不过目前的研究对惊讶的相关脑区进行了一定的探索。

尽管恐惧和惊讶表情有相似之处,但脑成像研究发现,二者有不同的神经基础。在快速辨别恐惧和惊讶表情时,激活了不同的脑区,其中与惊讶表情加工相关的脑区主要有右侧中央后回和左侧后脑岛(Zhao, Zhao, Zhang, Cui, Fu, 2017)。当被试者的感觉到一个没有预料到新异刺激时,被试者丘脑和躯体感觉区到脑岛、扣带回和前额叶(PFC)的上行连接增强,前脑岛皮质(Anterior Insula Cortex, AIC)到感觉皮层的下行通路连接也增强;同时那些更容易察觉刺激变化的人的 PFC 到 AIC 的连接减弱,研究者认为 AIC 在处理触觉预测的误差加工中起到协调上行和下行通路的作用(Allen et al., 2016)。我们体验到的信息与期待不一致时,确实会感到惊讶,但是二者并不能完全画等号。那么以上实验结果能否说明 AIC 就是惊讶加工的关键脑区呢?通过剥离期待误差,研究者发现惊讶的信号与纹状体、初级感觉皮质、额极和杏仁核有关(Chumbley et al., 2014),这似乎与 Allen 等人的研究存在一定的出入。近期的一项综述中,研究者在对多篇 fMRI 研究进行了 meta 分析后发现,ACC、AIC 及背侧纹状体脑区与惊讶的加工相关(Fouragnan, Retzler, & Philiastides, 2018)。总之,惊讶情绪加工的神经机制目前还不是十分清晰。

七、其他情绪的脑成像研究

相比喜怒哀惧和厌恶等简单情绪,复合情绪往往涉及复杂的认知、情绪和行为加工,如依恋性复合情绪涉及情感连接,自我意识情绪涉及自我意识和评价,自我预期情绪涉及期望、推理过程,等等(徐晓坤,王玲玲,钱星,王晶晶,周晓林,2005)。

研究者使用 fNIRS 技术监测了母亲及其婴儿在被动观看自己或别人母子笑脸视频时的脑部血氧活动情况。结果发现,与其他人的笑脸相比,母亲看到自己婴儿笑脸时,其 OFC 的 HbO 显著升高,而婴儿也表现出同样的活动模式,说明 OFC 参与社会性情绪加工(Minagawa-Kawai et al., 2009)。男女的情爱也是依恋情绪的一种表现,研究发现,相比看到朋友的照片,当看到自己配偶的照片时,被试者腹侧被盖区(Ventral Tegmental Area, VTA)和背侧纹状体被激活,同时与母婴依恋有关的苍白球、黑质、中缝核、丘脑、岛叶皮质、前扣带和后扣带脑区也被激活,并且这些区域的激活程度同多个爱情量表得分相关(Acevedo, Aron, Fisher, & Brown, 2012)。

OFC 还与自我预期性的情绪有关。一篇发表在《科学》杂志上的文章报道,当正常被试者在赌博游戏中发现他们错过了更好的收益时,将会有较强的后悔情绪,而 OFC 受损的患者则体验不到后悔,说明 OFC 对后悔情绪体验有重要作用(Camille et al.,2004)。后续的脑成像研究进一步证实,后悔情绪会引起 OFC、ACC 及海马等脑区活性的增加;同时研究者还发现,随着实验的进行,被试者会越来越产生对后悔的反感,并在行为出现前就表现在 OFC 和杏仁核的活性变化中,说明 OFC 不仅与后悔的情绪体验有关,还与情绪预期有关(Coricelli et al.,2005)。嫉妒情绪也是一种自我预期情绪,它被定义为当个体认为真实或想象中的对手可能令个体失去某些有价值的关系时产生的情绪。研究者设计了赌博游戏研究社会互动和社会比较中嫉妒情绪的脑机制,结果发现当被试者发现与其一同完成赌博游戏的人赢的钱比自己多时(即相对"输"的状态),会体验到嫉妒情绪;而即使被试者输了钱,但只要他们发现别人输的钱更多时(即相对"赢"的状态),他们还是能感到幸灾乐祸和愉快。作者进一步使用 fMRI 技术监测了被试者在相对输和相对赢状态下的脑区活动,结果发现纹状体活性与这些社会比较相关,说明纹状体与嫉妒和幸灾乐祸等复杂情绪有关(Dvash,Gilam,Ben-Ze'Ev,Hendler,& Shamay-Tsoory,2010)。

内疚和尴尬的产生过程中都需要自我意识和自我评价的参与,是两种较为典型的自我意识和自我评价情绪。研究者记录了正常人在回想内疚事件时的脑区活动,结果发现,相比于中性情绪回忆,内疚情绪回忆主要引发了边缘旁系前侧(anterior paralimbic regions)脑区的激活,包括双侧前颞极、ACC、左侧前脑岛皮质/额下回等脑区(Shin et al.,2000)。精神病态人格障碍(psychopathy personality disorder)的一个重要表现就是缺少内疚和怜悯,研究者对犯人的脑结构进行了 MRI 扫描并同时记录了他们精神病态的分数。结果显示,犯人大脑扣带回中部、额上回、外顶叶皮质、背侧额叶及枕叶等脑区的局部回指数(Local Gyrification Index,LGI)与精神病态分数相关,说明精神病态的情绪加工异常可能存在结构基础(Miskovich et al.,2018)。内疚情绪主要来自对道德准则的违反,而尴尬情绪主要产生于对社会惯例的违反,二者都包括了自我意识和自我评价过程,但在尴尬情绪的产生中,还包括了真实的或想象的旁观者(评价),因而更为复杂(Takahashi et al.,2004)。研究者使用脑成像技术为尴尬和内疚的区别提供了神经基础。Takahashi 等(2004)的研究发现,尴尬和内疚情绪都能激活包括前额叶中部、左侧颞上沟后部和视觉皮层等脑区,此外尴尬情绪还在右侧颞叶皮质、双侧海马和视觉皮质等脑区产生了更强的激活,说明了尴尬情绪加工的复杂性。

八、总结和展望

情绪的脑成像研究为情绪加工的生理基础提供了可靠的证据。但读者需要注意的是,首先,当前的脑成像研究技术在时间精度上存在一定的局限性,因此对脑区激活程度的反映存在一定的延迟。其次,脑成像研究只能提供"相关"水平的证据,换句话说,脑成像捕捉到的神经活动变化既可能是情绪反应的原因,也可能是其结果,通过脑成像研究结果,我们只能说某个脑区与某些情绪"相关",如果要进行进一步的因果推测,还需参考应用脑损伤、神经系统电刺激或药物显微注射等方法进行的研究(Berridge,2003)。

本章虽然重点阐述了与某一情绪加工相关的脑区,但是读者需要了解,大脑在加工某种情绪时,实际上包含了多个脑区的加工过程,不同的脑区在加工不同的情绪时是协同作业的,而不是单独起作用的。近年来,研究者们发现利用结构和扩散磁共振成像数据构建的脑结构网络以及利用脑电图/脑磁图数据和功能磁共振成像数据构建的脑功能网络具有很多重要的拓扑性质,并且许多神经精神疾病(如阿尔兹海默病和精神分裂症等)与脑结构和脑功能网络的异常的拓扑变化有关(梁夏,王金辉,贺永,2010)。基于功能网络的视角研究大脑情绪加工机制是当前脑机制研究的重要取向。近期有研究探讨了正常被试者的脑功能网络加工特点,结果发现不同个体之间的网络连接存在个体差异,并且这种个体差异同伴随悲伤情绪的重复性负性思维有关(Lydon‐Staley et al.,2019)。基于功能网络的脑成像研究可能是今后研究的重要方向,关注正常人情绪加工的个体差异、临床心理疾病的脑功能网络机制有助于我们从结构和功能上进一步理解大脑情绪加工的机制。

参考文献

Acevedo, B. P., Aron, A., Fisher, H. E., & Brown, L. L. (2012). Neural correlates of long-term intense romantic love. *Soc Cogn Affect Neurosci*, 7(2), 145–159.

Ahern, G. L., & Schwartz, G. E. (1979). Differential lateralization for positive versus negative emotion. *Neuropsychologia*, 17(6), 693–698.

Allen, M., Fardo, F., Dietz, M. J., Hillebrandt, H., Friston, K. J., Rees, G., ... Roepstorff, A. (2016). Anterior insula coordinates hierarchical processing of tactile mismatch responses. *Neuroimage*, 127, 34–43.

Berridge, K. C. (2003). Pleasures of the brain. *Brain Cogn*, 52(1), 106–128.

Berridge, K. C., & Kringelbach, M. L. (2015). Pleasure systems in the brain. *Neuron*, 86(3), 646–664.

Beyer, F., Münte, T. F., Göttlich, M., & Krämer, U. M. (2015). Orbitofrontal Cortex Reactivity to Angry Facial Expression in a Social Interaction Correlates with Aggressive Behavior. *Cereb Cortex*, 25(9), 3057–3063.

Blair, R. J., Morris, J. S., Frith, C. D., Perrett, D. I., & Dolan, R. J. (1999). Dissociable neural responses to facial expressions of sadness and anger. *Brain*, 122(5), 883–893.

Breiter, H. C., Etcoff, N. L., Whalen, P. J., Kennedy, W. A., Rauch, S. L., Buckner, R. L., ... Rosen, B. R. (1996). Response and habituation of the human amygdala during visual processing of facial expression. *Neuron*, 17(5), 875–887.

Camille, N., Coricelli, G., Sallet, J., Pradat‐Diehl, P., Duhamel, J. R., ... Sirigu, A. (2004). The involvement of the orbitofrontal cortex in the experience of regret. *Science*, 304(5674), 1167–1170.

Chumbley, J. R., Burke, C. J., Stephan, K. E., Friston, K. J., Tobler, P. N., ... Fehr, E. (2014). Surprise beyond prediction error. *Hum Brain Mapp*, 35(9), 4805–4814.

Coricelli, G., Critchley, H. D., Joffily, M., O'Doherty, J. P., Sirigu, A., ... Dolan, R. J. (2005). Regret and its avoidance: a neuroimaging study of choice behavior. *Nat Neurosci*, 8(9), 1255–1262.

Demos, K. E., Heatherton, T. F., & Kelley, W. M. (2012). Individual differences in nucleus accumbens activity to food and sexual images predict weight gain and sexual behavior. *J Neurosci*, 32(16), 5549-5552.

Drevets, W. C., Price, J. L., Simpson, J. J., Todd, R. D., Reich, T., Vannier, M., ... Raichle, M. E. (1997). Subgenual prefrontal cortex abnormalities in mood disorders. *Nature*, 386(6627), 824-827.

Dvash, J., Gilam, G., Ben-Ze'Ev, A., Hendler, T., & Shamay-Tsoory, S. G. (2010). The envious brain: the neural basis of social comparison. *Hum Brain Mapp*, 31(11), 1741-1750.

Fouragnan, E., Retzler, C., & Philiastides, M. G. (2018). Separate neural representations of prediction error valence and surprise: Evidence from an fMRI meta-analysis. *Hum Brain Mapp*, 39(7), 2887-2906.

George, M. S., Ketter, T. A., Parekh, P. I., Horwitz, B., Herscovitch, P., ... Post, R. M. (1995). Brain activity during transient sadness and happiness in healthy women. *Am J Psychiatry*, 152(3), 341-351.

Gilam, G., & Hendler, T. (2017). Deconstructing Anger in the Human Brain. *Curr Top Behav Neurosci*, 30, 257-273.

Hennenlotter, A., Schroeder, U., Erhard, P., Haslinger, B., Stahl, R., Weindl, A., ... Ceballos-Baumann, A. O. (2004). Neural correlates associated with impaired disgust processing in pre-symptomatic Huntington's disease. *Brain*, 127(6), 1446-1453.

Jacob, G. A., Zvonik, K., Kamphausen, S., Sebastian, A., Maier, S., Philipsen, A., ... Tüscher, O. (2013). Emotional*J Psychiatry Neurosci*, 38(3), 164-172.

Koob, G. F., & Volkow, N. D. (2010). Neurocircuitry of addiction. *Neuropsychopharmacology*, 35(1), 217-238.

Kringelbach, M. L., O'Doherty, J., Rolls, E. T., & Andrews, C. (2003). Activation of the human orbitofrontal cortex to a liquid food stimulus is correlated with its subjective pleasantness. *Cereb Cortex*, 13(10), 1064-1071.

LaBar, K. S., Gatenby, J. C., Gore, J. C., LeDoux, J. E., & Phelps, E. A. (1998). Human amygdala activation during conditioned fear acquisition and extinction: a mixed-trial fMRI study. *Neuron*, 20(5), 937-945.

Liberzon, I., Taylor, S. F., Amdur, R., Jung, T. D., Chamberlain, K. R., Minoshima, S., ... Fig, L. M. (1999). Brain activation in PTSD in response to trauma-related stimuli. *Biol Psychiatry*, 45(7), 817-826.

Liotti, M., Mayberg, H. S., Brannan, S. K., McGinnis, S., Jerabek, P., ... Fox, P. T. (2000). Differential limbic-cortical correlates of sadness and anxiety in healthy subjects: implications for affective disorders. *Biol Psychiatry*, 48(1), 30-42.

Lydon-Staley, D. M., Kuehner, C., Zamoscik, V., Huffziger, S., Kirsch, P., ... Bassett, D. S. (2019). Repetitive negative thinking in daily life and functional connectivity among default mode, fronto-parietal, and salience networks. *Transl Psychiatry*, 9(1), 234.

Maddox, S. A., Hartmann, J., Ross, R. A., & Ressler, K. J. (2019). Deconstructing the Gestalt: Mechanisms of Fear, Threat, and Trauma Memory Encoding. *Neuron*, 102(1), 60-74.

Milad, M. R., Quinn, B. T., Pitman, R. K., Orr, S. P., Fischl, B., ... Rauch, S. L. (2005). Thickness of ventromedial prefrontal cortex in humans is correlated with extinction memory. *Proc Natl Acad Sci USA*, 102(30), 10706–10711.

Minagawa-Kawai, Y., Matsuoka, S., Dan, I., Naoi, N., Nakamura, K., ... Kojima, S. (2009). Prefrontal activation associated with social attachment: facial-emotion recognition in mothers and infants. *Cereb Cortex*, 19(2), 284–292.

Miskovich, T. A., Anderson, N. E., Harenski, C. L., Harenski, K. A., Baskin-Sommers, A. R., Larson, C. L., ... Kiehl, K. A. (2018). Abnormal cortical gyrification in criminal psychopathy. *Neuroimage Clin*, 19, 876–882.

Morris, J. S., Frith, C. D., Perrett, D. I., Rowland, D., Young, A. W., Calder, A. J., ... Dolan, R. J. (1996). A differential neural response in the human amygdala to fearful and happy facial expressions. *Nature*, 383(6603), 812–815.

Motzkin, J. C., Baskin-Sommers, A., Newman, J. P., Kiehl, K. A., & Koenigs, M. (2014). Neural correlates of substance abuse: reduced functional connectivity between areas underlying reward and cognitive control. *Hum Brain Mapp*, 35(9), 4282–4292.

Namburi, P., Beyeler, A., Yorozu, S., Calhoon, G. G., Halbert, S. A., Wichmann, R., ... Tye, K. M. (2015). A circuit mechanism for differentiating positive and negative associations. *Nature*, 520 (7549), 675–678.

New, A. S., Hazlett, E. A., Newmark, R. E., Zhang, J., Triebwasser, J., Meyerson, D., ... Buchsbaum, M. S. (2009). Laboratory induced aggression: a positron emission tomography study of aggressive individuals with borderline personality disorder. *Biol Psychiatry*, 66(12), 1107–1114.

Paradiso, S., Robinson, R. G., Andreasen, N. C., Downhill, J. E., Davidson, R. J., Kirchner, P. T., ... Hichwa, R. D. (1997). Emotional activation of limbic circuitry in elderly normal subjects in a PET study. *Am J Psychiatry*, 154(3), 384–389.

Phan, K. L., Wager, T., Taylor, S. F., & Liberzon, I. (2002). Functional neuroanatomy of emotion: a meta-analysis of emotion activation studies in PET and fMRI. *Neuroimage*, 16(2), 331–348.

Phillips, M. L., Young, A. W., Senior, C., Brammer, M., Andrew, C., Calder, A. J., ... David, A. S. (1997). A specific neural substrate for perceiving facial expressions of disgust. *Nature*, 389 (6650), 495–498.

Sander, D., Grandjean, D., Pourtois, G., Schwartz, S., Seghier, M. L., Scherer, K. R., ... Vuilleumier, P. (2005). Emotion and attention interactions in social cognition: brain regions involved in processing anger prosody. *Neuroimage*, 28(4), 848–858.

Schaich, B. J., Lieberman, D., & Kiehl, K. A. (2008). Infection, incest, and iniquity: investigating the neural correlates of disgust and morality. *J Cogn Neurosci*, 20(9), 1529–1546.

Schwartz, J., Ordaz, S. J., Kircanski, K., Ho, T. C., Davis, E. G., Camacho, M. C., ... Gotlib, I. H. (2019). Resting-state functional connectivity and inflexibility of daily emotions in major depression. *J Affect Disord*, 249, 26–34.

Shin, L. M., Dougherty, D. D., Orr, S. P., Pitman, R. K., Lasko, M., Macklin, M. L., ... Rauch, S. L. (2000). Activation of anterior paralimbic structures during guilt-related script-driven imagery.

Biol Psychiatry, 48(1), 43 - 50.

Takahashi, H., Yahata, N., Koeda, M., Matsuda, T., Asai, K., ... Okubo, Y. (2004). Brain activation associated with evaluative processes of guilt and embarrassment: an fMRI study. *Neuroimage*, 23(3), 967 - 974.

Thut, G., Schultz, W., Roelcke, U., Nienhusmeier, M., Missimer, J., Maguire, R. P., ... Leenders, K. L. (1997). Activation of the human brain by monetary reward. *Neuroreport*, 8(5), 1225 - 1228.

Wicker, B., Keysers, C., Plailly, J., Royet, J. P., Gallese, V., ... Rizzolatti, G. (2003). Both of us disgusted in My insula: the common neural basis of seeing and feeling disgust. *Neuron*, 40(3), 655 - 664.

Zhao, K., Zhao, J., Zhang, M., Cui, Q., & Fu, X. (2017). Neural Responses to Rapid Facial Expressions of Fear and Surprise. *Front Psychol*, 8, 761.

Zhu, X., Suarez - Jimenez, B., Lazarov, A., Helpman, L., Papini, S., Lowell, A., ... Neria, Y. (2018). Exposure-based therapy changes amygdala and hippocampus resting-state functional connectivity in patients with posttraumatic stress disorder. *Depress Anxiety*, 35(10), 974 - 984.

黄好,罗禹,冯廷勇,等.(2010).厌恶加工的神经基础[J].心理科学进展,18(09),1449 - 1457.

梁夏,王金辉,贺永.(2010).人脑连接组研究:脑结构网络和脑功能网络[J].科学通报,55(16),1565 - 1583.

刘海燕.(2004).条件性恐惧的大脑回路研究概述[J].首都师范大学学报(社会科学版)(04),112 - 117.

任志洪,阮怡君,赵庆柏,等.(2017).抑郁障碍和焦虑障碍治疗的神经心理机制——脑成像研究的 ALE 元分析[J].心理学报,49(10),1302 - 1321.

汪凯,杨任民,& Hoosain, R. (2003). Wilson 病患者的厌恶情绪加工障碍[J].中华神经科杂志(02),90 - 93.

徐晓坤,王玲玲,钱星,等.(2005).社会情绪的神经基础[J].心理科学进展,13(4),517 - 524.

杨丽珠,董光恒,金欣俐.(2007).积极情绪和消极情绪的大脑反应差异研究综述[J].心理与行为研究(03),224 - 228.

杨艳杰主编.(2013).生理心理学(第二版)[M].北京:人民卫生出版社.

叶佩霞,朱睿达,唐红红,等.(2017).近红外光学成像在社会认知神经科学中的应用[J].心理科学进展,25(05),731 - 741.

周晓林,高定国.(2016).认知神经科学[M].北京:中国轻工业出版社.

第十六章　情绪的生物学研究

压力暴露被认为是导致精神健康障碍的主要环境因素,如重性抑郁障碍(Major Depressive Disorder,MDD)。MDD 是一种慢性病,估计全世界有 3.5 亿人受到此病影响,特别是 25~54 岁的人。此外,世界卫生组织(World Health Organization,WHO)预计,抑郁症将在 2030 年成为全球残疾的主要原因,全因死亡率增加和预期寿命缩短,从而成为全球疾病负担的主要因素。

MDD 的临床诊断是基于症状识别,目前还没有可用的生物学标志物。患者表现出不同的症状,如体重减轻或增加,无法入睡或睡过头,精神运动兴奋或迟缓,这些都让专业的工作人员做出正确的诊断变得困难。此外,大多数抗抑郁药只有在连续治疗 3 周或 4 周后才会产生疗效,同时也会产生一些不良反应。考虑到目前临床上可用的抗抑郁药主要影响单胺类信号,特别是通过抑制 5-羟色胺(5-hydroxytryptamine,5-HT)和去甲肾上腺素(Norepinephrine,NA)的再摄取,研究单胺类以外的其他分子靶点可能有助于识别该病的生物标志物,同时指出了开发具有更好治疗效果的药物的新机制。

近几十年来的研究证据表明,抑郁症的神经生物学比最初提出"抑郁儿茶酚胺假说"时要复杂得多。目前的假设认为,MDD 是遗传和环境因素相互影响和相互作用的结果,导致神经内分泌失衡、神经化学改变(包括单胺类神经传递受损、谷氨酸释放增强和神经免疫反应),以及神经可塑性降低(例如突触发生和神经发生)。有许多证据提示炎症和谷氨酸功能缺陷参与抑郁症的病理生理机制。在一部分抑郁症患者中炎症介质水平过高。运用内毒素急性激活免疫系统的实验研究和运用干扰素-α 处理的慢性激活实验表明炎症反应能够引起抑郁。外周炎症反应导致小胶质细胞激活,小胶质细胞激活能够干扰兴奋性氨基酸的代谢从而导致谷氨酸受体不恰当的激活。星形胶质细胞的丢失是抑郁症的一个特征,星形胶质细胞的丢失打破了抗炎介质和前炎性介质之间的平衡,进一步影响兴奋性氨基酸的去除。过度炎症反应使小胶质细胞激活,星形胶质细胞丢失以及谷氨酸受体不恰当的激活最终导致了大脑中神经保护和神经毒性作用之间微妙的平衡,这一平衡的打破可能会导致抑郁症。

P2X7 受体(P2X7R)是一种被高浓度三磷酸腺苷(Adenosine 5′-triphosphate,ATP)激活的离子通道,可以在应激暴露后观察到。目前也有众多研究表明 P2X7R 参与了 MDD 的几个过程,如单胺类神经递质受损,谷氨酸能神经递质增加,神经炎症反应的刺激以及神经可塑性的降低。

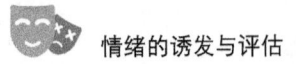情绪的诱发与评估

第一节 抑郁与炎症

一、抑郁的炎症机制

抑郁症中有免疫学改变这观点被阐述已经超过20年，目前的假设是过度的炎症反应在起作用，先天免疫系统能够支持一个T辅助细胞类型1(TH1)或者(TH2)应答。在一个TH1应答期间激活的巨噬细胞分泌所谓的促炎介质，例如干扰素-γ(IFN-γ)，肿瘤坏死因子(TNF-α)，白细胞介素-1(IL-1)和白细胞介素2(IL-2)。一个TH2应答是以抗体和促炎介质IL-4，IL-5和IL-10产生为特点，这些物质的产生抑制TH1应答。这种平衡对防止过度炎症很重要，过度炎症可以产生有害的结果。在抑郁症的患者中，IFN-γ和IL-4的比率是升高的，并且这一比率在抗抑郁药物治疗后下降。多个研究(Leonard et al.，2001；Hestad et al.，2003)已经表明抗抑郁药物治疗后，TH1介质水平下降，提示抗抑郁药物作用的一个潜在机制是降低炎症。研究人员们(Eller et al.，2008)已经发现在基线TNF水平的增高可能预测对依他普仑(抗抑郁药)反应不佳。在一个前瞻性研究中(van den Biggelaar et al.，2007)，基线上炎症状态的增强(C反应蛋白水平的增加和白细胞产生IL-1能力的提高)预测了没有抑郁症病史的老年抑郁症发作，提示过度炎症先于抑郁症产生。总之，炎症介质水平在抑郁症中有提高，TH1：TH2平衡被关闭，这种过度炎症反应可能在抑郁症的发展中起作用并且导致抑郁症患者对抗抑郁药物反应不佳。

在啮齿类动物中，外周炎症刺激诱导大脑中炎症介质的表达。相反，啮齿类动物大脑中IL-1过表达导致外周炎症介质产生增加(Campbell et al.，2007)，这突出了中枢和外周炎症系统间的双向交流。在猴子中，静脉注射IL-1导致脑脊液(Cerebrospinal Fluid, CSF)中IL-6的增加(Reyes et al.，1996)，丙型肝炎患者接受IFN-α治疗，CSF中IL-6水平增加，表明就像在啮齿类动物中看到的那样，外周免疫系统的激活使灵长类大脑炎症通路激活。与此相一致的是，在抑郁症患者的CSF中IL-1的水平也有增高，这提示，在抑郁症中，中枢和外周都有过度炎症反应。由于适当的TH1：TH2平衡对于避免过度炎症反应带来的危害非常重要，因此有许多冗余的机制调节这种平衡。例如，目前的一项研究(Foster et al.，2007)证明反复的内毒素刺激单核细胞诱发染色质修饰，这种修饰是炎症基因转录发生沉默，从而启动抗菌基因的转录。可能在抑郁症中这种调节机制有缺陷，从而导致过度炎症反应。

使用IFN-α治疗的患有丙型肝炎的患者中高达45%的人发展症抑郁症(Asnis et al.，2006)。IFN-α诱发的抑郁症和血浆中IL-6和TNF的增加有关(Taylor et al.，1998)，炎症介质在抑郁症普遍有增高，CSF中IL-6的水平也有增高。功能核磁共振成像研究，IFN-α治疗和额叶以及颞叶代谢减退相联系，在抑郁症患者中也有相似的发现(Juengling et al.，2000；Tanaka et al.，2008)，证明了外周给予IFN-α会影响大脑中与抑郁症有关的

区域。内毒素,是革兰氏阴性细菌细胞壁的组成成分,是先天免疫系统强有力的刺激物。在啮齿类动物,给予内毒素导致一系列行为,包括蔗糖偏好降低(类似于人的快感缺乏,一个抑郁症的核心症状),探索性和社会行为降低,摄食减少以及睡眠增加。在人类,2～4 ng/kg 剂量的内毒素会引起流感样症状,如发热、发冷、头痛以及肌肉痛。低剂量的内毒素(0.8 ng/kg)虽然不足够引起疾病症状,但是会引起抑郁症状(Reichenberg et al.,2001)。另一个非疾病诱发的炎症刺激,伤寒沙门氏疫苗,也会导致负性情绪(Wright et al.,2005)。

二、抑郁症:治疗干预的新靶点

在全球范围内,有 3 亿人(占世界人口的 4.4%)患有抑郁症,这意味着巨大的个人、社会的经济负担。世界卫生组织(WHO)将抑郁症列为导致全球残疾的唯一最大因素,其在 2015 年对所有残疾的年贡献率为 7.5%。重性抑郁障碍(MDD)的终生患病率估计值在 11%～14%之间(低收入到中等收入国家与高收入国家相比),女性患病风险大约是男性的两倍。抑郁症的生物学基础仍不清楚。双胞胎研究为 MDD 的遗传成分提供了证据,估计遗传力为 38%(Kendler et al.,2006;Sullivan et al.,2012)。此外,环境因素被认为是影响疾病风险的因素。特别是,在整个生命周期中,应激性生活事件在疾病病因中起着重要作用。

目前的药物几乎完全基于 20 世纪 50 年代偶然发现的情绪提升物质(即三环抗抑郁药和单胺氧化酶抑制剂),这是抑郁的单胺假说提出的一个重要依据(Lopez-Munoz et al.,2009)。时至今日,常规处方的药物疗法仍以 60 年前的发现为基础,但仍存在一些尚未解决的并发症,包括:(1) 临床改善延迟;(2) 持久的不良反应;(3) 在相当多的患者中,只有 50%的患者表现出完全缓解。抑郁症的其他神经生物学假说尚未转化为有效的治疗方法,仍在广泛的研究中。例如,主要神经内分泌应激反应系统的紊乱,下丘脑-垂体-肾上腺轴(HPA 轴)包括其主要启动因子促肾上腺皮质激素释放激素(Corticotropin-Releasing Hormone,CRH)和效应因子糖皮质激素受到了广泛关注。同样,抑郁症的神经营养和神经源性假说也没有产生任何具体的治疗方案。在过去的几年中,有证据表明谷氨酸在抑郁症中起作用,N-甲基-D-天冬氨酸(N-methyl-D-aspartate,NMDA)受体拮抗剂氯胺酮能够几乎立刻产生抗抑郁效果(Wohleb E. S. et al.,2017),通过对 NMDA 受体拮抗剂氯胺酮的宣传,目前很多的研究开始集中于谷氨酸能或 γ-氨基丁酸(Gamma-Aminobutyric Acid,GABA)能神经传递改变与疾病的相关性方面。然而,抑郁症药物治疗方面的持续停滞表明对建立新的创新治疗方案的需求很高。在这方面,靶向免疫系统和炎症相关的机制和途径可能开辟新的治疗途径。在心境障碍患者中,先天免疫系统和炎症反应的改变已被反复观察到。这些改变包括增加循环细胞因子的浓度,如 IL-6、TNF-α 和 IL-1β(Dowlati et al.,2010;owren et al.,2009)。此外,抗抑郁药已被证明可以降低抑郁症患者的外周细胞因子(Goldsmith et al.,2016;Kohler et al.,2018)。MDD 与慢性全身性炎症性疾病(如糖尿病、癌症、卒中、类风湿性关节炎、阿尔茨海默病)的共病进一步表明,炎症可能使个体更易患抑郁症(Walker et al., 2014；Anisman et al., 2008)。在广泛的炎症介质中，IL-1β 被公认为是由活化的炎性细胞分泌的最早和最有效的促炎细胞因子之一。在中枢神经系统(CNS)中，参与生物活性 IL-1β 分泌的关键分子是 P2X7R，一种存在于免疫细胞上的 ATP 门控离子通道。嘌呤能系统与各种精神疾病的生物学有关(Cheffer A. et al., 2018)。然而，最直接的证据是基于 P2RX7 基因与情绪障碍(即 MDD 和双相情感障碍[Bipolar Disorder, BD][Lucae et al., 2006；Barden et al., 2006])的关联。

目前的研究中有较好的证据表明 P2RX7 基因与情绪障碍之间存在遗传关联，并指出它与应激性环境因素的相互作用。

第二节 抑郁与 P2X7 受体

一、P2X7 受体：结构与表达

P2X7R 是离子型 P2X 受体(P2XRs)家族中的一员，它是 ATP 门控的非选择性阳离子通道，支持 K+外流和 Ca^{2+}/Na^+ 内流。在三聚体 P2XRs 中，P2X7R 是一个例外，因为它的功能是形成同源三聚体，而其他家族成员形成由不同的 P2X 亚基组成的异源三聚体。受体亚基表现出典型的 P2X 结构，包括(1) 一个短的胞内 N 端结构域，(2) 两个跨膜结构域，通过(3) 一个富含半胱氨酸和高糖基化的胞外环连接，以及(4) 区别 P2X7R 与其他 P2Xr 的异常长的胞内 C-末端结构域。P2X7R 的药理学也将其与其他 P2XRs 区别开来，因为它需要更高的 ATP 浓度($EC_{50} \geqslant 100~\mu M$)激活，而且常用的激动剂 2,3-O-(4-苯甲酰苯甲酰基)-ATP(BzATP)的效力比 ATP 强 30 倍。缺乏细胞内 C 末端的哺乳动物 P2X7R 的结晶显示，单一 P2X7R 亚基具有与此前斑马鱼 P2X4R 亚基相同的海豚样结构。三个 ATP 结合位点定位在两个相邻亚基的界面上。一个独特的变构口袋，能够结合不同的，结构无关的拮抗剂，位于 ATP 结合位点附近。P2X7R 的另一个特性是它能形成大孔隙，对高达～900 da 的大亲水分子具有渗透性。这一功能最初认为是由于受体具有独特的 C-末端，可能由 pannexin-1 半通道等辅助分子支持。然而，最近的一些研究提供了令人信服的证据，证明了执行这种"大孔"的能力是 P2X7R 的固有特性(Karasawa et al., 2017；Di Virgilio et al., 2018)。

P2X7R 因其在造血系免疫细胞中的表达而闻名，包括单核细胞/巨噬细胞、淋巴细胞和树突状细胞。同时研究表明 P2X7R 也表达在小胶质细胞中，小胶质细胞是中枢神经系统的免疫细胞。P2X7R 参与免疫功能的许多方面，特别是调节细胞因子的表达和分泌。值得注意的是，目前有大量的研究针对 P2X7R 对 IL-1β 和 IL-18 的控制释放作用进行了深入考察。在生理条件下，严格控制的低细胞外 ATP 浓度不能激活低亲和力的 P2X7R。然而，在任何类型的细胞损伤中，细胞外 ATP 达到高的微摩尔浓度，足以激活 P2X7R。细胞外 ATP 浓度的局部增加作为一种危险/损伤相关分子模式(Danger/damage-Associated Molecular

Pattern，DAMP)来警告周围的免疫细胞。此外，P2X7R 能够通过进一步释放 ATP 来放大信号。最终，P2X7 受体对于招募包含 NLRP3 炎性小体 caspase-1 复合物的 NACHT，LRR，和 PYD 结构域的过程有关键的作用，从而控制 ATP 依赖的成熟的 IL-1β 的释放 (Giuliani et al.，2019)。除了其在控制促炎性细胞因子释放方面的显著作用外，最近使用基因敲除(gene knockout，KO)小鼠和拮抗剂的研究表明，P2X7R 还参与了与情绪障碍发展相关的其他生理机制。P2X7R KO 小鼠杏仁核内单胺类神经递质水平升高。P2X7R 直接调节海马谷氨酸释放，从而影响脑源性神经营养因子(BDNF)等神经营养因子，而 BDNF 对抗抑郁药物的治疗作用至关重要。P2X7R 失活导致谷氨酸释放减少和 BDNF 上调 (Csölle et al.，2013)。另外，P2X7R 存在于侧脑室室下区(Subventricular Zone，SVZ)成人神经前体细胞上，提示其具有平衡细胞增殖的作用。P2X7R KO 小鼠在齿状回的亚颗粒区显示了成人神经发生的上调(Csölle et al.，2013)。同时，P2X7R-KO 小鼠对反复应激的适应能力减弱，导致海马 P2X7R 的下调(Kongsui et al.，2014)。

P2X7R 在中枢神经系统,特别是在神经元中的表达不太清楚,并且一直是一个争论的问题。这种不确定性一方面是由于在脑中的表达较低,另一方面是由于脑组织中商品化的 P2X7R 抗体缺乏特异性,使得明确的检测变得困难。虽然小鼠基因工具的建立大大推动了这一领域的发展,但对于神经元特异性 P2X7R 的表达和功能尚未达成最终共识。

二、P2X7R 与情绪障碍

(一) 遗传证据

P2RX7 基因位于 12q24.31 染色体上,通过连锁研究发现该区域与情绪障碍联系紧密 (Shink et al.，2005)。SNP 与 BD 和 MD 的关联在 2006 年首次被报道(Lucae et al.，2006；Barden et al.，2006)。位于外显子 13 的非同步 SNP rs2230912(1405A>G)导致 P2X7R 的 460 位(Gln460Arg)的精氨酸取代谷氨酰胺。在后来连续的几年里,许多研究特别检测了 rs2230912 与 MD 和 BD 的关系。虽然一些研究证实了最初的发现(McQuillin et al.，2009；Soronen et al.，2011；Czamara et al.，2018),但其他研究没有发现任何显著的关联(Green et al.，2009；Hejjas et al.，2009；Grigoroiu-Serbanescu et al.，2009)。一项基于 6 962 例病例和 9 262 例对照的病例对照设计的首次荟萃分析未发现 rs2230912 与情绪障碍有关。在以家庭为基础的组群中仅发现了等位基因对比的关联(Feng et al.，2014)。最近的一项更大的荟萃分析,包括 8 652 例 MD 和 BD 病例以及 11 153 个对照组,发现 rs2230912 与 MD 和 BD 的联合诊断之间的等位基因、显性或杂合子劣势模型有显著关联。只有在 MD 病例中,由无序引起的分层显示了等位基因模式的显著关联(Czamara et al.，2018)。另一个遗传学研究,包括 P2X7R 特异性荟萃分析,没有充分考虑到 P2RX7 基因的单倍型结构。在白种人中,Gln460Arg 多态性总是与 Thr348 和 Tyr155 相关,后者已被证明能增加受体功能 (Sluyter et al.，2010)。迄今为止,已经描述了 17 个 P2RX7 单倍型(Jørgensen et al.，

2012)。在以前的病例对照研究和其他种族中,对单倍型分布的详细评估肯定会对 P2X7R 对情绪障碍的影响提供更多的线索。

(二) 人源化 P2X7R 小鼠体内 Gln460Arg 多态性的研究

基因小鼠模型是解决体内基因功能的宝贵工具。葛兰素史克公司、辉瑞公司和 Lexicon Genetics 公司已经培育出三个独立的 P2X7R KO 小鼠系(Solle et al., 2001; Chessell et al., 2005; Basso et al., 2009)。值得注意的是,葛兰素史克和辉瑞小鼠都不是完全 KOs,因为有研究表明该受体一些剪接变异可以逃避失活作用(Nicke et al., 2009; Taylor et al., 2009)。只有辉瑞公司和 Lexicon Genetics 公司的 P2X7R KO 小鼠被用来测试了其与情绪障碍相关的表型。在悬尾试验中,P2X7R KO 小鼠持续表现出类似抗抑郁行为的迹象(即小鼠不动性降低)(Csölle et al., 2013; Basso et al., 2009)。将 P2X7R 拮抗剂 BGG 应用于 WT 小鼠,这种表型能够得到重复,但对 P2X7R KO 小鼠应用该拮抗剂时则没能重复出这一表型。在强迫游泳试验中观察到类似的表型,特别是在重复试验之后。此外,P2X7R KO 小鼠对安非他明的反应是运动过度减少,这一表型也可以通过抑制剂亮蓝 G(Brilliant Blue G, BBG)治疗得到缓解(Csölle et al., 2013)。此外还在一项研究中观察到小鼠有焦虑相关行为的增加,但关于这一结果也有不同的意见(Boucher et al., 2011)。然而,考虑到基因关联不是一个空等位基因,而是一个导致氨基酸替代的 SNP,所这个在动物实验中发现的这些结果不能够准确的对应到人类这一群体当中。因此,我们分别用人 WT 和 Gln460Arg 变异体来代替小鼠 P2X7R 的第 2~13 外显子(Metzger et al., 2017a; Metzger et al., 2017b)。这些小鼠种系以空间和时间依赖方式表达人 P2X7Rs,与小鼠 P2X7R 相似。此外,孔隙形成实验证实,与野生型动物相比,人源化小鼠对激动剂 BzATP 的亲和力比预期要高 10 倍。因此,我们认为这些小鼠能够作为宝贵的体内模型的代表,以评估任何针对人类 P2X7R 的化合物的有效性。

与证明共表达条件下功能丧失受体的体外研究结果一致,研究人员分析了三种基因型:表达 P2X7R-WT 或 P2X7R-Gln460Arg 的纯合子小鼠以及表达这两种受体变体的杂合子动物。与体外研究相似,在杂合子 P2X7R 小鼠中,两种受体变异的共同表达导致体内受体功能受损,这可以通过从人源化 P2X7R(hP2RX7)小鼠大脑中提取的原代混合细胞培养物中 Ca^{2+} 内流减少检测到。与情绪障碍相关的内表型综合行为评估在基础条件下没有发现任何基因型依赖性差异。然而,通过将 hP2RX7 小鼠置于基因×环境(G×E)情景下进行的测试表明,杂合子小鼠的应激脆弱性持续较高,表现为与纯合子的幼鼠相比,具有更高水平的焦虑和厌食症行为,并伴有社会偏好的降低(Aprile-Garcia et al., 2016)。这些发现表明,Gln460Arg 多态性与压力相关疾病的遗传风险有关。

研究表明杂合子 hP2RX7 小鼠的研究结果与使用组成性 P2X7R KO 小鼠或 P2X7R 拮抗剂治疗 WT 小鼠的结果不同(Wilkinson et al., 2015; Iwata et al., 2016; Yue et al., 2017)。在这两种情况下,在阻断 P2X7Rs 时观察到类似抗抑郁药行为的迹象,这清楚地表明特定的 P2X7R 拮抗剂作为抗抑郁药具有最大的治疗潜力。杂合子 hP2RX7 小鼠在标准饲养条件下不会表现出抗抑郁药样行为,但在慢性压力暴露后会出现快感缺失、社交行为受损和焦虑症状。这种差异表明,与 P2X7R 活性的药理或遗传破坏相比,P2X7R 活性的减弱(由于形成异源三聚体受体)具有不同的分子基础,从而导致不同的行为后果。此外,必须考虑的是,目前在小鼠模型中对 Gln460Arg 多态性进行功能定位的策略并不包含 Tyr155 和 Thr348 突变,这两种突变通常会使疾病相关的 Gln460Arg 等位基因获得功能。直接比较 P2X7R 下游信号转导与环境挑战相关的不同的使受体功能丧失之间的关联,有可能对这些突变及其相互作用有更多的了解。此外,研究表明 P2X7R 还与 BD 相关,BD 以抑郁和躁狂发作为特征,这一发现也让未来关于相关疾病治疗策略变得更加的复杂。目前还不清楚 P2X7R 激动或拮抗是否适合用于差异性干预抑郁或躁狂期的治疗。

(三)为什么 P2X7R 没有被 GWAS 确定为遗传风险因素

尽管在候选基因研究中观察到了令人鼓舞的发现,但在大规模全基因组关联研究(Genome-Wide Association Studies,GWASs)中,P2RX7 基因并没有成为情绪障碍的遗传风险因素,该研究涉及精神基因组学联合会(psychologenemics consultium)目前最大的一个人群样本(Wray et al.,2018;Muhleisen et al.,2014)。必须指出的是,情绪障碍的遗传危险因素的识别研究是非常困难的,这是因为一般都假设这些疾病受许多基因位点的影响,而这些基因位点的单个作用量很小,这也是许多常见疾病的遗传学研究的一个巨大的挑战。鉴于目前 GWASs 确定的遗传危险因素数量有限,因此最初基于收养和双胞胎研究估计的情绪障碍遗传力也受到了质疑。沿着这个结果,基于 snp 的 MDD 遗传力在病例对照尺度上的估计只有 18%(Lee et al.,2013)。而环境因素,如最近的压力生活事件或童年创伤,似乎比特定的基因变异更能导致疾病的风险。因此,考虑遗传易感性与环境因素之间的相互作用,可能有可能进一步推进 MDD 的人类遗传学研究(Mullins et al.,2016)。杂合子 hP2RX7 小鼠只在慢性社会失败应激后才表现出行为改变,这一观察结果支持了这样一种观点,即单纯的遗传倾向并不足以证明疾病的表现(Metzger et al.,2017b)。P2X7R 作为一种遗传风险因素的进一步支持源于最近一项针对暴露于压力生活事件中的人类被试者的研究。先前与抑郁相关表型相关的候选基因的功能多态性分析显示,它们与应激暴露有很强的相关性。在所分析的所有多态性中,特别是非同义的 P2RX7 SNP rs7958311(His270Arg)在最近负性生活事件发生率最高的群体中表现出最强的相关性(Gonda et al.,2018)。压力暴露,除了神经生物学的后果外,对先天免疫系统也有深远的影响,比如导致促炎性细胞因子的产生和分泌增加(Hodes et al.,2015)。与细胞损伤类似,心理应激可促进细胞外 ATP 的增加,而细胞外 ATP 由脑内小胶质细胞通过 P2X7R 激活 NLP3 炎性小体级联反应,最终激活炎性细胞因子 IL-1β 的释放。P2X7R 是炎症小体的重要组成部分,整合应激相关信号并控制促炎细胞因子的分泌(Iwata et al.,2016)。总的来说,缺乏来自 GWASs 的基因证据并不能反驳 P2RX7 基因与情绪障碍的关联。相反,P2X7R 的应激反应性表明 GWASs 将从环境暴露作为相关协变量的考虑中获益。

三、情绪中的嘌呤能信号

ATP 与它的代谢物主要作用于两类受体,这些受体贯穿中枢神经系统表达。ATP 的降解产物——腺苷(Adenosine,ADO),作用于 P1 膜受体,P1 受体更进一步可分为 A_1、A_{2A}、A_{2B} 和 A_3 受体。ATP 作用于 P2 受体,P2 受体分为离子型 P2X 和代谢型的 P2Y 受体。

(一) ATP

P2X 和 P2Y 受体的激活与敏化作用、奖赏和动机有关(Kittner et al.,2001)。刺激大鼠 P2 受体几乎证明可以使得新奇事物对动物诱导的运动时间延长,提示 P2 受体激活与焦虑情绪有关联(Kittner et al.,2000)。在大鼠脑室注射一种 P2Y1 受体激动剂也表明具有抗焦虑作用,这和随后神经细胞种多巴胺和一氧化氮的形成和释放密切相关,后者已知可调节与抑郁症神经生物学有关的主要神经递质:去甲肾上腺素、血清素、多巴胺和谷氨酸盐(Dhir,2011)。现在的研究已经表明在大鼠抑郁模型中,P2Y1 受体激动剂可以诱导抗抑郁效果,而这一效果可以被 P2Y1 受体的拮抗剂所逆转(Taayedi et al.,2007)。研究人员进一步表明 P2Y1 敲除的小鼠也会表现出抑郁样行为的减弱。中边缘皮质系统中的 P2 受体,P2 受体,可能属于 P2Y1 亚型,参与多巴胺和谷氨酸等递质的释放,这些递质负责在动机相关刺激后行为模式的生成(Krügel et al.,2004)。P2X7 敲除的小鼠也有抗抑郁样的行为,具体如前所述。

(二) 腺苷

腺苷酸激活与躁狂症、攻击性和惊恐障碍有关(Machado - Vieira et al.,2002;Lam et al.,2005)。ADO 也被认为于其他有效的情感调解子相互作用:比如致幻觉药,苯环利定以及酒精(Burnstock,2008)。ADO 和多巴胺受体共享共定位于前脑一个提示与情感和动机处理相关的区域中,并且有众多证据表明 A_{2A} 受体的激活能够影响多巴胺能的功能(Ferre et al.,1997),从而介导目标导向行为(Short et al.,2006)。缺乏 A_{2A} 受体的小鼠中,精神刺激所诱导的行为反应减弱(Chen et al.,2000)。A_{2A} 和多巴胺受体敲除小鼠所表现出的偏爱减弱和乙醇与糖精消耗(Short et al.,2006)要多于多巴胺 D1 受体敲除的小鼠。在 A_1 受体敲除的小鼠中,焦虑行为增加(Johansson et al.,2001)。事实上,选择性刺激大鼠的 A_1 受体会损害恐惧条件反射的获得(Corodimas et al.,2001)。在小鼠抑郁模型通过腹膜内或者脑室途径给予 ADO,证明 ADO 通过 A_1 和 A_{2A} 受体起抗抑郁作用,并且大剂量的咖啡因(非选择性 ADO 拮抗剂)能够产生焦虑,暴躁以及不安情绪(Nehlig,2010)。目前有争议的证据提示 A_{2A} 受体的激动剂(Kaster et al.,2004)和拮抗剂(El Yacoubi et al.,2001)在小鼠抑郁模型中都有抗抑郁的效果;这一争议可能反应了 A_{2A} 受体的抗抑郁效果仅发生在 A1 与 A_{2A} 受体间相互作用后(Kaster et al.,2004)。ADO 在抑郁症中作用的间接证据也被发现在抑郁症患者血清中腺苷脱氨酶(一种 T 细胞相关酶)活性降低,酶活性与抑郁症的严重程度成反比关系(Elgun et al., 1999)。由于越少的酶会导致浓度越高的 ADO，因此这一发现支持 ADO 具有致抑郁效果，这些结果也提示酶活性的降低可能反映了抑郁症患者可能有更强的免疫机能障碍倾向。

参考文献

Anisman, H., Merali, Z., & Hayley, S. (2008). Neurotransmitter, peptide and cytokine processes in relation to depressive disorder: comorbidity between depression and neurodegenerative disorders. *Progress in neurobiology*, 85(1), 1-74.

Aprile-Garcia, F., Metzger, M. W., Paez-Pereda, M., Stadler, H., Acuña, M., Liberman, A. C., Senin, S. A., Gerez, J., Hoijman, E., Refojo, D., Mitkovski, M., Panhuysen, M., Stühmer, W., Holsboer, F., Deussing, J. M., & Arzt, E. (2016). Co-Expression of Wild-Type P2X7R with Gln460Arg Variant Alters Receptor Function. *PloS One*, 11(3), e0151862.

Asnis, G. M., & De La Garza, R., 2nd (2006). Interferon-induced depression in chronic hepatitis C: a review of its prevalence, risk factors, biology, and treatment approaches. *Journal of clinical gastroenterology*, 40(4), 322-335.

Barden, N., Harvey, M., Gagné, B., Shink, E., Tremblay, M., Raymond, C., Labbé, M., Villeneuve, A., Rochette, D., Bordeleau, L., Stadler, H., Holsboer, F., & Müller-Myhsok, B. (2006). Analysis of single nucleotide polymorphisms in genes in the chromosome 12Q24.31 region points to P2RX7 as a susceptibility gene to bipolar affective disorder. *American journal of medical genetics. Part B, Neuropsychiatric genetics: the official publication of the International Society of Psychiatric Genetics*, 141B(4), 374-382.

Basso, A. M., Bratcher, N. A., Harris, R. R., Jarvis, M. F., Decker, M. W., & Rueter, L. E. (2009). Behavioral profile of P2X7 receptor knockout mice in animal models of depression and anxiety: relevance for neuropsychiatric disorders. *Behavioural brain research*, 198(1), 83-90.

Boucher, A. A., Arnold, J. C., Hunt, G. E., Spiro, A., Spencer, J., Brown, C., McGregor, I. S., Bennett, M. R., & Kassiou, M. (2011). Resilience and reduced c-Fos expression in P2X7 receptor knockout mice exposed to repeated forced swim test. *Neuroscience*, 189, 170-177.

Burnstock G. (2008). Purinergic signalling and disorders of the central nervous system. *Nature reviews. Drug discovery*, 7(7), 575-590.

Campbell, S. J., Deacon, R. M., Jiang, Y., Ferrari, C., Pitossi, F. J., & Anthony, D. C. (2007). Overexpression of IL-1beta by adenoviral-mediated gene transfer in the rat brain causes a prolonged hepatic chemokine response, axonal injury and the suppression of spontaneous behaviour. *Neurobiology of disease*, 27(2), 151-163.

Cheffer, A., Castillo, A., Corrêa-Velloso, J., Gonçalves, M., Naaldijk, Y., Nascimento, I. C., Burnstock, G., & Ulrich, H. (2018). Purinergic system in psychiatric diseases. *Molecular psychiatry*, 23(1), 94-106.

Chen, J. F., Beilstein, M., Xu, Y. H., Turner, T. J., Moratalla, R., Standaert, D. G., Aloyo, V. J., Fink, J. S., & Schwarzschild, M. A. (2000). Selective attenuation of psychostimulant-induced behavioral responses in mice lacking A(2A) adenosine receptors. *Neuroscience*, 97(1), 195-204.

Chessell, I. P., Hatcher, J. P., Bountra, C., Michel, A. D., Hughes, J. P., Green, P., Egerton, J., Murfin, M., Richardson, J., Peck, W. L., Grahames, C., Casula, M. A., Yiangou, Y., Birch, R., Anand, P., & Buell, G. N. (2005). Disruption of the P2X7 purinoceptor gene abolishes chronic inflammatory and neuropathic pain. *Pain*, 114(3), 386–396.

Corodimas, K. P., & Tomita, H. (2001). Adenosine A1 receptor activation selectively impairs the acquisition of contextual fear conditioning in rats. *Behavioral neuroscience*, 115(6), 1283–1290.

Cross-Disorder Group of the Psychiatric Genomics Consortium, Lee, S. H., Ripke, S., Neale, B. M., Faraone, S. V., Purcell, S. M., Perlis, R. H., Mowry, B. J., Thapar, A., Goddard, M. E., Witte, J. S., Absher, D., Agartz, I., Akil, H., Amin, F., Andreassen, O. A., Anjorin, A., Anney, R., Anttila, V., Arking, D. E., ... International Inflammatory Bowel Disease Genetics Consortium (IIBDGC) (2013). Genetic relationship between five psychiatric disorders estimated from genome-wide SNPs. *Nature genetics*, 45(9), 984–994.

Csölle, C., Andó, R. D., Kittel, Á., Göloncsér, F., Baranyi, M., Soproni, K., Zelena, D., Haller, J., Németh, T., Mócsai, A., &Sperlágh, B. (2013). The absence of P2X7 receptors (P2rx7) on non-haematopoietic cells leads to selective alteration in mood-related behaviour with dysregulated gene expression and stress reactivity in mice. *The international journal of neuropsychopharmacology*, 16(1), 213–233.

Csölle, C., Baranyi, M., Zsilla, G., Kittel, A., Göloncsér, F., Illes, P., Papp, E., Vizi, E. S., &Sperlágh, B. (2013). Neurochemical Changes in the Mouse Hippocampus Underlying the Antidepressant Effect of Genetic Deletion of P2X7 Receptors. *PloS One*, 8(6), e66547.

Czamara, D., Müller-Myhsok, B., &Lucae, S. (2018). The P2RX7 polymorphism rs2230912 is associated withdepression: A meta-analysis. *Progress in neuro-psychopharmacology & biological psychiatry*, 82, 272–277.

Dhir, A., & Kulkarni, S. K. (2011). Nitric oxide and major depression. *Nitric oxide: biology and chemistry*, 24(3), 125–131.

Di Virgilio, F., Schmalzing, G., &Markwardt, F. (2018). The Elusive P2X7 Macropore. *Trends in cell biology*, 28(5), 392–404.

Dowlati, Y., Herrmann, N., Swardfager, W., Liu, H., Sham, L., Reim, E. K., &Lanctôt, K. L. (2010). A meta-analysis of cytokines in major depression. *Biological psychiatry*, 67(5), 446–457.

El Yacoubi, M., Ledent, C., Parmentier, M., Bertorelli, R., Ongini, E., Costentin, J., &Vaugeois, J. M. (2001). Adenosine A2A receptor antagonists are potential antidepressants: evidence based on pharmacology and A2A receptor knockout mice. *British journal of pharmacology*, 134(1), 68–77.

Elgün, S., Keskinege, A., &Kumbasar, H. (1999). Dipeptidyl peptidase IV and adenosine deaminase activity. Decrease in depression. *Psychoneuroendocrinology*, 24(8), 823–832.

Eller, T., Vasar, V., Shlik, J., & Maron, E. (2008). Pro-inflammatory cytokines and treatment response to escitalopram in major depressive disorder. *Progress in neuro-psychopharmacology & biological psychiatry*, 32(2), 445–450.

Feng, W. P., Zhang, B., Li, W., & Liu, J. (2014). Lack of association of P2RX7 gene rs2230912 polymorphism with mood disorders: a meta-analysis. *PloS One*, 9(2), e88575.

Ferré, S., Fredholm, B. B., Morelli, M., Popoli, P., &Fuxe, K. (1997). Adenosine-dopamine receptor-receptor interactions as an integrative mechanism in the basal ganglia. *Trends in neurosciences*, 20(10), 482–487.

Foster, S. L., Hargreaves, D. C., &Medzhitov, R. (2007). Gene-specific control of inflammation by TLR–induced chromatin modifications. *Nature*, 447(7147), 972–978.

Giuliani, A. L., Sarti, A. C., Falzoni, S., & Di Virgilio, F. (2017). The P2X7 Receptor–Interleukin–1 Liaison. *Frontiers in pharmacology*, 8, 123.

Goldsmith, D. R., Rapaport, M. H., & Miller, B. J. (2016). A meta-analysis of blood cytokine network alterations in psychiatric patients: comparisons between schizophrenia, bipolar disorder and depression. *Molecular psychiatry*, 21(12), 1696–1709.

Gonda, X., Hullam, G., Antal, P., Eszlari, N., Petschner, P., Hökfelt, T. G., Anderson, I. M., Deakin, J., Juhasz, G., &Bagdy, G. (2018). Significance of risk polymorphisms for depression depends on stress exposure. *Scientific reports*, 8(1), 3946.

Green, E. K., Grozeva, D., Raybould, R., Elvidge, G., Macgregor, S., Craig, I., Farmer, A., McGuffin, P., Forty, L., Jones, L., Jones, I., O'Donovan, M. C., Owen, M. J., Kirov, G., & Craddock, N. (2009). P2RX7: A bipolar and unipolar disorder candidate susceptibility gene?. *American journal of medical genetics. Part B, Neuropsychiatric genetics: the official publication of the International Society of Psychiatric Genetics*, 150B(8), 1063–1069.

Grigoroiu–Serbanescu, M., Herms, S., Mühleisen, T. W., Georgi, A., Diaconu, C. C., Strohmaier, J., Czerski, P., Hauser, J., Leszczynska–Rodziewicz, A., Jamra, R. A., Babadjanova, G., Tiganov, A., Krasnov, V., Kapiletti, S., Neagu, A. I., Vollmer, J., Breuer, R., Rietschel, M., Nöthen, M. M., Cichon, S., … Cichon, S. (2009). Variation in P2RX7 candidate gene (rs2230912) is not associated with bipolar I disorder and unipolar major depression in four European samples. *American journal of medical genetics. Part B, Neuropsychiatric genetics: the official publication of the International Society of Psychiatric Genetics*, 150B(7), 1017–1021.

Hejjas, K., Szekely, A., Domotor, E., Halmai, Z., Balogh, G., Schilling, B., Sarosi, A., Faludi, G., Sasvari–Szekely, M., &Nemoda, Z. (2009). Association between depression and the Gln460Arg polymorphism of P2RX7 gene: a dimensional approach. *American journal of medical genetics. Part B, Neuropsychiatric genetics: the official publication of the International Society of Psychiatric Genetics*, 150B(2), 295–299.

Hestad, K. A., Tønseth, S., Støen, C. D., Ueland, T., &Aukrust, P. (2003). Raised plasma levels of tumor necrosis factor alpha in patients with depression: normalization during electroconvulsive therapy. *The journal of ECT*, 19(4), 183–188.

Hodes, G. E., Kana, V., Menard, C., Merad, M., & Russo, S. J. (2015). Neuroimmune mechanisms of depression. *Nature neuroscience*, 18(10), 1386–1393.

Howren, M. B., Lamkin, D. M., &Suls, J. (2009). Associations of depression with C–reactive protein, IL–1, and IL–6: a meta-analysis. *Psychosomatic medicine*, 71(2), 171–186.

Iwata, M., Ota, K. T., Li, X. Y., Sakaue, F., Li, N., Dutheil, S., Banasr, M., Duric, V., Yamanashi, T., Kaneko, K., Rasmussen, K., Glasebrook, A., Koester, A., Song, D., Jones, K.

A., Zorn, S., Smagin, G., &Duman, R. S. (2016). Psychological Stress Activates the Inflammasome via Release of Adenosine Triphosphate and Stimulation of the Purinergic Type 2X7 Receptor. *Biological psychiatry*, 80(1), 12-22.

Johansson, B., Halldner, L., Dunwiddie, T. V., Masino, S. A., Poelchen, W., Giménez-Llort, L., Escorihuela, R. M., Fernández-Teruel, A., Wiesenfeld-Hallin, Z., Xu, X. J., Hårdemark, A., Betsholtz, C., Herlenius, E., & Fredholm, B. B. (2001). Hyperalgesia, anxiety, and decreased hypoxic neuroprotection in mice lacking the adenosine A1 receptor. *Proceedings of the National Academy of Sciences of the United States of America*, 98(16), 9407-9412.

Juengling, F. D., Ebert, D., Gut, O., Engelbrecht, M. A., Rasenack, J., Nitzsche, E. U., Bauer, J., &Lieb, K. (2000). Prefrontal cortical hypometabolism during low-dose interferon alpha treatment. *Psychopharmacology*, 152(4), 383-389.

Jørgensen, N. R., Husted, L. B., Skarratt, K. K., Stokes, L., Tofteng, C. L., Kvist, T., Jensen, J. E., Eiken, P., Brixen, K., Fuller, S., Clifton-Bligh, R., Gartland, A., Schwarz, P., Langdahl, B. L., & Wiley, J. S. (2012). Single-nucleotide polymorphisms in the P2X7 receptor gene are associated with post-menopausal bone loss and vertebral fractures. *European journal of human genetics: EJHG*, 20(6), 675-681.

Karasawa, A., Michalski, K., Mikhelzon, P., & Kawate, T. (2017). The P2X7 receptor forms a dye-permeable pore independent of its intracellular domain but dependent on membrane lipid composition. *eLife*, 6, e31186.

Kaster, M. P., Rosa, A. O., Rosso, M. M., Goulart, E. C., Santos, A. R., & Rodrigues, A. L. (2004). Adenosine administration produces an antidepressant-like effect in mice: evidence for the involvement of A1 and A2A receptors. *Neuroscience letters*, 355(1-2), 21-24.

Kendler, K. S., Gatz, M., Gardner, C. O., & Pedersen, N. L. (2006). A Swedish national twin study of lifetime major depression. *The American journal of psychiatry*, 163(1), 109-114.

Kittner, H., Krügel, U., &Illes, P. (2001). The purinergic P2 receptor antagonist pyridoxalphosphate-6-azophenyl-2'4'-disulphonic acid prevents both the acute locomotor effects of amphetamine and the behavioural sensitization caused by repeated amphetamine injections in rats. *Neuroscience*, 102(2), 241-243.

Kittner, H., Krügel, U., Hoffmann, E., &Illes, P. (2000). Effects of intra-accumbens injection of 2-methylthio ATP: a combined open field and electroencephalographic study in rats. *Psychopharmacology*, 150(2), 123-131.

Kongsui, R., Beynon, S. B., Johnson, S. J., Mayhew, J., Kuter, P., Nilsson, M., & Walker, F. R. (2014). Chronic stress induces prolonged suppression of the P2X7 receptor within multiple regions of the hippocampus: a cumulative threshold spectra analysis. *Brain, behavior, and immunity*, 42, 69-80.

Krügel, U., Spies, O., Regenthal, R., Illes, P., &Kittner, H. (2004). P2 receptors are involved in the mediation of motivation-related behavior. *Purinergic signalling*, 1(1), 21-29.

Köhler, C. A., Freitas, T. H., Stubbs, B., Maes, M., Solmi, M., Veronese, N., de Andrade, N. Q., Morris, G., Fernandes, B. S., Brunoni, A. R., Herrmann, N., Raison, C. L., Miller, B. J.,

Lanctôt, K. L., & Carvalho, A. F. (2018). Peripheral Alterations in Cytokine and Chemokine Levels After Antidepressant Drug Treatment for Major Depressive Disorder: Systematic Review and Meta-Analysis. *Molecular neurobiology*, 55(5), 4195–4206.

Lam, P., Hong, C. J., & Tsai, S. J. (2005). Association study of A2a adenosine receptor genetic polymorphism in panic disorder. *Neuroscience letters*, 378(2), 98–101.

Leonard B. E. (2001). The immune system, depression and the action of antidepressants. *Progress in neuro-psychopharmacology & biological psychiatry*, 25(4), 767–780.

Lucae, S., Salyakina, D., Barden, N., Harvey, M., Gagné, B., Labbé, M., Binder, E. B., Uhr, M., Paez-Pereda, M., Sillaber, I., Ising, M., Brückl, T., Lieb, R., Holsboer, F., & Müller-Myhsok, B. (2006). P2RX7, a gene coding for a purinergic ligand-gated ion channel, is associated with major depressive disorder. *Human molecular genetics*, 15(16), 2438–2445.

López-Muñoz, F., & Alamo, C. (2009). Monoaminergic neurotransmission: the history of the discovery of antidepressants from 1950s until today. *Current pharmaceutical design*, 15(14), 1563–1586.

Machado-Vieira, R., Lara, D. R., Souza, D. O., &Kapczinski, F. (2002). Purinergic dysfunction in mania: an integrative model. *Medical hypotheses*, 58(4), 297–304.

McQuillin, A., Bass, N. J., Choudhury, K., Puri, V., Kosmin, M., Lawrence, J., Curtis, D., & Gurling, H. M. (2009). Case-control studies show that a non-conservative amino-acid change from a glutamine to arginine in the P2RX7 purinergic receptor protein is associated with both bipolar-and unipolar-affective disorders. *Molecular psychiatry*, 14(6), 614–620.

Metzger, M. W., Walser, S. M., Aprile-Garcia, F., Dedic, N., Chen, A., Holsboer, F., Arzt, E., Wurst, W., &Deussing, J. M. (2017). Genetically dissecting P2rx7 expression within the central nervous system using conditional humanized mice. *Purinergic signalling*, 13(2), 153–170.

Metzger, M. W., Walser, S. M., Dedic, N., Aprile-Garcia, F., Jakubcakova, V., Adamczyk, M., Webb, K. J., Uhr, M., Refojo, D., Schmidt, M. V., Friess, E., Steiger, A., Kimura, M., Chen, A., Holsboer, F., Arzt, E., Wurst, W., &Deussing, J. M. (2017). Heterozygosity for the Mood Disorder-Associated Variant Gln460Arg Alters P2X7 Receptor Function and Sleep Quality. *The Journal of neuroscience: the official journal of the Society for Neuroscience*, 37(48), 11688–11700.

Mullins, N., Power, R. A., Fisher, H. L., Hanscombe, K. B., Euesden, J., Iniesta, R., Levinson, D. F., Weissman, M. M., Potash, J. B., Shi, J., Uher, R., Cohen-Woods, S., Rivera, M., Jones, L., Jones, I., Craddock, N., Owen, M. J., Korszun, A., Craig, I. W., Farmer, A. E., ... Lewis, C. M. (2016). Polygenic interactions with environmental adversity in the aetiology of major depressive disorder. *Psychological medicine*, 46(4), 759–770.

Mühleisen, T. W., Leber, M., Schulze, T. G., Strohmaier, J., Degenhardt, F., Treutlein, J., Mattheisen, M., Forstner, A. J., Schumacher, J., Breuer, R., Meier, S., Herms, S., Hoffmann, P., Lacour, A., Witt, S. H., Reif, A., Müller-Myhsok, B., Lucae, S., Maier, W., Schwarz, M., ... Cichon, S. (2014). Genome-wide association study reveals two new risk loci for bipolar disorder. *Nature communications*, 5, 3339.

Nehlig A. (2010). Is caffeine a cognitive enhancer?. *Journal of Alzheimer's disease: JAD*, 20 Suppl 1, S85–S94.

Nicke, A., Kuan, Y. H., Masin, M., Rettinger, J., Marquez‐Klaka, B., Bender, O., Górecki, D. C., Murrell‐Lagnado, R. D., & Soto, F. (2009). A functional P2X7 splice variant with an alternative transmembrane domain 1 escapes gene inactivation in P2X7 knock-out mice. *The Journal of biological chemistry*, 284(38), 25813–25822.

Reichenberg, A., Yirmiya, R., Schuld, A., Kraus, T., Haack, M., Morag, A., &Pollmächer, T. (2001). Cytokine-associated emotional and cognitive disturbances in humans. *Archives of general psychiatry*, 58(5), 445–452.

Reyes, T. M., & Coe, C. L. (1996). Interleukin‐1 beta differentially affects interleukin‐6 and soluble interleukin‐6 receptor in the blood and central nervous system of the monkey. *Journal of neuroimmunology*, 66(1‐2), 135–141.

Shink, E., Morissette, J., Sherrington, R., & Barden, N. (2005). A genome-wide scan points to a susceptibility locus for bipolar disorder on chromosome 12. *Molecular psychiatry*, 10(6), 545–552.

Short, J. L., Ledent, C., Drago, J., & Lawrence, A. J. (2006). Receptor crosstalk: characterization of mice deficient in dopamine D1 and adenosine A2A receptors. *Neuropsychopharmacology: official publication of the American College of Neuropsychopharmacology*, 31(3), 525–534.

Sluyter, R., Stokes, L., Fuller, S. J., Skarratt, K. K., Gu, B. J., & Wiley, J. S. (2010). Functional significance of P2RX7 polymorphisms associated with affective mood disorders. *Journal of psychiatric research*, 44(15), 1116–1117.

Solle, M., Labasi, J., Perregaux, D. G., Stam, E., Petrushova, N., Koller, B. H., Griffiths, R. J., & Gabel, C. A. (2001). Altered cytokine production in mice lacking P2X(7) receptors. *The Journal of biological chemistry*, 276(1), 125–132.

Soronen, P., Mantere, O., Melartin, T., Suominen, K., Vuorilehto, M., Rytsälä, H., Arvilommi, P., Holma, I., Holma, M., Jylhä, P., Valtonen, H. M., Haukka, J., Isometsä, E., &Paunio, T. (2011). P2RX7 gene is associated consistently with mood disorders and predicts clinical outcome in three clinical cohorts. *American journal of medical genetics. Part B, Neuropsychiatric genetics: the official publication of the International Society of Psychiatric Genetics*, 156B(4), 435–447.

Soronen, P., Mantere, O., Melartin, T., Suominen, K., Vuorilehto, M., Rytsälä, H., Arvilommi, P., Holma, I., Holma, M., Jylhä, P., Valtonen, H. M., Haukka, J., Isometsä, E., &Paunio, T. (2011). P2RX7 gene is associated consistently with mood disorders and predicts clinical outcome in three clinical cohorts. *American journal of medical genetics. Part B, Neuropsychiatric genetics: the official publication of the International Society of Psychiatric Genetics*, 156B(4), 435–447.

Sullivan, P. F., Daly, M. J., & O'Donovan, M. (2012). Genetic architectures of psychiatric disorders: the emergingpicture and its implications. *Nature reviews. Genetics*, 13(8), 537–551.

Taayedi, R., Kohler, C., Drendel, V., Seidel, B., &Krugel, U. (2007). Purinergic mechanisms mediate depression-like responses to chronic stress. *Journal of Neurochemistry*, 102, 288.

Tanaka, H., Maeshima, S., Shigekawa, Y., Ueda, H., Hamagami, H., Kida, Y., & Ichinose, M. (2006). Neuropsychological impairment and decreased regional cerebral blood flow by interferon treatment in patients with chronic hepatitis: a preliminary study. *Clinical and experimental medicine*, 6(3), 124–128.

Taylor, J. L., & Grossberg, S. E. (1998). The effects of interferon-alpha on the production and action of other cytokines. *Seminars in oncology*, 25(1 Suppl 1), 23-29.

Taylor, S. R., Gonzalez-Begne, M., Sojka, D. K., Richardson, J. C., Sheardown, S. A., Harrison, S. M., Pusey, C. D., Tam, F. W., & Elliott, J. I. (2009). Lymphocytes from P2X7-deficient mice exhibit enhanced P2X7 responses. *Journal of leukocyte biology*, 85(6), 978-986.

van den Biggelaar, A. H., Gussekloo, J., de Craen, A. J., Frölich, M., Stek, M. L., van der Mast, R. C., & Westendorp, R. G. (2007). Inflammation and interleukin-1 signaling network contribute to depressive symptoms but not cognitive decline in old age. *Experimental gerontology*, 42(7), 693-701.

Walker, A. K., Kavelaars, A., Heijnen, C. J., & Dantzer, R. (2013). Neuroinflammation and comorbidity of pain and depression. *Pharmacological reviews*, 66(1), 80-101.

Wilkinson, S. M., Gunosewoyo, H., Barron, M. L., Boucher, A., McDonnell, M., Turner, P., Morrison, D. E., Bennett, M. R., McGregor, I. S., Rendina, L. M., & Kassiou, M. (2014). The first CNS-active carborane: A novel P2X7 receptor antagonist with antidepressant activity. *ACS chemical neuroscience*, 5(5), 335-339.

Wohleb, E. S., Gerhard, D., Thomas, A., & Duman, R. S. (2017). Molecular and Cellular Mechanisms of Rapid-Acting Antidepressants Ketamine and Scopolamine. *Current neuropharmacology*, 15(1), 11-20.

Wray, N. R., Ripke, S., Mattheisen, M., Trzaskowski, M., Byrne, E. M., Abdellaoui, A., Adams, M. J., Agerbo, E., Air, T. M., Andlauer, T., Bacanu, S. A., Bækvad-Hansen, M., Beekman, A., Bigdeli, T. B., Binder, E. B., Blackwood, D., Bryois, J., Buttenschøn, H. N., Bybjerg-Grauholm, J., Cai, N., ... Major Depressive Disorder Working Group of the Psychiatric Genomics Consortium (2018). Genome-wide association analyses identify 44 risk variants and refine the genetic architecture of major depression. *Nature genetics*, 50(5), 668-681.

Wright, C. E., Strike, P. C., Brydon, L., & Steptoe, A. (2005). Acute inflammation and negative mood: mediation by cytokine activation. *Brain, behavior, and immunity*, 19(4), 345-350.

Yue, N., Huang, H., Zhu, X., Han, Q., Wang, Y., Li, B., Liu, Q., Wu, G., Zhang, Y., & Yu, J. (2017). Activation of P2X7 receptor and NLRP3 inflammasome assembly in hippocampal glial cells mediates chronic stress-induced depressive-like behaviors. *Journal of neuroinflammation*, 14(1), 102.

本书常用词翻译对照表

英　文	翻　译
affect grid	情感网格
affect	情感
Affect Expression by Holistic Judgments, AEHJ	表情判别整体判断系统
Affective Norms for English Words, ANEW	英语情感词系统
amusement/pleasure/joy	快乐
amygdala	杏仁核
anger	愤怒
anxiety disorder	焦虑障碍
arousal	唤醒度
Autism Spectrum Disorders, ASD	自闭症谱系障碍
body expression	身体表情
Chinese Affective Digital Sounds, CADS	中国情感数码声音系统
Chinese Affective Picture System, CAPS	中国情绪图片系统
Chinese Affective Words Systems, CAWS	汉语情感词系统
depressive disorder	抑郁障碍
dimension	维度
disgust	厌恶
dominance	优势度
dopamine	多巴胺
Electroencephalogram, EEG	脑电
embodied theory	具身理论
emotion	情绪
Event-Related Potentials, ERP	事件相关电位
Experience Sampling Method, ESM	经验取样法

(续表)

英 文	翻 译
Facial Action Coding System, FACS	面部动作编码系统
facial expression	面部表情
fear	恐惧
functional Magnetic Resonance Imaging, fMRI	功能磁共振成像
functional Near-Infrared Spectroscopy, fNIRS	功能性近红外成像
hippocampus	海马
International Affective Digital Sounds, IADS	国际情感数码声音系统
International Affective Picture System, IAPS	国际情绪图片系统
Magnetic Resonance Imaging, MRI	磁共振成像
Major Depression Disorder, MDD	重性抑郁障碍
Maximally discriminative facial movement coding system, MAX	最大限度辨别面部肌肉运动编码系统
Montreal Affective Voices, MAV	蒙特利尔情感声音
mood	心境
National Institute of Mental Health, NIMH	美国国立精神卫生研究所
Positive Affect Negative Affect Schedule, PANAS	正负性情感量表
Positron Emission Tomography, PET	正电子放射断层扫描
Posttraumatic Stress Disorder, PTSD	创伤后应激障碍
prefrontal cortex	前额叶
Profile of Mood States, POMS	简明心境量表
sad/sadness	悲伤
Self-Assessment Manikin, SAM	自我情绪评定量表
surprise	惊讶
State-Trait Anxiety Inventory, STAI	状态-特质焦虑问卷
valence/pleasure	效价/愉悦度

后　　记

康德说,有两种东西,我们愈经常愈反复思想时,它们就给人灌注了时时更新、有加无已的惊赞和敬畏之情:头顶的星空和内心的道德律。的确,头顶的星河广袤浩瀚,似乎离我们很近却无法触及;内心的规则高深莫测,似乎所有人都遵循了相同的规律但总有人表现得非同寻常。人类的情绪就是人类内心规则中最微妙、最复杂、最深奥的成分,它用笑容留住了生活中的美好,也用眼泪铭刻了命运的苦痛。

我们尝试展示出情绪研究领域的一隅,即情绪的诱发与评估,以诱发素材库和评估工具为线索串联起了该领域的研究进展。不过即使探讨的问题如此聚焦,还是难免在写作的各个环节中有所遗漏和疏忽,每每再读本书,作者们也会觉得这一处待推敲或者那一处又留有遗憾。不过或许不完美本身也是写作的魅力之一,这种不完美将促使我们继续深入在情绪领域的探索,为揭开人类情绪加工的秘密提供自己的思考。

日本动画片《心理测量者》描绘了这样的场景:在未来的社会中,所有摄像头都被升级联网到一体,只要观察摄像头获取到个体的色相混浊度、声音、视频等信息,就能计算出个体的情绪和心理状态,甚至能用这些数据预测个体是否会犯罪。从当今科技发展的速度来看,这样的场景可能真的不再是天方夜谭。通过对认知、行为、人格等不同方面的研究,我们在未来或许真的能够描述、预测和控制行为。但是情绪作为影响个体行为的重要变量,可能是行为预测、行为控制的最大不确定因素。我们想要了解和控制人类行为,必须掌握情绪这把钥匙。

编　者

写于上海·情绪与认知实验室

2022 年 1 月 14 日